高等学校交通运输与工程类专业规划教材

高等学校应用型本科规划教材

土木工程材料

(第2版)

主　编　张爱勤　王彦敏
副主编　朱　峰　李　晶
主　审　黄政宇

人民交通出版社股份有限公司
China Communications Press Co.,Ltd.

内 容 提 要

本书为高等学校应用型本科规划教材，适应土木工程专业宽口径的需求，满足应用型本科学生学习需要，涵盖了房屋、公路、桥梁、水工、地下等工程常见材料的基本知识。主要内容包括：绪论、建筑钢材、砂石材料、无机胶凝材料、水泥混凝土和建筑砂浆、砌体材料、无机结合料稳定材料、合成高分子材料、沥青材料、沥青混合料、建筑功能材料，以及土木工程材料基本试验。

本书可供应用型本科院校土木工程专业的学生学习使用。

图书在版编目（CIP）数据

土木工程材料／张爱勤，王彦敏主编．—2版．—北京：人民交通出版社股份有限公司，2019.3

ISBN 978-7-114-15238-2

Ⅰ．①土…　Ⅱ．①张…②王…　Ⅲ．①土木工程—建筑材料—高等学校—教材　Ⅳ．①TU5

中国版本图书馆CIP数据核字（2018）第288967号

高等学校交通运输与工程类专业规划教材
高等学校应用型本科规划教材

书　　名：土木工程材料（第2版）
著 作 者：张爱勤　王彦敏
责任编辑：卢俊丽　张江成
责任校对：张　贺
责任印制：张　凯
出版发行：人民交通出版社股份有限公司
地　　址：（100011）北京市朝阳区安定门外外馆斜街3号
网　　址：http://www.ccpcl.com.cn
销售电话：（010）59757973
总 经 销：人民交通出版社股份有限公司发行部
经　　销：各地新华书店
印　　刷：北京虎彩文化传播有限公司
开　　本：787×1092　1/16
印　　张：22
字　　数：532千
版　　次：2009年1月　第1版　2019年3月　第2版
印　　次：2021年1月　第2版　第2次印刷　总第7次印刷
书　　号：ISBN 978-7-114-15238-2
定　　价：58.00元

第2版前言

本书编写以普通高等学校土木工程专业设置的土木工程材料课程教学大纲为依据，为适应土木工程专业的需求，涵盖了原来房屋、公路、桥梁、水工、地下等工程常见的基本材料。主要内容包括：绪论、建筑钢材、砂石材料、无机胶凝材料、水泥混凝土和建筑砂浆、砌体材料、无机结合料稳定材料、合成高分子材料、沥青材料、沥青混合料、建筑功能材料，以及土木工程材料基本试验。

本书的编写特色：

(1)在编写内容上突出与基本知识、基础理论和基本技能相应的知识点，层次清晰，重点突出。

(2)为便于学生学习和复习，每章编写了学习指导，并针对土木工程用主要材料编写了大量的工程示例，内容全面。

(3)结合国内外的新材料、新技术，以及我国新颁布的一系列国家和行业技术标准、技术规范，力求突出新内容，使学生了解该领域的新动态。

(4)教材编写形式新颖，增加了土木工程材料的发展历程、创新漫谈和源于实际工程的综合试验设计内容，以培养学生的学习兴趣，扩展学生的知识面，同时激发学生的创新意识。

本书由张爱勤、王彦敏任主编，朱峰、李晶任副主编。张爱勤负责全书的统稿工作，李晶、王彦敏、朱峰协助统稿。

本书编写分工：第1章、第3章、第5章由张爱勤(山东交通学院)编写；第2章、第4章由王彦敏(山东交通学院)编写；第6章、第9章由李晶(山东交通学院)编写；第7章、第11章由朱峰(山东交通学院)编写；第8章、第10章由郝秀红(山东交通学院)和桑春平(山东省泰安市公路局)共同编写；第12章由李志、孙式霜(山东交通学院)共同编写。

湖南大学黄政宇教授担任本书主审，对本书提出了许多宝贵意见。本书在编写过程中得到人民交通出版社股份有限公司的大力帮助。在此一并表示衷心的感谢。

由于编者水平有限，书中难免有不妥之处，敬请广大师生及读者提出宝贵意见。

编　者

2018年8月

目　　录

第1章　绪　　论

学习指导

本章重点介绍“土木工程材料”课程的性质、内容,土木工程材料应具备的技术性质和技术标准。要求学生重点学习和掌握的知识点有:土木工程材料的分类、应具备的技术性质和技术标准、技术标准分类。

1.1　土木工程材料概述

1.1.1　土木工程材料的定义

土木工程是指房屋、公路、铁路、桥梁、水工、港工、地下等工程的总称。土木工程材料则是用于土木工程中,直接构成各种工程实体的所有材料。常见的土木工程材料有砂石、石灰、水泥、水泥混凝土、无机结合料稳定材料、沥青、沥青材料和建筑钢材等。

1.1.2　学习土木工程材料的意义

“土木工程材料”是专门研究土木工程用各种材料的组成、性能和应用的一门课程。本课程介绍常见土木工程材料的基本组成、技术性质,混合料的组成设计方法,材料的工程应用方法和试验方法等内容。掌握本课程的知识,对土木工程施工中材料的合理选择、检测、设计、应用、研究,以及保证工程建设质量都具有重要的指导意义。

1.1.3　土木工程材料的分类

土木工程材料可以按照化学成分、材料性质和使用功能等多种方法进行分类。通常最基本的分类方法是采用化学成分分类,可以将土木工程材料划分为无机材料、有机材料和复合材料三大类。其中,各类材料又包括了许多种不同的材料,具体分类方法如表1-1所示。

土木工程材料按化学成分分类　　表1-1

无机材料	金属材料	黑色金属:铁、建筑钢材等
		有色金属:铜、铝、铝合金等
	无机非金属材料	天然材料:石材、砂、碎石等 无机结合料:石灰、石膏、水泥等 烧结制品:砖、瓦、玻璃、陶瓷等

续上表

有机材料	植物材料	木材、竹材等
	沥青材料	石油沥青、煤沥青等
	高聚物材料	塑料、橡胶、有机涂料、胶黏剂等
复合材料	无机非金属复合材料	水泥混凝土、砂浆、无机结合料稳定材料
	金属—无机非金属材料	钢筋混凝土、钢纤维混凝土等
	有机—无机非金属材料	聚合物混凝土、沥青混凝土等

1）无机材料

（1）建筑钢材

钢材是土木工程钢结构及钢筋混凝土结构的重要组成材料。按照不同的分类方法，钢材又可以分为多种。在土木工程结构中低碳钢和低合金钢应用较为广泛。

（2）砂石材料

砂石材料包括天然砂、人工砂、碎石和石材等。天然砂是由地壳上层的岩石经自然风化得到的，如山砂、海砂、河砂等；人工砂和碎石是经人工开采或再经轧制得到的各种不同尺寸的粒料；石材是指经人工开采加工得到的、通常具有一定规则形状的石料。砂石材料在土木工程建筑中用量很大，可以直接用于铺筑路面，或砌筑各种建筑、桥梁结构物等，其中砂石材料的最大用量主要用作配制水泥混凝土、无机结合料稳定材料或沥青混合料的矿质集料。

（3）无机结合料及其混合料

土木工程建筑中常用的无机结合料为石灰和水泥。水泥作为主要的胶结材料，广泛应用于水泥混凝土、砂浆中。石灰可以作为涂料、石灰砂浆、石灰土和三合土用于建筑、桥梁和道路等工程。近年来，随着路面基层材料的研究与发展，无机结合料作为半刚性基层稳定材料在道路工程建筑中得到了很好的应用。

2）有机材料

（1）有机结合料及其混合料

目前，应用最为广泛的有机结合料主要指沥青类材料，如石油沥青、煤沥青、改性沥青和乳化沥青等。这些材料可以直接用作或生产制成各种制品用作土木工程建筑的防水材料，亦可与不同粒径的集料组配成各种类型的沥青混合料铺筑沥青路面。随着现代公路的建设与发展，沥青混合料已成为公路建设与养护中应用最为广泛的一种高级路面材料。

（2）高聚物材料

随着我国化学工业的飞速发展，各种高聚物材料正在逐步应用于土木工程建设中，如各种涂料、塑料和橡胶等。高聚物改性材料的研究成果极大地推动了土木工程材料的发展，高聚物作为改性材料，可以达到改善和提高沥青混合料或水泥混凝土综合性能的目的，是一种有发展前景的新型材料。

3）复合材料

复合材料是指两种或两种以上不同化学组成或组织相的物质，以微观和宏观的物质形式组合而成的材料。复合材料是新型材料的发展趋势，它可以克服单一材料的弱点，集中发挥各组成材料的优点，使其具备良好的综合性能。土木工程材料的研究任务不仅仅是要正确地使用好现有材料，而且还要进一步改善和创造新型材料。

1.1.4 土木工程材料的地位和发展

我国正处在经济建设迅猛发展的大好时期,各项土木工程建设的设计水平、施工质量和检测手段都在不断地提高,作为工程构筑物建设主体的土木工程材料在土木工程建设中起着重要的作用。

1)材料是工程构筑物的物质基础

材料质量的优劣、选用是否得当、配制是否合理、检测是否规范等因素直接影响工程构筑物的质量,尤其是现代化技术的广泛应用,对土木工程材料提出的要求越来越高。如何根据建设要求合理选择、设计和使用材料,如何做好材料的试验检测,严格控制材料质量,是提高工程质量、降低工程造价的关键。如果忽视材料质量,不能严把材料质量程序,或偷工减料,就会导致“豆腐渣工程”,给国家造成巨大的经济损失。

2)土木工程材料决定工程造价

在土木工程构筑物的修筑费用中,用于材料的费用占工程总造价的50%左右,在某些工程中甚至可达到70%~80%。所以,节约工程投资,降低工程造价,合理选配和应用材料是极其重要的一个环节。

3)土木工程材料研究是土木工程技术发展的重要基础

土木工程建设中要实现新设计、新技术、新工艺,研制新型材料至关重要。新材料的诞生与发展必将促进和推动新技术的不断发展。因此,土木工程材料研究是土木工程技术发展的重要基础。

1.2 土木工程材料的基本性质

土木工程构筑物存在于各种自然环境中,会遭受各种复杂因素的综合作用。为使工程构筑物在长期的使用过程中,不致性能下降而产生破坏,构筑物应具有抵抗各种复杂应力作用下的综合力学性能,以及在各种自然因素的长期影响下力学性能的持久稳定性。因此,用于土木工程建筑的材料必须具备以下四个方面的技术性质。

1.2.1 土木工程材料的物理性质

温度和湿度是影响材料力学性质的主要物理因素。人们通常采用热稳定性或水稳定性来表征材料强度受物理因素影响而变化的程度。对于优质材料,其强度随环境条件的变化应当较小。土木工程材料的物理性质是指反映材料内部组成结构状态的各种物理常数,以及与水和温度有关的性质。

1)物理常数

常用的物理常数有密度、孔隙率和空隙率等。这些物理常数是反映材料内部组成结构状态的参数,与力学性质之间存在着一定的相依性,可以用于推断材料的力学性质。材料内部组成结构如图1-1所示。材料的内部组成结构由材料实体和孔隙所组成,孔隙又分为与外界大气连通的开口孔隙和不与外界大气连通的闭口孔隙。材料质量与体积的关系可见图1-2。

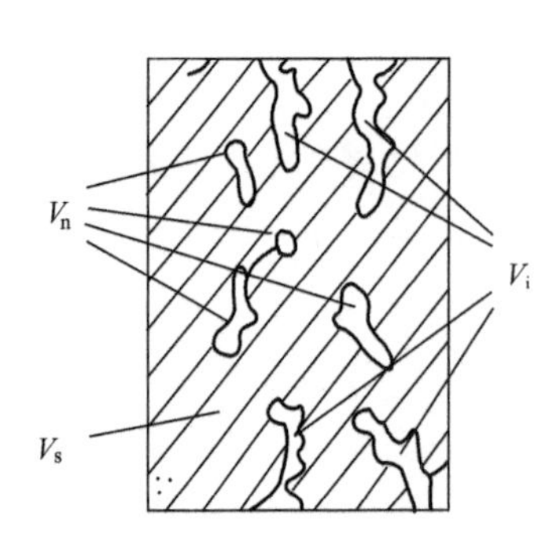

图 1-1　材料内部组成结构示意图

V_s-实体体积；V_n-闭口孔隙体积；V_i-开口孔隙体积

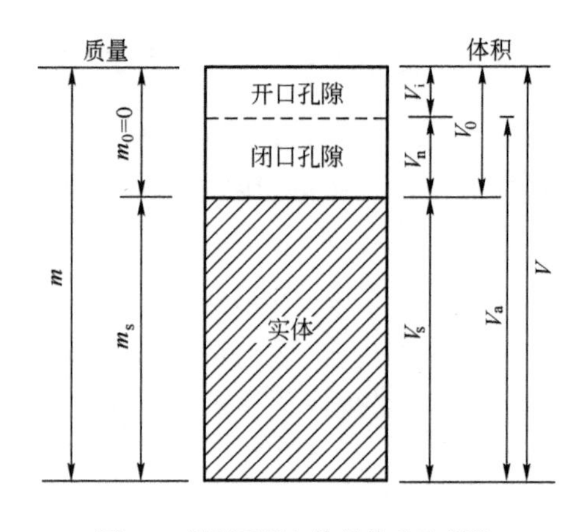

图 1-2　材料质量与体积关系示意图

(1)表示材料单位质量的几种密度

①密度。

密度是指材料在绝对密实状态下,单位实体体积的干质量,亦称为真密度,可按下式计算:

$$\rho_t = \frac{m}{V_s} \tag{1-1}$$

式中:ρ_t——材料的密度,kg/m³ 或 g/cm³;

m——材料的干质量,kg 或 g;

V_s——材料在绝对密实状态下的实体体积,m³ 或 cm³。

除钢材、玻璃等少数材料为致密材料外,绝大多数材料内部都含有一定的孔隙,如砂石、砖、混凝土等。测定致密材料的密度可采用直接排水法测定实体体积,计算获得材料密度;对于含有孔隙的材料密度,主要采用短颈瓶法或李氏比重瓶法测定,测定时需将材料磨成细粉,磨得越细,测得的实体体积越准确。

②表观密度。

表观密度是指材料单位表观体积(包括材料实体和闭口孔隙的体积)的干质量,亦称为视密度,可按下式计算:

$$\rho_a = \frac{m}{V_a} \tag{1-2}$$

式中:ρ_a——材料的表观密度,kg/m³ 或 g/cm³;

m——材料的干质量,kg 或 g;

V_a——材料的表观体积,m³ 或 cm³,$V_a = V_s + V_n$。

材料的表观密度通常采用排水法或水中称量法测定。

③毛体积密度。

毛体积密度是指在规定条件下,材料单位毛体积(包括材料实体、闭口孔隙和开口孔隙的体积)的干质量,可按下式计算:

$$\rho_b = \frac{m}{V} \tag{1-3}$$

式中:ρ_b——材料的毛体积密度,kg/m³ 或 g/cm³;

m——材料的干质量,kg 或 g;

V——材料的毛体积，m^3 或 cm^3，$V = V_s + V_n + V_i$。

材料毛体积密度的测定：对于规则形状的材料（如规则形状的石材、混凝土试块等），可测量其长、宽、高三个方向的轴线尺寸，计算毛体积，按式(1-3)获得毛体积密度；对于不规则形状的材料，其毛体积密度可采用水中称量法或蜡封法测定。

④表干密度。

表干密度是指在规定条件下，材料单位毛体积（包括材料实体、闭口孔隙和开口孔隙的体积）的饱和面干质量，亦称为饱和面干密度。可按下式计算：

$$\rho_s = \frac{m_f}{V} \tag{1-4}$$

式中：ρ_s——材料的表干密度，kg/m^3 或 g/cm^3；

m_f——材料的饱和面干质量（亦称表干质量），kg 或 g；

V——材料的毛体积，m^3 或 cm^3。

测定材料的表干密度，首先应将材料浸水一定的时间，使其达到饱和面干状态（材料的开口孔隙吸水饱和，但表面又没有多余的水膜），采用水中称量法测定。

在水泥混凝土、沥青混合料的组成设计，以及其他工程的应用中，为方便起见，常常采用各种相对密度的概念，即材料的各种密度与4℃水的密度之比。

⑤堆积密度。

堆积密度指散粒状材料单位堆积体积（包括物质颗粒实体、闭口孔隙和颗粒间空隙体积）物质颗粒的质量，可按下式计算：

$$\rho = \frac{m}{V_f} \tag{1-5}$$

式中：ρ——材料的堆积密度，kg/m^3；

m——材料的质量，kg；

V_f——材料的堆积体积，m^3。

测定散粒状材料的堆积密度，通常采用一定体积的容器，将散粒材料填满。此时，容器的容积即为材料的堆积体积。由于材料的堆积密度有干堆积密度和湿堆积密度之分，因此，必须注明材料的含水率。材料的堆积密度按颗粒排列的松紧程度不同，又可分为自然堆积密度与振实（或紧装）堆积密度。

(2)孔隙率和空隙率

①孔隙率。

材料的孔隙率是指材料中的孔隙体积占其总体积的百分率。材料的孔隙率可按下式求得：

$$P = \frac{V_0}{V} \times 100 = \frac{V - V_s}{V} \times 100 = \left(1 - \frac{\rho_b}{\rho_t}\right) \times 100 \tag{1-6}$$

式中：P——材料的孔隙率，%；

V_0——材料的孔隙（包括开口和闭口孔隙）体积，m^3 或 cm^3；

V——材料的总体积，即毛体积，m^3 或 cm^3；

ρ_b、ρ_t——意义同前。

密实度是与孔隙率相对应的概念，是指材料体积内被固体物质填充的程度，以 D 表示，按百分率计。其计算公式如下：

$$D = \frac{V_s}{V} \times 100 = \frac{\rho_b}{\rho_t} \times 100 \tag{1-7}$$

②空隙率。

材料的空隙率是指散粒状材料在堆积体积状态下，颗粒间空隙体积（包括开口孔隙体积和颗粒之间的间隙体积）占总体积的百分率，可按下式计算：

$$P' = \frac{V_f - V_a}{V_f} \times 100 = \left(1 - \frac{\rho}{\rho_a}\right) \times 100 \tag{1-8}$$

式中：　P'——材料的空隙率，%；

V_f、V_a、ρ、ρ_a——意义同前。

空隙率的大小反映了散粒材料颗粒相互填充的致密程度，是一项重要的控制指标。如配制水泥混凝土，水泥浆可以进入石子的开口孔隙，应考虑空隙率，以达到节约水泥和改善性能的目的。在沥青混合料的组成设计中，应严格控制空隙率，以获得良好的高温稳定性、低温抗裂性、水稳定性、抗滑性和施工和易性等综合性能。

2）与水有关的性质

水是影响材料物理性质的主要因素之一，根据材料在所处环境中受水影响的不同程度，可以通过以下不同方面来反映材料与水有关的物理性质。

（1）亲水性与憎水性

当材料与水接触时，不同的材料，其表面被水润湿的情况是不同的。有的材料表面易被水润湿，通常称之为亲水性材料；而有的材料表面则不易被水润湿，称之为憎水性材料。

材料表面受水润湿的难易程度，与材料分子同水分子之间的作用力和水分子之间内聚力的大小有关。如果材料分子与水分子之间的作用力大于水分子之间的内聚力，材料表现出亲水性；反之，若水分子之间的内聚力大于材料分子与水分子之间的作用力时，则表现出憎水性。

材料的亲水性与憎水性可以采用润湿角表示。如图1-3所示，当材料与水接触时，在材料、水和空气三相交点处，沿水滴表面的切线与水和材料接触面所形成的夹角θ，称为润湿角。润湿角越小，润湿性越好。当润湿角$\theta \leq 90°$时，水分子之间的内聚力小于水分子与材料分子之间的吸引力，此种材料称为亲水性材料，如图1-3a）所示。其中，θ为零时，则表示材料完全为水所润湿。当润湿角$\theta > 90°$时，水分子之间的内聚力大于水分子与材料分子之间的吸引力，材料表面不会被水润湿，此种材料称为憎水性材料，如图1-3b）所示。

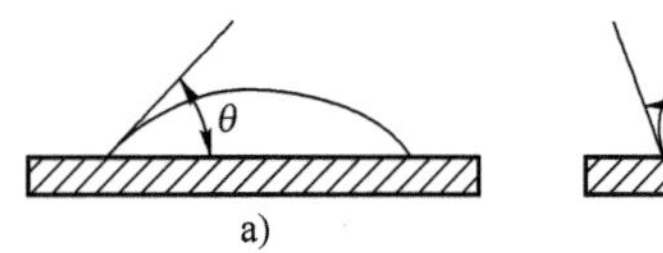

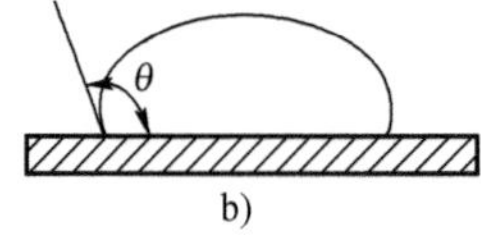

图1-3　材料的润湿角

a）亲水性材料；b）憎水性材料

土木工程材料中，金属材料、石料、水泥混凝土等无机材料和部分木材等属于亲水性材料。大部分有机材料，如沥青、油漆、塑料、石蜡等属于憎水性材料。憎水性材料常被用作工程防水材料。

（2）吸水性与吸湿性

①吸水性。

材料的吸水性指材料在水中能够吸收水分的性质。材料吸水性的大小，通常采用吸水率表示。

吸水率是指材料吸水饱和时,所吸收水分的质量占材料干燥质量的百分率,亦称作质量吸水率,可按下式计算:

$$w_X = \frac{m_f - m_d}{m_d} \times 100 \tag{1-9}$$

式中:w_X——材料的吸水率,%;

m_d——材料在干燥状态下的质量,g;

m_f——材料在吸水饱和状态下的质量,g。

有时,材料的吸水率还可以采用体积吸水率表示,即材料饱水时,所吸收水分的体积占干燥材料体积的百分率。

材料吸水率的大小主要取决于材料的孔隙率及其孔隙特征。孔隙细微、连通,且孔隙率大的材料吸水率较大;粗大的孔隙,虽易吸水,但水分不易存留,故吸水率不大;而封闭孔隙和密实材料,水分不易渗入。

由于孔隙率和孔隙分布的特征不同,各种材料的吸水率相差很大。常用的土木工程材料中,花岗岩等致密岩石的吸水率仅为0.5%~0.7%,普通混凝土为2%~3%,黏土砖为8%~20%,而木材或其他轻质材料的吸水率往往大于100%。

②吸湿性

吸湿性是指材料在潮湿的空气中吸收水分的性质,以含水率表示。含水率指材料在自然状态下,所含水的质量占干燥材料质量的百分率,可按下式计算:

$$w = \frac{m_s - m_d}{m_d} \times 100 \tag{1-10}$$

式中:w——材料的含水率,%;

m_d——材料在干燥状态下的质量,g;

m_s——材料在吸湿状态下的质量,g。

材料中的湿度与空气湿度达到平衡时的含水率称为平衡含水率。

材料无论处于吸水还是吸湿状态,其吸水或吸湿后,不仅自重增加,而且对其他工程性质往往会产生不利影响,如导致强度下降、抗冻性变差、导热性增大、保温性降低等,有时还会发生明显的体积变形。

(3)耐水性

材料的耐水性是指材料长期处在饱和水的作用下,既不产生破坏,强度又不显著下降的性质。材料的耐水性一般采用软化系数表示。材料在吸水饱和状态下的抗压强度与其干燥状态下的抗压强度之比,称为软化系数,可按下式计算:

$$K_R = \frac{f_w}{f_d} \tag{1-11}$$

式中:K_R——材料的软化系数;

f_w——材料在饱水状态下的抗压强度,MPa;

f_d——材料在干燥状态下的抗压强度,MPa。

长期处在水中的材料应该具备良好的耐水性,但水往往会对材料的力学性质、光学性质和装饰性质等产生破坏作用。一般,材料随含水率的增加,水会减弱其内部质点的结合力,从而导致强度不同程度的降低。如长期浸泡在水中的花岗岩,强度会下降3%。普通黏土砖和木材受水的影响更为显著。

软化系数在 0～1 之间波动。通常，将软化系数大于 0.85 的材料称作耐水材料。对于长期受水影响的材料，其软化系数的大小是选择材料的重要依据。其中：长期处在水或潮湿环境中的重要构筑物，要求材料的软化系数不应低于 0.85；受潮较轻或次要构筑物，选用材料的软化系数不宜低于 0.75。

（4）抗渗性

抗渗性是指材料抵抗压力水渗透的性质，亦称作不透水性。材料的抗渗性可采用渗透系数或抗渗等级来表示。

①渗透系数。

根据达西定律：在一定时间内，透过材料试件的水量与试件的断面积和静水压力水头成正比，与试件厚度成反比。渗透系数可按下式计算：

$$K_{\mathrm{S}} = \frac{Qd}{AtH} \tag{1-12}$$

式中：K_{S}——渗透系数，cm/h；

Q——透水量，cm^3；

d——试件厚度，cm；

A——试件的透水面积，cm^2；

t——时间，h；

H——静水压力水头，cm。

上式表明，渗透系数越小，材料的抗渗性能越好。

②抗渗等级。

抗渗等级是指在规定试验条件下，材料所能承受的最大水压力，通常用于石料、水泥混凝土和砂浆等材料。如混凝土抗渗试验中测得的最大承水压力为 0.2MPa，则抗渗等级表示为 S2。混凝土的抗渗等级有 S2、S4、S6、S8、S10 等。

材料抗渗性的大小与材料的孔隙率和孔隙特征密切相关。孔隙率低、孔隙封闭或孔径小的材料，其抗渗能力高。对于地下工程、水工工程、压力管道及防水材料等，因常受压力水的作用，所以要求材料必须具备一定的抗渗性。

（5）抗冻性

抗冻性是指材料在饱水状态下，经多次冻结和融化交替（冻融循环）作用，既不破坏，强度又不显著下降的性质。水和正负温度的存在是材料受冻的主要因素。材料的抗冻性可采用抗冻等级来表示。抗冻等级是指材料吸水饱和后，经受多次冻融交替作用，材料不被破坏，强度又不显著下降的最大抗冻融循环的次数。如材料最大耐受冻融循环的次数为 100 次，可记作 F100。石材和水泥混凝土等材料常采用抗冻等级表示其抗冻性，如 F50、F100、F200、F300 等。

材料的抗冻性通常采用抗冻质量损失率和冻融系数等判别参数进行评价。

①质量损失率。

材料冻融后的质量损失率是指冻融试验前后的干试件质量差与冻融试验前干试件质量的比值百分率，可按下式计算：

$$L = \frac{m_{\mathrm{d}} - m_{\mathrm{df}}}{m_{\mathrm{d}}} \times 100 \tag{1-13}$$

式中：L——冻融后材料的质量损失率，%；

m_d——试验前烘干材料试件的质量，g；

m_{df}——试验后烘干材料试件的质量，g。

②冻融系数。

材料的冻融系数是指冻融试验后试件的饱水抗压强度与冻融试验前试件的饱水抗压强度的比值，按下式计算：

$$K_f = \frac{f_{wf}}{f_w} \tag{1-14}$$

式中：K_f——材料的冻融系数；

f_{wf}——经若干次冻融试验后的试件饱水抗压强度，MPa；

f_w——未经冻融试验的试件饱水抗压强度，MPa。

材料的抗冻性与其孔隙率、孔隙特征、吸水饱和程度、软化系数及其强度等因素有关。材料的强度越高，软化系数越高，或饱水程度越差，则抗冻能力越高。对于水利工程和冬季气温在 -15℃以下的地区，应考虑材料的抗冻性，按规定进行相应的抗冻性检验。

3）材料的热工性质

在工业和房屋建筑中，为了节约建筑物的使用能耗，为人们正常的生产、生活创造适宜的条件，要求土木工程材料还应具备一定的热工性质，以维持室内温度。常用材料的热工性质有导热性、热容量和比热容。

（1）导热性

当材料两侧存在温差时，热量将由温度高的一侧通过材料传递到温度低的一侧。材料这种传导热量的能力称为导热性。材料导热能力的大小可采用导热率（或称为导热系数）表示，由下式计算得到：

$$\lambda = \frac{Q\delta}{At(T_1 - T_2)} \tag{1-15}$$

式中：λ——材料的导热率，W/（m·K）；

Q——传导的热量，J；

δ——材料的厚度，m；

A——材料传热的面积，m^2；

t——传热时间，s；

$T_1 - T_2$——材料受热或冷却前后的温差，K。

导热率的物理意义为：厚度为 1m 的材料，当温度每改变 1K 时，在 1s 时间内通过 $1m^2$ 面积的热量。人们习惯把防止室内热量的散失称为保温，把防止外部热量的进入称为隔热，将保温和隔热统称为绝热。材料的导热率越小，表示其绝热性能越好，即保温隔热性能就越好。各种材料的导热率差别较大，大致在 0.035 ~ 3.5W/（m·K）之间，工程中通常把 λ <0.23W/（m·K）的材料称为绝热材料。

（2）热容量和比热容

材料的热容量是指材料在温度变化时吸收或放出热量的能力，可按下式计算：

$$Q = cm(T_1 - T_2) \tag{1-16}$$

式中：Q——材料的热容量，即材料吸收或放出的热量，kJ；

m——材料的质量，kg；

T_1-T_2——材料受热或冷却前后的温差，K；

c——材料的比热容，kJ/(kg·K)。

材料比热容的物理意义：单位质量的材料，温度每升高或降低 1K 时所吸收或降低的热量。比热容可按下式计算：

$$c=\frac{Q}{m(T_1-T_2)} \tag{1-17}$$

材料的导热率和热容量是设计建筑物围护结构（如墙体、屋面等）热工计算时的重要参数。设计时选用导热率小而热容量大的材料，可提高围护结构的绝热性能，保持室内温度的稳定性。

常见土木工程材料的热工性质指标见表 1-2。

常见土木工程材料的热工性质指标 表 1-2

材料名称	钢	普通混凝土	烧结普通砖	花岗岩	松木	泡沫塑料
导热率［W/(m·K)］	55	28	0.80	3.49	0.17～0.35	0.03
比热容［kJ/(kg·K)］	0.46	0.88	0.88	0.92	2.51	1.30

1.2.2 土木工程材料的力学性质

材料的力学性质是指材料在外力作用下抵抗破坏的能力和变形的性质，包括材料的强度、弹性和塑性、脆性与韧性、硬度与耐磨性等。

1）材料的强度、强度等级与比强度

（1）强度

材料的强度是指材料抵抗外力破坏的能力，主要通过静力试验测定各种静态强度。根据外力作用方式的不同，材料的强度可分为抗压强度、抗拉强度、抗弯强度、抗剪强度等。

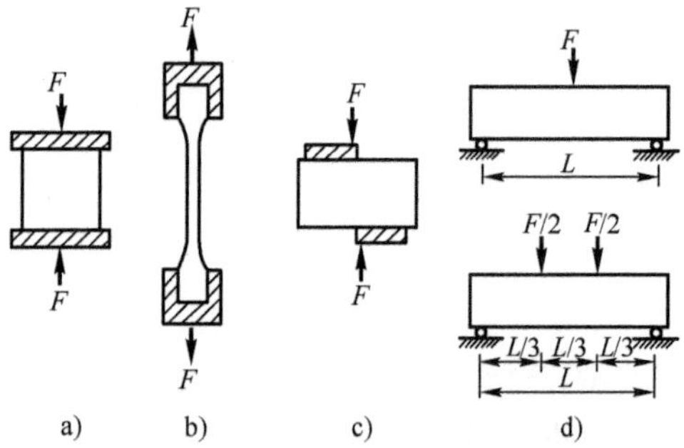

材料不论以哪种方式承受外力作用（图 1-4），其内部都会产生应力，且随外力的增加而增大，当材料内部质点间作用力不再能够承受时，材料即发生破坏，此时的极限应力值就是材料的强度。当材料受到压［图 1-4a）］、拉［图 1-4b）］、剪［图 1-4c）］的作用时，其抗压、抗拉、抗剪强度可采用下式计算：

图 1-4 材料受力示意图

a）抗压；b）抗拉；c）抗剪；d）单、双荷载抗弯

$$f=\frac{F}{A} \tag{1-18}$$

式中：f——材料的强度，MPa；

F——材料破坏时最大荷载，N；

A——材料受力截面面积，mm^2。

如图 1-4d）所示，当材料受到弯的作用时，根据不同的抗弯试验方法，其抗弯强度应采用

不同的公式进行计算。当梁形试件放在两支点上，外力是作用在试件中央一点的集中荷载时，其抗弯强度可采用下式计算：

$$f_{\mathrm{f}}=\frac{3FL}{2bh^{2}} \tag{1-19}$$

式中：f_{f}——材料的抗弯强度，MPa；

F——材料弯曲破坏时最大荷载，N；

L——两支点的间距，mm；

b、h——试件横截面的宽与高，mm。

抗弯强度试验，还可以采用在支点的三分点上作用两个相等的集中荷载的试验方法，其抗弯强度则采用下式计算：

$$f_{\mathrm{f}}=\frac{FL}{bh^{2}} \tag{1-20}$$

材料强度的大小主要取决于材料的组成与构造，不同种类的材料具有不同抵抗外力的特点，相同种类的材料，由于内部构造不同，其强度也有较大差异。通常石材、砖、混凝土、铸铁等材料的抗压强度较高，但抗拉、抗弯强度很低，而钢材的抗拉、抗压强度都很高。材料的空隙率越大，则强度越低。此外，由于材料强度的测试还与其他外部条件（如试件形状、尺寸、表面状况、含水率、温度、湿度、龄期和加荷速度等）有密切关系，因此，各种材料的强度试验必须严格按照有关标准，按规定的试验方法进行测定。

目前，广泛采用静力学参数评价材料的力学性质，但随着科学的研究和发展，亦实现了一些反映材料承受复杂力系综合作用的较为真实的动力学参数，如沥青混合料的动态劲度、动态疲劳强度等，与路面的实际受力状态比较接近，为现代沥青路面设计方法提供了较为真实的设计参数。

（2）强度等级

土木工程材料的强度差异很大，常根据材料强度的大小，将其划分为若干个不同的强度等级，以便学习、生产、选用和设计材料，同时，亦使控制材料及工程质量等过程方便合理。因此，材料强度等级的划分，对掌握材料的性质，保证材料的生产质量，合理地选用和设计材料，以及严格控制工程质量是十分必要的。

不同的材料可以按照不同的强度标准划分强度等级，如硅酸盐水泥按照抗压强度和抗折强度划分为42.5、42.5R、52.5、52.5R等，普通水泥混凝土按照抗压强度标准值划分为C15、C20、C25、C30、C40、C50、C60等。

（3）比强度

比强度是指材料强度与其表观密度之比，反映材料单位体积质量的强度。比强度是衡量材料轻质高强的重要指标，材料的比强度越大，材料越轻质高强，这也是优质结构材料的发展方向。几种常用材料的比强度见表1-3。

几种常用材料的比强度　　表1-3

材　料	强度（MPa）	表观密度（kg/m^3）	比　强　度
普通烧结砖	10	1 700	0.006
普通混凝土	40	2 400	0.017

续上表

材料		强度（MPa）	表观密度（kg/m^3）	比强度
松木	顺纹抗压	36	500	0.070
	顺纹抗拉	100	500	0.200
低碳钢		420	7 850	0.054
玻璃钢		450	2 000	0.225

普通混凝土是土木工程中主要的建筑材料之一。由表1-3可知，其比强度较小，这一特性使混凝土的发展受到了一定的局限，而玻璃钢的比强度最大。为促进现代高层建筑，以及桥梁结构向着大跨度方向的发展，研究和发展轻质高强的材料是一项十分迫切的任务。

2）弹性与塑性

（1）弹性

材料在外力作用下产生变形，当外力取消后，能够完全恢复原来形状的性质称为弹性。这种完全恢复的变形称为弹性变形。弹性变形是可逆的，其数值大小与所受外力成正比，因此，在弹性变形阶段，将应力与应变的比值称为弹性模量，采用 E 表示。

$$E = \frac{\sigma}{\varepsilon} \tag{1-21}$$

式中：E ——弹性模量，MPa；

σ——材料的应力，MPa；

ε——材料的应变。

弹性模量为常数，是衡量材料抵抗变形能力的一项指标。E 值越大，材料的刚度越大，材料越不易变形。因此，材料的弹性模量是结构设计的重要参数。

（2）塑性

材料在外力作用下产生变形，当外力取消后，仍有一部分能保持变形后的形状和尺寸，且不产生裂缝的性质称为塑性。这种不能恢复的变形，称为塑性变形。塑性变形为不可逆变形。

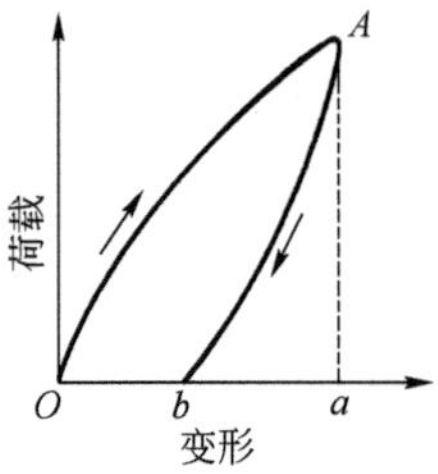

图1-5 弹塑性材料的变形曲线

实际上，完全的弹性材料是没有的。通常，有些材料（如低碳钢）在受力不大时表现为弹性变形，可视作弹性材料，当外力超过一定限度后，则表现为塑性变形。有些材料（如水泥混凝土）在受力后，弹性变形和塑性变形同时产生；当取消外力后，弹性变形（ab）可以恢复，塑性变形（Ob）不能恢复（图1-5）。

材料的弹性和塑性除与材料本身的成分有关外，还与材料所处的外界条件有关。如改变材料的温度和外力条件，材料的弹性和塑性性质会发生转变。

3）韧性和脆性

（1）脆性

材料在外力作用下，当受力达到一定限度后会突然破坏，且无明显的塑性变形，这种性质称为材料的脆性。

常见的脆性材料有石材、砖、混凝土、陶瓷、玻璃、铸铁等。这些材料具有抗压强度比抗拉强度高很多倍的特点，抵抗冲击荷载或振动作用的能力很差。

(2)韧性

当材料受到冲击或振动荷载作用时,能够吸收较大的能量,承受较大的变形且不致破坏,这种性质称为材料的韧性,亦称冲击韧性。材料的韧性采用冲击试验测定,用材料破坏时单位面积所消耗的功表示。

常用的韧性材料有低碳钢、木材、橡胶、玻璃钢等。这些材料具有抗拉强度接近或高于抗压强度的特点。在土木工程中,如吊车梁、桥梁、路面等要求承受冲击或振动荷载作用的结构,均应采用具有较高韧性的材料。

4)硬度和耐磨性

(1)硬度

材料的硬度是指材料表面抵抗其他物体压入或刻痕的能力。

测定材料的硬度有多种方法,不同的材料可以选用不同的方法。天然矿物的硬度可采用莫氏硬度对刻的方法测定。莫氏硬度按硬度的递增顺序分为 10 级:1 滑石,2 石膏,3 方解石,4 萤石,5 磷灰石,6 正长石,7 石英,8 黄玉,9 刚玉,10 金刚石。金属材料、混凝土、木材等的硬度常采用压入法测定,如布氏硬度,即采用单位压痕面积上所受的压力来表示。

一般,硬度大的材料,强度较高,耐磨性较强,但不易加工。

(2)耐磨性

耐磨性是指材料表面抵抗磨损的能力,通常采用磨损率表示。

$$G = \frac{m_1 - m_2}{A} \tag{1-22}$$

式中:G——磨损率,g/cm^2;

m_1、m_2——试件被磨损前、后的质量,g;

A——试件受磨损的面积,cm^2。

一般情况下,强度较高且密实的材料,其硬度较大,耐磨性较好。路面、机场道面、地面、踏步等部位选用的材料,应具有较高的硬度和耐磨性。

1.2.3 土木工程材料的化学性质与耐久性

化学性质是材料抵抗各种周围环境对其产生化学作用的性能。处于恶劣环境中的土木工程材料,如处于工业污水中的桥墩、建筑物的基础等,就会受到各种离子的化学腐蚀。暴露于大气中的各种构筑物除了受到周围介质的侵蚀外,通常还要受到大气因素(如气温、日光、氧气以及水等)的综合作用引起材料老化,特别是各种有机材料(如沥青)更为显著。因此,材料在各种环境中应具备优良的化学性质,以提高其耐久性。

耐久性是指材料在长期使用过程中,具有抵抗自身及周围环境因素的破坏作用,能保持其原有性能不变,且不被破坏的能力。但是,材料在长期的使用过程中,往往要受到来自周围环境的各种自然因素的破坏作用,这些破坏作用一般可分为物理作用、化学作用和生物作用等作用形式。

由此可知,耐久性是一种综合性质,不仅包括材料的耐化学腐蚀性和抗老化性,还包括材料的抗冻性、抗风化性、抗渗性、耐热性、耐磨性等多项性质。处于不同环境中的材料,应考虑相应环境下的耐久性质。

用于土木工程的材料,不仅应该具备良好的物理、化学和力学性质,更要具备优良的耐久性,以达到延长构筑物的使用寿命、减少维修费用的目的。

为提高材料的耐久性,除应对材料的耐久性进行深入的研究外,一般常根据材料的特点和使用条件采取相应的措施。如设法降低大气或周围介质的破坏作用(可以降低大气湿度,去除介质中的侵蚀性物质等);提高材料自身的密度,增加抵抗性等;采用其他防腐材料覆面、涂刷的方法等。

土木工程材料各个方面的性能是相互联系、相互制约的,在研究和使用材料时,往往需要全面考虑。目前,为使材料与环境具有更好的协调性,世界各国在积极研究,并提倡使用"绿色建材",即对资源和能源消耗少、对环境污染小,且循环再生利用率高的材料。

1.3 土木工程材料的组成、结构与构造

土木工程材料的组成、结构与构造对其性能有很大的影响,因此,人们要研究和利用材料,首先应该从材料的组成、结构与构造入手。

1.3.1 材料的组成与性能的关系

材料的组成是指材料的化学成分或矿物成分,它不仅影响着材料的化学性质,而且也是决定材料物理、力学性质的重要因素。

化学组成是指构成材料的化学元素及化合物的种类与数量。当材料处于某一环境中,便会与环境中的物质按化学变化规律发生作用。如钢材的锈蚀,混凝土遇到酸、盐类物质发生侵蚀等。材料在各种化学作用下表现出的性质由其化学组成所决定。

矿物是指无机非金属材料中具有特定的晶体结构和物理力学性能的组织结构。矿物组成是指构成材料的矿物种类和数量,是决定材料性质的主要因素,如硅酸盐水泥熟料的主要矿物组成有硅酸三钙、硅酸二钙、铝酸三钙和铁铝酸四钙。若硅酸三钙含量高,则其硬化速度较快,强度较高。

1.3.2 材料的结构与性能的关系

材料的结构包括宏观结构、亚微观结构和微观结构三种。

1)宏观结构

宏观结构指能用肉眼观察到的外部和内部的结构。材料常见的宏观结构形式有:密实结构、多孔结构、纤维结构、层状结构、散粒结构和纹理结构。土木工程材料的主要宏观结构如下:

密实结构的材料内部基本上无孔隙,结构致密。这类材料具有强度、硬度较高,吸水性小,抗渗和抗冻性较好,耐磨性较好,但绝热性差的特点,如钢材、天然石材等。

多孔结构的材料内部存在着大体呈均匀分布的、独立的或部分相通的孔隙,含孔率较高,孔隙又分大孔和微孔两种。这类材料的性质取决于孔隙的特征、多少、大小及分布情况。一般来说,具有强度较低,抗渗性和抗冻性较差,但绝热性较好的特点,如加气混凝土。

纤维结构的材料内部组成有方向性,纵向较紧密而横向疏松,组织中存在相当多的孔隙。这类材料的性质具有明显的方向性,一般平行纤维方向的强度较高,导热性较好,如木材、玻璃纤维等。

散粒结构材料呈松散颗粒状,有密实颗粒与轻质多孔颗粒之分。砂、石子等材料属密实颗

粒,结构致密,强度高,适合作混凝土集料;轻质多孔颗粒,如陶粒、膨胀珍珠岩等适合配制轻集料混凝土。

2)亚微观结构

亚微观结构是指用光学显微镜和一般扫描透射电镜所能观察到的结构,是介于宏观和微观之间的结构,其尺度范围在 $1.0\times10^{-9}\sim1.0\times10^{-3}$m。材料的亚微观结构根据其尺度范围,还可以分为显微结构和纳米结构。其中,显微结构是指用光学显微镜所能观察到的结构,其尺度范围在 $1.0\times10^{-7}\sim1.0\times10^{-3}$m。对于水泥混凝土,通常研究水泥石的孔隙结构及界面特性等结构,如混凝土中毛细孔的数量减少、孔径减小,将使混凝土的强度和抗渗等性能提高;对于金属材料,通常研究其金相组织,即晶界及晶粒尺寸等,如钢材的晶粒尺寸越小,钢材的强度越高。材料在显微结构层次上的差异对材料的性能有着显著的影响,因此,从显微结构层次上研究并改善土木工程材料的性能十分重要。

材料的纳米结构是指使用一般扫描透射电子显微镜所能观察到的结构,其尺度范围在 $1.0\times10^{-9}\sim1.0\times10^{-7}$m。材料的纳米结构于20世纪80年代末期引起人们广泛关注。通常胶体中的颗粒直径为1~100nm,其结构是典型的纳米结构。

3)微观结构

材料的微观结构是指物相的种类、形态、大小及其分布特征。它与材料的强度、硬度、弹塑性、熔点、导电性、导热性等重要性质有着密切的关系。土木工程材料的使用状态一般均为固体,固体材料的相结构基本上可分为晶体和非晶体两类。

构成晶体的质点(原子、离子、分子)是按一定的规则在空间呈有规律的排列形成晶体。晶体具有一定的几何外形,显示各向异性。晶体内质点的相对密集程度和质点间的结合力,对晶体材料的性质有着重要的影响,如质点的相对密集程度不高,且质点间大多是以共价键联结,则变形能力小,呈现脆性。

非晶体又称为无定形物质,是相对晶体而言的。在非晶体中,组成物质的原子和分子之间的空间排列不呈现周期性和平移对称性,其结构完全不具有长程有序,只存在着短程有序。非晶体包括玻璃体和凝胶等。

将熔融的物质进行急冷,使其内部质点来不及做有规则的排列就凝固了,这时形成的物质结构即为玻璃体,又称为无定形体。由于玻璃体在凝固时质点来不及做定向排列,质点间的能量只能以内能形式储存起来,这种存在的化学潜能使玻璃体具有化学不稳定性,易与其他物质发生化学反应。例如粉煤灰、水淬粒化高炉矿渣、火山灰等均属玻璃体,常被大量用作硅酸盐水泥的活性混合材料,以改善水泥的性质,也可以作为掺合料用于配制水泥混凝土以改善其综合性能。

1.3.3 材料的构造与性能的关系

材料的构造是指具有特定性质的材料结构单元间的互相组合搭配情况。构造这一概念与结构相比,更强调了相同材料或不同材料间的搭配组合关系。如材料的孔隙、层理、纹理、疵病等结构的特征、大小、尺寸及形态,决定了材料特有的一些性质。通常若材料的孔隙呈开口、细微且连通状态,则材料易吸水、吸湿,耐久性较差;若为封闭孔隙,则其吸水性会大大下降,抗渗性提高。所以,对同种材料来讲,其构造越密实、越均匀,强度越高,表观密度越大。

1.4 土木工程材料的技术标准

土木工程材料的性能检验方法,通常可以分为试验室内材料性能检测、试验室内模拟结构检测,以及现场修筑试验性结构物检测和竣工检验等。土木工程材料课程与试验室内材料的性能检测密切相关,材料的性能检测与质量评价必须依据各类技术标准。

为保证土木工程材料的质量,我国对各种材料制定了专门的技术标准。目前,我国用于土木工程材料的技术标准分为:国家标准、行业标准、地方标准和企业标准4个等级。

1.4.1 国家标准

国家标准由国务院标准化行政部门制定。国家标准由国家标准代号、编号、制定或修订年份、标准名称4个部分组成,表示方法如下:

《钢筋混凝土用钢　第2部分:热轧带肋钢筋》(GB/T 1499.2—2018)

其中:GB——国家标准代号;

1499.2——规范编号;

2018——制定或修订年份;

《钢筋混凝土用钢　第2部分:热轧带肋钢筋》——标准名称。

强制性国家标准代号为GB,推荐性国家标准在GB后加"/T"。通常,国家标准修订时,标准代号和编号不变,只改变制定或修订年份。

1.4.2 行业标准

对没有国家标准而又需要在全国某行业范围内统一的技术要求,可以制定行业标准。行业标准由国务院有关行政主管部门制定,并报国务院标准化行政主管部门备案。在公布国家标准之后,该项行业标准即行废止。

行业标准表示方法,由行业标准代号、一级类目代号、二级类目代号、二级类目顺序号、制定或修订年份、标准名称等部分组成,如:

《公路工程沥青及沥青混合料试验规程》(JTG E20—2011)

其中:JTG——行业标准代号,是交、通、公三个字汉语拼音的第一个字母,表示交通运输部公路工程标准;

E20——标准分类及序号,交通运输部发布的标准中A、B类标准后的数字为序号;C～H类标准后的第一个数字为种类序号,第二个数字为该种标准的序号;

2011——制定或修订年份;

《公路工程沥青及沥青混合料试验规程》——标准名称。

同样,推荐性行业标准,也是在标准代号后加"/T"。

1.4.3 地方标准和企业标准

对没有国家标准和行业标准,又需在省、自治区、直辖市范围内统一的技术要求,可以制定地方标准。企业生产的产品没有国家标准和行业标准的,应当制定企业标准,作为组织生产的依据。

与土木工程材料密切相关的部分国家标准、行业标准,以及国际、国外标准代号如表1-4所示。

部分国家标准、行业标准、国际标准和国外标准代号 表1-4

国内标准		国际标准,国外标准	
标准名称	代号(汉语拼音)	标准名称	缩写(全名)
国家标准	GB(Guo Biao)	国际标准	ISO(International Standard Organization)
交通行业标准	JT(Jiao Tong)	美国国家标准	ANS(American National Standard)
建工行业标准	JG(Jian Gong)	美国材料与试验学会标准	ASTM(American Society for Testing and Materials)
建材行业标准	JC(Jian Cai)	美国国家公路与运输协会标准	AASHTO(American Association of State Highway and Transportation Officials)
石油化工行业标准	SH(Shi Hua)	英国标准	BS(British Standard)

1.5 学习目的和任务

学习土木工程材料课程,应掌握土木工程中常用材料的性能、组配方法,以及检验和评定方法,各种材料的内部组成结构及其与技术性能之间的关系,材料的产源或加工工艺对其性能的影响,现有材料存在的问题及其改善途径;此外,还应注意到合理选用、保管和运输材料等问题。

土木工程材料课程是土木工程专业的一门专业基础课,是本专业的主干课程之一。它与物理、化学等基础课程以及材料力学、工程地质等技术基础课程有着密切的联系,同时,又是学习建筑工程、道路工程、桥梁工程及水利工程等后续专业课程的基础。由于土木工程材料在土木工程中应用非常广泛,因此,认真学好本课程是一项十分重要的任务。

习 题

1-1 试述土木工程材料在土木工程建设中的地位和作用。

1-2 试述土木工程材料的化学分类。

1-3 何谓复合材料?它具有哪些优越性,请举例说明。

1-4 试述土木工程材料应具备的主要技术性质。

1-5 我国的技术标准有哪几类?哪些标准与土木工程材料密切相关?

1-6 学习土木工程材料的任务是什么?

第2章　建筑钢材

学习指导

本章着重阐述土木工程常用建筑钢材的技术性质和技术标准。通过本章学习，要求学生掌握钢材的主要技术性质和技术标准、选用原则、腐蚀与防护等知识点，并能按照土木工程的设计要求合理选用相应的钢材。

钢是铁碳合金，人类采用钢结构的历史和炼铁、炼钢技术的发展是密不可分的。早在公元前2000年左右，西亚地区就出现了早期的炼铁术。随着炼铁技术的发展和建筑物发展的需要，19世纪中叶英国和法国相继发明了贝氏转炉炼钢法和平炉炼钢法。在成功地轧制出工字钢之后，钢材生产形成了工业化，强度高且韧性好的钢材开始在建筑领域逐渐取代锻铁材料，自1890年以后成为金属结构的主要材料。20世纪初焊接技术以及1934年高强度螺栓连接的出现，极大地促进了钢结构的发展。除西欧、北美之外，钢结构在苏联和日本等国家也获得了广泛应用，逐渐发展成为全世界所接受的重要结构体系。近年来，随着经济建设的飞速发展，我国钢产量一直位列世界首位，为钢结构在我国的快速发展创造了有利的条件。

建筑钢材属金属材料。金属材料包括黑色金属和有色金属两大类：黑色金属是指以铁元素为主要成分的金属及其合金，常用的黑色金属材料有钢和生铁；有色金属是指黑色金属以外的金属，如铝、铜、铅、锌等金属及其合金。

钢材是土木工程中用量最大的金属材料，广泛应用于铁路、桥梁、建筑工程等各种结构工程中，在国民经济建设中发挥着重要作用。土木工程使用的钢材是指用于钢结构的各种型材（如圆钢、角钢、工字钢等）、钢板、管材和用于钢筋混凝土中的各种钢筋、钢丝、钢绞线等。

钢材具有材质均匀、性能可靠、强度高、能承受较大的弹塑性变形、加工性能好等良好的技术性质，因此，在土木工程中被广泛采用。

2.1　钢材的分类与结构

2.1.1　钢材的分类

1）钢按化学成分分类

钢是以铁为主要元素，含碳量为0.02%～2.06%，并含有其他元素的合金材料。钢按化学成分可分为碳素钢和合金钢两大类。

（1）碳素钢

碳素钢根据含碳量可分为：低碳钢（含碳量小于0.25%）、中碳钢（含碳量0.25%～

0.6%)、高碳钢(含碳量大于0.6%)。

(2)合金钢

合金钢中含有一种或多种专门加入或超过碳素钢限量的合金元素(如锰、硅、钒、钛等)。这些合金元素用于改善钢的性能,或者使其获得某些特殊性能。按合金元素的总含量不同,合金钢又分为:低合金钢(合金元素总含量小于5%)、中合金钢(合金元素总含量为5%~10%)、高合金钢(合金元素总含量大于10%)。

2)按钢在熔炼过程中脱氧程度不同分类

按钢在熔炼过程中脱氧程度不同分类,可分为沸腾钢、镇静钢、半镇静钢和特殊镇静钢4类。

(1)沸腾钢

如果炼钢时脱氧不充分,钢液中还有较多的金属氧化物,浇铸钢锭后钢液冷却到一定温度,其中的碳会与金属氧化物发生反应,生成大量一氧化碳气体外逸,引起钢液激烈沸腾,因而这种钢材称为沸腾钢,其代号为“F”。沸腾钢中碳和有害杂质在钢中分布不均匀,富集于某些区间的现象特别严重,钢的致密程度差。故沸腾钢的冲击韧性和可焊接性较差,特别是低温冲击韧性的降低更显著。但从经济上比较,沸腾钢只消耗少量的脱氧剂,钢锭的收缩孔减少,成品效率高,故成本较低。

(2)镇静钢

如果炼钢时脱氧充分,钢液中金属氧化物很少或没有,在浇铸钢锭时钢液会平静地冷却凝固,这种钢称为镇静钢,其代号为“Z”。镇静钢组织致密,气泡少,偏析程度小,各种力学性能比沸腾钢优越,可用于受冲击荷载的结构和其他重要结构。

(3)半镇静钢

半镇静钢是指脱氧程度和性能都介于沸腾钢和镇静钢之间的钢材,其代号为“b”。

(4)特殊镇静钢

比镇静钢脱氧程度更充分彻底的钢,称为特殊镇静钢,代号为“TZ”。特殊镇静钢的质量最好,适用于特别重要的结构工程。

3)钢按质量等级分类

钢按质量等级(钢中有害杂质的多少)分类,可分为普通钢、优质钢、高级优质钢和特级优质钢。

普通钢:含硫量≤0.050%,含磷量≤0.045%;优质钢:含硫量≤0.035%,含磷量≤0.035%;高级优质钢:含硫量≤0.025%,含磷量≤0.025%,钢号后面加“高”字或“A”;特级优质钢:含硫量≤0.015%,含磷量≤0.025%,钢号后加“E”。

钢还可以按其他方法分类:按加工方式分类,可分为热加工钢材和冷加工钢材;按用途分类,可分为钢结构用钢和混凝土结构用钢等。

2.1.2 钢材的组织构造

碳素结构钢是通过在强度较低而塑性较好的纯铁中加适量的碳来提高强度的,一般常用的低碳钢含碳量不超过0.25%。低合金结构钢则是在碳素结构钢的基础上,适当添加总量不超过5%的其他合金元素,来改善钢材的性能。

碳素结构钢在常温下主要由铁素体和渗碳体所组成。铁素体是碳溶入体心立方晶体的α

铁中的固溶体,常温下溶碳仅0.0008%,与纯铁的显微组织没有明显的区别,其强度、硬度较低,而塑性、韧性良好。铁素体在钢中形成不同取向的结晶群(晶粒),是钢的主要成分,约占其质量的99%。渗碳体是铁碳化合物,含碳6.67%,其熔点高,硬度大,几乎没有塑性,在钢中与铁素体晶粒形成机械混合物——珠光体,填充在铁素体晶粒的空隙中,形成网状间层[图2-1a)]。珠光体强度很高,坚硬而富于弹性。另外,还有少量的锰、硅、硫、磷及其化合物溶解于铁素体和珠光体中。碳素钢的力学性能在很大程度上与铁素体和珠光体这两种成分的比例有关。同时,铁素体的晶粒越细小,珠光体的分布越均匀,钢的性能也就越好。

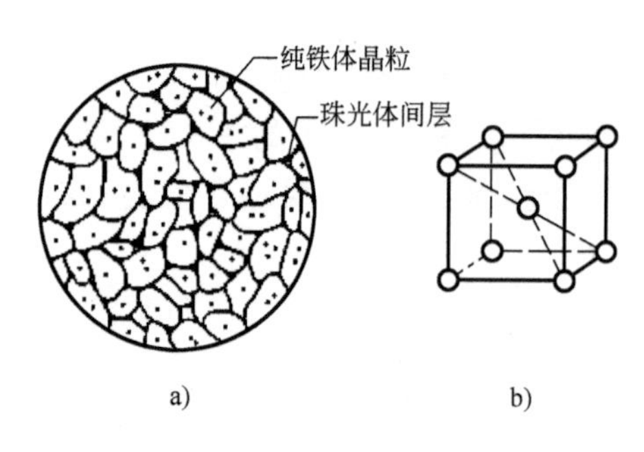

图2-1 钢的组织结构图

a)碳素钢多晶体结构示意图;b)α铁的体心立方晶格

2.2 建筑钢材的技术性质

2.2.1 建筑钢材的物理力学性质

1)抗拉性能

抗拉性能是表示钢材性能的重要指标。由于拉伸是建筑钢材的主要受力形式,因此抗拉性能采用拉伸试验测定,以屈服点、抗拉强度和伸长率等指标表征。以低碳钢受拉的应力—应变图2-2为例,可以较好地阐述这些重要的技术指标。

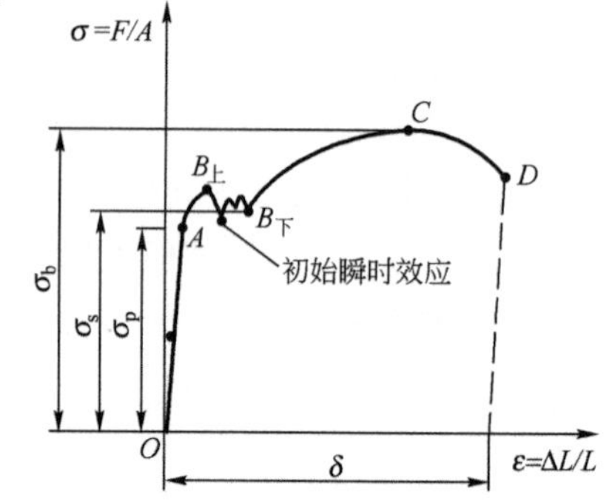

图2-2 低碳钢受拉应力—应变图

从图2-2中可以看出,低碳钢受拉经历了四个阶段:弹性阶段($O \to A$)、屈服阶段($A \to B$)、强化阶段($B \to C$)、颈缩阶段($C \to D$)。

(1)屈服强度

当试件拉力在OA范围内时,如卸去拉力,试件能恢复原状,应力与应变的比值为常数,即弹性模量(E),$E = \sigma/\varepsilon$。该阶段被称为弹性阶段。弹性模量反映钢材抵抗变形的能力,是计算结构受力变形的重要指标。

当对试件的拉伸进入塑性变形的屈服阶段AB时,称屈服下限$B_{下}$所对应的应力为屈服强度或屈服点,记做σ_s。设计时一般以σ_s作为强度取值的依据。对屈服现象不明显的钢,规定以0.2%残余变形时的应力$\sigma_{0.2}$(或记作$\sigma_{p0.2}$)作为屈服强度。屈服强度可按式(2-1)计算。

$$\sigma_s = \frac{F_s}{A} \tag{2-1}$$

式中:σ_s——屈服强度,MPa;

F_s——屈服点荷载,N;

A——试件的公称横截面面积,mm^2。

(2)抗拉强度

从图2-2中BC曲线逐步上升可以看出,试件在屈服阶段以后,其抵抗塑性变形的能力又重新提高,称为强化阶段。对应于最高点 C 的应力称为抗拉强度,用 σ_b 表示。抗拉强度按式(2-2)计算。

$$\sigma_b = \frac{F_b}{A} \tag{2-2}$$

式中:σ_b——抗拉强度,MPa;

F_b——C 点荷载,即试样所承受的最大拉力,N;

A——试件的公称横截面面积,mm^2。

设计中抗拉强度虽然不能利用,但屈强比 σ_s/σ_b 却能反映钢材的利用率和结构安全可靠性。屈强比越小,反映钢材受力超过屈服点工作时的可靠性越大,因而结构的安全性越高。但屈强比太小,则钢材不能有效地被利用,造成钢材浪费。建筑结构钢材合理的屈强比一般为0.60~0.75。

(3)伸长率

图2-2中当曲线到达 C 点后,试样薄弱处急剧缩小,塑性变形迅速增加,产生"颈缩现象"而断裂,如图2-3所示。试样拉断后测定出拉断后标距部分的长度 L_1,L_1 与试样原标距 L_0 比较,按式(2-3)可以计算出伸长率。

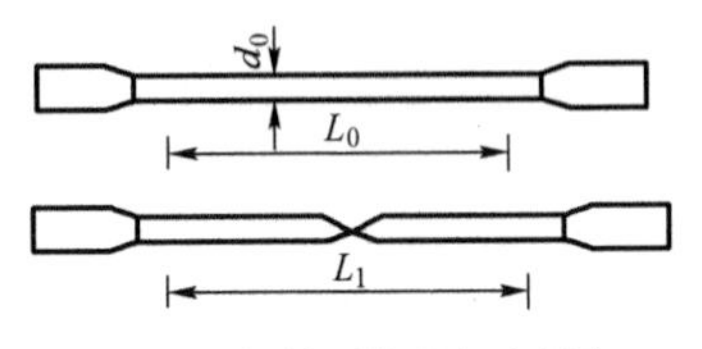

图2-3 钢材颈缩现象示意图

$$\delta = \frac{L_1 - L_0}{L_0} \times 100 \tag{2-3}$$

式中:δ——伸长率,%;

L_0——试样原标距,mm;

L_1——试样拉断后测定出拉断后标距部分的长度,mm。

伸长率表征钢材的塑性变形能力。由于在塑性变形时颈缩处的变形最大,故若原标距与试样的直径之比越大,则颈缩处伸长值在整个伸长值中的比重越小,因而计算的伸长率会小些。通常以 δ_5 和 δ_{10} 分别表示 $L_0=5d_0$ 和 $L_0=10d_0$ 时的伸长率,d_0 为试样直径。对同一种钢材,δ_5 应大于 δ_{10}。

2)冲击韧性

冲击韧性是指钢材抵抗冲击荷载的能力。冲击韧性指标是通过标准试件的弯曲冲击韧性试验确定的。如图2-4所示,以摆锤冲击试件,试件冲断时缺口处单位截面面积上所消耗的功,即为钢材的冲击韧性指标,用 A_k(J/cm^2)表示。A_k 值越大,钢材的冲击韧性越好。

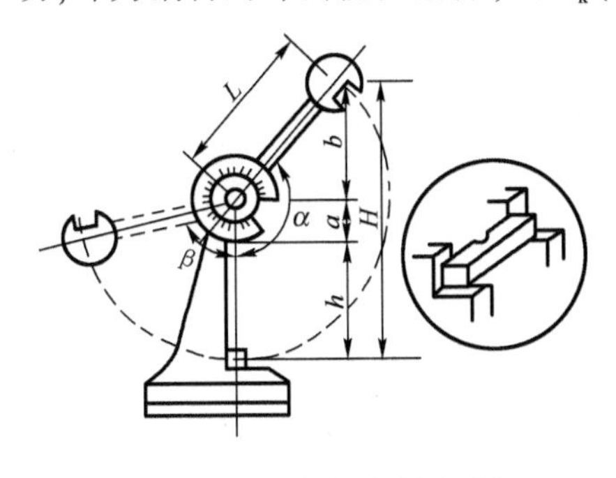

图2-4 冲击韧性试验原理图

钢材的化学成分、内在缺陷、加工工艺及环境温度都会影响钢材的冲击韧性。试验表明,冲击韧性随温度的降低而下降,其规律是开始下降缓和,当达到一定温度范围时,突然下降很多而呈脆性,这种脆性称为钢材的冷脆性。此时的温度称为临界温度。临界温度越低,说明钢材的低温冲击性能越好。所以在负温下使用的结构,应当选用脆性临界温度较工作温度低的钢材。

由于时效作用,钢材随时间的延长,其塑性和冲击韧性下降。完成时效变化的过程可达数十年,但是钢材如经受冷加工变形,或使用中经受振动和反复荷载的影响,时效可迅速发展。因时效而导致性能改变的程度称为时效敏感性。对于承受动荷载的结构应该选用时效敏感性小的钢材。对于直接承受动荷载而且可能在负温下工作的重要结构,必须进行钢材的冲击韧性检验。

3)冷弯性能

冷弯性能是指钢材在常温下承受弯曲变形的能力,是钢材的重要工艺性能。

冷弯性能指标是通过试件被弯曲的角度(90°、180°)及弯心直径 d 对试件厚度(或直径)a 的比值表示,如图 2-5 所示。

钢材试件按规定的弯曲角和弯心直径进行试验,若试件弯曲处的外表面无裂断、裂缝或起层,即认为冷弯性能合格。冷弯试验能反映试件弯曲处的塑性变形,能揭示钢材是否存在内部组织不均匀、内应力和夹杂物等缺陷。冷弯试验也能对钢材的焊接质量进行严格的检验,能揭示焊件受弯表面是否存在未熔合、裂缝及夹渣等缺陷。

4)硬度

钢材的硬度是指其表面抵抗外物压入产生塑性变形的能力,测定硬度的方法有布氏法和洛氏法。较常用的方法是布氏法,其硬度指标为布氏硬度值。

布氏法是利用直径为 D(mm)的淬火钢球,以一定的荷载 P(N)将其压入试件表面,得到直径为 d(mm)的压痕,如图 2-6 所示。以压痕表面积 F(mm^2)除荷载 P,所得的应力值即为试件的布氏硬度值(HB)(不带单位)。布氏法比较准确,但压痕较大,不适宜成品检验。

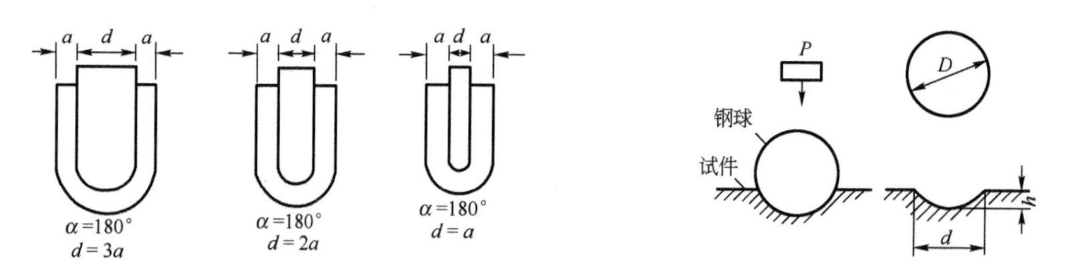

图 2-5　钢材冷弯试验

图 2-6　布氏硬度试验示意图

洛氏法测定的原理与布氏法相似,但以压头压入试件的深度来表示洛氏硬度值(HR)。洛氏法压痕很小,常用于判定工件的热处理效果。

5)焊接性能

在土木工程中,钢结构、钢筋混凝土的钢筋网架、接头和连接件、预埋件等大多数是采用焊接方式连接的。因此,钢材应具有良好的可焊性。

钢材在焊接过程中,由于高温的作用,焊缝及其附近的过热区将发生晶体组织和晶体结构的变化,使焊缝周围的钢材产生硬脆倾向,降低焊件的使用质量。可焊性是指钢材是否适用通常的焊接方法与工艺的性能。可焊性好的钢材焊接时,硬脆倾向小,不易形成裂纹、气孔、夹渣等缺陷,焊接后仍能保持与母材基本相同的性质。

钢的化学成分、冶炼质量和冷加工等对可焊性影响很大。对焊接结构用钢,宜选用含碳量低、杂质含量少的镇静钢。对于高碳钢和合金钢,为改善焊接后的硬脆性,焊接时一般需采用焊前预热和焊后热处理等措施。

钢材的焊接主要采用电弧焊和接触对焊两种基本方法。钢材焊接后必须取样进行焊接质量检验,一般包括拉伸试验和冷弯试验等,要求试验时试件的断裂不能发生在焊接处。

2.2.2 化学成分对钢材性质的影响

以生铁冶炼钢材，经过一定的工艺处理后，钢材中除主要含有铁和碳外，还有少量硅、锰、磷、硫、氧、氮等难以除净的化学元素。另外，在生产合金钢的工艺中，为了改善钢材的性能，还特意加入一些化学元素，如锰、硅、钒、钛等。这些化学元素对钢材的性能产生一定的影响。

1）碳

碳是决定钢材性质的主要元素。钢材随含碳量的增加，强度和硬度相应提高，而塑性和韧性相应降低。当含碳量超过1%时，钢材的极限强度开始下降。土木工程用钢材含碳量不大于0.8%。此外，含碳量过高还会增加钢的冷脆性和时效敏感性，降低抗大气腐蚀性和可焊性。

2）硅

硅是作为脱氧剂而存在于钢中的。其脱氧能力比锰还强。当硅的含量很低时，能显著地提高钢材的强度，但塑性和韧性的降低不明显。

3）锰

锰是我国低合金钢的主加合金元素，锰含量一般在1%～2%范围内，它的作用主要是使强度提高。锰还能消减硫和氧引起的热脆性，使钢材的热加工性质改善。

4）硫

硫为有害元素，以非金属夹杂物（硫化物）存在于钢中，具有强烈的偏析作用，降低各种机械性能。硫化物造成的低熔点使钢在焊接时易于产生热裂纹，显著降低可焊性。

5）磷

磷为有害元素。磷含量提高，钢材的强度提高，塑性和韧性显著下降，特别是温度越低，对韧性和塑性的影响越大。磷的偏析较严重，使钢材冷脆性增大，可焊性降低。

但磷可以提高钢的耐磨性和耐腐蚀性，在低合金钢中可配合其他元素作为合金元素使用。

6）氧

氧为有害元素，主要存在于非金属夹杂物内，可降低钢的机械性能，特别是韧性。氧有促进时效倾向的作用，氧化物造成的低熔点亦使钢的可焊性变差。

7）氮

氮对钢材性质的影响与碳、磷相似，使钢材的强度提高，塑性、韧性显著下降。氮可加剧钢材的时效敏感性和冷脆性，降低可焊性。

在有铝、铌、钒等的配合下，氮可作为低合金钢的合金元素使用。

8）铝、钛、钒、铌

铝、钛、钒、铌均为炼钢时的强脱氧剂，能提高钢材强度，改善韧性和可焊性，是常用的合金元素。

2.3 建筑钢材的冷加工与热处理

建筑钢材在使用之前，多数需要进行一定形式的加工处理。良好的工艺性能可以保证钢材能够顺利地通过各种处理而无损于制品的质量。建筑钢材的工艺性能包括热加工性能、冷

加工性能、冷弯性能、焊接性能与热处理性能等。

2.3.1 冷加工

冷加工是指钢材在常温下进行的加工。常见的冷加工方式有：冷拉、冷拔、冷轧、冷扭（图2-7、图2-8）、刻痕等。钢材经冷加工产生塑性变形，从而提高其屈服强度，这一过程称为冷加工强化处理。冷加工强化的机理描述如下：金属的塑性变形是通过位错运动来实现的，位错是指源自行列间相互滑移形成的线状缺陷。如果位错运动受阻，则塑性变形困难，即变形抗力增大，因而强度提高。在塑性变形过程中，位错运动的阻力主要来自位错本身。因为随着塑性变形的进行，位错在晶体运动时可以通过各种机制发生增值，使位错密度不断增加，位错之间的距离越来越小并发生交叉，使位错运动的阻力增大，导致塑性变形抗力提高。另一方面，由于变形抗力的提高，位错运动阻力的增大，位错更容易在晶体中发生塞积，反过来使位错的密度加速增长。所以在冷加工时，依靠塑性变形时位错密度提高和变形抗力增大这两方面的相互促进，很快导致金属强度和硬度的提高，但也会导致其塑性降低。

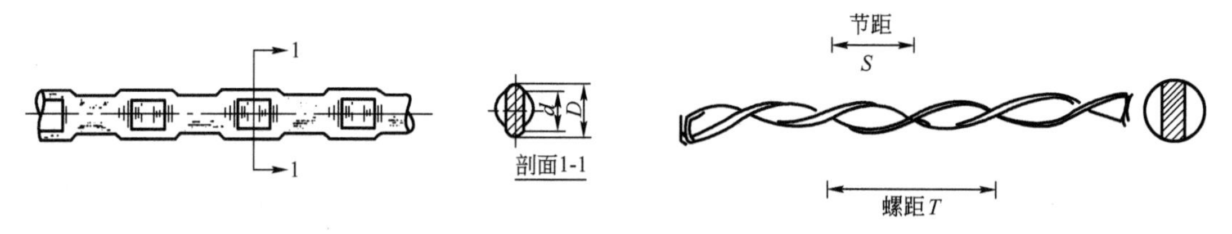

图2-7 冷轧规律变形钢筋图

图2-8 冷轧扭钢筋外形图

冷加工强化过程如图2-9所示，钢材的应力—应变曲线为 $OBCD$，若钢材被拉伸至超过屈服强度的任意一点 K 时，放松拉力，则钢材将恢复至 O' 点。如此时立即再拉伸，其应力—应变曲线将为 $O'K_1C_1D_1$，新的屈服点 K_1 比原屈服点 B 提高，但伸长率降低。在一定范围内，冷加工变形程度越大，屈服强度提高越多，塑性和韧性降低得越多。

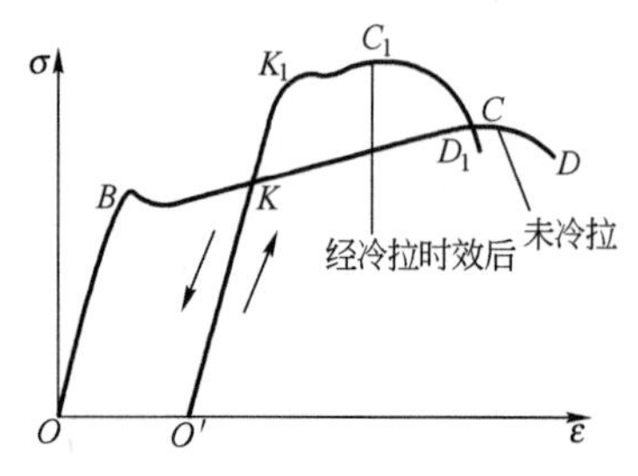

图2-9 钢材冷拉时效后应力—应变图

建筑工程中大量使用的钢筋采用冷加工强化具有明显的经济效益。经过冷加工的钢材，可适当减小钢筋混凝土结构设计截面或减少混凝土中配筋的数量，从而达到节约钢材的目的。钢筋冷拉还有利于简化施工工序，如冷拉盘条钢筋可省去开盘和调直工序，冷拉盘条钢筋可与矫直、除锈等工序一并完成。但冷拔钢丝的屈强比较大，相应的安全储备较小。

2.3.2 时效

将经过冷拉的钢筋于常温下存放15～20d，或加热到100～200℃并保持一段时间，这个过程称为时效处理。前者称为自然时效，后者称为人工时效。

钢筋冷拉以后再经过时效处理，其屈服点进一步提高，塑性继续有所降低。由于时效过程中应力的消减，故弹性模量可基本恢复。如图2-9所示，经冷加工和时效后，其应力—应变曲线为 $O'K_1C_1D_1$，此时 K_1 点屈服强度和 C_1 点抗拉强度均较时效前有所提高。一般强度较低的钢材采用自然时效，而强度较高的钢材则采用人工时效。

时效敏感性大的钢材，经时效后，其韧性、塑性改变较大。因此，对重要性结构应选用时效敏感性小的钢材。

2.3.3 热处理

热处理是将钢材按一定规则加热、保温和冷却，以获得需要性能的一种工艺过程。热处理的方法有退火、正火、淬火和回火。

1)退火

将钢材加热至基本组织改变温度以下(低温退火)或以上(完全退火)，适当保温后缓慢冷却，以消除内应力，减少缺陷及晶格畸变，使钢的塑性和韧性得到改善。

2)正火

将钢材加热至基本组织改变温度以上，然后在空气中冷却，使晶格细化，钢的强度提高而塑性有所降低。

3)淬火

将钢材加热至基本组织改变温度以上，保温使基本组织转变为奥氏体，然后投到水或矿物油中急冷，使晶粒细化，碳的固容量增加，强度和硬度加强，塑性和韧性明显下降。

4)回火

将比较硬脆、存在内应力的钢，加热至基本组织改变温度以下(150～650℃)，保温后按一定速度冷却至室温的热处理方法称为回火。回火后的钢材，内应力消除，硬度降低，塑性和韧性得到改善。

土木工程所用钢材一般只在生产厂进行热处理，并以热处理状态供应。在施工现场，有时需对焊接钢材进行热处理。

2.4 钢材的锈蚀与防护

2.4.1 钢材的锈蚀

钢材因受到周围介质的化学作用或电化学作用而逐渐破坏的现象称为钢材的锈蚀。钢材锈蚀不仅使截面面积减小，性能降低，甚至报废，而且由于产生锈坑，可造成应力集中，加速结构的破坏。尤其在冲击荷载、循环交变荷载作用下，能产生锈蚀疲劳现象，造成钢材的疲劳强度大为降低，甚至出现脆性断裂。在混凝土中，钢筋的锈蚀使得混凝土开裂，降低对钢筋的握裹力。有资料报道，当锈蚀率大于3%时，混凝土与钢筋之间的握裹力迅速下降；锈蚀率为5%时，握裹力为未锈蚀钢筋的50%以下；锈蚀率达8%时，混凝土裂缝宽度达1.5～3mm，握裹力为未锈蚀钢筋的10%以下。

钢材表面与其存在环境接触，在一定条件下，可以相互作用使钢材表面产生腐蚀。根据钢材与周围介质的不同作用，锈蚀可分为下列两种：

1)化学锈蚀

化学锈蚀是指钢材直接与周围介质发生化学反应而产生的锈蚀，多数是由氧化作用在钢材表面形成疏松的氧化物。在干燥环境中反应缓慢，但在温度和湿度较高的环境条件下，锈蚀则发展迅速。

2)电化学锈蚀

钢材的表面锈蚀主要因电化学作用引起,由于钢材本身组成上的原因和杂质的存在,在表面介质的作用下,各成分电极电位的不同,形成微电池,铁元素失去了电子成为Fe^{2+}离子进入介质溶液,与溶液中的OH^-离子结合生成$Fe(OH)_2$,使钢材遭到锈蚀。锈蚀的结果是在钢材表面形成疏松的氧化物,使钢结构断面减小,降低钢材的性能,因而承载力降低。

2.4.2 钢材的防护

1)钢材的防腐

钢材的腐蚀既有内因(材质),也有外因(环境介质的作用),因此要防止或减少钢材的腐蚀可以从改变钢材本身的易腐蚀性,隔离环境中的侵蚀性介质或改变钢材表面的电化学过程三方面入手。

(1)采用耐候钢

耐候钢即耐大气腐蚀钢,它是在碳素钢和低合金钢中加入合金元素铬、镍、钛、铜等制成的。这种钢在大气作用下,能在表面形成一种致密的防腐保护层,起到耐腐蚀作用的同时保持钢材良好的焊接性能。耐候钢的级别与碳素钢和低合金钢一致,技术指标也相近,但其耐腐蚀能力确实高出数倍。

(2)金属覆盖

用耐腐蚀性好的金属,以电镀或喷镀的方法覆盖在钢材表面,提高钢材的耐腐蚀能力。常用的方法有镀锌(如白铁皮)、镀锡(如马口铁)、镀铜、镀铬等。

(3)非金属覆盖

在钢材表面用非金属材料作为保护膜,与环境介质隔离,以避免或减缓腐蚀,如喷涂涂料、搪瓷和塑料等。

涂料通常分为底漆、中间漆和面漆。底漆要求有比较好的附着力和防锈能力;中间漆为防锈漆;面漆要求有较好的牢度和耐候性,以保护底漆不受损伤或风化。

(4)混凝土用钢筋的防锈

在正常的混凝土中pH值为12,这时,在钢材表面形成碱性氧化膜,对钢筋起保护作用。混凝土碳化后碱度降低,会失去对钢筋的保护作用。此外,混凝土中氯离子达到一定浓度,也会严重破坏钢筋表面的氧化膜。

为防止钢筋锈蚀,应保证混凝土的密实度以及钢筋外侧混凝土保护层的厚度,在二氧化碳浓度高的工业区采用硅酸盐水泥或普通硅酸盐水泥,限制含氯盐外加剂掺量,并在钢筋混凝土中使用钢筋防锈剂。预应力混凝土应禁止使用含氯盐的集料和外加剂。钢筋涂覆环氧树脂或镀锌也是一种有效的防锈措施。

2)钢材的防火

钢是不燃性材料,但这并不表明钢材能够抵抗火灾。耐火试验与火灾案例表明:以失去支持能力为标准,无保护层时钢柱和钢屋架的耐火极限只有0.25h,而裸露的钢梁的耐火极限为0.15h。温度在200℃以内,可认为钢材的性能基本不变;超过300℃以后,弹性模量、屈服点和极限抗拉强度均开始显著下降,应变急剧增大;达到600℃时已失去支撑能力。所以没有防火设计或防护层的钢结构是不耐火的。

钢结构防火保护的基本原理是采用绝热或吸热材料，阻隔火焰和热量，推迟钢结构的升温速率。防火方法以包覆法为主，即以防火涂料、不燃性板材或混凝土、砂浆将钢构件包裹起来。

2.5 土木工程常用钢材

根据工程使用条件和特点，土木工程用钢应具有良好的综合力学性能、良好的焊接性、良好的抗蚀性等技术要求。

2.5.1 钢结构用钢

钢结构用钢主要有碳素结构钢、优质碳素结构钢和低合金结构钢。

1）碳素结构钢

碳素结构钢指一般结构钢和工程用热轧板、管、带、型、棒材等。《碳素结构钢》（GB/T 700—2006）规定了碳素钢的牌号表示方法、技术标准等。

（1）碳素结构钢的牌号

碳素结构钢的牌号由四部分表示，按顺序为：代表屈服强度的字母（Q）、屈服强度数值（单位为 MPa）、质量等级符号（以硫、磷等杂质含量由多到少分为 A、B、C、D 四级，质量逐级提高）和脱氧方法符号（F 为沸腾钢，Z 为镇静钢，TZ 为特殊镇静钢。牌号表示时，Z、TZ 可省略）。

例如，Q235AF：表示屈服强度为 235MPa，A 级沸腾钢。Q235B：表示屈服强度为 235MPa，B 级镇静钢。

（2）技术要求

《碳素结构钢》（GB/T 700—2006）对碳素结构钢依据屈服强度的数值大小划分为四个牌号，并对其化学成分、力学性质及工艺性质做出了具体的规定。其化学成分及含量应符合表 2-1 的要求，力学性能及冷弯性能规定列于表 2-2 和表 2-3。

碳素结构钢的化学成分及含量 表 2-1

牌号	等级	化学成分（质量分数）（%）≤					脱氧方法
		C	Mn	Si	S	P	
Q195	—	0.12	0.50	0.30	0.040	0.035	F、Z
Q215	A	0.15	1.20	0.35	0.050	0.045	F、Z
	B				0.045		
Q235	A	0.22	1.40	0.35	0.050	0.045	F、Z
	B	0.20			0.045		
	C	0.17			0.040	0.040	Z
	D	0.17			0.035	0.035	TZ
Q275	A	0.24	1.50	0.35	0.050	0.045	F、Z
	B	0.20			0.045	0.045	Z
		0.22					
	C	0.20			0.040	0.040	Z
	D				0.035	0.035	TZ

注：经需方同意，Q235B 的含碳量可不大于 0.22%。

碳素结构钢的拉伸与冲击性能 表 2-2

牌号	等级	拉伸试验													冲击试验（V型缺口）	
		屈服强度 σ_s(MPa)						抗拉强度 σ_b(MPa)	伸长率 δ(%)					温度(℃)	冲击吸收功(纵向)(J)
		钢材厚度(直径)(mm)							钢材厚度(直径)(mm)						
		≤16	>16~40	>40~60	>60~100	>100~150	>150~200		≤40	>40~60	>60~100	>100~150	>150~200		
		不小于							不小于						不小于
Q195	—	195	185	—	—	—	—	315~430	33	—	—	—	—	—	—
Q215	A	215	205	195	185	175	165	335~450	31	30	29	27	26	—	—
	B													+20	27
Q235	A	235	225	215	215	195	185	370~500	26	25	24	22	21	—	—
	B													+20	27
	C													0	
	D													-20	
Q275	A	275	265	255	245	225	215	410~540	22	21	20	18	17	—	—
	B													+20	27
	C													0	
	D													-20	

碳素结构钢的冷弯性能 表 2-3

牌号	试样方向	冷弯试验 $B=2a$、180°	
		钢材厚度(直径)(mm)	
		≤60	>60~100
		弯心直径 d	
Q195	纵	0	—
	横	$0.5a$	
Q215	纵	$0.5a$	$1.5a$
	横	a	$2a$
Q235	纵	a	$2a$
	横	$1.5a$	$2.5a$
Q275	纵	$1.5a$	$2.5a$
	横	$2a$	$3a$

注：1. B 为试样宽度，a 为试样厚度(或直径)。

2. 钢材厚度(或直径)大于100mm时，弯曲试验由双方协商确定。

(3)碳素结构钢的选用

在碳素钢中，同一牌号钢材的屈服强度、抗拉强度、伸长率、冷弯的要求是一样的，但冲击韧性还与质量等级有关;碳素结构钢随着牌号的增大,其含碳量和含锰量增加,强度和硬度提高,而塑性和韧性降低,冷弯性能逐渐变差。土木工程中主要应用 Q235 号钢,可用于轧制各种型钢、钢板、钢管与钢筋。Q235 号钢具有较高的强度,良好的塑性、韧性,可焊性及可加工等综合性能好,且冶炼方便,成本较低,因此,广泛用于一般钢结构。其中 C、D 级可用在重要的焊接结构。

Q195、Q215 号钢材强度较低,但塑性、韧性较好,易于冷加工,可制作铆钉、钢筋等。Q275 号钢材强度高,但塑性、韧性、可焊性差,可用于钢筋混凝土配筋及钢结构中的构件及螺栓等。

受动荷载作用结构、焊接结构及低温下工作的结构,不能选用 A、B 质量等级钢及沸腾钢。

2)优质碳素结构钢

优质碳素结构钢对有害杂质含量控制更严格(含硫量小于 0.035%,含磷量小于 0.035%),质量更稳定,性能优于普通碳素结构钢。工程多采用公称直径或厚度不大于 250mm 的热轧和锻制优质碳素结构钢棒材(简称钢棒),也可经供需双方协商供货。

根据《优质碳素结构钢》(GB/T 699—2015)规定,优质碳素结构钢共分为 28 个牌号,如表 2-4所示。其牌号用平均含碳量的万分数表示,含锰量较高时,在牌号的后面加注“Mn”。如 45Mn 表示含碳量为 0.42% ~0.50%,含锰量较高的优质碳素结构钢。

优质碳素结构钢的牌号 表 2-4

序号	1	2	3	4	5	6	7	8	9	10	11	12	13	14
牌号	08①	10	15	20	25	30	35	40	45	50	55	60	65	70
序号	15	16	17	18	19	20	21	22	23	24	25	26	27	28
牌号	75	80	85	15Mn	20Mn	25Mn	30Mn	35Mn	40Mn	45Mn	50Mn	60Mn	65Mn	70Mn

注:①用铝脱氧的镇静钢,碳、锰含量下限不限,锰含量上限为 0.45%,硅含量不大于 0.03%,全铝含量为 0.020% ~ 0.070%,此时牌号为 08Al。

优质碳素结构钢的性能主要取决于含碳量。含碳量高,强度、硬度高,但塑性、韧性低。优质碳素钢成本高,建筑上使用不多。30 ~45 号钢主要用于重要结构的钢铸件及高强度螺栓。65 ~80 号钢常用于生产预应力钢筋混凝土用的碳素钢、刻痕钢丝和钢绞线等。

3)低合金高强度结构钢

低合金高强度钢是普通低合金结构钢的简称,一般是在普通碳素钢的基础上,添加少量的一种或几种合金元素生产而成。合金元素有硅、锰、钒、钛、铌、铬、镍及稀土元素。加入合金元素后,可使其强度、耐腐蚀性、耐磨性、低温冲击韧性等性能得到显著提高和改善。

《低合金高强度结构钢》(GB/T 1591—2018)规定了低合金高强度钢的牌号与技术性质。

(1)低合金高强度结构钢的牌号

低合金高强度结构钢按其加工交货状态分为热轧、正火、正火轧制或热机械轧制四种。热轧(as-rolled)代号 AR 或 WAR,是指钢材未经任何特殊轧制和(或)热处理的状态。正火(normalized)代号 N,是指钢材加热到高于相变点温度以上的一个合适的温度,然后在空气中冷却至低于某相变点温度的热处理工艺。正火轧制(normalizing rolling)代号 +N,也称作控制轧制,其最终变形是在一定范围内的轧制过程中进行,使钢材达到一种正火后的状态,以便即使正火后也可达到规定的力学性能数值的轧制工艺。热机械轧制(thermomechanical processed)代号 M,也称作热机械控制过程(TMCP),指钢材的最终变形在一定温度范围内进行的轧制工艺,从而保证钢材获得仅通过热处理无法获得的性能。

低合金高强度结构钢的牌号由四部分表示:屈服强度字母(Q)、规定的最小上屈服强度数值(单位:MPa)、交货状态代号和质量等级符号(B、C、D、E、F)。其牌号前面三部分"Q + 规定的最小上屈服强度数值 + 交货状态代号"简称为钢级。当交货状态为热轧时,交货状态代号 AR 或 WAR 可省略;交货状态为正火或正火轧制状态时,交货状态均用 N 表示。例如,Q355ND:表示最小上屈服强度数值为 355MPa,D 级正火或正火轧制钢。

当需方要求钢板具有厚度方向性能时,则在上述规定的牌号后加上代表厚度方向(*Z* 向)性能级别的符号,如 Q355ZDZ25。

(2)技术要求

不同交货状态的低合金高强度结构钢其钢级不同,热轧状态交货钢材有四个钢级:Q335、Q390、Q420、Q460;正火、正火轧制状态交货钢材有四个钢级:Q335N、Q390N、Q420N、Q460N;热机械轧制状态交货钢材有八个钢级:Q335M、Q390M、Q420M、Q460M、Q500M、Q550M、Q620M、Q690M。低合金高强度结构钢的力学性质、冲击韧性与工艺性质的要求分别见表 2-5、表 2-6。

(3)低合金高强度结构钢的选用

低合金高强度结构钢具有轻质高强,耐蚀性、耐低温性好,抗冲击性强,使用寿命长等良好的综合性能,具有良好的可焊性及冷加工性,易于加工与施工,因此,低合金高强度结构钢可以用作高层及大跨度建筑(如大跨度桥梁、大型厅馆、电视塔等)的主体结构材料,与普通碳素钢相比可节约钢材,具有显著的经济效益。

当低合金钢中的铬含量达 11.5% 时,铬就在合金金属的表面形成一层惰性的氧化铬膜,成为不锈钢。不锈钢具有低的导热性,良好的耐蚀性能等优点;缺点是温度变化时膨胀性较大。不锈钢既可以作为承重构件,又可以作为建筑装饰材料。

4)型钢、钢板、钢管

碳素结构钢和低合金钢还可以加工成各种型钢、钢板、钢管等构件直接供工程选用,构件之间可采用铆接、螺栓连接、焊接等方式进行连接。

(1)型钢

型钢有热轧和冷轧两种成型方式。热轧型钢主要有角钢、工字钢、槽钢、T 型钢、H 型钢、Z 型钢等,如图 2-10 所示。以碳素结构钢为原料热轧加工的型钢,可用于大跨度、承受动荷载的钢结构。冷轧型钢主要有角钢、槽钢等开口薄壁型钢及方形、矩形等空心薄壁型钢,主要用于轻型钢结构。

(2)钢板

钢板亦有热轧和冷轧两种成型方式。热轧钢板有厚板(厚度大于 4mm)和薄板(厚度小于 4mm)两种,冷轧钢板只有薄板(厚度为 0.2 ~ 4mm)一种。一般厚板用于焊接结构;薄板可用作屋面及墙体围护结构等,亦可进一步加工成各种具有特殊用途的钢板使用。

低合金高强度结构钢的拉伸性能[①]

表 2-5

热轧状态交货

牌号	质量等级	上屈服强度[②](MPa)									抗拉强度(MPa)				质量等级	试样方向	断后伸长率(%)					
		公称厚度或直径(mm)															公称厚度或直径(mm)					
		≤16	>16~40	>40~63	>63~80	>80~100	>100~150	>150~200	>200~250	>250~400	≤100	>100~150	>150~250	>250~400			≤40	>40~63	>63~100	>100~150	>150~250	>250~400
		≥									范围						≥					
Q355	B、C	355	345	335	325	315	295	285	275	—	470~630	450~600	450~600	—	B、C、D	纵向	22	21	20	18	18	17[③]
	D									265[③]				450~600[③]		横向	20	19	18	18	17	17[③]
Q390	B、C、D	390	380	360	340	340	320	—	—	—	490~650	470~620	—	—	B、C、D	纵向	21	20	20	19	—	—
																横向	20	19	19	18	—	—
Q420[④]	B、C	420	410	390	370	370	350	—	—	—	520~680	500~650	—	—	B、C	纵向	20	19	19	19	—	—
Q460[④]	C	460	450	430	410	410	390	—	—	—	550~720	530~700	—	—	C	纵向	18	17	17	17	—	—

正火或正火轧制状态交货

牌号	质量等级	上屈服强度[②](MPa)								抗拉强度(MPa)			断后伸长率(%)					
		公称厚度或直径(mm)																
		≤16	>16~40	>40~63	>63~80	>80~100	>100~150	>150~200	>200~250	≤100	>100~200	>200~250	≤16	>16~40	>40~63	>63~80	>80~200	>200~250
		≥								范围			≥					
Q355N	B、C、D、E、F	355	345	335	325	315	295	285	275	470~630	450~600	450~600	22	22	22	21	21	21
Q390N	B、C、D、E	390	380	360	340	340	320	310	300	490~650	470~620	470~620	20	20	20	19	19	19
Q420N	B、C、D、E	420	400	390	370	360	340	330	320	520~680	500~650	500~650	19	19	19	18	18	18
Q460N	C、D、E	460	440	430	410	400	380	370	370	540~720	530~710	510~690	17	17	17	17	17	16

续上表

牌号	质量等级	热机械轧制状态交货⑤											
		上屈服强度②(MPa)						抗拉强度(MPa)					断后伸长率(%)
		公称厚度或直径(mm)											
		≤16	>16~40	>40~63	>63~80	>80~100	>100~120④	≤40	>40~63	>63~80	>80~100	>100~120	
		≥						范围					≥
Q355M	B、C、D、E、F	355	345	335	325	325	320	470~630	450~610	440~600	440~600	430~590	22
Q390M	B、C、D、E	390	380	360	340	340	335	490~650	480~640	470~630	460~620	450~610	20
Q420M	B、C、D、E	420	400	390	380	370	365	520~680	500~660	480~640	470~630	460~620	19
Q460M	C、D、E	460	440	430	410	400	385	540~720	530~710	510~690	500~680	490~660	17
Q500M	C、D、E	500	490	480	460	450	—	610~770	600~760	590~750	540~730	—	17
Q550M	C、D、E	550	540	530	510	500	—	670~830	620~810	600~790	590~780	—	16
Q620M	C、D、E	620	610	600	580	—	—	710~880	690~880	670~860	—	—	15
Q690M	C、D、E	690	680	670	650	—	—	770~940	750~920	730~900	—	—	14

注:①对于公称宽度不小于600mm的钢板及钢带,拉伸试验取横向试样;其他试样的拉伸试验取纵向试样。

②当屈服不明显时,可测量$\sigma_{p0.2}$代表上屈服强度。

③只适用于质量等级为D的钢板。

④只适用于型钢和棒材。

⑤对于热机械轧制(TCMP)型钢和棒材,厚度或直径不大于150mm。

低合金高强度结构钢的冲击与工艺性质 表 2-6

牌号		夏比(V 型缺口)冲击试验 冲击吸收能量最小值(KV_2)(J)										弯曲试验(180°)④ D-直径;a-试样厚度或直径	
钢级	质量等级	试验温度(℃)										公称厚度或直径(mm)	
		20		0		-20		-40		-60		≤16	>16~100
		纵向	横向	纵向	横向	纵向	横向	纵向	横向	纵向	横向		
Q335、Q390、Q420	B	34	27	—	—	—	—	—	—	—	—	$D=2a$	$D=3a$
Q335、Q390、Q420、Q460	C	—	—	34	27	—	—	—	—	—	—		
Q335、Q390	D	—	—	—	—	34①	27①	—	—	—	—		
Q335N、Q390N、Q420N	B	34	27	—	—	—	—	—	—	—	—		
Q335N、Q390N、Q420N、Q460N	C	—	—	34	27	—	—	—	—	—	—		
Q335N	D	55	31	47	27	40②	20	—	—	—	—		
	E	63	40	55	34	47	27	31③	20③	—	—		
	F	63	40	55	34	47	27	31	20	27	16		
Q335M、Q390M、Q420M	B	34	27	—	—	—	—	—	—	—	—		
Q335M、Q390M、Q420M、Q460M	C	—	—	34	27	—	—	—	—	—	—		
	D	55	31	47	27	40②	20	—	—	—	—		
	E	63	40	55	34	47	27	31③	20③	—	—		
Q355M	F	63	40	55	34	47	27	31	20	27	16		
Q500M、Q550M、Q620M、Q690M	C	—	—	55	34	—	—	—	—	—	—		
	D	—	—	—	—	47②	27	—	—	—	—		
	E	—	—	—	—	—	—	31③	20③	—	—		

注:①仅适用于厚度大于 250mm 的 Q355D 钢板。

②当需方指定时,D 级钢可做 -30℃冲击试验时,冲击吸收能量纵向不小于 27J。

③当需方指定时,E 级钢可做 -50℃冲击试验时,冲击吸收能量纵向不小于 27J、横向不小于 16J。

④根据需方要求,钢材可进行弯曲试验;当供方保证弯曲合格时,可不做弯曲试验。

a)

b)

c)

图 2-10 型钢图例

a)工字钢;b)角钢;c)槽钢

(3)钢管

图 2-11 钢管

钢管如图 2-11 所示,分为无缝钢管与焊接钢管两大类。

焊接钢管采用优质钢材焊接而成,表面镀锌或不镀锌。按其焊缝形式分为直纹焊管和螺纹焊管。焊管成本低,易加工,但一般抗压性能较差。

无缝钢管多采用热轧—冷拔联合工艺生产,也可采用冷轧方式生产,但成本昂贵。热轧无缝钢管具有良好的力学性能与工艺性能。无缝钢管主要用于压力管道,在特定的钢结构中,往往也设计使用无缝钢管。

2.5.2 混凝土结构用钢材

1)热轧钢筋

(1)牌号

《钢筋混凝土用钢　第 1 部分:热轧光圆钢筋》(GB/T 1499.1—2017)规定,热轧光圆钢筋为经热轧成型,横截面通常为圆形,表面光滑的成品钢筋。热轧光圆钢筋由碳素结构钢轧制而成,仅有 HPB300 一种牌号,其中 HPB(Hot-rolled Plain Bars 的英文缩写)代表热轧光圆钢筋,数字代表其屈服强度的特征值为 300 级。《钢筋混凝土用钢　第 2 部分:热轧带肋钢筋》(GB/T 1499.2—2018)规定,热轧带肋钢筋为经热轧成型,横截面通常为圆形,且表面带肋的成品钢筋。热轧带肋钢筋由低合金钢轧制而成,分为 HRB400、HRB500、HRB600、HRBF400、HRBF500、HRB400E、HRB500E、HRBF400E、HRBF500E 九个牌号,其中 HRB(Hot-rolled Ribbed Bars 的英文缩写)代表普通热轧带肋钢筋,HRBF(Hot-rolled Ribbed Bars of Fine grains 的英文缩写)代表细晶粒热轧带肋钢筋,若在牌号后面加上字母 E(Earthquake 的英文缩写),则表示适用于有较高要求的抗震结构;牌号中的数字表示热轧带肋钢筋的屈服强度特征值级别,有 400、500、600 三个级别。

热轧带肋钢筋常以月牙肋钢筋(横肋的纵截面呈月牙形,且与纵肋不相交的钢筋)供货,如图 2-12 所示。

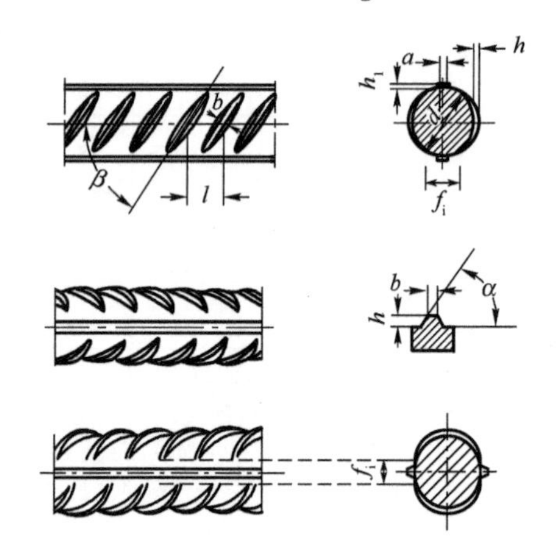

图 2-12 月牙肋钢筋(带纵肋)表面及截面形状

d-钢筋内径;α-横肋斜角;h-横肋高度;β-横肋与轴线夹角;l-横肋间距;b-横肋顶宽;f_1-横肋末端间隙;h_1-纵肋高度;a-纵肋顶宽

(2)技术标准

热轧钢筋通常按直条交货,公称直径大于 16mm,直径不大于 16mm 的钢筋也可以按盘卷交货。按照《钢筋混凝土用钢　第 1 部分:热轧光圆钢筋》(GB/T 1499.1—2017)和《钢筋混凝土用钢　第 2 部分:热轧带肋钢筋》(GB/T 1499.2—2018)的规定,对热轧光圆钢筋和热轧带肋钢筋力学和工艺性质的要求见表 2-7。

(3)热轧钢筋的选用

光圆钢筋的强度较低,但塑性及焊接性好,便于冷加工,广泛用作普通钢筋混凝土。HRB400 带肋钢筋的强度较高,塑性及焊接性也较好,广泛用作大、中型钢筋混凝土结构的受力钢筋;HRB500 带肋钢筋强度高,但塑性与焊接性较差,适宜用作预应力钢筋。

热轧钢筋的力学性能与工艺性质 表 2-7

<table>
<tr><td rowspan="3">表面形状</td><td rowspan="3">牌号</td><td rowspan="3">公称直径
d
(mm)</td><td colspan="6">拉 伸 试 验</td><td colspan="2">冷弯试验(180°)</td></tr>
<tr><td>屈服强度
σ_s
(MPa)</td><td>抗拉强度
σ_b
(MPa)</td><td>断后
伸长率 δ
(%)</td><td>最大力
总延伸率
δ_{gt}
(%)</td><td>σ_b^0/σ_s^0</td><td>σ_s^0/σ_s</td><td rowspan="2">公称直径
d
(mm)</td><td rowspan="2">弯曲压头
直径</td></tr>
<tr><td colspan="5">≥</td><td>≤</td></tr>
<tr><td>光圆</td><td>HPB300</td><td>6 ~ 22</td><td>300</td><td>420</td><td>25</td><td>10.0</td><td>—</td><td>—</td><td>6 ~ 22</td><td>d</td></tr>
<tr><td rowspan="11">带肋</td><td rowspan="4">HRB400
HRBF400
HRB400E
HRBF400E</td><td rowspan="11">6 ~ 50</td><td rowspan="4">400</td><td rowspan="4">540</td><td rowspan="2">16</td><td rowspan="2">7.5</td><td rowspan="2">—</td><td rowspan="2">—</td><td>6 ~ 25</td><td>$4d$</td></tr>
<tr><td rowspan="2">28 ~ 40</td><td rowspan="2">$5d$</td></tr>
<tr><td rowspan="2">—</td><td rowspan="2">9.0</td><td rowspan="2">1.25</td><td rowspan="2">1.30</td></tr>
<tr><td>>40 ~ 50</td><td>$6d$</td></tr>
<tr><td rowspan="4">HRB500
HRBF500
HRB500E
HRBF500E</td><td rowspan="4">500</td><td rowspan="4">630</td><td rowspan="2">15</td><td rowspan="2">7.5</td><td rowspan="2">—</td><td rowspan="2">—</td><td>6 ~ 25</td><td>$6d$</td></tr>
<tr><td rowspan="2">28 ~ 40</td><td rowspan="2">$7d$</td></tr>
<tr><td rowspan="2">—</td><td rowspan="2">9.0</td><td rowspan="2">1.25</td><td rowspan="2">1.30</td></tr>
<tr><td>>40 ~ 50</td><td>$8d$</td></tr>
<tr><td rowspan="3">HRB600</td><td rowspan="3">600</td><td rowspan="3">730</td><td rowspan="3">14</td><td rowspan="3">7.5</td><td rowspan="3">—</td><td rowspan="3">—</td><td>6 ~ 25</td><td>$6d$</td></tr>
<tr><td>28 ~ 40</td><td>$7d$</td></tr>
<tr><td>>40 ~ 50</td><td>$8d$</td></tr>
</table>

注:1. σ_b^0 为钢筋实测抗拉强度；σ_s^0 为钢筋实测屈服强度。

2. 对于无明显屈服点的钢筋,屈服强度应采用规定非比例延伸强度 $\sigma_{p0.2}$。

3. 对于热轧带肋钢筋,公称直径 28 ~ 40mm 各牌号钢筋的断后伸长率 δ 可降低 1%；公称直径大于 40mm 各牌号钢筋的断后伸长率 δ 可降低 2%。

4. 仲裁时采用最大力总延伸率 δ_{gt}。

5. 按规定的弯曲压头直径弯曲 180°时(对牌号带 E 的热轧带肋钢筋应进行反向弯曲试验),钢筋受弯曲部位表面不得产生裂纹。

6. 公称直径为与钢筋的公称横截面面积相等的圆的直径。

2) 冷轧带肋钢筋

冷轧带肋钢筋是用热轧圆盘条经冷轧后,在其表面带有沿长度方向均匀分布的两面、三面或四面横肋的钢筋,两面肋和三面肋钢筋横肋呈月牙状,四面肋钢筋横肋的纵断面呈月牙状且不与横肋相交。《冷轧带肋钢筋》(GB/T 13788—2017)规定,冷轧带肋钢筋按其延性高低分为冷轧带肋钢筋和高延性冷轧带肋钢筋两类,冷轧带肋钢筋的牌号由 CRB(Cool-rolled Ribbed Bars 的英文缩写)、抗拉强度最小值构成;高延性冷轧带肋钢筋的牌号由 CRB、抗拉强度最小值及 H(High elongation 的英文缩写,表示高延性)构成。目前有 CRB550、CRB650、CRB800、CRB600H、CRB680H、CRB800H 六个牌号。

CRB550、CRB600H、CRB680H 钢筋的公称直径范围为 4 ~ 12mm,CRB650、CRB800、CRB800H 钢筋的公称直径为 4mm、5mm、6mm。冷轧带肋钢筋的力学与工艺性质见表 2-8。

冷轧带肋钢筋提高了钢筋的握裹力,可广泛用于中、小型预应力混凝土结构构件和普通钢筋混凝土结构构件,也可用于焊接钢筋网。通常,CRB550、CRB600H、CRB680 用于普通钢筋混凝土,CRB650、CRB800、CRB800H 可作为预应力混凝土用钢筋。

冷轧带肋钢筋的性能 表 2-8

牌号	拉伸试验						180°弯曲试验	反复弯曲试验	应力松弛试验	
	规定塑性延伸强度 $\sigma_{p0.2}$(MPa) ≥	抗拉强度 σ_b(MPa) ≥	$\sigma_b/\sigma_{p0.2}$ ≥	断后伸长率(%)≥		最大力总延伸率(%)≥	弯心直径	次数	($Q_{con}=0.7\sigma_b$)③	
				δ	δ_{100}②	δ_{gt}			1000h 应力松弛率(%)≥	
CRB550	500	550	1.05	11.0		—	2.5	3d	—	—
CRB600H	540	600		14.0		—	5.0	3d	—	—
CRB680H①	600	680		14.0		—	5.0	3d	4	5
CRB650	585	650		—		4.0	2.5	—	3	8
CRB800	720	800		—		4.0	2.5	—	3	8
CRB800H	720	800		—		7.0	4.0	—	4	5

注:①当该牌号钢筋作为普通钢筋混凝土用钢筋使用时,对反复弯曲和应力松弛不作要求;当作为预应力混凝土用钢筋使用时,应进行反复弯曲试验代替 180°弯曲试验,并检测松弛率。

②δ_{100}表示标距为 100mm 的试样拉断伸长率。

③Q_{con}为预应力钢筋张拉控制初始应力。

3)冷轧扭钢筋

冷轧扭钢筋是由低碳钢热轧圆盘条经专用钢筋冷轧扭机调直、冷轧并冷扭一次成型,具有规定截面形状和节距的连续螺旋状钢筋,如图 2-8 所示。冷轧扭钢筋的代号为 CTB(Cool-rolled and Twisted Bars 的英文缩写),按其截面形状不同分为Ⅰ型(近似矩形截面)、Ⅱ型(近似正方形截面)和Ⅲ型(近似圆形截面)三种类型;按其强度等级不同分为 550 和 650 两个等级。

冷轧扭钢筋可适用于钢筋混凝土构件,其力学和工艺性质应符合《冷轧扭钢筋》(JG 190—2006)的规定,如表 2-9 所示。

冷轧扭钢筋的性能 表 2-9

强度级别	型号	抗拉强度 σ_b(MPa)	伸长率 δ(%)	冷弯 180℃(弯心直径=3d)	应力松弛率($Q_{con}=0.7f_{ptk}$)(%)	
					10h	1000h
CTB550	Ⅰ	≥550	$\delta_{11.3}\geq4.5$	受弯曲部位表面不得产生裂纹	—	—
	Ⅱ	≥550	$\delta\geq10$		—	—
	Ⅲ	≥550	$\delta\geq12$		—	—
CTB650	Ⅲ	≥650	$\delta_{100}\geq4$		≤5	≤8

注:1. $\delta_{11.3}$表示以标距 $11.3\sqrt{S_0}$ (S_0为试样原始截面面积)的试样拉断伸长率。

2. f_{ptk}为冷轧扭钢筋的抗拉强度标准值(应具有 95% 的保证率)。

冷轧扭钢筋的刚度大,不易变形,可直接使用,并可节约钢材 30%。与混凝土的握裹力大小与其螺距有关,螺距越小,握裹力越大,但加工难度也越大,因此,工程中应选择适宜的螺距。冷轧扭钢筋在拉伸时无明显屈服台阶,为安全起见,其抗拉设计强度采用 $0.8\sigma_b$。

4)预应力混凝土用钢丝和钢绞线

预应力钢丝按加工状态分为冷拉钢丝及消除应力钢丝两类。冷拉钢丝是以盘条通过拔丝等减径工艺经冷加工而形成的产品,以盘卷形式供货。消除应力钢丝是在一定条件下对钢丝进行一次性短时连续热处理得到的,按其松弛能力又分为低松弛钢丝和普通松弛钢丝。低松弛钢丝是钢丝在塑性变形下(轴应变)进行短时热处理得到的,而普通松弛钢丝则通过矫直工序后在适当的温度下进行短时热处理得到。预应力混凝土常用钢丝代号为：WCD（冷拉钢丝）、WLR（低松弛钢丝）。

钢丝按外形可分为光圆钢丝、螺旋肋钢丝、刻痕钢丝 3 种，代号分别为 P（光圆钢丝）、H（螺旋肋钢丝）和 I（刻痕钢丝）。

冷拉或消除应力的低松弛光圆、螺旋肋和刻痕钢丝均可作为预应力混凝土用钢丝使用，其中冷拉钢丝仅用于压力管道。按《预应力混凝土用钢丝》（GB/T 5223—2014）的规定，消除应力光圆钢丝及螺旋肋钢丝的力学性能要求见表 2-10，且 0.2% 屈服力 $F_{p0.2}$ 应不小于最大力特征值 F_m 的 88%。

消除应力光圆钢丝及螺旋肋钢丝的力学性能　　表 2-10

公称直径（mm）	公称抗拉强度 σ_b（MPa）	最大力的特征值 F_m（kN）	最大力的最大值 $F_{m,max}$（kN）	0.2%屈服力 $F_{p0.2}$（kN） ≥	最大力总伸长率（L_0 =200mm） δ_{gt}（%） ≥	反复弯曲性能		应力松弛性能	
						弯曲次数（次/180°） ≥	弯曲半径 R（mm）	初始力相当于实际最大力的百分数（%）	1000h 应力松弛率 r（%） ≤
4.00	1470	18.48	20.99	16.22	3.5	3	10	70 80	2.5 4.5
4.80		26.61	30.23	23.35		4	15		
5.00		28.86	32.78	25.32		4	15		
6.00		41.56	47.21	36.47		4	15		
6.25		45.10	51.24	39.58		4	20		
7.00		56.57	64.26	49.64		4	20		
7.50		64.94	73.78	56.99		4	20		
8.00		73.88	83.93	64.84		4	20		
9.00		93.52	106.25	82.07		4	25		
9.50		104.19	118.37	91.44		4	25		
10.00		115.45	131.16	101.32		4	25		
11.00		139.69	158.70	122.59		—	—		
12.00		166.26	188.88	145.90		—	—		
4.00	1570	19.73	22.24	17.37		3	10		
4.80		28.41	32.03	25.00		4	15		
5.00		30.82	34.75	27.12		4	15		
6.00		44.38	50.03	39.06		4	15		
6.25		48.17	54.31	42.39		4	20		
7.00		60.41	68.11	53.16		4	20		
7.50		69.36	78.20	61.04		4	20		
8.00		78.91	88.96	69.44		4	20		
9.00		99.88	112.60	87.89		4	25		
9.50		111.28	125.46	97.93		4	25		
10.00		123.31	139.02	108.51		4	25		
11.00		149.20	168.21	131.30		—	—		
12.00		177.57	200.19	156.26		—	—		
4.00	1670	20.99	23.50	18.47		3	10		
5.00		32.78	36.71	28.85		4	15		

续上表

公称直径（mm）	公称抗拉强度 σ_b（MPa）	最大力的特征值 F_m（kN）	最大力的最大值 $F_{m,max}$（kN）	0.2%屈服力 $F_{p0.2}$（kN）≥	最大力总伸长率（L_0 =200mm）δ_{gt}（%）≥	反复弯曲性能		应力松弛性能	
						弯曲次数（次/180°）≥	弯曲半径 R（mm）	初始力相当于实际最大力的百分数（%）	1000h 应力松弛率 r（%）≤
6.00	1670	47.21	52.86	41.54	3.5	4	15		
6.25		51.24	57.38	45.09		4	20		
7.00		64.26	71.96	56.55		4	20		
7.50		73.78	82.62	64.93		4	20		
8.00		83.93	93.98	73.86		4	20		
9.00		106.25	118.97	93.50		4	25		
4.00	1770	22.25	24.76	19.58		3	10	70	2.5
5.00		34.75	38.68	30.58		4	15		
6.00		50.04	55.69	44.03		4	15	80	4.5
7.00		68.11	75.81	59.94		4	20		
7.50		78.20	87.04	68.81		4	20		
4.00	1860	23.38	25.89	20.57		3	10		
5.00		36.51	40.44	32.13		4	15		
6.00		52.58	58.23	46.27		4	15		
7.00		71.58	79.27	62.98		4	20		

消除应力刻痕钢丝的力学性能也应符合表 2-11 的规定,但其所有规格的消除应力刻痕钢丝的弯曲试验次数均应不小于 3 次。

1×7 结构钢绞线力学性能 表 2-11

钢绞线结构	公称直径 D_n（mm）	公称抗拉强度 σ_b（MPa）	整根钢绞线最大力 F_m（kN）≥	整根钢绞线最大力的最大值 $F_{m,max}$（kN）≤	0.2%屈服力 $F_{p0.2}$（kN）≥	最大力总伸长率（L_0 ≥500mm）δ_{gt}（%）≥	应力松弛性能	
							初始负荷相当于实际最大力的百分数（%）	1000h 应力松弛率 r（%）≤
1×7	15.20（15.24）	1470	206	234	181	对所有规格 3.5	对所有规格 70	对所有规格 2.5
		1570	220	248	194			
		1670	234	262	206			
	9.5(9.53)	1720	94.3	105	83.0			
	11.10(11.11)		128	142	113			
	12.70		170	190	150			
	15.20(15.24)		241	269	212			
	17.80(17.78)		327	365	288			
	18.90	1820	400	444	352			
	15.70	1770	266	296	234			
	21.60		504	561	444			
	9.50(9.53)	1860	102	113	89.8			
	11.10(11.11)		138	153	121			
	12.70		184	203	162			

续上表

钢绞线结构	公称直径 D_n (mm)	公称抗拉强度 σ_b (MPa)	整根钢绞线最大力 F_m (kN) ≥	整根钢绞线最大力的最大值 $F_{m,max}$ (kN) ≤	0.2%屈服力 $F_{p0.2}$ (kN) ≥	最大力总伸长率 (L_0≥500mm) δ_{gt} (%) ≥	应力松弛性能	
							初始负荷相当于实际最大力的百分数(%)	1000h应力松弛率 r (%)≤
1×7	15.20(15.24)	1860	260	288	229		80	4.5
	15.70		279	309	246			
	17.80(17.78)		355	391	311			
	18.90		409	453	360			
	21.60		530	587	466			
	9.50(9.53)	1960	107	118	94.2			
	11.10(11.11)		145	160	128			
	12.70		193	213	170			
	15.20(15.24)		274	302	241			
1×7I	12.70	1860	184	203	162			
	15.20(15.24)		260	288	229			
(1×7)C	12.70	1860	208	231	183			
	15.20(15.24)	1820	300	333	264			
	18.00	1720	384	428	338			

注:1. 0.2%屈服力 $F_{p0.2}$ 值为整根钢绞线实际最大力 F_{ma} 的88%~95%。

2. 无特殊要求,只进行初始力为70% F_{ma} 的松弛试验,允许使用推算法进行120h松弛试验确定1000h松弛率。

预应力钢绞线按捻制结构分为八类:1×2(表示用2根钢丝捻制的钢绞线)、1×3(表示用3钢丝捻制的钢绞线)、1×3I(表示用3根刻痕钢丝捻制的钢绞线)、1×7(表示用7根钢丝捻制的钢绞线)、1×7I(表示用6根刻痕钢丝和1根光圆中心钢丝捻制的钢绞线)、(1×7)C(表示用7根钢丝捻制又经模拔的钢绞线)、1×19S(表示用19根钢丝捻制的1+9+9西鲁式钢绞线)、1×19W(表示用19根钢丝捻制的1+6+6/6瓦林吞式钢绞线)。预应力结构钢绞线的外形示意如图2-13所示。

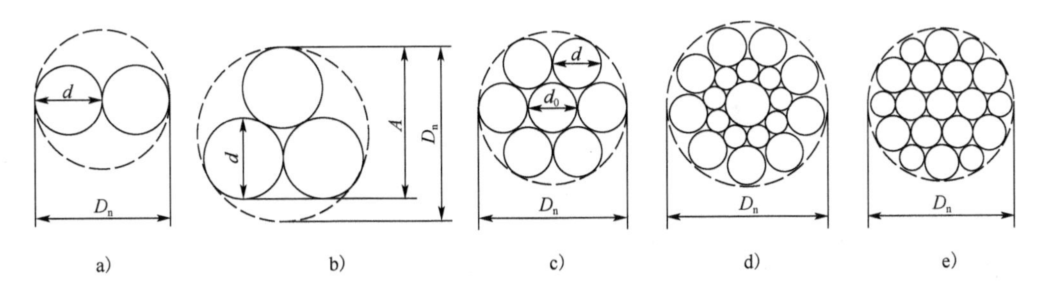

图2-13 预应力结构钢绞线外形示意图

a)1×2;b)1×3;c)1×7;d)1×19S;e)1×19W

d-钢丝直径;d_0-中心钢丝直径;D_n-钢绞线公称直径;A-钢绞线测量尺寸

按《预应力混凝土用钢绞线》(GB/T 5224—2014)的规定,预应力混凝土常用1×7结构钢绞线,其力学性能要求见表2-11。

预应力钢丝和钢绞线主要用于大跨度、大负荷的桥梁、屋架、吊车梁等,安全可靠,节约钢材,且不需冷拉、焊接接头等加工,因此在土木工程中得到广泛应用。

【创新漫谈】

高性能金属材料

由于各类建筑物、构筑物对在各种复杂条件下的使用功能的要求日益提高，建筑用金属材料的发展趋势将是：

(1)以高效钢材为主体的低合金钢将得到进一步的发展和应用。

(2)随着冶金工业生产技术的发展，建筑钢材将向具有高强、耐腐蚀、耐疲劳、易焊接、高韧性或耐磨等综合性能的方向发展。

(3)各种焊接材料及其工艺将随低合金钢的发展不断完善和配套。

国内外在高性能钢材的应用方面取得不少新进展，其中包括高强度高性能钢、低屈服点钢和耐火钢的开发和应用等。我国新修订的钢结构设计规范中增列了性能优良的Q420钢，该钢材(15MnVN)已成功地应用在九江长江大桥的建设中。另外我国冶金部门制定了行业标准《高层建筑结构用钢板》(YB 4104—2000)，该钢板是专门供高层建筑和其他重要建(构)筑物用来生产厚板焊接截面构件的。其性能与日本建筑结构用钢材相近，而且质量上还有所改进。我国有些企业正在试生产屈服点达到100MPa的低屈服点钢材，相当于日本的LY100钢，可用于抗震结构的耗能部件。有的企业正在开发耐火钢，该钢即使加热到600℃也能保持常温2/3以上的强度。

近年来，在全国各地修建了大量的大跨空间结构，网架和网壳结构形式已在全国普及，张弦桁架、悬挂结构也有很多应用实例；直接焊接钢管结构、变截面轻钢门式刚架、金属拱形波纹屋盖等轻钢结构也已遍地开花；钢结构的高层建筑也在不少城市拔地而起；适合我国国情的钢—混凝土组合结构和混合结构也有了广泛应用；目前好多地方都在建造索膜结构的罩棚和建筑小品等。可以毫不夸张地说，我国已成了各种钢结构体系的展览馆和试验场。

典型案例：国家体育场——“鸟巢”(图2-14)。边长1m的方钢管被连接成120多根长短不同、倾斜角度多样的钢柱，70%以上都是双斜柱(一根柱子在垂直面上扭转两次)。最高的钢柱全长21m，横跨体育场1～4层；最倾斜的钢柱和地面的夹角达到59°，钢柱的最大自转角度超过45°。

图2-14 国家体育场——“鸟巢”

铝作为一种轻型的金属材料，由于具有强度高、耐腐蚀等特点，也和钢材一样广泛用于各种建筑中，如桥梁、塔楼和储罐等。虽然结构钢型材与板材的基建投资费用较低，但当人们需要考虑工程的结构特点、独特的建筑设计、质轻和(或)抗腐蚀性时,即可采用铝。铝可用于桥梁与公路的辅助结构上,如桥梁栏杆、公路护栏、照明标准件、交通指挥塔、交通标志和连接围栏等,铝也普遍用于桥梁结构上,特别是长墩距桥梁或活动桥梁的平衡装置中。脚手架、爬梯、变电所构筑物及其他公用工程构筑物,常使用的铝材形式主要是结构型材和特殊挤压型材。吊车、输送机和重载装卸系统也包含了大量的铝材。

习　题

2-1　钢材如何按化学成分分类?土木工程中常用什么钢材?

2-2　评价钢材技术性质的主要指标有哪些?

2-3　化学成分对钢材的性能有何影响?

2-4　钢材拉伸性能的表征指标有哪些?各指标的含义是什么?

2-5　什么是钢材的冷弯性能?应如何进行评价?

2-6　何谓钢材的冷加工和时效?钢材经冷加工和时效处理后性能有何变化?

2-7　钢筋混凝土用热轧钢筋有哪几个牌号?其表示的含义是什么?

2-8　建筑钢材的锈蚀原因有哪些?如何防锈?

2-9　从一批公称直径为12mm的HRB400热轧钢筋中抽样,并截取两根钢筋做拉伸试验,测定结果:屈服下限荷载分别为50.6kN、48.2kN,抗拉极限荷载分别为71.4kN、71.0kN,钢筋标距为60mm,拉断时长度分别为70.6mm、71.2mm。试评定该钢筋的性能,并说明其利用率及使用的安全可靠程度。

第3章　砂石材料

学习指导

本章重点介绍砂石材料的技术性质和技术要求,矿质混合料的级配理论和组成设计方法。通过学习,要求学生掌握的知识点有:砂石材料的技术性质及主要的技术指标、矿质混合料的组成设计方法;要求学生学会检验砂石材料主要指标的试验方法和质量评价方法,运用矿质混合料的级配理论和组成设计方法进行工程砂石材料组配。

砂石是良好的天然建筑材料,原始人群最早就使用了天然岩土洞穴作为生存住所。随着人类文明的不断进步,生产工具得到极大改善,石料使用逐步增多。我国东汉时期出现了全部石造的建筑物,如石祠、石阙和石墓。秦汉时期还修建了空前规模的宫殿、陵墓、万里长城、驰道和水利工程等。到隋唐时期,修建了世界上现存最早、保存最好的石拱桥——赵州桥,又称为安济桥。该桥通体由巨大的花岗岩石块组成,1991 年被美国土木工程学会命名为“国际土木工程历史古迹”。国外石建筑的历史也很悠久,距今 4600 年的古埃及金字塔,塔身是用 230 万块石料砌成,平均每块石料质量为 2.5t,创造了世界奇观。公元前 27 ~ 公元 25 年建造(由阿德里亚诺皇帝公元 120 ~ 125 年重建)的古罗马万神殿也是著名的石结构建筑。

由于砂石材料坚固耐久,耐磨性好,且资源丰富,便于就地取材,因此,成为土木工程中应用最广、用量最大的一种建筑材料。石料可以直接或经加工成各种石材用作砌筑基础、桥涵、挡土墙、护坡、沟渠及隧道衬砌等部位,色泽美观的石材还可用作土木工程构筑物的饰面材料;石料也可以加工成各种尺寸的散粒状集料(如碎石、砾石、砂等),广泛用作水泥混凝土、沥青混合料、无机结合料稳定材料等混合料的集料。随着新型复合材料的发展,工程对集料质量的要求越来越高,砂石材料的加工技术也在不断地创新、丰富和提高。

用作各种土木工程建筑的石料或集料应具备一定的技术性质,以适应不同工程建筑的技术要求。尤其是用作水泥混凝土、沥青混合料,以及无机结合料稳定材料等混合料的集料,必须依据级配理论设计组配成符合工程级配要求的矿质混合料,以满足不同用途混合料的基本要求。

按照砂石材料在土木工程结构中的不同用途,本章分为石料、集料和矿质混合料三部分内容进行介绍。

3.1　石　　料

3.1.1　石料的技术性质

石料主要是指可以加工成一定规则形状的,并可以直接用于各种土木工程建筑的块石,亦称为石材。石料的技术性质主要包括物理性质、力学性质和化学性质3个方面。

1)物理性质

石料的物理性质包括反映其内部组成结构状态的物理常数,以及反映受温度和水等自然因素作用的物理指标。

(1)物理常数

土木工程用块状石料,常用的物理常数主要有密度、毛体积密度和孔隙率。这些物理常数在一定程度上能表征材料的内部组织结构,可以间接地预测石料的有关物理性质和力学性质。

①密度。

石料的密度是指在规定条件(105~110℃烘干至恒重,温度20℃±2℃)下,石料单位矿质实体体积的质量,通常采用短颈瓶法测定。《公路工程岩石试验规程》(JTG E41—2005)规定,将石料样品粉碎磨细后,在105~110℃条件下烘干至恒重,称得其质量,然后在密度瓶中加水,经沸煮排除气泡后,使水充分进入开口孔隙中,通过"置换法"测定其矿质实体的体积,获得质量和实体体积后即可计算得到石料的密度。该试验规程也允许采用李氏比重瓶法测定石料的密度。

②毛体积密度。

石料毛体积密度是指在规定条件下,石料单位毛体积(包括矿质实体和孔隙的体积)的质量。《公路工程岩石试验规程》(JTG E41—2005)规定,采用水中称量法测定。该方法是将规则石料在105~110℃烘干至恒重,测得其质量;然后将石料浸入水中吸水饱和,饱水后用湿毛巾揩去表面水,即可称得饱和面干时的石料质量;最后用浸水天平法测得饱和面干石料的水中质量,则可计算出石料的毛体积,由此求出石料的毛体积密度。此外,也允许用封蜡法或量积法来测定石料的毛体积密度。这三种方法各有优缺点。

③孔隙率。

孔隙率是指石料的孔隙体积占其总体积的百分率,可由密度和毛体积密度计算求得。

石料的物理常数不仅可以反映石料的内部组成结构状态,而且还能间接地反映石料的力学性质,如相同矿物组成的岩石,孔隙率越低,其强度越高。石料的孔结构,也会影响其轧制而成的集料在水泥(或沥青)混凝土中对水泥浆(或沥青)的吸收、吸附等化学交互作用的程度。

(2)吸水性

吸水性是石料在规定条件下吸水的能力。水对石料的作用主要取决于石料造岩矿物的性质及其组成的结构状态(孔隙尺寸和分布状态),可通过吸水性反映。在不同试验条件下,石料的吸水能力也不同。工程中常采用吸水率与饱和吸水率这两项指标来表征石料的吸水性。

①吸水率。

吸水率是指在室内常温常压条件下,石料试件最大的吸水质量占烘干石料试件质量的百分率。

②饱和吸水率。

饱和吸水率是在室内常温和石料试件强制饱和条件(采用沸煮法或真空抽气法)下,石料试件的最大吸水质量占烘干石料试件质量的百分率,计算方法与吸水率相似。饱和吸水率是在沸煮或真空抽气条件下测定的,水几乎可以充满开口孔隙的全部体积,因此,饱和吸水率比吸水率大。

此外,石料的吸水性也可以采用饱水系数表示,石料的吸水率与饱和吸水率的比值即为饱水系数。

(3)耐候性

道路、桥梁与房屋等都是暴露于大自然中无遮盖的构筑物，经常受到各种自然因素的影响。用于土木工程建筑的石料抵抗大气等自然因素作用的性能称为耐候性。石料的耐候性能直接决定石料使用的耐久性。

天然石料在土木工程结构中，经受各种自然因素的长期综合作用，其力学强度逐渐衰降。在工程使用中导致石料力学强度降低的因素，首先是温度的升降，由温度应力的作用引起石料内部的破坏，其次是石料在潮湿条件下，受到正、负气温的交替冻融作用，引起石料内部组织结构的破坏。这两种因素中何者占主导地位，需根据当地的气候条件决定，大多数地区以后者为主。

《公路工程岩石试验规程》(JTG E41—2005)规定，石料的耐久性可以采用抗冻性试验和坚固性试验两种方法测定。

①抗冻性。

抗冻性是指石料在饱水状态下，能够抵抗多次冻结和融化作用而不发生显著破坏或强度降低的性能。

现有研究认为，石料在潮湿状态受正负温度交替循环而产生破坏的机理是由材料孔隙内水结冰所引起的。水在结冰时，体积增大约9%，对孔壁产生的压力可达100MPa，在压力的反复作用下可使孔壁开裂。经过多次冻融循环后，石料逐渐产生剥落、分层、裂缝及边角损坏等破坏现象。

《公路工程岩石试验规程》(JTG E41—2005)采用直接冻融法来评价石料在饱和状态下经受规定次数的冻融循环后抵抗破坏的能力。石料抗冻性对于不同的工程环境气候有不同的要求，寒冷地区均应进行石料的抗冻性试验。

直接冻融试验方法是将石料制备成直径为50mm ±2mm、高径比为2∶1 的圆柱体试件，在常温条件(20℃ ±5℃)下，让试件自由吸水饱和，然后置于负温(通常采用 -15℃)的冰箱中冻结4h，最后在常温条件下融解4h，记作一次冻融循环，如此反复冻融至规定次数为止。经过10、15、25……至规定次数冻融循环后，观察其外观破坏情况并加以记录，计算其质量损失率和冻融系数，以表征石料的抗冻性能。

通常采用冻融后强度变化、质量损失及外形变化三个指标判断石料的抗冻性能。一般认为，冻融系数大于0.75，质量损失率小于2%，且石料试件没有明显缺损(包括剥落、分层、裂缝及边角损坏等现象)者，为抗冻性好的石料；吸水率小于0.5%，软化系数大于0.75，以及饱水系数小于0.8 的石料，具有足够的抗冻能力。对于一般工程，往往根据上述标准确定是否需要进行石料的抗冻性试验。

石料的抗冻性与其矿物成分、结构特征有关，与石料的吸水率关系更为密切。石料的抗冻性主要取决于石料中大开口孔隙的发育情况、亲水性、可溶性矿物的含量及矿物颗粒间的联结力。大开口孔隙越多，亲水性和可溶性矿物含量越高时，石料的抗冻性越低；反之，越高。

②坚固性。

坚固性是指石料经饱和硫酸钠溶液多次浸泡与烘干后而不发生显著破坏或强度降低的性能。

石料的坚固性采用硫酸钠坚固性法测定。该方法是将硫酸钠饱和溶液浸入石料孔隙后，经烘干、硫酸钠结晶体积膨胀，产生有如水结冻相似的作用，使石料孔隙周壁受到张应力作用，经过多次循环，引起石料破坏。石料坚固性采用质量损失率表示。

坚固性试验是石料抗冻性的一种简易、快速的测定方法。按我国标准，有条件者均应采用直接冻融法进行石料抗冻性试验。

2)力学性质

土木工程结构物中所用石料,除受上述物理性质影响外,还要受到外力的作用,因此,石料还应具备一定的力学性质。对石料力学性质方面的要求,主要为一般材料力学中所述及的抗压、抗拉、抗剪、抗弯、弹性模量等静态力学指标。这里主要讨论与确定石料等级密切相关的抗压强度和磨耗率两项指标。

(1)单轴抗压强度

石料的抗压强度,通常有单轴抗压强度和三轴抗压强度两种,如不作边坡验算等,一般仅需要进行单轴抗压强度试验。

石料的单轴抗压强度,是将石料(岩块)制备成规定尺寸的标准试件,经吸水饱和后,在单轴受压并按规定的加载条件下,达到极限破坏时,单位承压面积的强度,按式(3-1)计算:

$$R = \frac{P}{A} \tag{3-1}$$

式中:R——石料的抗压强度,MPa;

P——试件破坏时的荷载,N;

A——试件的截面面积,mm^2。

石料的用途不同,要求用于石料抗压强度试验的标准试件的尺寸和形状均不相同。《公路工程岩石试验规程》(JTG E41—2005)规定:用于建筑地基的石料,采用直径为50mm ± 2mm、高径比为2:1的圆柱体作为标准试件;桥梁工程石料,采用边长为70mm ± 2mm的立方体作为标准试件;而用于路面工程的石料,采用边长为50mm ± 2mm的立方体或直径和高度均为50mm ± 2mm的圆柱体作为标准试件进行抗压强度试验。

石料的抗压强度值主要取决于两方面因素的影响与控制:一方面是石料自身因素,如石料的矿物组成、结构、构造及含水状态等;另一方面是试验条件,如试件几何外形、加工精度、加载速度、温度和湿度等因素。

一般来说,含强度高的矿物(如石英、长石、角闪石、辉石及橄榄石等)较多时,岩石的强度就高;相反,含软弱矿物(如云母、黏土矿物、滑石及绿泥石等)较多时,强度就低。如石英岩、花岗岩、闪长岩等岩石的抗压强度一般为100~300MPa,而页岩、黏土和千枚岩等的抗压强度最高不超过100MPa。石料结构、构造对强度的影响,主要表现在矿物颗粒间的联结、颗粒大小与形状、孔隙特性等。一般情况,结晶联结的岩石、细粒结构的岩石强度较高,粒柱状矿物组成的岩石强度高且不具各向异性,而片状、鳞片状矿物组成的岩石,不仅强度低且往往具有较强的各向异性。对于胶结联结的岩石,其强度主要取决于胶结物的成分,硅质胶结的强度最高,其次是铁质胶结,泥质胶结的强度最低。石料的孔隙性反映其密实程度,孔隙率越大,强度越低。含水状态对石料的强度具有显著的影响,通常石料的强度随含水率的增大而降低。我国规范通常要求测定石料饱水状态下的抗压强度,但在某些情况下,石料的含水状态也可以根据实际需要选择天然状态、烘干状态或冻融循环后的状态。

试验条件对石料的强度也有一定的影响。由于棱柱体棱角部分应力集中的原因,一般来说,圆柱体试件的强度比棱柱体试件的强度大。随试件尺寸和高径比的增大,石料的强度随之降低,其主要原因是石料内包含的裂隙、孔隙等缺陷也随之增多,且应力分布不均造成的。石料试件加工精度的影响主要表现在试件端面的平整度和平行度。此外,加荷速度增加,石料的强度也增大。

(2)磨耗性

磨耗性是石料抵抗摩擦、撞击的能力，是评定路用石料强度等级的依据之一。《公路工程集料试验规程》(JTG E42—2005)规定，石料的磨耗性可主要采用洛杉矶磨耗试验法确定。

洛杉矶试验法采用洛杉矶(或称为搁板)式磨耗试验机(图3-1)，将试样洗净烘干，称出按一定规格组成的级配碎石试样的总质量，加入磨耗筒中。同时，选择一定数量的助磨钢球加入筒中，盖好筒盖，紧固密封。开动磨耗机，以30~33r/min的转速转动至要求的回转次数为止。由于在旋转中试样受到相互摩擦、撞击等力系的综合作用，使试样产生磨耗和破碎。试验后，采用1.7mm方孔筛筛去细屑，并洗净烘干称其质量。

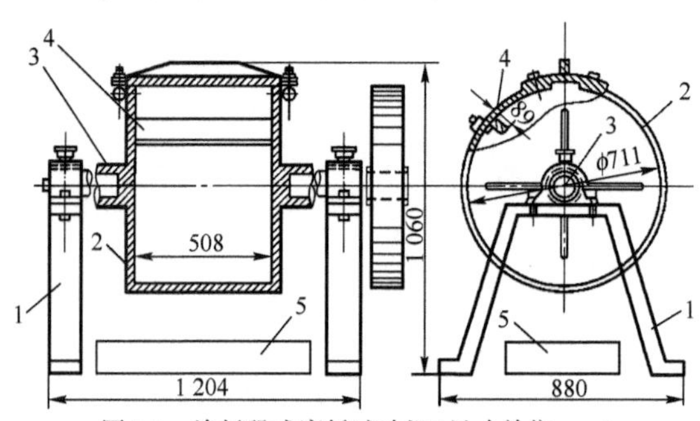

图3-1 洛杉矶式磨耗试验机(尺寸单位:mm)

1-支架;2-圆筒;3-筒轴;4-搁板;5-盛器

石料的磨耗性采用磨耗损失表示，按式(3-2)计算：

$$Q = \frac{m_1 - m_2}{m_1} \times 100 \tag{3-2}$$

式中：Q——石料的磨耗损失(或称磨耗率)，%；

m_1——装入圆筒中的试样质量，g；

m_2——试验后1.7mm筛上洗净烘干的试样质量，g。

石料的磨耗损失是表征路用石料力学性能的重要指标，通常与抗压强度一起作为评价路用石料强度等级的主要依据。

3)化学性质

按照岩石的成因，自然界的岩石可以分为岩浆岩、沉积岩和变质岩三大类。由于形成各类岩石的造岩矿物的种类、数量各不相同，这不仅决定和影响了岩石的物理性质和力学性质，还决定了岩石的化学性质。如表3-1所示，以石灰岩、花岗岩和石英岩三种典型岩石的化学成分分析结果为例，可以看出，不同石料基本的化学成分含量是不相同的。克罗斯按照石料化学组成中SiO_2的含量，将石料的化学性质进行了如下分类：石料的化学组成中SiO_2的含量大于65%者称为酸性石料，SiO_2的含量在52%~65%之间者称为中性石料，SiO_2的含量小于52%者称为碱性石料。

三种典型石料的化学组成分析 表3-1

岩石名称	化学组成(%)							
	氧化硅(SiO_2)	氧化钙(CaO)	氧化铁(Fe_2O_3)	氧化铝(Al_2O_3)	氧化镁(MgO)	氧化锰(MnO)	三氧化硫(SO_3)	磷酸酐(P_2O_5)
石灰岩	1.00	55.57	0.27	0.27	0.06	0.01	0.01	—
花岗岩	76.72	1.99	2.87	17.29	0.02	0.02	0.15	0.02
石英岩	98.25	0.21	1.23	0.09	—	0.01	0.21	—

土木工程中，常用石料的化学性质分类如图3-2所示。对于工程中常用的碎石，当与结合料（水泥或沥青）组成混合料使用时，其化学性质常常采用一些工程上较为简便的试验方法进行判定。

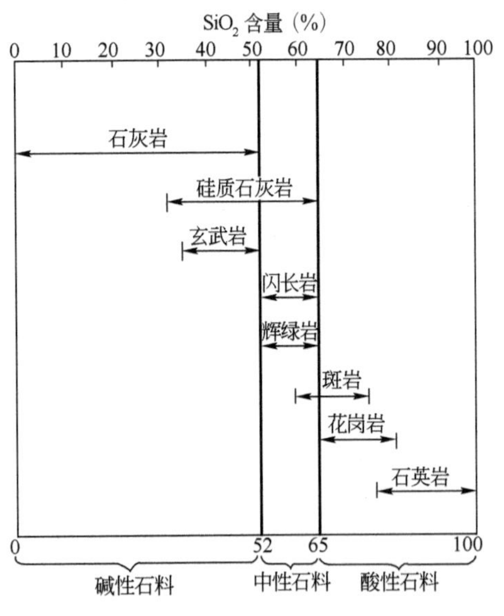

图3-2 常见岩石的化学性质分类

3.1.2 石料的技术标准

1）公路工程石料的技术标准

根据公路工程对各种岩石的不同技术要求，可将自然界的岩石划分为4个岩类，每一类岩石又按其饱水抗压强度和磨耗率划分为四个力学等级：1级为最坚硬岩石；2级为坚硬岩石；3级为中等强度岩石；4级为较软岩石。其技术标准见表3-2。

公路工程石料技术标准　　表3-2

岩石类别	主要岩石名称	石料等级	技术标准	
			饱水抗压强度（MPa）	洛杉矶磨耗率（%）
岩浆岩类	花岗岩、玄武岩、安山岩、辉绿岩等	1	>120	<25
		2	100～120	25～30
		3	80～100	30～45
		4	—	45～60
石灰岩类	石灰岩、白云岩等	1	>100	<30
		2	80～100	30～35
		3	60～80	35～50
		4	30～60	50～60
砂岩与片岩类	石英岩、砂岩、片麻岩、石英片麻岩等	1	>100	<30
		2	80～100	30～35
		3	50～80	35～45
		4	30～50	45～60
砾石	—	1	—	<20
		2	—	20～30
		3	—	30～50
		4	—	50～60

2）砌筑石料的技术标准

（1）建筑工程砌筑石料的技术标准

建筑工程用砌筑石料，按照饱水抗压强度指标将石料划分为MU100、MU80、MU60、MU50、MU40、MU30、MU20共7个强度等级。对于有层理、片理结构的石料，其垂直于层理、片理方向的强度较平行于层理、片理方向的强度高，因此，在测定抗压强度时，其受力方向应与石料在砌体中的实际受力方向相同。

建筑砌筑石料的耐水性按其软化系数的大小分为高、中、低三等。软化系数 >0.9 者称为高耐水性石料；软化系数在 0.75 ~0.9 之间者称为中等耐水性石料；软化系数在 0.6 ~0.75 之间者称为低耐水性石料；软化系数 <0.6 者不允许用于重要建筑物。此外，砌筑石料应无明显风化现象。

(2)桥梁工程砌筑石料的技术标准

桥梁工程石料按饱和单轴抗压强度标准值，将岩石的坚硬程度划分为坚硬岩石、较坚硬岩石、较软岩石、软岩石和极软岩石五类，划分标准见表 3-3。

桥梁工程石料坚硬程度类别 表 3-3

坚硬程度类别	坚硬岩	较坚硬岩	较软岩	软岩	极软岩
饱和单轴抗压强度标准值 f_{rk} (MPa)	>60	$60 \geqslant f_{rk} > 30$	$30 \geqslant f_{rk} > 15$	$15 \geqslant f_{rk} > 5$	≤5

用于桥梁工程的石料按其软化系数分为软化岩石和不软化岩石。软化系数 >0.75 者称为不软化岩石；软化系数≤0.75 者称为软化岩石。

对于累年最冷月平均气温低于或等于 -10℃ 的地区，除干旱不受冻部位或根据以往实践经验证明石料确有足够抗冻性者外，桥梁所用石材的抗冻性指标见表 3-4。

石材抗冻性指标 表 3-4

结构物类别	大、中桥	小桥及涵洞
镶面或表面石材	50	25

注：抗冻性指标，是指材料在含水饱和状态下经过 -15℃ 的冻结与 20℃ 融化的循环次数。试验后的材料应无明显损伤(裂缝、脱层)，其强度不应低于试验前的 0.75 倍。

3.1.3 石料制品与应用

1)建筑工程石料制品

砌筑石料经岩石开采、加工获得，亦称砌筑石材。砌筑石料按其加工的外形规则程度划分为料石和毛石两类。

料石的外形规则要求：截面的宽度、高度不小于 200mm，长度不宜大于厚度的 4 倍。料石按加工面的平整程度又可分为细料石、半细料石、粗料石和毛料石四种。料石根据加工程度可分别用于外部装饰、勒脚、台阶、砌体、石拱等。

毛石是指采石场爆破后直接得到的形状不规则的石块，其中部厚度不小于 150mm，挡土墙用毛石中部厚度不小于 200mm。毛石又分为乱毛石和平毛石：形状不规则的石块为乱毛石；形状虽不规则，但有两个平面大致平行的石块为平毛石。毛石主要用于基础、挡土墙、毛石混凝土等工程。

2)路面工程石料制品

路面工程用石料制品，根据用途分为直接用于铺砌路面面层石料和用作路面基层石料。直接铺砌路面面层的石料有：整齐块石、半整齐块石和不整齐块石三类；用作路面基层的石料有：锥形块石和片石等。

整齐块石的尺寸一般可按设计要求确定。大方块石尺寸为 300mm × 300mm × (120 ~ 150)mm，小方块石尺寸为 120mm × 120mm × 250mm。当块石边缘的四个边及表面各自紧靠直尺时,其间隙不得大于3mm。整齐块石一般用作高级铺砌,要求石料高强、硬质、耐磨(岩石抗压强度不低于100MPa,洛杉矶磨耗率不大于5%),精凿加工,费用昂贵。

半整齐块石指经粗凿而成的"方块石"或长方体的条石。顶面与底面平行,顶面积与底面积之比为40% ~75%。半整齐块石宜用硬质石料制成,为修凿方便,常采用花岗岩。其顶面通常不进行加工,平整性较差,一般只在特殊路段使用。

不整齐块石又称拳石,是由粗打加工而成的块石,要求顶面为一平面,底面与顶面基本平行,顶面面积与底面面积之比大于40% ~60%。这类石料铺砌路面,造价不高,不受天气影响,经久耐用,但平整度差,行车振动大,故较少应用。

锥形块石又称为"大块石",或手摆块石,是由片石进一步加工而得的粗石料,要求上小下大,接近截锥形。锥形块石的高度一般分为160mm ± 20mm、200mm ± 20mm、250mm ± 20mm等,为摆砌稳定,其底面积不宜小于100cm^2。锥形块石用作路面底基层,通常底基层应为石块高的1.1 ~1.4倍。除特殊情况外,一般不采用大块石基层。

3)桥梁工程石料制品

桥梁工程用主要石料制品有片石、块石、粗料石、拱石等,主要用于砌筑公路桥涵拱圈、墩台、挡土墙、浆砌片石护坡及其附属工程等。

片石一般指爆破或楔劈法开采的石块,厚度不应小于150mm(卵形和薄片者不得采用)。用作镶面的片石,应选择较平整、尺寸较大者,并应稍加修整。桥涵附属工程采用卵石代替片石时,其石质及规格须符合片石的规定。

块石形状应大致方正,上下面大致平整,厚度200 ~300mm,宽度为厚度的1.0 ~1.5倍,长度为厚度的1.5 ~3.0倍,如有锋棱锐角,应敲除。块石用作镶面时,应由外露面四周向内稍加修凿,后部可不修凿,但应略小于修凿部分。

粗料石是由岩层或大块石料开劈并经粗略修凿而成,外形应方正,成六面体,厚度为200 ~300mm,宽度为厚度的1 ~1.5倍,长度为厚度的2.5 ~4倍,表面凹陷深度不大于20mm。加工镶面粗料石时,丁石长度应比相邻顺石宽度至少大150mm,修凿面每100mm长须有錾路约四五条,侧面修凿面应与外露面垂直,正面凹陷深度不应超过15.0mm。镶面粗料石的外露面如带细凿边缘时,细凿边缘的宽度应为30 ~50mm。

拱石可根据设计采用粗料石、块石或片石。拱石应立纹破料,岩层面应与拱轴垂直,各排拱石沿拱圈内弧的厚度应一致。用粗料石砌筑曲线半径较小的拱圈,辐射线上下宽度相差超过30%时,宜将石料加工成楔形,尺寸要求:最小厚度不应小于200mm,最大厚度按设计或施工放样确定;高度应为最小厚度的1.2 ~2.0倍;长度应为最小厚度的2.5 ~4.0倍。

3.2 集　　料

3.2.1 集料的分类

集料包括岩石天然风化而成的砾石(卵石)和砂,以及岩石经机械和人工轧制而成的各种尺寸的碎石和砂。随着土木工程材料的发展,集料也包括工业冶金矿渣。根据集料在各种工程混合料中的不同作用,可将集料划分为粗集料和细集料两大类。

在水泥混凝土中,粗集料是指粒径大于4.75mm(以方孔筛计)的集料,细集料是指粒径小于4.75mm 的集料;在沥青混合料中,粗集料是指粒径大于2.36mm(以方孔筛计)的集料,细集料是指粒径小于2.36mm 的集料。粗集料在混合料中起骨架作用,常见的粗集料有人工轧制的碎石和天然风化而成的卵石等。细集料在混合料中起填充作用,主要包括天然砂、人工砂(或称机制砂)和石屑等。集料中还有一部分粒径小于0.075mm 的矿物质粉末,如石灰石矿粉、消石灰粉、水泥、粉煤灰等。这部分细料在混合料中不仅起填充作用,而且往往还起着其他特殊作用,通常习惯将这些细料称为填料。

3.2.2 集料的技术性质

集料的技术性质主要包括物理性质、力学性质和化学性质。由于不同集料在各种混合料中发挥的作用不同,因此,对其技术要求亦不相同。关于组配各种混合料对集料的技术要求将在第5 章、第7 章和第10 章中分别介绍,本节仅对集料的一般技术性质进行阐述。

1)粗集料的技术性质

(1)物理性质

①物理常数。

与石料不同,在计算粗集料的物理常数时,不仅要考虑集料颗粒的孔隙(开口孔隙和闭口孔隙),还要考虑颗粒间的间隙。粗集料常用的物理常数有表观密度、表干密度、毛体积密度、堆积密度和空隙率。

a. 表观密度。

粗集料的表观密度是指在规定条件(105℃ ±5℃烘干至恒重)下,单位表观体积(包括矿质实体和闭口孔隙的体积)物质颗粒的干质量,工程上常简称为视密度。

《公路工程集料试验规程》(JTG E42—2005)规定采用网篮法测定粗集料的表观密度。将已知质量的干燥粗集料装在金属吊篮中浸水24h,使开口孔隙吸水饱和,然后采用浸水天平称出饱水后粗集料在水中的质量,依据排水法计算出包括闭口孔隙在内的表观体积,即可计算出粗集料的表观密度。

b. 表干密度。

粗集料的表干密度是指在规定试验条件下,单位毛体积(包括矿质实体、闭口孔隙和开口孔隙体积)物质颗粒的表干质量,也称饱和面干密度。

粗集料表干密度的测定,仍然采用网篮法。将已知质量的干燥集料,经24h 饱水后,用湿毛巾擦干颗粒的表面水而称得表干(饱和面干)状态的质量,然后采用浸水天平称出饱水后粗集料在水中的质量,利用排水法求得粗集料的毛体积,即可求得粗集料的表干密度。

c. 毛体积密度。

粗集料的毛体积密度是指在规定试验条件下,单位毛体积(包括矿质实体、闭口孔隙和开口孔隙体积)物质颗粒的干质量。粗集料的毛体积密度仍采用网篮法进行测定。

d. 堆积密度。

粗集料的堆积密度是将粗集料装填于容器中,包括粗集料物质颗粒和颗粒之间空隙在内的单位堆积体积的质量。

由于粗集料颗粒排列的松紧程度不同,其堆积密度可分为自然状态、振实状态和捣实状态下的堆积密度。

e. 空隙率。

粗集料的空隙率是指粗集料在自然堆积（或紧密堆积）时空隙体积占总体积的百分率。对于不同用途的粗集料，要求采用不同堆积状态下的空隙率作为计算参数。用于水泥混凝土的粗集料振实状态下的空隙率按式（3-3）计算；用于沥青混合料（如 SMA 沥青玛蹄脂碎石混合料）的粗集料，则采用骨架捣实状态下的间隙率作为计算参数。粗集料的间隙率是指粗集料颗粒间的间隙体积（不包括开口孔隙体积）占集料总体积的百分率，捣实状态下的间隙率按式（3-4）计算：

$$V_c = \left(1 - \frac{\rho}{\rho_a}\right) \times 100 \tag{3-3}$$

式中：V_c——振实状态下粗集料的空隙率，%；

ρ_a——粗集料的表观密度，g/cm³；

ρ——按振实法测定的粗集料的堆积密度，g/cm³。

$$VCA_{DRC} = \left(1 - \frac{\rho}{\rho_b}\right) \times 100 \tag{3-4}$$

式中：VCA_{DRC}——捣实状态下粗集料的骨架间隙率，%；

ρ_b——粗集料的毛体积密度，g/cm³；

ρ——按捣实法测定的粗集料的堆积密度，g/cm³。

②级配。

粗集料的级配是指粗集料各组成颗粒的分配情况，可通过筛分试验确定。筛分试验是将粗集料通过一系列规定筛孔尺寸的标准筛，称出存留在各个筛上的集料质量，根据粗集料试样的总质量与各筛上的存留质量，采用一系列级配参数来表征其级配情况。常用的级配参数有：分计筛余百分率、累计筛余百分率和通过百分率。

a. 分计筛余百分率。

某号筛上的筛余质量占试样总质量的百分率，可按式（3-5）求得：

$$a_i = \frac{m_i}{m} \times 100 \tag{3-5}$$

式中：a_i——某号筛的分计筛余百分率，%；

m_i——存留在某号筛上的质量，g；

m——试样总质量，g。

b. 累计筛余百分率。

某号筛的分计筛余百分率和大于该号筛的各筛分计筛余百分率的总和，可按式（3-6）求得：

$$A_i = a_1 + a_2 + \cdots + a_i \tag{3-6}$$

式中：A_i——某号筛的累计筛余百分率，%；

a_1、a_2、…、a_i——从第一号筛、第二号筛……依次至计算的某号筛的分计筛余百分率，%。

c. 通过百分率。

通过某筛的质量占试样总质量的百分率，即 100 与累计筛余百分率之差，以 P_i 表示，按式（3-7）求得：

$$P_i = 100 - A_i \tag{3-7}$$

【例 3-1】 粗集料级配计算示例

某试验室欲使用 5～20mm 连续粒级碎石配制水泥混凝土，经设计组配后，其筛分试验获得各筛的筛余质量见表 3-5，试计算该碎石的级配参数，并确定其工程适应性。

解：计算 5～20mm 粗集料级配参数：分计筛余百分率、累计筛余百分率和通过百分率，如表 3-5 所示。

粗集料筛分试验的结果 表 3-5

筛孔尺寸 (mm)	筛余质量 m_i (g)	分计筛余百分率 a_i (%)	累计筛余百分率 A_i (%)	通过百分率 P_i (%)	通过百分率级配范围要求 (%)
26.5	0	0	0	100	100
19	151.7	7.6	7.6	92.4	90～100
9.5	1 180.5	59.0	66.6	33.4	20～60
4.75	589.0	29.4	96.0	4.0	0～10
2.36	77.5	3.9	99.9	0.1	0～5
筛底	1.3	0.1	100	0	—
共计	2 000.0	—	—	—	—

粗集料的级配参数可采用表 3-5 数据表示，评价其工程适应性可通过绘制级配曲线反映，如图 3-3 所示。通常，绘制级配曲线图采用半对数坐标。即纵坐标采用常坐标，一般以通过百分率（或累计筛余百分率）表示；横坐标采用对数坐标，以各筛的筛孔尺寸表示。由图 3-3 可知，例 3-1 中碎石的级配满足级配范围要求，可以用于配制水泥混凝土。

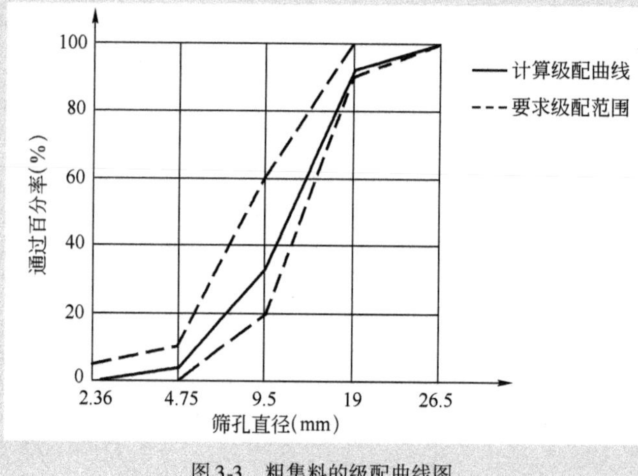

图 3-3 粗集料的级配曲线图

粗集料的标准筛（以方孔筛计）有：75mm、63mm、53mm、37.5mm、31.5mm、26.5mm、19mm、16mm、13.2mm、9.5mm、4.75mm 等筛孔尺寸。按我国粗集料的供需要求，规定生产和使用的粗集料粒径规格有 3～5mm、3～10mm、5～10mm、5～15mm、10～15mm、10～20mm、10～25mm、10～30mm、15～30mm、16～31.5mm、20～40mm、25～50mm、31.5～63mm 等。不同的工程结构可以选用不同规格的粗集料，但使用前应经过筛分试验检验其级配情况，满足相应规格的级配范围要求者方能使用。配制水泥混凝土或沥青混合料等混合料时，可以选用单一规格的粗集料，也可以选用几种规格的粗集料混合使用。当采用多种集料组配使用时，各规格集料的级配可以适当放宽要求，但必须经过配合比设计计算，组配成连续级配或合理的间断级配才允许使用。

在集料的工程应用中，常常会遇到集料的最大粒径和公称最大粒径两个概念。最大粒径是指集料100%都要求通过的最小的标准筛筛孔尺寸；公称最大粒径是指集料可能全部通过或允许有少量不通过（一般允许筛余不超过10%）的最小标准筛的筛孔尺寸。公称最大粒径通常比最大粒径小一个粒级，在选择集料和级配设计中应区别二者的意义，不能混为一谈。

③针片状颗粒。

针片状颗粒是指粗集料中细长的针状颗粒与扁平的片状颗粒。针片状颗粒是一种有害颗粒，由于它过于细长或扁平，因此，施工中很容易折断，增大集料空隙，影响混合料的技术性质。

不同用途的粗集料，针片状颗粒含量的测定方法也不相同。《公路工程集料试验规程》（JTG E42—2005）规定，水泥混凝土用粗集料的针片状颗粒含量采用规准仪法测定；而沥青混合料用粗集料则采用游标卡尺法测定。试验方法是在规定质量的试样中，挑出针状、片状颗粒，并称量其总质量。粗集料的针片状颗粒含量按式（3-8）计算：

$$Q_e = \frac{m_1}{m_0} \times 100 \tag{3-8}$$

式中：Q_e——试样的针状、片状颗粒含量，%；

m_1——试样中所含针状与片状颗粒的总质量，g；

m_0——试样总质量，g。

④坚固性。

除石料一节中所述，将岩石加工成规则试块进行抗冻性和坚固性试验外，对轧制的碎石或天然风化的卵石，可采用规定级配的各粒级粗集料，选取规定数量，分别装在金属网篮中浸入饱和硫酸钠溶液中进行干湿循环试验。经一定的循环次数后，观察其表面破坏情况，并用质量损失百分率来表征其坚固性。

（2）力学性质

土木工程建筑用粗集料的力学性质，主要采用压碎值和磨耗率等指标表示。对用于高速公路及路面抗滑表层的粗集料，还专门设计了特殊的力学指标，如磨光值、道瑞磨耗值和冲击值。

①压碎值。

压碎值是指粗集料在连续增加的荷载下，抵抗压碎的能力，作为相对衡量石料强度的一个指标。《建设用卵石、碎石》（GB/T 14685—2011）规定，压碎值试验方法是取规定数量的粒径为9.50～19.5mm的粗集料试样3份，每份3kg。将试样分两层装入圆模（置于底盘上）内（图3-4），每装完一层试样后，在底盘下面垫放一直径为10mm的圆钢，将筒按住，左右交替颠击地面各25下，两层颠实后，平整模内试样表面，盖上压头。当圆模装不下3kg试样时，以装至距圆模上口10mm为准。将装有试样的圆

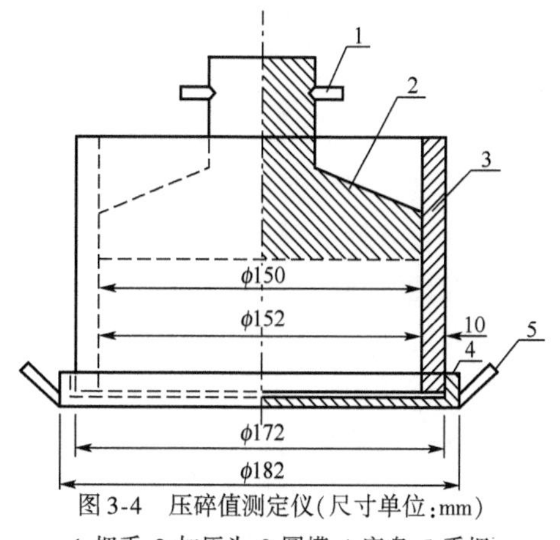

图3-4　压碎值测定仪（尺寸单位：mm）

1-把手；2-加压头；3-圆模；4-底盘；5-手把

模置于压力机上，开动压力试验机，按 1kN/s 速度均匀地加荷到 200kN，稳荷 5s，然后卸荷。取下加压头，倒出试样，测定通过 2.36mm 筛筛孔的碎屑质量占原粗集料试样总质量的百分率，即为压碎值 Q_e ，按式(3-9)计算：

$$Q_e = \frac{G_1 - G_2}{G_1} \times 100 \tag{3-9}$$

式中：Q_e ——粗集料的压碎值，%；

G_1 ——试样质量，g；

G_2 ——试验后通过 2.36mm 筛的筛余试样质量，g。

②磨耗率。

粗集料的磨耗率是指粗集料抵抗磨耗作用的能力，主要作为评价公路工程用粗集料力学性能的指标。其测定方法与本章第一节内容中介绍的石料磨耗率方法相同。

(3)化学性质

在土木工程中，各种矿质集料主要是与结合料(如水泥或沥青)组成混合料用于各种构筑物中。近代的物化—力学研究认为，矿质集料在混合料中与结合料起着复杂的物理—化学作用，矿质集料的化学性质很大程度地影响着混合料的物理—力学性质。例如，在水泥混凝土和沥青混合料中，由于矿质集料化学性质的变化，对混合料的物理—力学性质起着极为重要的作用。

①粗集料与沥青的黏附性。

按照《公路工程沥青及沥青混合料试验规程》(JTJ E20—2011)的规定，粗集料与沥青的黏附性可采用水煮法和水浸法测定。

水煮法是将粒径 13.2 ~ 19mm 的碎石用线缚好烘干后浸于规定温度的沥青中，使沥青包裹在石料表面，冷却 15min 后挂于煮沸的蒸馏水中 3min，根据沥青膜的剥落程度(按剥落面积计)，采用五个化学等级来评价石料的黏附性，等级越高表示黏附性越好。当然，粗集料与沥青的黏附性不仅取决于石料的性质，同时也取决于沥青的性质。当沥青性质相同时，不同矿物成分的粗集料具有不同的黏附性。例如，选取石灰岩、花岗岩和石英岩三种典型石料进行试验，试验结果见表 3-6。

不同矿物组成石料的黏附性比较 表 3-6

岩石名称	石灰岩	花岗岩	石英岩
水煮法黏附性(抗剥落面积的等级)	Ⅴ级	Ⅱ级	Ⅰ级

石灰岩属于碱性石料，而花岗岩和石英岩属于酸性石料，由表 3-6 可知，碱性石料与沥青的黏附性较酸性石料与沥青的黏附性强，因此，公路工程中沥青路面选用粗集料时，应优先考虑选择碱性石料；若当地缺乏碱性石料而必须选用酸性石料时，应采用掺加抗剥剂或改善酸性岩石表面使其碱性化等措施，以提高酸性石料与沥青的黏附性。

对于粒径小于 13.2mm 的粗集料，可采用水浸法进行试验。

②碱—集料反应。

碱—集料反应是指水泥、外加剂等，以及混凝土构筑物环境中的碱与集料中碱活性矿物在潮湿环境下缓慢发生，并导致水泥混凝土开裂破坏的膨胀反应。其包括碱—硅反应和碱—碳酸盐反应两类。

碱—集料反应会导致高速公路路面、机场路面、大型桥梁墩台和大坝等水利设施的开裂和破坏,且这种破坏会延续发展,难以补救,因此,引起世界各国的普遍关注。由于近年来我国水泥含碱量的增大、水泥用量的提高,以及含碱外加剂的应用,增加了碱—集料反应的潜在危险,因此,水泥混凝土用砂石的碱活性问题必须引起重视。

2)细集料的技术性质

细集料包括人工轧制的石屑、机制砂、天然风化而成的砂,以及工业废渣等,粒径主要在0.15~4.75mm之间。砂是土木工程中应用较多的一种细集料。细集料与粗集料的技术性质基本相同,但是由于细集料的细度特点,也有不同之处。

(1)物理常数

细集料常用的物理常数有表观密度、堆积密度和空隙率等,其含义与粗集料完全相同,但是由于它的粒径较小,所需试验的试样数量可以减少,测定精度亦可提高,因此,测定与计算的方法稍有不同。细集料的表观密度通常采用容量瓶法测定。

(2)级配

级配是集料中各级粒径颗粒的分配情况,细集料的级配也通过筛分试验确定。

细集料的筛分试验是将500g试样,在一套标准筛上进行筛分,分别称取试样存留在各筛上的质量,计算其级配的有关参数:分计筛余百分率、累计筛余百分率和通过百分率。细集料级配参数的意义和计算方法与粗集料完全相同。

(3)粗度

粗度是评价细集料粗细程度的一种指标,通常用细度模数(或细度模量)表示。细集料的细度模数定义为细集料试样各号筛的累计筛余百分率之和除以100的商,可按式(3-10)计算:

$$M_x = \frac{A_{0.15} + A_{0.3} + A_{0.6} + A_{1.18} + A_{2.36}}{100} \tag{3-10}$$

当砂中含有大于4.75mm的砾石时,应采用式(3-11)计算:

$$M_x = \frac{(A_{0.15} + A_{0.3} + A_{0.6} + A_{1.18} + A_{2.36}) - 5A_{4.75}}{100 - A_{4.75}} \tag{3-11}$$

式中: M_x——细度模数;

$A_{4.75}$、$A_{2.36}$、$A_{1.18}$、$A_{0.6}$、$A_{0.3}$、$A_{0.15}$——分别为4.75mm、2.36mm、…、0.15mm各筛的累计筛余百分率,%。

细度模数越大,表示细集料越粗。砂的粗度按细度模数可分为三级:粗砂(M_x=3.7~3.1)、中砂(M_x=3.0~2.3)、细砂(M_x=2.2~1.6)。

细度模数的大小主要决定于0.15~2.36mm筛五个粒径的累计筛余,由于在累计筛余的总和中,粗颗粒分计筛余的“权”比细颗粒大,所以它的数值很大程度决定于粗颗粒的含量;另一方面,细度模数的数值与小于0.15mm的颗粒含量无关,所以虽然细度模数在一定程度上能反映砂的粗细概念,但并不能全面反映砂的粒径分布情况,因为,不同级配的砂可以具有相同的细度模数。

【例3-2】 细集料筛分试验计算示例

某工地现有一批砂样，经筛分试验各筛的筛余量列于表3-7，试计算该砂样的级配参数，并判定其工程适应性。

砂样的筛分记录 表3-7

筛孔尺寸(mm)	4.75	2.36	1.18	0.6	0.3	0.15	筛底
各筛筛余量(g)	30	60	90	120	110	80	10

解：砂样的级配参数计算如表3-8所示。

砂样的筛分结果 表3-8

筛孔尺寸(mm)	各筛筛余质量(g)	分计筛余百分率(%)	累计筛余百分率(%)	通过百分率(%)	混凝土用砂的级配要求(通过率)(%)
4.75	30	6	6	94	90~100
2.36	60	12	18	82	75~100
1.18	90	18	36	64	50~90
0.6	120	24	60	40	30~59
0.3	110	22	82	18	8~30
0.15	80	16	98	2	0~10
筛底	10	2	100	0	—
Σ	500	—	—	—	—

该砂的细度模数计算如下：

$$M_x = \frac{(A_{0.15} + A_{0.3} + A_{0.6} + A_{1.18} + A_{2.36}) - 5A_{4.75}}{100 - A_{4.75}}$$

$$= \frac{(18 + 36 + 60 + 82 + 98) - 5 \times 6}{100 - 6}$$

$$= 2.81$$

该砂属于中砂，由砂样的级配曲线图3-5可知，该砂可以用于配制水泥混凝土。

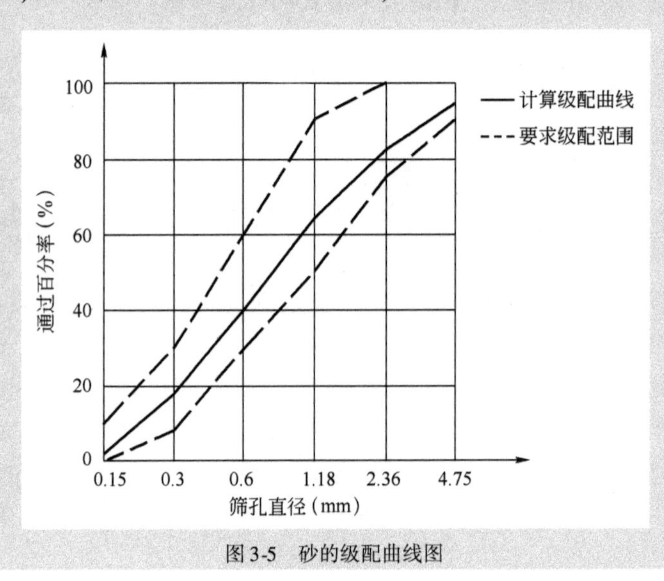

图3-5 砂的级配曲线图

(4)含泥量

天然砂中的泥是指粒径小于0.075mm的尘屑、淤泥和黏土。由于泥的存在会影响砂与水泥或沥青等结合料的黏结程度,因此,必须控制砂中的含泥量。含泥量的检测方法目前主要有筛洗法、砂当量法及亚甲蓝试验法。

除此之外,土木工程用砂还要求检测砂中云母、轻物质、有机质、硫化物及硫酸盐、氯盐等有害物质的含量,以保证工程用砂的质量。

3)填料的技术性质

填料主要用于沥青混合料,目前使用的填料有石灰石矿粉、消石灰粉、水泥、粉煤灰等,其中,石灰石矿粉是最常用的一种填料。另外,粉煤灰等具有胶凝作用的填料,还常常作为水泥混凝土的填充材料,用于配制各种特殊功能的混凝土。填料的技术性质包括物理性质和化学性质两个方面。

(1)物理性质

①密度。

填料的密度是指在规定试验条件(105℃ ±5℃烘干至恒重,温度20℃ ±0.5℃)下,填料单位体积的质量,用ρ_f表示。填料的密度通常采用李氏比重瓶法检测。密度不仅可以检验填料的质量,还可以为沥青混合料的配合比设计计算提供必要的参数。

《公路工程集料试验规程》(JTG E42—2005)规定,填料的密度采用李氏比重瓶法测定。以矿粉为例,如图3-6所示,首先在李氏比重瓶中加入规定体积的水(对亲水性填料应采用煤油作介质),然后将烘干的矿粉试样加入瓶中至规定的体积,通过"置换法"测定出矿粉的体积,最后采用式(3-12)计算矿粉的密度。

$$\rho_f = \frac{m_1 - m_2}{V_2 - V_1} \tag{3-12}$$

式中:ρ_f——矿粉的密度,g/cm^3;

m_1——牛角匙、瓷皿、漏斗及试验前瓷皿中矿粉的干燥质量,g;

m_2——牛角匙、瓷皿、漏斗及试验后瓷皿中矿粉的干燥质量,g;

V_1——比重瓶加矿粉以前的初读数,mL;

V_2——比重瓶加矿粉以后的终读数,mL。

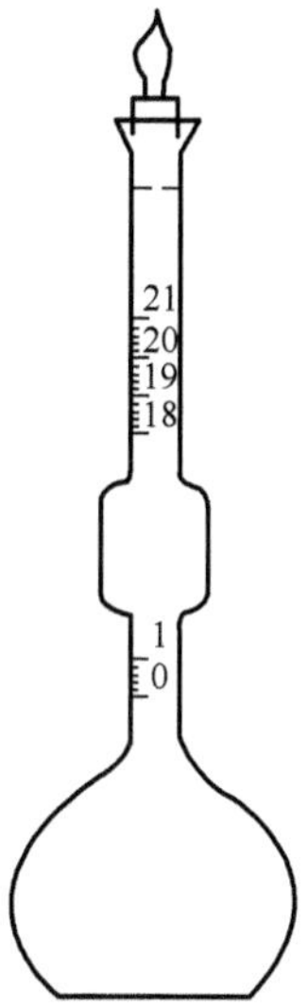

图3-6 李氏比重瓶

②级配。

填料的颗粒级配采用水洗法筛分获得。通常称取烘干的填料试样100g,选择标准筛筛孔尺寸为0.6mm、0.3mm、0.15mm和0.075mm,级配参数的含义与计算同粗细集料。

(2)化学性质

①亲水系数。

矿粉的亲水系数是指矿粉试样在水(极性介质)中膨胀的体积与同一试样在煤油(非极性介质)中膨胀的体积之比。用以评价矿粉与沥青结合料的黏附性能。

试验原理是将两份5g的烘干矿粉分别装入两个相同的量筒中,其中一个量筒加入蒸馏水,另一个量筒加入煤油,并使两个量筒中的液面恰为50mL。然后用玻璃棒搅拌悬浮液,将两个量筒静置,使量筒内液体中的颗粒沉淀,直至体积不变为止。按式(3-13)计算矿粉的亲水系数:

$$\eta = \frac{V_B}{V_H} \tag{3-13}$$

式中：η——亲水系数，无量纲；

V_B——水中沉淀物体积，mL；

V_H——煤油中沉淀物体积，mL。

当亲水系数大于1时，表示矿粉对水的亲和力大于对油（或沥青）的亲和力，为亲水性矿粉；当亲水系数小于1时，表示矿粉对油（或沥青）的亲和力大于对水的亲和力，为憎水性矿粉。用于沥青混合料的填料应选择憎水性矿粉，以提高矿粉与沥青的黏附性。

②加热安定性。

矿粉的加热安定性是指矿粉在热拌过程中受热而不产生变质的性能。用于评价矿粉（除石灰石粉、磨细生石灰粉、水泥外）易受热变质的成分含量。

试验方法是称取100g矿粉，装入蒸发皿或坩埚中，摊开。将盛有矿粉的蒸发皿或坩埚置于煤气炉或电炉火源上加热，将温度计插入矿粉中，一边搅拌矿粉，一边测量温度，加热到200℃，关闭火源。将矿粉在室温中放置冷却，观察矿粉颜色的变化。

有些矿粉在受热后会发生变质，从而影响矿粉质量，尤其是火成岩石粉，在沥青混合料加热拌和过程中会发生较严重的变质。

3.2.3 工业废料

人们在工业生产中，过多地利用自然资源而相应产生了越来越多的工业废料。固体废料包括工业、农业和城市废料，这些废料中多数可以直接或间接地用作建筑材料，从而节省自然资源和减少环境污染。目前，最常作为集料使用的工业废料主要有燃煤工业废料和冶金工业矿渣。

1）燃煤工业废料

燃煤工业废料是指为发电或产生蒸气燃烧煤所产生的废料，主要包括：粉煤灰、底灰和炉渣。粉煤灰是火力发电厂燃煤发电排出的一种工业废渣，是磨细的煤粉在锅炉中经1100～1500℃下燃烧后从烟囱排出并被收集的细灰，是土木工程中最常使用的一种废渣填料。粉煤灰可以通过静电吸附（干法排灰）或沉灰水池（湿法排灰）来收集，一般以湿排粉煤灰居多。

粉煤灰在干燥状态时呈灰白色或浅灰色，无黏结性；在潮湿状态时呈灰色或灰褐色；浸水后易于流散。试验资料表明，国内粉煤灰的各种化学成分一般相差并不悬殊，主要成分为氧化硅、氧化铝和氧化铁，低钙粉煤灰三者的总含量一般可达到70%以上。我国大多数粉煤灰的化学成分范围如下：SiO_2（40%～60%）、Al_2O_3（15%～40%）、Fe_2O_3（3%～10%）、CaO（2%～8%）、MgO（0.5%～5%）。由于煤种、煤粉细度以及燃烧条件不同，使得粉煤灰的化学成分含量波动较大。

目前，粉煤灰在土木工程中主要用作混凝土掺和料、水泥混合材料、烧结砖及其他新型建材制品的原料，还可以填充路基、配制石灰工业废渣稳定类半刚性路面基层材料等。我国目前粉煤灰的利用率只有40%左右，开发利用的任务还非常艰巨。

2）冶金工业矿渣

冶金工业矿渣是指冶金生产过程中由矿石、燃料及助熔剂中易熔硅酸盐化合而成的副产品。其主要分为黑色冶金矿渣和有色冶金矿渣两大类。

黑色冶金矿渣是指炼铁和炼钢过程中产生的高炉重矿渣和钢渣；有色冶金矿渣是指冶炼

铜、镍、铝和锌等金属时产生的矿渣。目前粒化高炉矿渣和钢渣较常作为道路工程集料使用，粒化高炉矿渣也可以作为生产水泥的混合材料。

粒化高炉矿渣的主要化学成分有：酸性氧化物（SiO_2、P_2O_5、TiO_2）、碱性氧化物（CaO、MgO、MnO、BaO）、硫化物（CaS、MnS、FeS 为中性成分）、两性氧化物（Al_2O_3），其中，酸性氧化物与碱性氧化物的含量比例对矿渣的活性影响很大。

矿渣的活性是指矿渣与水，或与某些碱性溶液或硫酸盐溶液发生化学反应的性质。通常采用碱性系数和质量系数两项指标表征矿渣的活性，碱性系数 M_0 和质量系数 K 的计算公式如下：

$$M_0 = \frac{\omega_{CaO} + \omega_{MgO}}{\omega_{SiO_2} + \omega_{Al_2O_3}} \tag{3-14}$$

$$K = \frac{\omega_{CaO} + \omega_{MgO} + \omega_{Al_2O_3}}{\omega_{SiO_2} + \omega_{MnO} + \omega_{TiO_2}} \tag{3-15}$$

式中：ω——各氧化物的质量分数，%。

$M_0 > 1$ 者为碱性矿渣，$M_0 = 1$ 者为中性矿渣，$M_0 < 1$ 者为酸性矿渣。碱性系数 M_0 或质量系数 K 的数值越大，矿渣的活性越高。一般来说，矿渣中 CaO、Al_2O_3 含量高，而 SiO_2 含量低，其活性较高。采用自然冷却处理的矿渣稳定性较好，采用水淬处理的粒化高炉矿渣的活性较高。

钢渣与矿渣的化学成分和矿物组成差异较大，钢渣通常采用碱度反映其活性，碱度 M 的含义表达式如下：

$$M = \frac{\omega_{CaO}}{\omega_{SiO_2} + \omega_{P_2O_5}} \tag{3-16}$$

此外，采矿工业废料中煤矸石也常常作为集料在土木工程中使用。

3.3 矿质混合料

3.3.1 矿质混合料的级配类型

砂石集料在土木工程中，大多数是以矿质混合料的形式与各种结合料组配使用的。各种不同粒径的集料按照一定的比例搭配起来，为达到较高密实度和较大摩擦力的组配目的，通常可采用连续级配和间断级配两种级配类型的矿质混合料。

1）连续级配

连续级配是指某一矿质混合料在标准筛孔配成的套筛中进行筛析时，所得的级配曲线平顺圆滑，具有连续不间断的性质，相邻粒径的粒料之间，有一定的比例关系，如图 3-7 所示。这种由大到小，逐级粒径均有，并按比例互相搭配组成的矿质混合料，称为连续级配矿质混合料。

2）间断级配

间断级配是指在矿质混合料中剔除其中一个（或几个）分级，形成的一种不连续的比例关系，如图 3-7 所示。具有这种性质的混合料称为间断级配矿质混合料。

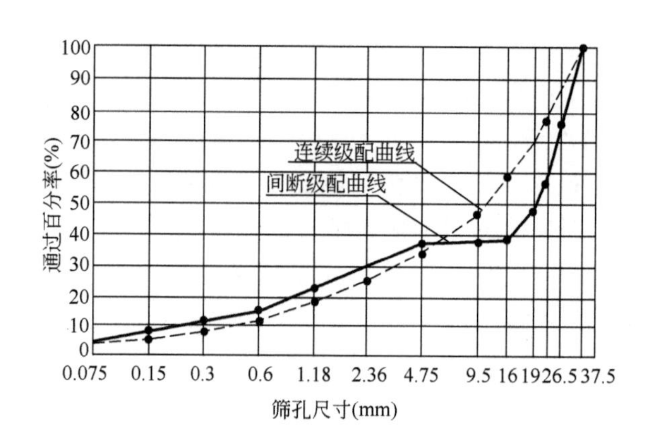

图 3-7　连续级配和间断级配曲线

3.3.2　矿质混合料的级配理论

目前矿质混合料常用的级配理论，主要有最大密度曲线理论、最大密度曲线 n 幂公式和粒子干涉理论等。最大密度曲线理论和最大密度曲线 n 幂公式主要用于解决连续级配问题，粒子干涉理论既可以用于计算连续级配，也适用于计算间断级配。这里主要介绍最常采用的最大密度曲线理论和最大密度曲线 n 幂公式理论。

1）最大密度曲线理论

最大密度曲线，是通过试验提出的一种理想曲线。W·B·富勒（Fuller）等学者经过研究和改进，提出了抛物线最大密度理想曲线。该理论认为：矿质混合料的颗粒级配曲线越接近抛物线，则其密度越大；当矿质混合料的级配曲线成为抛物线时，具有最大密度。该理论又称为富勒理论，如图 3-8 所示。

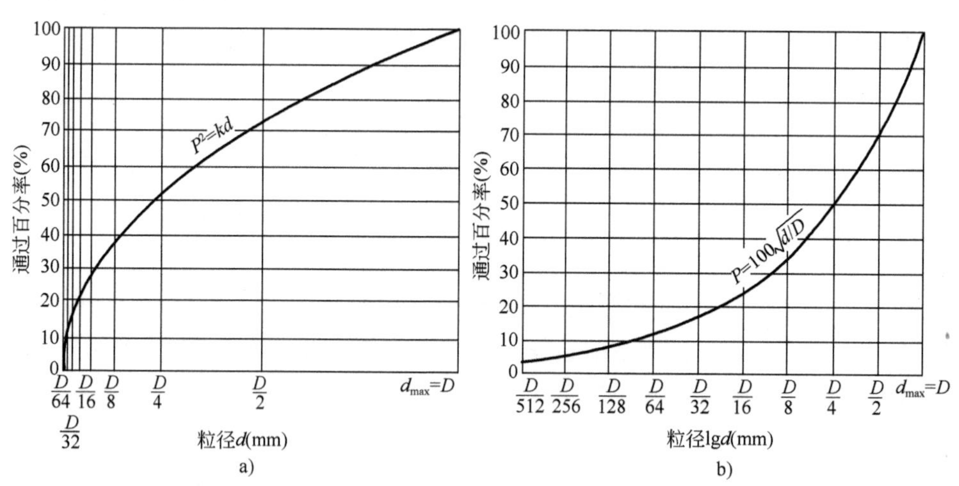

图 3-8　理想最大密度级配曲线

最大密度理想曲线可用矿料颗粒粒径（d_i）与通过率（P_i）表示，见式（3-17）：

$$P_i^2 = kd_i \tag{3-17}$$

式中：P_i——各级颗粒粒径集料的通过百分率，%；

d_i——矿质混合料各级颗粒粒径，mm；

k——常数。

若采用如图 3-8a)所示的常坐标，当粒径 d_i 按 1/2 递减时，随粒径的减小，d_i 的位置越来越紧密，甚至无法绘出。在坐标图上表现为离坐标原点越近，粒径越密；离原点越远，粒径越疏。为方便起见，通常采用半对数坐标绘制级配曲线，如图 3-8b)所示。

当颗粒粒径 d_i 等于最大粒径 D 时，通过率 $P_i=100\%$，将其代入上式可得式(3-18)：

$$k=\frac{100^2}{D} \tag{3-18}$$

为计算任意粒径(d_i)的通过率(P_i)，可将常数 K 代入式(3-17)，得式(3-19)，即为最大密度理想级配曲线公式。

$$P_i=100\left(\frac{d_i}{D}\right)^{0.5} \quad 或 \quad P_i=100\sqrt{\frac{d_i}{D}} \tag{3-19}$$

利用这一公式，可以计算出矿质混合料为最大密度时相应于各种颗粒粒径(d_i)的通过率(P_i)。

2)最大密度曲线 n 幂公式理论

最大密度曲线 n 幂公式理论，也称为泰波理论，是由 A · N · 泰波(Talbol)提出的。泰波认为：最大密度曲线是一种理论的级配曲线，实际上，级配曲线应该有一定的波动范围。因此，将公式(3-19)中的指数 0.5 改为 n，形成最大密度曲线 n 幂公式[式(3-20)]。

$$P_i=100\left(\frac{d_i}{D}\right)^n \tag{3-20}$$

式中：P_i、d_i、D——意义同前；

n——试验指数。

实际研究认为：在沥青混合料中应用，当 $n=0.45$ 时密度最大；在水泥混凝土中应用，当 $n=0.25\sim0.45$ 时工作性较好。通常使用的矿质混合料的级配范围(包括密级配和开级配)，n 幂常在 $0.3\sim0.7$ 之间。因此，在实际应用时，矿质混合料的级配曲线应该允许在一定范围内波动，即 $n=0.3\sim0.7$(其中 $n=0.5$ 为最佳级配曲线)，级配曲线如图 3-9 所示。

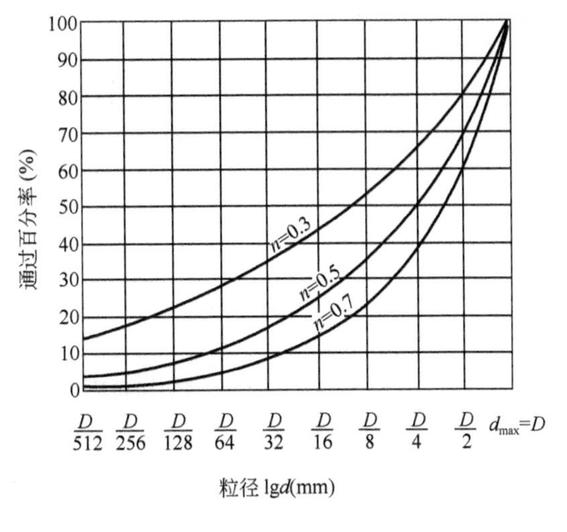

图 3-9 最大密度曲线和级配范围

3.3.3 矿质混合料的组成设计方法

天然或人工轧制的一种集料的级配是无法达到某一矿质混合料级配范围要求的，若想获得满足一定级配范围要求的矿质混合料，则必须采用两种或两种以上的集料进行组配，矿质混合料配合组成设计的任务就是确定组成混合料的各种集料的配合比例。目前矿质混合料的组成设计方法主要有数解法与图解法两大类。

1)数解法

用数解法设计矿质混合料组成的方法很多,最常用的方法有试算法和正规方程法。试算法适用于3~4种矿料组配,而正规方程法可用于多种矿料组配,所得结果准确,但计算较为繁杂,不如图解法简便。下面主要介绍试算法。

(1)基本原理

试算法的基本原理是:设有几种矿质集料,欲配制某一种级配要求的混合料。在决定各组成集料在混合料中的比例时,先假定混合料中某种粒径的颗粒是由某一种对该粒径占优势的集料所组成,而其他各种集料不含这种粒径。如此根据各个主要粒径去试算各种集料在混合料中的大致比例。如果比例不合适,则稍加调整,这样逐步渐进,最终达到满足混合料级配要求的各种集料的配合比例。

设有A、B、C三种集料,欲配制组成一定级配的矿质混合料M,求A、B、C三种集料在混合料M中的配合比例。

按题意作下列两点假设:

①设A、B、C三种集料在混合料M中的用量比例分别为X、Y、Z,则:

$$X + Y + Z = 100 \tag{3-21}$$

②又设混合料M中某一级粒径(i)要求的含量为$a_{i(M)}$,A、B、C三种集料中该粒径的颗粒含量分别为$a_{i(A)}$、$a_{i(B)}$、$a_{i(C)}$,则:

$$a_{i(A)} \cdot X + a_{i(B)} \cdot Y + a_{i(C)} \cdot Z = a_{i(M)} \tag{3-22}$$

(2)计算步骤

在上述两点假设的前提下,按下列步骤求得A、B、C三种集料在混合料中的配合比。

①计算A集料在矿质混合料中的用量比例。

计算A集料在混合料中的用量时,找出A集料占优势含量的某一粒径,如粒径i,而忽略B、C集料在此粒径的含量,即B集料和C集料在该粒径的含量$a_{i(B)}$和$a_{i(C)}$均设为零。由式(3-22)可得A集料在混合料中的用量比例X为:

$$X = \frac{a_{i(M)}}{a_{i(A)}} \cdot 100 \tag{3-23}$$

②计算C集料在矿质混合料中的用量比例。

原理同前,计算C集料在混合料中的用量时,按C集料占优势的某一粒径计算,而忽略其他集料在此粒径的颗粒含量。

设C集料的优势粒径为j,则A、B集料该粒径的颗粒含量$a_{j(A)}$和$a_{j(B)}$均设为零。由式(3-22)可得C集料在混合料中的用量比例Z为:

$$Z = \frac{a_{j(M)}}{a_{j(C)}} \cdot 100 \tag{3-24}$$

③计算B集料在矿质混合料中的用量比例。

求得A集料和C集料在混合料中的用量比例X和Z后,由式(3-21)即可得出B集料在矿质混合料中的用量Y:

$$Y = 100 - (X + Z) \tag{3-25}$$

如为四种集料配合时,C集料和D集料仍可按其占优势粒径用试算法确定。

④校核调整。

按以上计算的配合比校核,如合成级配不在要求的级配范围内,应调整配合比重新计算和复核,经几次调整,直到符合要求为止。如经计算仍不能满足级配要求时,可掺加某些单粒级集料,或调换其他原始集料。

2)图解法

目前采用的图解法以解决多种集料配合组成比例的平衡面积法为主。该法是采用一条直线来代表集料的级配曲线,这条直线使其左右两边的面积平衡(相等),这样简化了曲线的复杂性。这一方法后经许多研究者修正,故又称现行的图解设计方法为修正平衡面积法,简称图解法。

(1)基本原理

通常级配曲线图采用半对数坐标图绘制,所绘出的级配范围中值为一曲线,见图3-10a)。图解法中,为使要求级配中值呈一直线,需采用纵坐标的通过率(P_i)为算术坐标,而横坐标的粒径采用$(d/D)^n$表示,则绘出的级配曲线中值为直线,见图3-10b)。

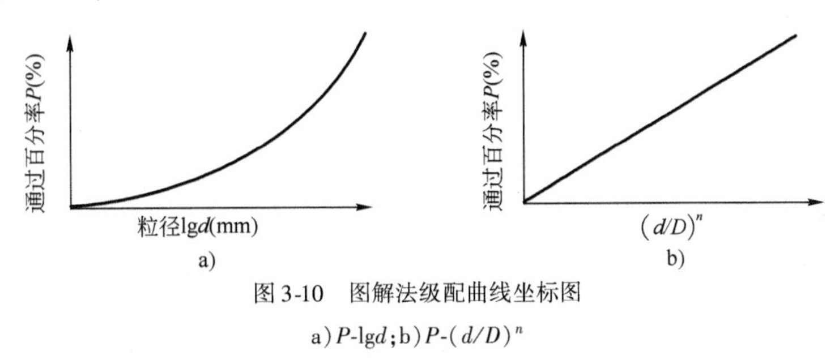

图3-10 图解法级配曲线坐标图

a)P-lg$d$;b)P-$(d/D)^n$

(2)计算步骤

①绘制级配曲线坐标图。

依据上述原理,按规定尺寸绘一方形图框。通常纵坐标(通过率)取10cm,横坐标(筛孔尺寸或粒径)取15cm。连对角线OO'(图3-11)作为要求级配曲线中值。纵坐标按算术标尺,标出通过百分率(0~100%)。将要求级配中值的各筛孔通过百分率标于纵坐标上,从纵坐标标出的级配中值引水平线与对角线相交,再从交点作垂线与横坐标相交,其交点即为各相应筛孔尺寸的位置。

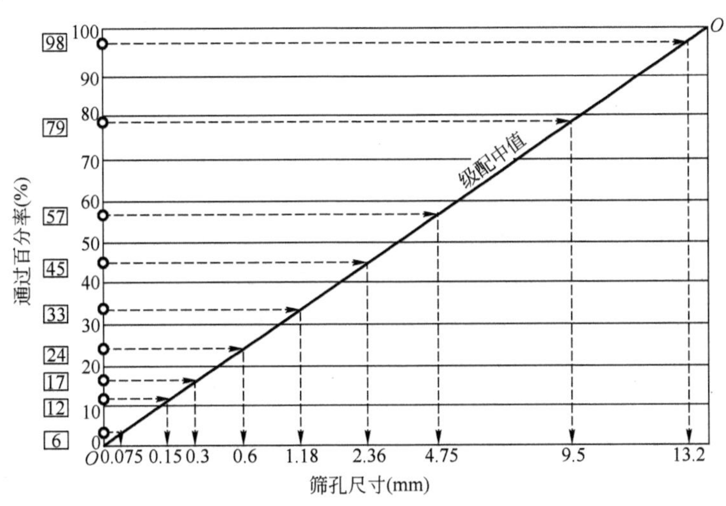

图3-11 图解法用级配曲线坐标图

②确定各种集料用量。

将各种集料的通过率绘于级配曲线坐标图上。实际两相邻集料级配曲线的位置关系可能存在下列三种情况，如图3-12所示。根据各集料级配曲线之间的位置关系，按下述方法确定各种集料的用量比例。

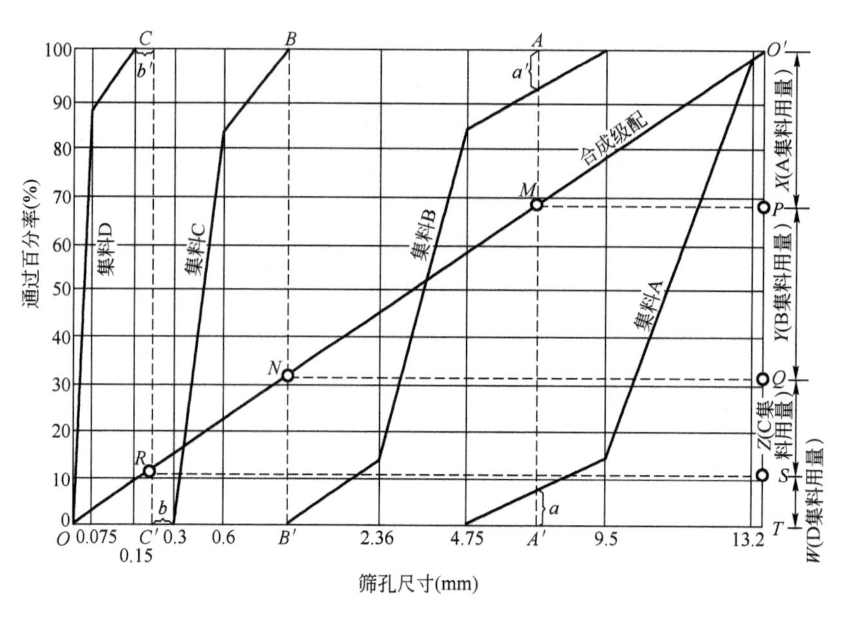

图3-12　矿质混合料的图解法设计计算图

a. 两相邻级配曲线重叠。

如集料A与集料B中均含有某些相同的粒径，则在图中，集料A级配曲线的下部与集料B级配曲线的上部位置上下重叠，如图3-12所示。此时，应在A、B两级配曲线之间的重叠部分处引一条垂直于横坐标的直线AA'（$a=a'$的垂线），与对角线OO'相交于M点，通过M点作一条水平线与纵坐标交于P点。$O'P$即为集料A的用量。

b. 两相邻级配曲线相接。

如集料B的最小粒径与集料C的最大粒径恰好相等，则集料B级配曲线的最小粒径处与集料C级配曲线的最大粒径处正好在一条垂直线上，如图3-12所示，称为两相邻级配曲线相接。此时，应将两点直接相连，作出垂线BB'，与对角线OO'相交于N点。通过N点作一水平线与纵坐标交于Q点。PQ即为集料B的用量。

c. 两相邻级配曲线相离。

如矿质混合料中的某些粒径集料C和集料D中均不含有，则集料C的级配曲线与集料D的级配曲线在水平方向彼此离开一段距离，此时，称为两相邻级配曲线相离，如图3-12所示。此种情况，应作一条垂直平分相离距离的垂线CC'（平分距离$b=b'$的垂线），与对角线OO'相交于R点，通过R点作一水平线与纵坐标交于S点，QS即为C集料的用量。剩余ST即为集料D的用量。

③校核。

按图解法所得的各种集料的用量比例，计算校核所得合成级配是否符合设计要求的级配范围。如不能符合要求，即超出级配范围或不满足某一特殊设计要求时，应调整各集料的用量比例，直至符合要求为止。

【例3-3】 矿质混合料配合比设计示例

试采用图解法设计某高速公路用细粒式沥青混凝土的矿质混合料配合比。

(1)原始资料

①选用碎石、石屑、砂和矿粉四种矿质集料，现场取样进行筛分试验，筛分结果列于表3-9。

组成矿料筛分试验结果　　表3-9

材料名称	筛孔尺寸(mm)									
	16.0	13.2	9.5	4.75	2.36	1.18	0.6	0.3	0.15	0.075
	通过百分率(%)									
碎石	100	94	26	0	0	0	0	0	0	0
石屑	100	100	100	80	40	17	0	0	0	0
砂	100	100	100	100	94	90	76	38	17	0
矿粉	100	100	100	100	100	100	100	100	100	83

②确定矿质混合料的工程级配范围，见表3-10。

矿质混合料要求的工程级配范围　　表3-10

级配类型	筛孔尺寸(mm)									
	16.0	13.2	9.5	4.75	2.36	1.18	0.6	0.3	0.15	0.075
细粒式沥青混凝土(AC-13)通过率范围要求(%)	100	95~100	70~88	48~68	36~53	24~41	18~30	12~22	8~16	4~8

(2)设计步骤

①绘制级配曲线图，在纵坐标上按算术坐标绘出通过百分率 P_i，见图3-13。

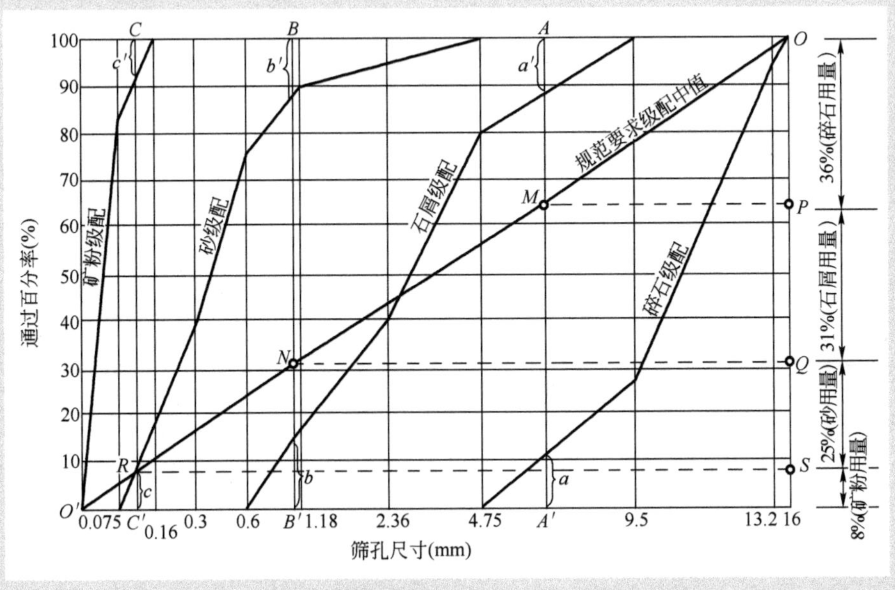

图3-13　矿质混合料配合比图解设计图例

②连接对角线 OO' 作为级配范围通过率中值。在纵坐标上找出各个筛孔通过率中值，作水平线，通过与对角线 OO' 的交点作垂线，与横坐标的交点，即为相应的筛孔在横坐标上的位置。

③将碎石、石屑、砂和矿粉 4 种集料的级配曲线绘于图 3-13。

④从碎石、石屑、砂和矿粉 4 条级配曲线依次分析其位置关系，均为重叠关系。在其重叠部分分别作垂线 AA'、BB'、CC' 与对角线 OO' 依次相交于 M、N、R 点；过 M、N、R 点分别引水平线，则可以确定出各种集料的用量比例为碎石：石屑：砂：矿粉 = 36%：31%：25%：8%。计算所得合成级配结果列于表 3-11，合成级配曲线绘于矿质混合料级配曲线图 3-14 中。

矿质混合料组合计算表 表 3-11

材料名称		筛孔尺寸（mm）									
		16.0	13.2	9.5	4.75	2.36	1.18	0.6	0.3	0.15	0.075
		通过百分率（%）									
矿料原级配	碎石 100%	100	94	26	0	0	0	0	0	0	0
	石屑 100%	100	100	100	80	40	17	0	0	0	0
	砂 100%	100	100	100	100	94	90	76	38	17	0
	矿粉 100%	100	100	100	100	100	100	100	100	100	83
各种矿料在混合料中的级配	碎石 36% （41%）	36.0 （41.0）	33.8 （38.5）	9.4 （10.7）	0 （0）	0 （0）	0 （0）	0 （0）	0 （0）	0 （0）	0 （0）
	石屑 31% （36%）	31.0 （36.0）	31.0 （36.0）	31.0 （36.0）	24.8 （28.8）	12.4 （14.4）	5.3 （6.1）	0 （0）	0 （0）	0 （0）	0 （0）
	砂 25% （15%）	25.0 （15.0）	25.0 （15.0）	25.0 （15.0）	25.0 （15.0）	23.5 （14.1）	22.5 （13.5）	19.0 （11.4）	9.5 （5.7）	4.3 （2.6）	0 （0）
	矿粉 8% （8%）	8.0 （8.0）	8.0 （8.0）	8.0 （8.0）	8.0 （8.0）	8.0 （8.0）	8.0 （8.0）	8.0 （8.0）	8.0 （8.0）	8.0 （8.0）	6.6 （6.6）
合成级配		100 （100）	97.8 （97.5）	73.4 （69.7）	57.8 （51.8）	43.9 （36.5）	35.8 （27.6）	27.0 （19.4）	17.5 （13.7）	12.3 （10.6）	6.6 （6.6）
AC-13 级配范围		100	95 ~ 100	70 ~ 88	48 ~ 68	36 ~ 53	24 ~ 41	18 ~ 30	12 ~ 22	8 ~ 16	4 ~ 8
级配中值		100	98	79	58	45	33	24	17	12	6

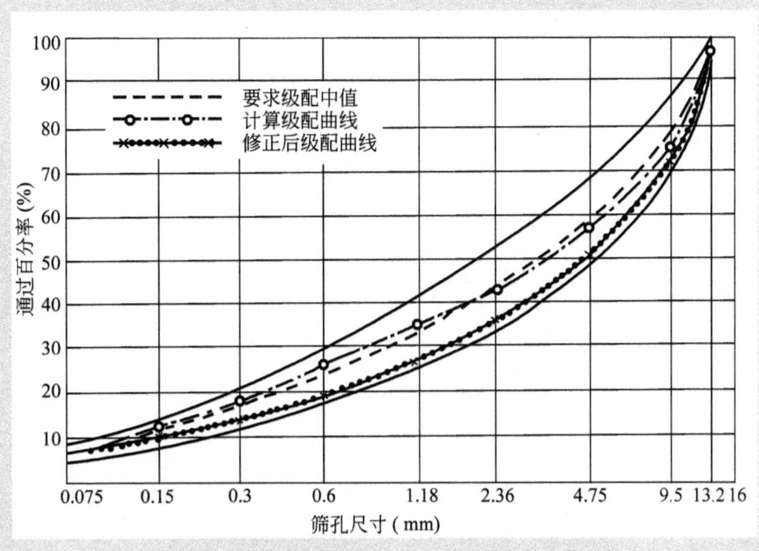

图3-14 矿质混合料级配曲线范围和合成级配曲线图

(3)调整配合比

从图3-14可以看出,计算的合成级配曲线接近级配范围中值。由于高速公路交通量大、轴载重,为使沥青混合料具有较高的高温稳定性及抗滑性能,合成级配曲线应偏向级配曲线范围的下限,因此,需要调整。表3-11中,括号部分的数据为调整后的结果,经调整,各种材料用量为碎石:石屑:砂:矿粉=41%:36%:15%:8%。按此结果重新计算合成级配,计算结果见表3-11中带括号的部分,并绘于图3-14中,可见调整后的合成级配曲线光滑、平顺,且接近级配曲线范围的下限。

3)电算方法

图解法应用方便,适应范围较宽,在矿质混合料的级配设计中应用较为广泛。但是,采用传统的手工图解设计,绘图和校核的工作量较大,不仅设计效率低,而且难以保证设计精度,因此,许多专家研究并开发了多种应用软件,如Microsoft的Excel软件、公路试验数据处理系统等。采用电算软件进行矿料的组成设计,便捷、高效、准确,深受工程试验人员和设计人员的欢迎。

现采用万龙公路试验数据处理系统应用软件,以例3-3原始资料为例,简单介绍图解电算设计法的设计流程。

首先依照工程需要选择材料用途、混合料名称、筛孔类型、级配类型,确定矿质混合料应满足的设计工程级配范围(规范规定通过百分率),然后输入所选组配集料的筛分试验结果——各筛的筛余质量,如图3-15所示;选择并单击图3-15中窗口的“出图”栏,自动生成图解法计算图,如图3-16所示;选择并单击图3-16中窗口的“配合比调整”栏及“矿料级配检验图”栏,分别得到矿料设计的初始配合比(图3-17)和矿料初始合成级配的级配检验图(图3-18);根据图3-18中矿料初始合成级配曲线的形状及所处的位置,在图3-17中反复调整矿料的配合比,得到需要的调整结果(如图3-19所示的调整结果),并通过观察调整后的矿料合成级配曲线检验图(图3-20),确定配合比的调整结果是否达到理想的设计要求;如此反复,直至达到要求为止。例3-3,按图解电算法设计,矿质混合料的用量比例为碎石:石屑:砂:矿粉=39%:34%:20%:7%,且矿料的合成级配曲线平顺、光滑,接近设计工程级配范围的下限。

矿质混合料配合比设计试验(图解法)

新建报告(N) 图标设置(I) 出图(P) 报表预览(R) 删除(E) 试验查询(Q) 返回(B) 帮助(H)

工程基本数据

工程名称	****	试验编号	
承包单位		合同编号	
委托单位		委托单编号	
监理单位		试样描述	****
分项工程	****	报告编号	****

试验数据记录及处理

材料用途 沥青面层　混合料名称 沥青混凝土　筛孔类型 方孔筛　级配类型 AC~13

筛孔尺寸(mm)	16	13.2	9.5	4.75	2.36	1.18	0.6	0.3	0.15	.075
规范规定通过百分率(%)	100	100	88	68	53	41	30	22	16	8
	100	95	70	48	36	24	18	12	8	4

材料名称	总质量	分计筛余质量(g)									
碎石	2000	0	120	1360	520	0	0	0	0	0	0
石屑	500	0	0	0	100	200	115	85	0	0	0
砂	500	0	0	0	0	30	20	70	190	105	85
矿粉	100	0	0	0	0	0	0	0	0	17	83

结论

试验日期 2007-10-11

图 3-15　选择级配范围,输入各种集料的筛余质量

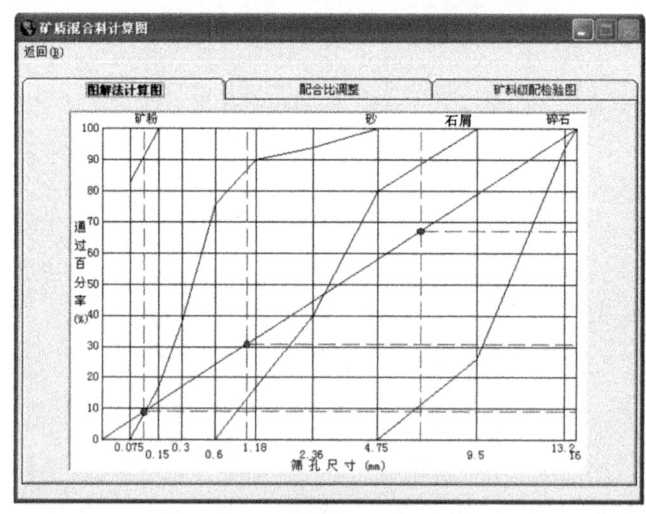

图 3-16　图解法计算图

矿质混合料计算图

返回(B)

图解法计算图　配合比调整　矿料级配检验图

碎石	石屑	砂	矿粉
33.0	36.3	21.7	9.0

Σ 100

筛孔尺寸(mm)	16	13.2	9.5	4.75	2.36	1.18	0.6	0.3	0.15	0.07
规范规定通过百分率(%)	100	100	88	68	53	41	30	22	16	8
	100	95	70	48	36	24	18	12	8	4
规定中值	100	97.5	79	58	44.5	32.5	24	17	12	6
计算中值	100.	98.0	75.6	59.7	43.9	34.7	25.5	17.2	12.7	7.5
中值差值	0.0	0.5	-3.4	1.7	-0.6	2.2	1.5	0.2	0.7	1.5

图 3-17　矿料设计的初始配合比

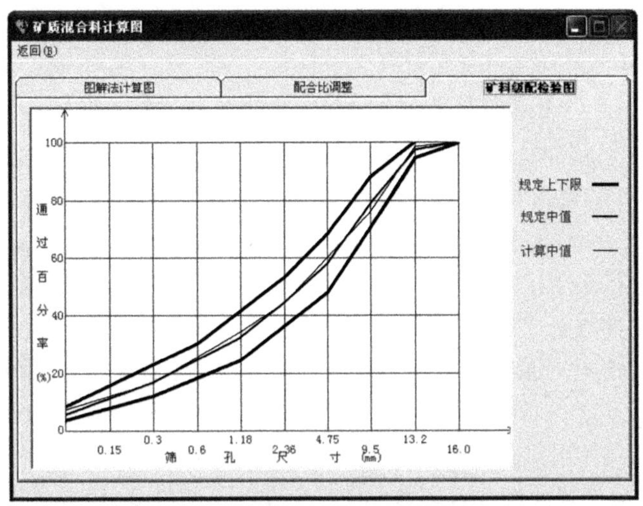

图 3-18　矿料初始合成级配的级配检验图

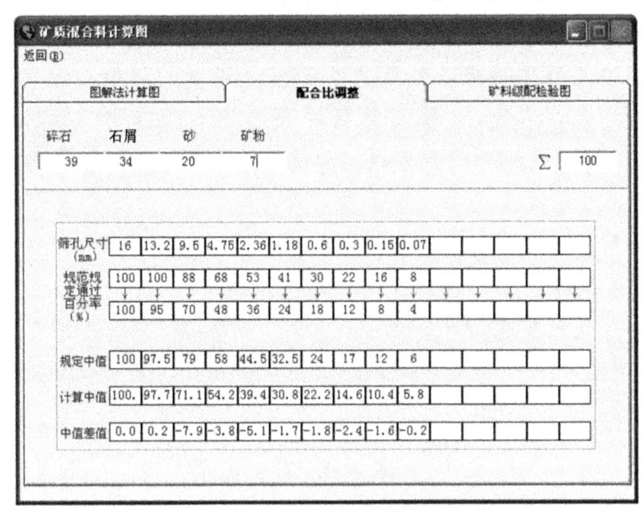

筛孔尺寸(mm)	16	13.2	9.5	4.75	2.36	1.18	0.6	0.3	0.15	0.07
规范规定通过百分率(%)	100	100	88	68	53	41	30	22	16	8
	100	95	70	48	36	24	18	12	8	4
规定中值	100	97.5	79	58	44.5	32.5	24	17	12	6
计算中值	100.	97.7	71.1	54.2	39.4	30.8	22.2	14.6	10.4	5.8
中值差值	0.0	0.2	-7.9	-3.8	-5.1	-1.7	-1.8	-2.4	-1.6	-0.2

图 3-19　矿料的配合比调整结果

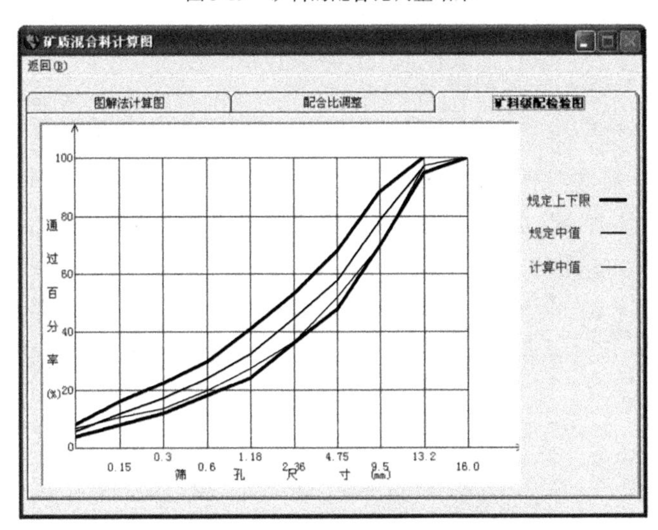

图 3-20　调整后矿料的级配曲线检验图

【创新漫谈】

贝雷法设计矿质混合料级配的应用简介

贝雷法是由美国伊利诺伊州交通局的贝雷(Robert D. Bailey)发明的一种确定沥青混合料级配的方法,是一种评价和判断集料级配是否形成多级嵌挤结构的方法。目前,贝雷法不仅可用于所有密级配沥青混合料和SMA设计,而且还适用于其他混合料的级配设计。

1)贝雷法的主要设计思想

贝雷法是基于集料的装填特性对集料级配进行评价,以选择具有较好内摩擦力和较大摩擦角的矿料结构。该法的设计原理是根据混合料公称最大粒径对集料分界点进行分类并进一步细化,从集料装填特性出发对集料的骨架性和混合料的和易性进行评价。贝雷法中,按照控制粒径将集料分为三级结构,采用级配评价参数:粗集料比CA、细集料比FAC和FAF分别评价各级装填特性,以最终判断集料骨架性是否良好。

2)贝雷法数学模型

贝雷法设计依据是将集料颗粒抽象为平面圆扁模型。根据该数学模型,粗集料之间的空隙决定于颗粒的形状和大小,根据集料接触面棱角性不同,颗粒之间形成的空隙在(0.15~0.29)D之间,D为集料的最大粒径。为统一起见,粗细集料的分界点取公称最大粒径的0.22倍。

3)贝雷法中控制点的确定

(1)粗细集料的分界点

粗细集料的划分是确定哪些集料形成"骨架",哪些集料用以填充空隙。贝雷法粗细集料的分界点,即关键控制粒径尺寸按式(3-26)计算得出,作为形成嵌挤结构的第一级分界点。

$$d_k = d_n \times 0.22 \approx d_n/4 \tag{3-26}$$

式中:d_k——集料的关键控制粒径,mm;

d_n——集料的公称最大粒径,mm。

(2)粗集料的分界点

贝雷法将混合料中大于d_k的集料定义为粗集料,并以粒径尺寸$D/2$将大于控制粒径d_k的粗集料进一步划分为较细和较粗两部分,以更好地控制粗集料的组成。其中,大于$D/2$的集料为较粗粗集料,在$d_k \sim D/2$之间的集料为较细粗集料。

(3)细集料的分界点

集料中粒径小于d_k的集料定义为细集料,主要起填充作用。细集料部分也可以看作是一种合成级配,可以通过两级分界点进一步细划。细集料两级分界点分别根据式(3-27)和式(3-28)计算:

$$d_1 = d_k \times 0.22 \approx d_n/16 \tag{3-27}$$

$$d_2 = d_1 \times 0.22 \approx d_n/64 \tag{3-28}$$

式中：d_1——细集料的第一分界尺寸，mm；

d_2——细集料的第二分界尺寸，mm；

d_k、d_n——意义同前。

贝雷法中，评价集料级配的控制粒径分界尺寸如图3-21所示。

4）贝雷法集料级配评价参数

（1）粗集料比CA

贝雷法采用粗集料比CA来评价粗集料的装填特性，并分析其空隙结构。粗集料比定义为粗集料中较细部分和较粗部分集料的质量比，由式（3-29）计算：

$$CA=\frac{P_{D/2}-P_{d_k}}{100-P_{D/2}} \tag{3-29}$$

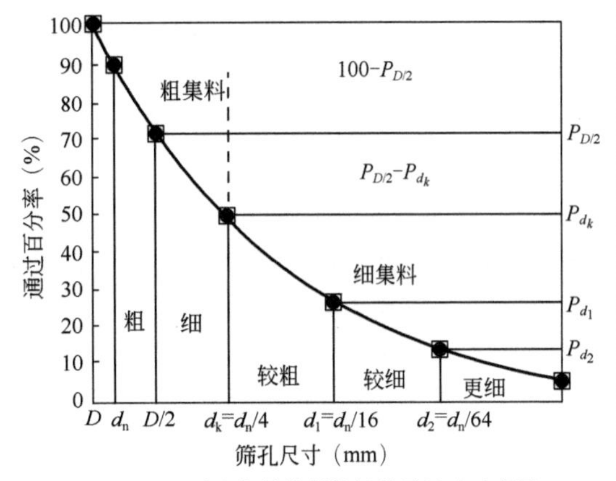

图3-21　贝雷法集料控制粒径分界尺寸示意图

式中：CA——粗集料比；

D——集料的最大粒径，mm；

$P_{D/2}$——集料在筛孔尺寸$D/2$上的通过百分率，%；

P_{d_k}——集料在控制粒径筛孔d_k上的通过百分率，%。

根据美国工程经验，粗集料比CA控制在0.4～0.8之间比较合适。如果CA值过大，较细的粗集料决定着粗集料结构的构成，粗集料被完全分开，混合料不能形成良好的骨架结构，施工时难以压实。如果粗集料比CA较小，粗集料中较细部分较少，则集料容易产生离析。

（2）细集料比FAC和FAF

贝雷法中，细集料部分也可以看作是一种多级填充级配，并用细集料的粗比FAC来评价较粗细集料的装填特性，用细集料的细比FAF来评价细集料中最细部分的装填特性。FAC和FAF分别通过式（3-30）和式（3-31）计算得出：

$$FAC=\frac{P_{d_1}}{P_{d_k}} \tag{3-30}$$

$$FAF=\frac{P_{d_2}}{P_{d_1}} \tag{3-31}$$

式中：FAC——细集料的粗比；

FAF——细集料的细比；

P_{d_1}、P_{d_2}、P_{d_k}——意义同前。

FAC和FAF是重要的贝雷参数，对空隙率和矿料间隙率等体积指标影响极大。两比值不宜过大，以阻止细料过量装填大颗粒形成的空隙，比值过高的混合料容易压实但级配敏感，在0.45次方曲线图上表现为驼峰级配；同样，两参数又不宜过小，以保证粗颗粒间隙有足够细料填充，从而保证压实。根据美国工程经验，FAC和FAF取值应该在0.25～0.50之间比较合适。

习　题

3-1　石料有哪几项主要物理性能指标？简述它们的含义及其对石料性能的影响。

3-2　影响石料抗压强度的主要因素(内因和外因)有哪些？

3-3　简述石料与沥青的黏附性同石料化学性质的关系。

3-4　土木工程石料的主要力学指标有哪些？路用石料的技术等级如何确定？

3-5　集料的主要物理常数有哪几项？简述它们的含义。

3-6　何谓“级配”？简述表征级配的参数及其意义。

3-7　细集料的级配与粗度有何联系与区别？

3-8　试解释连续级配和间断级配。请广泛查阅工程实例，说明二者的特点及其工程应用现状。

3-9　矿质混合料组成设计的目的是什么？

3-10　试述最大密度曲线理论的含义及表达方式。

3-11　最大密度曲线 n 幂公式有何发展？它具有什么实际作用？

3-12　某工地现有一批砂欲用于配制水泥混凝土，经取样筛分后，其筛分结果见表3-12，试计算砂的级配参数；计算细度模数并评价砂的粗度；绘制级配曲线，判定该砂的工程适应性。

砂的筛分试验记录与水泥混凝土用砂的级配范围　　表3-12

筛孔尺寸 d_i(mm)	4.75	2.36	1.18	0.6	0.3	0.15	<0.15
各筛存留量 m_i(g)	25	35	90	140	115	70	25
规范要求通过率范围(%)	100~90	100~75	90~50	59~30	30~8	10~0	—

3-13　某工地欲制备水泥混凝土，为设计矿质混合料的配合组成，需设计一适宜的级配范围。试应用泰波公式进行设计计算。

[设计资料]

(1)按水泥混凝土结构尺寸及钢筋间最小净距允许粗集料最大粒径为26.5mm，建议采用下列筛孔：26.5mm，19mm，9.5mm，4.75mm，2.36mm，1.18mm，0.6mm，0.3mm，0.15mm。

(2)根据结构复杂程度和施工机械所要求的和易性，推荐泰波试验指数 n 取0.4~0.6。

3-14　试采用图解法设计细粒式沥青混凝土用矿质混合料的配合比。

[原始材料]

已知碎石、石屑、砂和矿粉4种集料的通过百分率及细粒式沥青混凝土所要求的工程级配范围列于表3-13。

[设计要求]

(1)根据题目给定的级配范围计算矿质混合料的级配中值。

(2)采用图解法求出各集料在混合料中的配合比例，并计算出合成级配。

(3)校核合成级配，如合成级配曲线不在级配范围或曲线呈锯齿形，则应调整各集料的用量比例，使其变成平顺光滑的曲线。

(4)设计说明书要求绘制级配曲线图的横坐标长度为12cm。

碎石、石屑、砂和矿粉四种集料的筛分结果及工程级配范围　　表3-13

材料名称	筛孔尺寸(mm)								
	13.2	9.5	4.75	2.36	1.18	0.6	0.3	0.15	0.075
	通过百分率(%)								
碎石	100	70	38	4	0	0	0	0	0
石屑	100	100	100	96	50	20	0	0	0
砂	100	100	100	100	90	80	60	20	0
矿粉	100	100	100	100	100	100	100	100	80
级配范围	95~100	70~88	48~68	36~53	24~41	18~30	12~22	8~16	4~8

第4章　无机胶凝材料

学习指导

本章着重阐述石灰的消化和硬化过程、质量鉴定指标，建筑石膏的水化、硬化和性质，以及硅酸盐水泥熟料的矿物组成、凝结硬化机理和技术性质。同时也介绍了掺混合材的其他硅酸盐水泥和其他品种水泥。通过学习要求学生必须掌握石灰消化、硬化过程，常用水泥的品种、主要技术性质、评价指标、技术标准及其工程应用等知识点。

胶凝材料是指在建筑材料中，经过一系列物理作用和化学作用，能将散粒状或块状材料黏结成整体的材料。根据胶凝材料的化学组成，可将其分为无机胶凝材料和有机胶凝材料两大类。

有机胶凝材料是以天然的或合成的有机高分子化合物为基本成分的胶凝材料，常用的有沥青及各种树脂等。无机胶凝材料是以无机化合物为基本成分的胶凝材料，根据其凝结硬化条件的不同，又可分为气硬性和水硬性的胶凝材料两类，见表4-1。

胶凝材料分类　　表4-1

胶凝材料	有机胶凝材料	沥青、树脂
	无机胶凝材料	气硬性：石灰、石膏、水玻璃
		水硬性：水泥

气硬性胶凝材料只能在空气中硬化，也只能在空气中保持和发展其强度。气硬性胶凝材料一般只适应于干燥的环境，而不宜用在潮湿环境，更不可用于水中。

水硬性胶凝材料既能在空气中也能在水中硬化、保持并继续发展其强度。水硬性胶凝材料既适用于干燥环境又适用于潮湿环境或水下工程。

在人类早期的建筑活动中，石灰、石膏是最早被使用的胶凝材料。埃及古王国时期（公元前3000年左右）的金字塔，就是用石膏砂浆胶结石块和石板砌筑的。古希腊人和古罗马人利用火山灰掺入石灰中制作砂浆，用它砌筑的构筑物坚固耐久。这种胶凝材料曾延续使用了相当长的一段历史时期，直到罗马水泥和波特兰水泥问世，才逐渐被取代。

中国在使用无机胶凝材料方面，也有悠久的历史。早在周朝已使用石灰修筑帝王的陵墓。从周朝至南北朝时期，人们以石灰、黄土和细砂的混合物作夯土墙或土坯墙的抹面，或制作居室和墓道的地坪。明清时期，三合土的使用和发展，使石灰的用途更为广泛。至今，石灰在中国建筑中还占有一定地位。

水泥是在人类长期使用胶凝材料（特别是石灰）的经验基础上发展起来的。水泥是现代土木工程中最重要的无机胶凝材料之一，广泛用于各种建设工程。水泥的产量是衡量一个国家国民经济和建筑发展水平的重要指标。我国从1876年开始生产水泥，到1949年年产量仅为66万t，1987年我国水泥产量达到1.8亿t，跃居世界第一，2002年水泥年产量为7.25亿t。我国水泥产量虽然很高,但有相当一部分是小水泥厂生产,质量不够稳定,性能有待改进。随着现代化建设的高速发展,水泥的用量会越来越大,使用的范围也越来越广泛,水泥品质也逐渐提高。

4.1 石　　灰

石灰又称白灰,根据其主要化学成分的不同分为生石灰和熟石灰。生石灰又称块灰,主要成分是 CaO,熟石灰又称消石灰,主要成分是 $Ca(OH)_2$。石灰是土木工程中常用的无机胶凝材料之一,它具有原料分布广、生产工艺简单、成本低廉等特点。我国古代著名建筑——万里长城,就是以石灰作为主要胶凝材料砌筑而成的。石灰可分为气硬性石灰和水硬性石灰,工程中常采用气硬性石灰。

4.1.1 生产概述

凡是以碳酸钙为主要成分的天然岩石,如石灰岩、白垩、白云质石灰岩等,都可用来生产石灰。石灰的原料中要求黏土杂质含量应小于 8%。超过 8% 时,制得的石灰具有一定的水硬性,这种石灰常称为水硬性石灰。

将主要成分为碳酸钙的天然岩石,在适当温度下进行煅烧,放出二氧化碳,得到以氧化钙为主要成分的生石灰。其反应方程式为:

$$CaCO_3 \xrightarrow{\text{煅烧}, >900℃} CaO + CO_2 \uparrow$$

生石灰的品质不仅与原料有关,生产石灰的窑型及煅烧也直接影响其质量。煅烧石灰的窑型种类很多,应根据原料的性质、生产的规模、燃料的种类以及对石灰质量的要求选用煅烧窑,如土窑、立窑、回转窑等。煅烧中要注意煅烧温度。为了使石灰岩得到完全分解,通常煅烧温度略高于反应温度。

优质的生石灰颜色呈洁白或带灰色,质地松软,质量较轻,密度为 800 ~ 1000kg/m^3。

生石灰在制造过程中,如果温度控制不好,常会出现"欠火"或"过火"现象。"欠火"往往是由于石灰岩原料尺寸过大、料块粒径搭配不当、装料过多或由于煅烧温度不够、时间不足等原因引起的。欠火石灰比质量好的生石灰密度大,颜色发青。由于欠火,石灰岩中的碳酸钙未完全分解,氧化钙含量低,使用时黏结力差。"过火"多由于煅烧温度过高,时间过长引起。过火石灰的表面一般会出现裂缝或有玻璃状物质,颜色呈灰黑色。加水后消解缓慢,用于工程中时,其中正常煅烧的石灰消解以后,过火石灰仍会继续消解,以致引起已成型的结构物体积膨胀,导致其表面鼓包、剥落或裂缝等现象,危害极大。

4.1.2 熟化与硬化

1)石灰的熟化

块状生石灰在使用前一般都需加水消解,这一过程称为消解或熟化。消解后的石灰称为消石灰或熟石灰。熟石灰的主要化学成分为 $Ca(OH)_2$,化学反应如下:

$$CaO + H_2O \longrightarrow Ca(OH)_2 + 64.9kJ/mol$$

熟石灰的消解为放热反应,熟化过程中体积增大 1 ~2.5 倍。

熟化石灰的理论加水量为石灰质量的 32%,但是由于石灰熟化是放热反应,有部分水被蒸发,实际加水量需达 70% 以上。

根据加水量的不同,可以得到不同形态的熟石灰。加水量恰好足以完成上述反应,可得到细粉状的干熟石灰即消石灰粉；加入超过上述反应所需的水，可得石灰浆；加入更多的水稀释石灰浆可得到石灰乳。

块状石灰，从加水至产生热量达到最高温度所需时间称为熟化速度。对熟化速度快、活性大的石灰，熟化时加水要快，水量要足，并加速搅拌，避免已熟化的石灰颗粒 $Ca(OH)_2$ 包围于未熟化颗粒周围，使内部石灰不易熟化。对熟化速度慢的石灰，则应采取相反的措施，使生石灰充分熟化，尽量减少未熟化颗粒含量。

为了消除过火石灰的危害，石灰消解时间要“陈伏”两个星期，使其充分消解，然后再使用。陈伏期间应防止碳化。

2)石灰的硬化

石灰的硬化原理包括以下两个方面。

(1)结晶作用

石灰浆中游离水逐渐蒸发，或被周围砌体吸收，氢氧化钙从饱和溶液中结晶析出，固相颗粒互相靠拢黏紧，强度也随之提高。

(2)碳化作用

氢氧化钙与空气中的二氧化碳作用生成碳酸钙晶体，化学反应如下：

$$Ca(OH)_2 + CO_2 + H_2O \longrightarrow CaCO_3 + 2H_2O$$

该反应主要发生在与空气接触的表面，当浆体表面生成一层 $CaCO_3$ 薄膜后，CO_2 不易再透入，这使碳化进程减慢，同时内部的水分也不易蒸发，所以，石灰的硬化速度随时间逐渐减慢。

4.1.3 石灰的技术要求

建筑工程中所使用的石灰通常分为建筑生石灰(粉)和建筑消石灰。由于石灰生产原料中多少含有一些碳酸镁，因而生石灰中还含有次要成分氧化镁。依据《建筑生石灰》(JC/T 479—2013)的规定，按石灰中氧化镁的含量，将生石灰分为钙质生石灰(MgO 含量≤5%)和镁质生石灰(MgO 含量>5%)两类。镁质生石灰熟化较慢，但硬化后强度稍高。建筑生石灰的分类、代号及技术指标见表4-2。

建筑生石灰的技术标准 表4-2

类别	名称	代号	化学成分含量(%)				物理性质		
			有效 CaO + MgO	MgO	CO_2	SO_3	产浆量 (dm^3/10kg)	细度 0.2mm 筛余量(%)	细度 90μm 筛余量(%)
钙质生石灰	钙质生石灰 90	CL90-Q CL90-QP	≥90	≤5	≤4	≤2	≥26 —	— ≤2	— ≤7
	钙质生石灰 85	CL85-Q CL85-QP	≥85		≤7		≥26 —	— ≤2	— ≤7
	钙质生石灰 75	CL75-Q CL75-QP	≥75		≤12		≥26 —	— ≤2	— ≤7
镁质生石灰	镁质生石灰 85	ML85-Q ML85-QP	≥85	>5	≤7	≤2	—	— ≤2	— ≤7
	镁质生石灰 80	ML80-Q ML80-QP	≥80		≤7		—	— ≤7	— ≤2

注：生石灰块在代号后加 Q，生石灰粉在代号后加 QP。

依据《建筑消石灰》(JC/T 481—2013)的规定，按消石灰中氧化镁的含量分为钙质消石灰(MgO 含量≤5%)和镁质消石灰(MgO 含量>5%)两类。建筑消石灰按扣除游离水和结合水后(CaO+MgO)的百分含量进行分类，其技术指标见表4-3。

建筑消石灰的技术标准 表4-3

<table>
<tr><th rowspan="3">类别</th><th rowspan="3">名称</th><th rowspan="3">代号</th><th colspan="3">化学成分含量(%)</th><th colspan="4">物 理 性 质</th></tr>
<tr><th rowspan="2">有效
CaO+MgO</th><th rowspan="2">MgO</th><th rowspan="2">SO_3</th><th rowspan="2">游离水
(%)</th><th colspan="2">细度</th><th rowspan="2">安定性</th></tr>
<tr><th>0.2mm
筛余量
(%)</th><th>90μm
筛余量
(%)</th></tr>
<tr><td rowspan="3">钙质
消石灰</td><td>钙质消石灰90</td><td>HCL90</td><td>≥90</td><td rowspan="3">≤5</td><td rowspan="3">≤2</td><td rowspan="5">≤2</td><td rowspan="5">≤2</td><td rowspan="5">≤7</td><td rowspan="5">合格</td></tr>
<tr><td>钙质消石灰85</td><td>HCL85</td><td>≥85</td></tr>
<tr><td>钙质消石灰75</td><td>HCL75</td><td>≥75</td></tr>
<tr><td rowspan="2">镁质
消石灰</td><td>镁质消石灰85</td><td>HML85</td><td>≥85</td><td rowspan="2">>5</td><td rowspan="2">≤2</td></tr>
<tr><td>镁质消石灰80</td><td>HML80</td><td>≥80</td></tr>
</table>

公路路面基层与底基层用石灰应满足《公路路面基层施工技术细则》(JTG/T F20—2015)的技术要求。生石灰以5% MgO 含量为界限分为钙质生石灰和镁质生石灰，消石灰则以4% MgO 含量为界限分为钙质消石灰和镁质消石灰。路面基层与底基层用石灰品质按其技术标准可分为Ⅰ级、Ⅱ及、Ⅲ级三个等级，生石灰与消石灰的主要技术指标见表4-4。

公路路面基层(底基层)用生石灰的技术要求 表4-4

<table>
<tr><th colspan="2" rowspan="2">指 标</th><th colspan="3">钙质生石灰</th><th colspan="3">镁质生石灰</th><th colspan="3">钙质消石灰</th><th colspan="3">镁质消石灰</th></tr>
<tr><th>Ⅰ</th><th>Ⅱ</th><th>Ⅲ</th><th>Ⅰ</th><th>Ⅱ</th><th>Ⅲ</th><th>Ⅰ</th><th>Ⅱ</th><th>Ⅲ</th><th>Ⅰ</th><th>Ⅱ</th><th>Ⅲ</th></tr>
<tr><td colspan="2">有效 CaO+MgO 含量(%)≥</td><td>85</td><td>80</td><td>70</td><td>80</td><td>75</td><td>65</td><td>65</td><td>60</td><td>55</td><td>60</td><td>55</td><td>50</td></tr>
<tr><td colspan="2">未消化残渣含量(%)≤</td><td>7</td><td>11</td><td>17</td><td>10</td><td>14</td><td>20</td><td colspan="3">—</td><td colspan="3">—</td></tr>
<tr><td colspan="2">含水率(%)≤</td><td colspan="3">—</td><td colspan="3">—</td><td colspan="3">4</td><td colspan="3">4</td></tr>
<tr><td rowspan="2">细度</td><td>0.60mm 筛余量(%)≤</td><td colspan="3">—</td><td colspan="3">—</td><td>0</td><td>1</td><td>1</td><td>0</td><td>1</td><td>1</td></tr>
<tr><td>0.15mm 筛余量(%)≤</td><td colspan="3">—</td><td colspan="3">—</td><td>13</td><td>20</td><td>—</td><td>13</td><td>20</td><td>—</td></tr>
<tr><td colspan="2">MgO 含量(%)</td><td colspan="3">≤5</td><td colspan="3">>5</td><td colspan="3">≤4</td><td colspan="3">>4</td></tr>
</table>

4.1.4 石灰的应用和储存

1)石灰在工程中的应用

(1)配制石灰砂浆

石灰砂浆主要用于地面以上部分砌筑工程，并可用于抹面、装饰工程。

(2)加固软土地基

在软土地基中打入生石灰桩，可利用生石灰吸水产生膨胀对桩周围的土壤起挤密作用；利用生石灰和黏土矿物间产生的胶凝反应使周围的土固结，从而达到提高地基承载力的目的。

(3)作为半刚性材料的结合料

石灰稳定土、石灰工业废渣稳定土、石灰—水泥综合稳定土等利用石灰的特性将被稳定材料胶结成一个整体，并使之形成具有一定强度的半刚性材料。常用作路面基层或底基层。

此外，石灰还可与其他材料混合制成无熟料水泥及其他建筑材料。

2）石灰的储运

生石灰在空气中存放过久，会吸收空气中的水分自行消解成熟石灰，熟石灰又与空气中的二氧化碳及水分结合还原为碳酸钙。碳化后的石灰失去了大部分水化作用的能力，不宜用在工程上。

生石灰受潮熟化时放出大量的热，而且体积膨胀，所以，石灰在储运、运输中应注意以下事项：

（1）磨细生石灰、生石灰粉应储运于干燥的仓库内，不宜长期储存，不准与易燃、易爆及液体物品同时搬运，运输时采取防水措施。

（2）袋装消石灰粉应按类别、等级分别储存，储存期不宜过长。在运输与储存过程中要采取严格的防水措施。

（3）如需较长时间储存生石灰，最好将其消解成石灰浆，并使表面隔绝空气，以防碳化。

（4）石灰能侵蚀呼吸器官及皮肤，在进行施工及装卸石灰时，应披戴必要的防护用品。

4.2 建筑石膏

4.2.1 生产概述

生产石膏胶凝材料的原料有天然二水石膏、天然无水石膏或含有硫酸钙成分的工业废料等。

石膏作为建筑胶凝材料有着悠久的历史，如古代埃及的金字塔就是用石膏作为胶凝材料砌筑的。石膏作为建筑材料有着广泛的应用，其主要的优点是原料丰富、生产能耗低、不污染环境等；其主要的缺点是强度不高、不耐水，但可以通过改性或复合来加以改进。

我国石膏矿藏分布很广，蕴藏量丰富，已探明的天然石膏矿储量为52亿t。近年来，石膏及其制品作为一种绿色建材发展很快，已大量用于室内的空间分隔和装饰装修。石膏胶凝材料的主要生产工序是破碎、加热与磨细。

加热的目的是使天然二水石膏脱水。加热是在窑炉中进行煅烧，或是在密闭的蒸压釜中进行蒸炼。加热的温度与条件不同，可以得到不同性质的产品。天然二水石膏在加压水蒸气的条件下，当温度达到125～150℃时，则得到晶体较粗的α型半水石膏。α型半水石膏与β型半水石膏在水中的分散度不一样，所以将它们调拌成标准稠度的浆体时所需的水量也不同。α型半水石膏的需水量较少，这使得α型半水石膏的硬化体中孔隙较少，因而强度较高，故α型半水石膏又称高强度石膏。

当煅烧温度升至200～360℃时，可得到可溶硬石膏。它的标准稠度需水量比半水石膏约高25%～30%，所以强度较低。因此，煅烧二水石膏时，应避免加热至能生成可溶硬石膏的程度。

温度继续升至400～500℃时，煅烧的石膏是难溶硬石膏；在500～750℃时，煅烧的石膏是不溶性硬石膏。这时晶体结构没有发生改变，只是晶体变得更密实，因而难溶于水。难溶硬石膏的水化反应能力比半水石膏要缓慢得多。不溶性硬石膏在没有激发剂的情况下，几乎没有水化反应能力。如将不溶石膏磨细，加以石灰等激发剂，可以使它具有一定的水化硬化能力。这种掺有激发剂的石膏磨细物，称为硬石膏水泥或无水石膏水泥。

煅烧温度达到800℃以上时,石膏中除了完全脱水的无水石膏外,还有因部分 $CaSO_4$ 发生分解而得到的游离 CaO,因而不加激发剂也具有水化硬化的能力。虽然这种石膏凝结较慢,但抗水性较好,耐磨性较高,适用于制作地板,故称地板石膏。

在土木工程中采用的建筑石膏主要是天然石膏或工业副产石膏经脱水处理制得的,以β半水硫酸钙($\beta\text{-}CaSO_4 \cdot 1/2H_2O$)为主要成分,不预加任何外加剂或添加物的粉状胶凝材料。

4.2.2 建筑石膏的水化与硬化

建筑石膏能与水起水化反应,重新生成二水石膏。其反应式为:

$$CaSO_4 \cdot \frac{1}{2}H_2O + 1\frac{1}{2}H_2O \longrightarrow CaSO_4 \cdot 2H_2O$$

建筑石膏与适量水拌和后,会发生溶解,很快形成饱和溶液。溶液中的半水石膏经过水化,会生成二水石膏。二水石膏在水中的溶解度(20℃时约为2.05g/L)比半水石膏(20℃时约为8.16g/L)小得多,所以半水石膏的饱和溶液,对二水石膏来说,则成了过饱和溶液,因而,二水石膏会很快从过饱和溶液中以胶体微粒析出,促使化学平衡向右移动。而半水石膏不断溶解、水化,石膏浆体中的自由水分逐渐减少,二水石膏的胶体微粒数量则不断增多,浆体逐渐变稠,颗粒之间的摩阻力与黏结力逐渐增大,可塑性逐渐降低,产生"凝结"现象。其后,随着水分的进一步蒸发,晶体长大,互相接触、连生与交错,形成结晶结构网,使浆体逐渐变硬,产生强度,直至完全干燥,强度停止发展,这就是石膏的"硬化"过程,如图4-1所示。

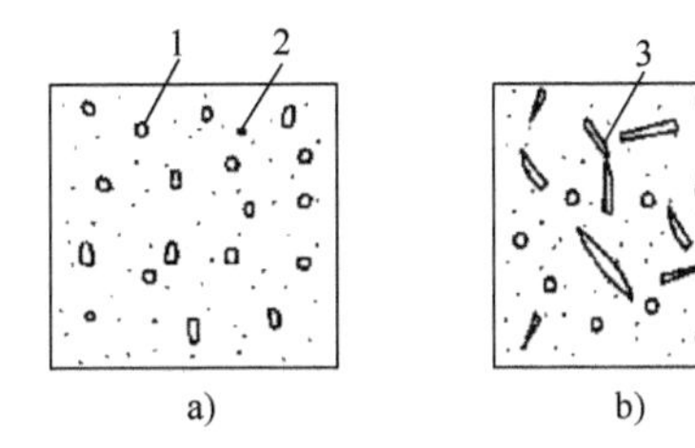

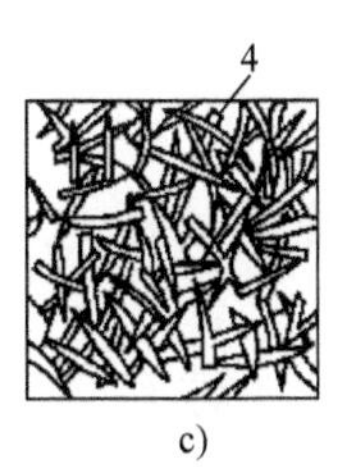

图4-1 建筑石膏凝结硬化示意图
a)胶化;b)结晶开始;c)晶体长大与交错
1-半水石膏;2-二水石膏胶体颗粒;3-二水石膏晶体;4-交错晶体

4.2.3 建筑石膏的性质

建筑石膏是一种气硬性胶凝材料,色白,密度为2.50~2.70g/cm³,堆积密度为800~1450kg/m³。

按《建筑石膏》(GB/T 9776—2008)的基本技术要求,建筑石膏可分为优等品、一等品、合格品三个等级,其组成中β半水石膏的含量应不小于60.0%。建筑石膏的基本技术要求见表4-5。

建筑石膏基本技术要求 表4-5

技术指标		等级		
		3.0	2.0	1.6
2h强度(MPa)≥	抗折强度	3.0	2.0	1.6
	抗压强度	6.0	4.0	3.0

续上表

技术指标		等级		
		3.0	2.0	1.6
细度(%)≤	0.2mm 筛余量	10		
凝结时间(min)	初凝时间≥	3		
	终凝时间≤	30		

建筑石膏的凝结速度比较快,如欲缓凝,可掺缓凝剂(如1%亚硫酸盐酒精废液、0.1%~0.5%硼砂、0.1%~0.2%动物胶等),以降低石膏的溶解速度和溶解度。

建筑石膏的理论需水量为石膏质量的18.6%,使用时为使石膏浆体具有一定可塑性,通常加水量可达60%~80%,故石膏硬化体中留有大量孔隙,因而石膏制品表观密度较小、强度较低、隔热性和吸声性良好。

建筑石膏硬化后的主要成分是带有结晶水的二水石膏,遇到火灾时,二水石膏分解出结晶水,吸收热量,并在表面形成蒸汽隔层,所以石膏制品的防火性能较好。但石膏制品不宜长期在65℃以上高温环境中使用,以免因二水石膏脱水分解而降低强度。

建筑石膏硬化时体积略有膨胀,线膨胀率约为1%。这一性能使得石膏制品表面光滑细腻、线条清晰,具有很好的装饰艺术效果。

硬化以后的建筑石膏吸湿性较强,水分降低了晶体间的黏结力,导致强度下降,建筑石膏的软化系数仅为0.30~0.45,所以石膏制品的耐水性和抗冻性较差。

4.2.4 建筑石膏的应用与储存

建筑石膏可用于室内装修,石膏制品具有隔热、保温、不燃、不蛀、隔声、可锯、可钉、污染小等优点。

建筑石膏中加入外加剂、细集料等,可制成粉刷石膏(也称为抹灰石膏)。粉刷石膏按其用途可分为面层粉刷石膏、底层粉刷石膏和保温层粉刷石膏等。

建筑石膏制品的种类较多,主要有纸面石膏板、空心石膏条板、纤维石膏板、石膏砌块和装饰石膏制品等。纸面石膏板又可分为普通纸面石膏板、耐水纸面石膏板和耐火纸面石膏板三种。

石膏的分类和主要应用见表4-6。

石膏分类和主要应用 表4-6

分类	应用
粉刷石膏	面层粉刷石膏
	底层粉刷石膏
	保温层粉刷石膏
建筑石膏制品	石膏砌块
	纸面石膏板
	纤维石膏板
	空心石膏条板
	艺术装饰石膏制品

石膏还可用来生产水泥和硅酸盐制品。石膏因其优良的建筑性能、丰富的藏量、生产能耗低、生产设备简单等优点,将会得到越来越广泛的应用。

石膏储存要注意防雨、防潮。储存期一般不宜超过3个月,超过3个月以后,强度可能会下降30%。

4.3 水 泥

水泥呈粉末状,与适量的水混合以后,能形成可塑性的浆状体,并逐渐凝结、硬化,变成坚硬的固体,且能将散粒材料或块状材料胶结成整体,因此,水泥是一种良好的矿物胶凝材料。就硬化条件而言,水泥浆体不仅能在空气中硬化,而且能在水中更好地硬化并保持或继续发展其强度,故属于水硬性胶凝材料。

土木工程中应用的水泥品种众多,按其化学组成可分为硅酸盐水泥、铝酸盐水泥、硫铝酸盐水泥、铁铝酸盐水泥、磷酸盐水泥、氟铝酸盐水泥等系列。《水泥的命名、定义和术语》(GB/T 4131—2014)规定,按水泥的性能及用途可分为通用水泥和特种水泥两大类。通用水泥为一般土木工程通常用的水泥,主要包括硅酸盐水泥、普通硅酸盐水泥、矿渣硅酸盐水泥、火山灰质硅酸盐水泥、粉煤灰硅酸盐水泥和复合硅酸盐水泥6大硅酸盐系列水泥;特种水泥是具有特殊性能或用途的水泥,如快硬硅酸盐水泥、白色硅酸盐水泥、抗硫酸盐硅酸盐水泥、低热硅酸盐水泥、铝酸盐水泥、道路水泥和油井水泥等。

水泥的种类虽然很多,但在路桥建筑中仍以硅酸盐类通用水泥为主,其他品种的硅酸盐水泥都是通过适当改变其矿物成分或在硅酸盐水泥熟料中加入一定量的混合材料而成的。

4.3.1 硅酸盐水泥

凡由硅酸盐水泥熟料、不超过5%的石灰石或粒化高炉矿渣、适量石膏磨细制成的水硬性胶凝材料,称为硅酸盐水泥,即国外通称的波特兰水泥(Portland Cement)。

硅酸盐水泥分为两种类型,不掺加混合材料的称为I型硅酸盐水泥,代号为P·I;掺加不超过水泥质量5%的石灰石或粒化高炉矿渣混合材料的称为II型硅酸盐水泥,代号为P·II。

1)硅酸盐水泥的生产工艺概述

硅酸盐水泥的生产工艺,可以简称为“两磨一烧”,即生料制备、熟料煅烧和水泥粉磨三个过程。

(1)硅酸盐水泥的生产原料有石灰石质原料、黏土质原料和少量校正原料,经破碎,按一定比例配合、磨细,并调配均匀的过程,称为生料制备。

(2)生料在水泥窑内煅烧至约1450℃,部分熔融得到以硅酸钙为主要成分的硅酸盐水泥熟料,称为熟料煅烧。

(3)熟料加适量石膏,有时还加入适量的混合材料共同磨细成水泥,称为水泥粉磨。

水泥由多种矿物成分组成,不同的矿物组成有不同的特性,改变生料配料及各种矿物组成的含量比例,可以生产出各种性能的水泥。

2)硅酸盐水泥的组成材料

(1)硅酸盐水泥熟料

硅酸盐水泥熟料简称为熟料,经高温烧结而成,主要矿物组成是:硅酸三钙($3CaO \cdot SiO_2$)、硅酸二钙($2CaO \cdot SiO_2$)、铝酸三钙($3CaO \cdot Al_2O_3$)、铁铝酸四钙($4CaO \cdot Al_2O_3 \cdot Fe_2O_3$)。水泥在水化过程中,四种矿物组成表现出不同的反应特性,如表4-7所示。

硅酸盐水泥熟料矿物组成特性 表4-7

矿物组成	硅酸三钙	硅酸二钙	铝酸三钙	铁铝酸四钙
	(C_3S)	(C_2S)	(C_3A)	(C_4AF)
含量(%)	37～60	15～37	7～15	10～18
水化速度	较快	慢	快	中
水化热	较高	低	高	中
强度	高	早期低,后期高	低	低
耐化学侵蚀	中	良	差	优
干缩性	中	小	大	小

(2)石膏

一般水泥熟料磨成细粉与水相遇会很快凝结,无法施工。水泥磨制过程中加入适量的石膏主要起到缓凝作用,同时,还有利于提高水泥早期强度、降低干缩变形等性能。

石膏主要采用天然石膏和工业副产石膏。

(3)混合材料

为了达到改善水泥某些性能和增产水泥的目的,生产水泥过程中有时还要加入混合材料。按照矿物材料的性质,混合材料可划分为活性混合材料和非活性混合材料。

①活性混合材料。

活性混合材料是指具有火山灰性或潜在水硬性的混合料,如粒化高炉矿渣、火山灰质混合材料以及粉煤灰等。

粒化高炉矿渣是冶炼生铁时的副产品。冶炼生铁时,浮在铁水上面的熔融渣由排渣口排出后,经急冷处理而成的粒状颗粒。粒化高炉矿渣的主要成分是 CaO、Al_2O_3、SiO_2,一般在90%以上,具有较高的化学潜能,但稳定性差。

凡天然的或人工的以 SiO_2、Al_2O_3 为主要成分的矿物质原料,磨成细粉和水后,本身并不硬化,但与石灰混合后加水能起胶凝作用的,称为火山灰质混合材料。

火山灰质混合材料按其成因可以分为天然的和人工的两类。天然火山灰质混合材料有:火山灰、凝灰岩、浮石、沸石岩、硅藻土等。人工火山灰质混合材料有:烧黏土、烧页岩、煤渣、煤矸石等。

粉煤灰是火力发电厂用煤粉为燃料时排出的细颗粒废渣,含有较多的 SiO_2、Al_2O_3 和少量的 CaO,具有较高的活性。

②非活性混合材料。

非活性混合材料在水泥中主要起填充作用,本身不具有(或具有微弱的)潜在的水硬性或火山灰性,但可以调节水泥强度,增加水泥产量,降低水化热。常用的非活性混合材料有:磨细的石灰石、石英岩、黏土、慢冷矿渣及高硅质炉灰等。

③窑灰。

窑灰是指从水泥回转窑窑尾废气中收集下来的粉尘。

3)硅酸盐水泥的水化

(1)硅酸三钙

在常温下,C_3S 的水化可大致用下列方程式表示:

$$3CaO \cdot SiO_2 + nH_2O \longrightarrow \underset{\text{水化硅酸钙}}{xCaO \cdot SiO_2 \cdot yH_2O} + \underset{\text{氢氧化钙}}{(3-x)Ca(OH)_2}$$

其中,水化产物是水化硅酸钙凝胶(C-S-H)和氢氧化钙(CH)。

(2)硅酸二钙

C_2S 的水化过程和 C_3S 极为相似,水化反应可用下列方程式表示:

$$2CaO \cdot SiO_2 + mH_2O = xCaO \cdot SiO_2 \cdot yH_2O + (2-x)Ca(OH)_2$$

(3)铝酸三钙

在不同的温度和湿度下,C_3A 的水化产物有:C_4AH_{19}、C_4AH_{13}、C_2AH_8、C_3AH_6 等。在常温下 C_3A 快速水化成 C_4AH_{13},并接着与石膏按下式反应,方程式表示为:

$$\underset{\text{水化铝酸钙}}{4CaO \cdot Al_2O_3 \cdot 13H_2O} + \underset{\text{石膏}}{3(CaSO_4 \cdot 2H_2O)} + 14H_2O$$

$$= \underset{\text{三硫型水化硫铝酸钙}}{3CaO \cdot Al_2O_3 \cdot 3CaSO_4 \cdot 32H_2O} + Ca(OH)_2$$

水化产物为三硫型水化硫铝酸钙($C_3A \cdot 3CS \cdot H_{32}$),又称钙矾石,以 AFt 表示。当石膏耗尽时,$C_4AH_{13}$又能与 AFt 反应,生成单硫型水化硫铝酸钙($C_3A \cdot CS \cdot H_{12}$),以 AFm 表示。

(4)铁铝酸四钙

C_4AF 与 C_3A 的水化反应及其产物极为相似,其水化产物即为 $C_4(A、F)H_{13}$、$C_4(A、F)H_6$,与石膏作用进一步反应生成钙矾石型固溶体 $C_3(A、F) \cdot 3CS \cdot H_{31}$和单硫型固溶体 $C_3(A、F) \cdot CS \cdot H_{12}$。

4)硅酸盐水泥的凝结和硬化

水泥水化后,生成各种水化产物,随着时间推延,水泥浆的塑性逐渐失去,而成为具有一定强度的固体,这一过程称为水泥的凝结硬化。历史上有过多种关于水泥凝结硬化的理论。洛赫尔等人从水泥水化产物的形成及其发展的角度,提出整个硬化过程可分为三个阶段。

第一阶段,大约在水泥拌水起至初凝时止,C_3S 和水迅速反应生成 $Ca(OH)_2$。同时,石膏也很快进入溶液和 C_3A 反应生成细小的钙矾石晶体。这一阶段,由于水化产物尺寸细小,数量较少,故水泥浆呈塑性状态。

第二阶段,大约从初凝起至 24h 止,水泥水化加速,生成较多的 $Ca(OH)_2$ 和钙矾石晶体,以及水化硅酸钙凝胶。由于这些产物的大量形成,各种颗粒连接成网,使水泥凝结。

第三阶段,是指 24h 以后,直到水化结束。一般情况下,石膏已经耗尽,钙矾石开始转化为单硫型水化硫铝酸钙,还可能形成 $C_4(A、F)H_{13}$。随着水化的进行,C-S-H、$Ca(OH)_2$、$C_3A \cdot CS \cdot H_{12}$、$C_4(A、F)H_{13}$等水化产物数量不断增加,结构更加致密,强度不断提高。

实际上,水化过程在不同的情况下会有不同的水化机理;不同的矿物在不同的阶段,水化机理也不完全相同。

5)硅酸盐水泥的技术性质

按照《通用硅酸盐水泥》(GB 175—2007)的规定,硅酸盐水泥的技术性质包括化学性质和物理力学性质。

(1)水泥化学性质

水泥化学性质包括氧化镁含量、三氧化硫含量、烧失量、不溶物、碱含量和氯离子含量。

①氧化镁含量。

在烧制水泥熟料过程中,存在游离的氧化镁,它的水化速度很慢,而且水化产物为氢氧化镁,氢氧化镁能产生体积膨胀,可以导致水泥石结构裂缝,甚至破坏。因此,氧化镁是引起水泥安定性不良的原因之一。现行规范规定 MgO 的含量不得超过 5%。

②三氧化硫含量。

水泥中的三氧化硫主要是生产水泥过程中掺入石膏,或者是煅烧水泥熟料时加入石膏矿化剂带入的。如果石膏掺量超出一定限度,在水泥硬化后,它会继续水化并产生膨胀,导致结构物破坏。因此,三氧化硫也是引起水泥安定性不良的原因之一。现行规范规定 SO_3 的含量不得超过 3.5%。

③烧失量。

烧失量指水泥在一定的灼烧温度和时间内,烧失的质量占原质量的百分数。水泥煅烧不理想或者受潮后,会导致烧失量增加,因此,烧失量是检验水泥质量的一项指标。Ⅰ型水泥烧失量不得大于 3.0%,Ⅱ型水泥烧失量不得大于 3.5%。

④不溶物。

主要是指煅烧过程中存留的残渣,不溶物的含量会影响水泥的黏结质量。在Ⅰ型水泥中不溶物含量不得超过 0.75%,在Ⅱ型水泥中不得超过 1.50%。

⑤碱含量。

碱含量是指水泥中碱物质的含量,用 Na_2O 合剂当量表达(即 $Na_2O + 0.658K_2O$)。碱含量主要从水泥生产原材料(尤其是黏土)中带入。碱含量高有可能促使混凝土发生碱—集料反应,致使混凝土发生体积膨胀呈蛛网状龟裂,导致工程结构破坏。因此,硅酸盐水泥中碱含量限制不应大于 0.60%,也可根据使用要求由供需双方协商确定。

⑥氯离子含量。

水泥中的 Cl^- 主要来源于水泥自身(水泥熟料、混合材料)和水泥中掺入的外加剂(助磨剂、增强剂等)。普遍研究认为,因 Cl^- 的诱导作用,水泥混凝土结构内部所发生的电化反应是导致钢筋锈蚀,造成水泥混凝土结构危害的一个重要原因。这种诱导作用主要由 Cl^- 的特性以及与它相结合的碱金属、碱土金属离子 M^{x+} 所构成的离子化合物 MCl_x 的性质所决定。Cl^- 浓度越高,生成的 MCl_x 含量越大,危害反应越激烈,时间越长,危害的程度也越严重。现行规范规定硅酸盐水泥中 Cl^- 含量不应大于 0.06%,当有更低要求时,应由供需双方确定。

(2)水泥物理力学性质

水泥物理力学性质包括细度、凝结时间、安定性、强度等。

①细度。

细度是指水泥颗粒的粗细程度。水泥越细,水化越充分,水化速度越快。但水泥太细,其硬化收缩较大,磨制水泥的成本也较高。因此,应合理控制水泥细度。水泥细度可以采用筛析法和比表面积法测定。现行国家标准规定,硅酸盐水泥的比表面积应大于 $300m^2/kg$。

②标准稠度用水量。

为使测试结果具有可比性,测定水泥凝结时间和安定性必须采用标准稠度的水泥净浆。标准稠度用水量是指拌制水泥净浆时为达到标准稠度所需的加水量,以水与水泥质量之比的百分数表示。现行标准规定,水泥标准稠度用水量采用标准法维卡仪测定。

水泥标准稠度净浆是指采用维卡仪测定,以在规定的时间试杆内沉入净浆并距底板 6mm ± 1mm 的水泥净浆为标准稠度净浆,以此可以得到水泥标准稠度用水量。

水泥标准稠度用水量受水泥的细度、水泥的矿物组成等因素影响，水泥越细，标准稠度用水量越大。矿物组成中，C_3A 需水量最大，C_2S 最小。

③凝结时间。

凝结时间是指水泥从加水开始，到水泥浆失去可塑性所需要的时间。水泥在凝结过程中经历了初凝和终凝两种状态，因此，水泥凝结时间又分为初凝时间和终凝时间。初凝时间是指水泥从加水到水泥浆开始失去塑性所经历的时间；终凝时间是指从水泥加水到水泥浆完全失去塑性所经历的时间。

我国国标规定，凝结时间亦采用标准法维卡仪测定。在标准法维卡仪上，以测试从水泥全部加入水中起，至试针沉入标准稠度净浆中距底板之间的距离为 4mm ± 1mm 时所经历的时间为初凝时间；从水泥全部加入水中起，至试针沉入净浆试体 0.5mm 时（环形附件开始不能在试体上留下痕迹时）所经历的时间为终凝时间。

水泥凝结时间对工程施工有重要的意义。初凝时间过短，将影响水泥混凝土的拌和、运输和浇筑；终凝时间过长，则会影响施工工期。因此应该严格控制水泥的凝结时间。《通用硅酸盐水泥》（GB 175—2007）规定：硅酸盐水泥的初凝时间不得早于 45min；终凝时间不得迟于 6.5h。

④安定性。

水泥体积安定性是反映水泥浆在凝结、硬化过程中，体积膨胀变形的均匀程度。各种水泥在凝结硬化过程中，都可能产生不同程度的体积变化。

均匀轻微的变化不会影响混凝土的质量，如果产生不均匀变形或变形太大，使构件产生膨胀裂缝，影响工程质量，这种水泥称为不安定水泥。导致水泥体积安全性不合格的原因，一般是由于水泥中含有过量的游离氧化钙、游离氧化镁或掺入的石膏过量。游离氧化钙和氧化镁是碳酸钙及碳酸镁经高温煅烧形成的，结构致密，水化速度慢，在水泥硬化后继续水化，水化物体积增大，使水泥产生不均匀膨胀。当石膏掺量过多时，在水泥硬化后，还会继续与固态的水化铝酸钙反应生成水化硫铝酸钙，体积增加，也会导致硬化后水泥体积不均匀膨胀。以上结果，都将引起已硬化的水泥石产生张拉应力，轻者降低水泥抗拉强度，重者导致结构破坏。

按我国现行试验方法可采用标准法（雷氏夹法）或代用法（试饼法），水泥试件经沸煮后评价其安定性，目前我国主要以标准法为准。

⑤强度。

水泥强度是表征水泥力学性质的重要指标，我国采用水泥胶砂来评定水泥的强度。水泥的强度除了与水泥本身的性质（矿物组成、细度等）有关外，还与水灰比、试件制作方法、养护条件和养护时间等有关。《水泥胶砂强度检验方法（ISO 法）》（GB/T 17671—1999）规定，以水泥和标准砂为 1∶3，水灰比为 0.5 的配合比，用标准制作方法制成尺寸为 40mm × 40mm × 160mm 的棱柱体试件，在标准养护条件下，测定其达到规定龄期（3d、28d）的抗折和抗压强度。

按《通用硅酸盐水泥》（GB 175—2007）规定的最低抗压强度值来划分水泥的强度等级。硅酸盐水泥可划分为 42.5、42.5R、52.5、52.5R、62.5、62.5R 共 6 个强度等级。

为提高水泥的早期强度，我国现行标准将水泥分为普通型和早强型（R 型）两个型号。早强型水泥的 3d 抗压强度可以达到 28d 抗压强度的 50%；同强度等级的早强型水泥，3d 抗压强度较普通型的可以提高10% ~24%。

6)硅酸盐水泥的技术标准

按《通用硅酸盐水泥》(GB 175—2007)的有关规定,将硅酸盐水泥的技术标准汇总于表4-8。

硅酸盐水泥的技术标准 表4-8

技术性质	细度(比表面积)(m^2/kg)	凝结时间		安定性(沸煮法)	不溶物(%)		MgO含量(质量分数)(%)	SO_3含量(质量分数)(%)	烧失量(质量分数)(%)		碱含量(质量分数)(%)	氯离子(质量分数)(%)
		初凝(min)	终凝(h)		Ⅰ型	Ⅱ型			Ⅰ型	Ⅱ型		
指标	>300	≥45	≤6.5	必须合格	≤0.75	≤1.50	≤5.0[①]	≤3.5	≤3.0	≤3.5	≤0.60[②]	≤0.06[③]

强度等级	抗压强度(MPa)≥ 3d	抗压强度(MPa)≥ 28d	抗折强度(MPa)≥ 3d	抗折强度(MPa)≥ 28d
42.5	17.0	42.5	3.5	6.5
42.5R	22.0	42.5	4.0	6.5
52.5	23.0	52.5	4.0	7.0
52.5R	27.0	52.5	5.0	7.0
62.5	28.0	62.5	5.0	8.0
62.5R	32.0	62.5	5.5	8.0

注:①如果水泥经压蒸试验安定性合格,则水泥中氧化镁的含量(质量分数)允许放宽到6.0%。

②水泥中碱含量按 $Na_2O + 0.658K_2O$ 计算值表示,若使用活性骨料,用户要求提供低碱水泥时,水泥中碱含量应不大于0.60%或由供需双方协商确定。

③当有更低要求时,该指标由供需双方协商确定。

《通用硅酸盐水泥》(GB 175—2007)规定,水泥中凡不溶物、烧失量、氧化镁、氧化硫、氯离子、凝结时间、安定性和强度中任何一项技术指标不符合标准要求时,为不合格品。

7)硅酸盐水泥的特性与应用

硅酸盐水泥凝结硬化快,强度高,尤其是早期强度高,水泥强度等级高;抗冻性好、耐磨性好,且硅酸盐水泥优于普通水泥;其 C_3S 和 C_3A 较高,水泥水化热大,放热速率快;水泥水化产生较多的 $Ca(OH)_2$ 和水化铝酸钙,其耐软水、酸、碱、盐等腐蚀的能力较差;虽含有较多的 $Ca(OH)_2$,但其碳化后内部碱度下降不明显,故抗碳化性较好;由于水化中形成较多的C-S-H凝胶体,使水泥石密实,游离水分较少,硬化时不易产生干缩裂纹,其干缩值较小;不耐高温,虽然水泥石在短时受热时不会破坏,但在高温或长时受热情况下,水泥石中的一些重要组分在高温下发生脱水或分解,使强度下降甚至破坏。一般当受热达到300℃时,水化产物开始脱水,体积收缩,强度下降,温度达700 ~1000℃时,强度下降很大,甚至完全破坏。

硅酸盐水泥适用于配制重要结构用的高强度混凝土和预应力混凝土;适用于有较高早期强度要求的工程及冬季施工的工程;适用于严寒地区遭受反复冻融的工程及干湿交替的部位;适用于一般地上工程和不受侵蚀的地下工程、无腐蚀性水中的受冻工程;不宜用于海水和有腐蚀介质存在的工程、大体积工程和高温环境工程。

8)硅酸盐水泥的腐蚀与防腐蚀措施

(1)水泥石的腐蚀

硅酸盐水泥可配制成各种混凝土用于不同的工程结构。在正常的环境条件下,水泥石将继续硬化,强度不断增长。但是在某些环境条件下,亦能引起水泥石强度的降低,严重的甚至引起混凝土的破坏,这种现象称为水泥石的腐蚀。现将几种腐蚀因素简述如下。

①淡水。

硅酸盐水泥属于水硬性胶凝材料,应有足够的抗水能力。但是硬化后,如果不断受到淡水的侵蚀时,水泥的水化产物就将按照溶解度的大小,依次逐渐被水溶解,产生溶出性侵蚀,最终导致水泥石破坏。

在各种水化产物中 $Ca(OH)_2$ 的溶解度最大,首先被溶解。如果水量不多,水中的 $Ca(OH)_2$ 浓度很快就达到饱和而停止溶出。但是在流动水中,特别在有水压作用,且混凝土的渗透性又较大的情况下,$Ca(OH)_2$ 就会不断地被溶出带走,这不仅增加了混凝土的孔隙率,使水更易渗透,而且液相中 $Ca(OH)_2$ 的浓度降低,还会使其他水化产物发生分解。

对于长期处于淡水环境(雨水、雪水、冰川水、河水等)的混凝土,表面会产生一定的破坏。但对抗渗性良好的水泥石,淡水的溶出过程一般发展很慢,几乎可以忽略不计。

②酸和酸性水。

当水中溶有一些无机酸或有机酸时,硬化水泥石就受到溶析和化学溶解双重的作用。酸类离解出来的 H^+ 离子和酸根 R^- 离子,分别与水泥石中 $Ca(OH)_2$ 的 OH^- 和 Ca^{2+} 结合成水和钙盐。

$$2H^+ + 2OH^- \longrightarrow 2H_2O$$

$$Ca^{2+} + 2R^- \longrightarrow CaR_2$$

在大多数天然水及工业污水中,由于大气中 CO_2 的溶入,常会产生碳酸侵蚀。首先,碳酸与水泥石中的 $Ca(OH)_2$ 作用,生成不溶于水的碳酸钙。然后,水中的碳酸还要与碳酸钙进一步作用,生成易溶性的碳酸氢钙。

$$CaCO_3 + CO_2 + H_2O \longrightarrow Ca(HCO_3)_2$$

③盐类。

绝大部分硫酸盐对水泥石都有明显的侵蚀作用。SO_4^{2-} 离子主要存在于海水、地下水,以及某些工业污水中。当溶液中 SO_4^{2-} 离子大于一定浓度时,碱性硫酸盐就能与水泥石中的 $Ca(OH)_2$ 发生反应,生成硫酸钙 $CaSO_4 \cdot 2H_2O$,并能结晶析出。硫酸钙进一步再与水化铝酸钙反应生成钙矾石,体积膨胀,使水泥石产生膨胀开裂以至毁坏。以硫酸钠为例,其作用如下式:

$$Ca(OH)_2 + Na_2SO_4 \cdot 10H_2O = CaSO_4 \cdot 2H_2O + 2NaOH + 8H_2O$$

$$4CaO \cdot Al_2O_3 \cdot 19H_2O + 3CaSO_4 \cdot 2H_2O + 8H_2O = 3CaO \cdot Al_2O_3 \cdot 3CaSO_4 \cdot 32H_2O + Ca(OH)_2$$

镁盐也是另外一种盐类腐蚀形式,主要存在于海水及地下水中。镁盐主要是硫酸镁和氯化镁,与水泥石中的 $Ca(OH)_2$ 发生置换反应。

$$MgSO_4 + Ca(OH)_2 + 2H_2O = CaSO_4 \cdot 2H_2O + Mg(OH)_2$$

$$MgCl_2 + Ca(OH)_2 = CaCl_2 + Mg(OH)_2$$

反应产物氢氧化镁的溶解度极小,极易从溶液中析出而使反应不断向右进行,氯化钙和硫酸钙易溶于水,尤其硫酸钙($CaSO_4 \cdot 2H_2O$)会继续产生硫酸盐的腐蚀。因此,硫酸镁对水泥石的破坏极大,起着双重腐蚀作用。

④含碱溶液。

水泥石在一般情况下能够抵抗碱类的侵蚀。但是长期处于较高浓度的碱溶液中,也会受到腐蚀。而且温度升高，侵蚀作用加快。这类侵蚀主要包括化学侵蚀和物理析晶两类作用。

化学侵蚀是指碱溶液与水泥石中水泥水化产物发生化学反应，生成的产物胶结力差，且易为碱液溶析，如：

$$2CaO \cdot SiO_2 \cdot nH_2O + 2NaOH \longrightarrow 2Ca(OH)_2 + Na_2SiO_3 + (n-1)H_2O$$

$$3CaO \cdot Al_2O_3 \cdot 6H_2O + 2NaOH \longrightarrow 3Ca(OH)_2 + Na_2O \cdot Al_2O_3 + 4H_2O$$

结晶侵蚀则是因碱液渗入水泥石孔隙，然后又在空气中干燥呈结晶析出，由结晶产生压力所引起的胀裂现象。

$$2NaOH + CO_2 + 9H_2O \longrightarrow Na_2CO_3 \cdot 10H_2O$$

(2)防止水泥石腐蚀的措施

为防止或减轻水泥石的腐蚀，通常采用下列措施。

①根据腐蚀环境特点合理选用水泥品种。

选用硅酸二钙含量低的水泥，使水化产物中 $Ca(OH)_2$ 含量减少，以提高耐软水的侵蚀作用。选用 C_3A 含量低的水泥，则可降低硅酸盐的腐蚀作用。选用掺混合材水泥，可提高水泥的抗腐蚀能力。

②提高水泥石的密实度。

因为水泥水化所需含水率仅为水泥质量的10%～15%，实际用水量(由于施工等因素的要求)则高达水泥质量的40%～70%，多余的水分蒸发后形成连通的孔隙，腐蚀介质就容易渗入水泥内部，还可能在孔隙间产生结晶膨胀，从而加速了水泥的腐蚀。因此，在施工中应合理选择水泥混凝土的配合比，降低水灰比，改善集料级配，掺加外加剂等措施提高其密实度。此外，还可在混凝土表面进行碳化处理，使表面进一步密实，也可减少侵蚀介质渗入内部。

③敷设耐蚀保护层。

当腐蚀作用较强时，可在混凝土表面敷设一层耐腐蚀且不透水的保护层(通常可采用耐酸石料、耐酸陶瓷、玻璃、塑料或沥青等)。

4.3.2 其他硅酸盐水泥

为了改善硅酸盐水泥的某些性能，增加产量和降低成本，在硅酸盐水泥熟料中掺加适量的混合材料，并与石膏共同磨细得到的水硬性胶凝材料，称为掺混合材料的硅酸盐水泥。掺混合材料的硅酸盐水泥有：普通硅酸盐水泥、矿渣硅酸盐水泥、火山灰质硅酸盐水泥、粉煤灰硅酸盐水泥及复合硅酸盐水泥。

1)普通硅酸盐水泥

凡由硅酸盐水泥熟料、大于5%且不大于20%的活性混合材料(其中允许使用不超过水泥质量8%的非活性混合材料或不超过水泥质量5%的窑灰代替)、适量石膏磨细制成的水硬性胶凝材料，称为普通硅酸盐水泥。简称普通水泥，代号为P·O。

《通用硅酸盐水泥》(GB 175—2007)规定：普通硅酸盐水泥的强度分为42.5、42.5R、52.5、52.5R共4个等级，其技术标准见表4-9。

普通硅酸盐水泥相对于硅酸盐水泥，由于掺入了少量混合材料，其早期强度、水化热、抗冻性、耐磨性和抗碳化性略有降低，耐腐蚀性和耐热性略有提高。由于普通水泥中混合材料掺量较少，熟料占主要部分，因此，普通水泥的主要性质和适用范围与硅酸盐水泥基本相同。

普通硅酸盐水泥技术标准 表4-9

<table>
<tr><td rowspan="2">技术性质</td><td rowspan="2">细度（比表面积）(m^2/kg)</td><td colspan="2">凝结时间</td><td rowspan="2">安定性（沸煮法）</td><td rowspan="2">MgO含量（%）</td><td rowspan="2">SO_3含量（%）</td><td rowspan="2">烧失量（%）</td><td rowspan="2">碱含量（%）</td><td rowspan="2">氯离子（%）</td></tr>
<tr><td>初凝(min)</td><td>终凝(h)</td></tr>
<tr><td>指标</td><td>>300</td><td>≥45</td><td>≤10</td><td>必须合格</td><td>≤5.0</td><td>≤3.5</td><td>≤5.0</td><td>≤0.60</td><td>≤0.06</td></tr>
<tr><td rowspan="2">强度等级</td><td colspan="4">抗压强度(MPa)≥</td><td colspan="5">抗折强度(MPa)≥</td></tr>
<tr><td colspan="2">3d</td><td colspan="2">28d</td><td colspan="2">3d</td><td colspan="3">28d</td></tr>
<tr><td>42.5</td><td colspan="2">17.0</td><td colspan="2" rowspan="2">42.5</td><td colspan="2">3.5</td><td colspan="3" rowspan="2">6.5</td></tr>
<tr><td>42.5R</td><td colspan="2">22.0</td><td colspan="2">4.0</td></tr>
<tr><td>52.5</td><td colspan="2">23.0</td><td colspan="2" rowspan="2">52.5</td><td colspan="2">4.0</td><td colspan="3" rowspan="2">7.0</td></tr>
<tr><td>52.5R</td><td colspan="2">27.0</td><td colspan="2">5.0</td></tr>
</table>

注：对氧化镁、碱和氯离子含量的规定说明与硅酸盐水泥相同。

2）矿渣硅酸盐水泥

凡由硅酸盐水泥熟料和粒化高炉矿渣、适量石膏磨细制成的水硬性胶凝材料称为矿渣硅酸盐水泥，简称矿渣水泥。

水泥中粒化高炉矿渣掺加量应大于20%，且不超过70%，其中允许使用不超过水泥质量8%的非活性混合材料或窑灰代替。矿渣水泥根据矿渣掺加量的不同分为A型和B型两种，A型矿渣掺加量>20%且≤50%，代号为P·S·A；B型矿渣掺加量>50%且≤70%，代号为P·S·B。

粒化高炉矿渣中含有活性SiO_2和活性Al_2O_3，易与$Ca(OH)_2$反应而具有强度。但矿渣水泥的水化，首先是水泥熟料矿物的水化，然后矿渣才参与反应。而且在矿渣水泥中，由于掺加了大量的混合材料，相对减少了水泥熟料矿物的含量，因此，矿渣水泥的凝结稍慢，早期强度较低。但在硬化后期，28d以后的强度发展将超过相同强度等级的硅酸盐水泥。

矿渣水泥在应用上与普通硅酸盐水泥相比较，其主要特点及适应范围如下：

(1)与普通硅酸盐水泥一样，能应用于任何地上工程、配制各种混凝土及钢筋混凝土。而且在施工时要严格控制混凝土用水量，并尽量排除混凝土表面泌水，加强养护工作，否则，不但强度会过早停止发展，而且能产生较大干缩，导致开裂。拆模时间应适当延长。

(2)适用于地下或水中工程，以及经常受较高水压的工程。对于要求耐淡水侵蚀和耐硫酸盐侵蚀的水工或海工建筑尤其适宜。

(3)因水化热较低，适用于大体积混凝土工程。

(4)最适用于蒸汽养护的预制构件。矿渣水泥经蒸汽养护后，不但能获得较好的力学性能，而且浆体结构的微孔变细，能改善制品和构件的抗裂性和抗冻性。

(5)适用于受热(200℃以下)的混凝土工程。还可掺加耐火砖粉等耐热掺料，配制成耐热混凝土。

但矿渣水泥不适用于早期强度要求较高的混凝土工程；不适用受冻融或干湿交替环境中的混凝土；对低温(10℃以下)环境中需要强度发展迅速的工程，如不能采取加热保温或加速硬化等措施时，也不宜使用。

3）火山灰质硅酸盐水泥

凡由硅酸盐水泥熟料和火山灰质混合材料、适量石膏磨细制成的水硬性胶凝材料称为火山灰质硅酸盐水泥，简称火山灰水泥，代号为P·P。水泥中火山灰质混合材料掺量应大于

20%,且不超过40%。

火山灰质水泥的技术性质与矿渣水泥比较接近,与普通水泥相比较,主要适用范围如下:

(1)最适宜用在地下或水中工程,尤其是需要抗渗性、抗淡水及抗硫酸盐侵蚀的工程中。

(2)可以与普通水泥同样用在地面工程,但用软质混合材料的火山灰水泥,由于干缩变形较大,不宜用于干燥地区或高温车间。

(3)适宜用蒸汽养护生产混凝土预制构件。

(4)由于水化热较低,所以宜用于大体积混凝土工程。

但是,火山灰水泥不适用于早期强度要求较高、耐磨性要求较高的混凝土工程;其抗冻性较差,不宜用于受冻部位。

4)粉煤灰硅酸盐水泥

凡由硅酸盐水泥熟料和粉煤灰、适量石膏磨细制成的水硬性胶凝材料称为粉煤灰硅酸盐水泥,简称粉煤灰水泥,代号为P·F。水泥中粉煤灰掺量应大于20%,且不超过40%。

粉煤灰水泥与火山质水泥相比较有着许多相同的特点,但由于掺加的混合材料不同,因此亦有不同,粉煤灰水泥的适用范围如下:

(1)除使用于地面工程外,还非常适用于大体积混凝土以及水中结构工程等。

(2)粉煤灰水泥的缺点是泌水较快,易引起失水裂缝,因此在混凝土凝结期间宜适当增加抹面次数,在硬化期应加强养护。

按照《通用硅酸盐水泥》(GB 175—2007)的规定,矿渣硅酸盐水泥、火山灰质硅酸盐水泥和粉煤灰硅酸盐水泥的强度分为32.5、32.5R、42.5、42.5R、52.5、52.5R共6个等级,技术标准见表4-10。

矿渣硅酸盐水泥、火山灰质硅酸盐水泥、粉煤灰硅酸盐水泥的技术标准 表4-10

<table>
<tr><td rowspan="2">技术性质</td><td colspan="2">细度(方孔筛筛余量)(%)</td><td colspan="2">凝结时间</td><td rowspan="2">安定性(沸煮法)</td><td rowspan="2">MgO含量(%)</td><td colspan="2">SO_3含量(%)</td><td rowspan="2">碱含量(%)</td><td rowspan="2">氯离子(%)</td></tr>
<tr><td>80μm</td><td>45μm</td><td>初凝(min)</td><td>终凝(h)</td><td>矿渣水泥</td><td>火山灰质水泥,粉煤灰水泥</td></tr>
<tr><td>指标</td><td>≤10</td><td>≤30</td><td>≥45</td><td>≤10</td><td>必须合格</td><td>≤6.0</td><td>≤4.0</td><td>≤3.5</td><td>≤0.60</td><td>≤0.06</td></tr>
<tr><td rowspan="2">强度等级</td><td colspan="5">抗压强度(MPa)≥</td><td colspan="5">抗折强度(MPa)≥</td></tr>
<tr><td colspan="2">3d</td><td colspan="3">28d</td><td colspan="3">3d</td><td colspan="2">28d</td></tr>
<tr><td>32.5</td><td colspan="2">10.0</td><td colspan="3" rowspan="2">32.5</td><td colspan="3">2.5</td><td colspan="2" rowspan="2">5.5</td></tr>
<tr><td>32.5R</td><td colspan="2">15.0</td><td colspan="3">3.5</td></tr>
<tr><td>42.5</td><td colspan="2">15.0</td><td colspan="3" rowspan="2">42.5</td><td colspan="3">3.5</td><td colspan="2" rowspan="2">6.5</td></tr>
<tr><td>42.5R</td><td colspan="2">19.0</td><td colspan="3">4.0</td></tr>
<tr><td>52.5</td><td colspan="2">21.0</td><td colspan="3" rowspan="2">52.5</td><td colspan="3">4.0</td><td colspan="2" rowspan="2">7.0</td></tr>
<tr><td>52.5R</td><td colspan="2">23.0</td><td colspan="3">4.5</td></tr>
</table>

注:1.如果水泥中氧化镁的含量(质量分数)大于6.0%时,需进行压蒸安定性试验并合格。

2.B型矿渣水泥的氧化镁含量不作要求。

3.碱含量、氯离子含量的规定说明同硅酸盐水泥。

5)复合硅酸盐水泥

凡由硅酸盐水泥熟料、两种或两种以上规定的混合材料、适量的石膏磨细制成的水硬性胶凝材料，称为复合硅酸盐水泥，简称复合水泥，代号为 P · C。

水泥中混合材料总掺加量应大于 20%，且不超过 50%。其中允许使用不超过水泥质量 8% 的窑灰代替，掺矿渣时混合材料掺量不得与矿渣水泥重复。

《通用硅酸盐水泥》（GB 175—2007）规定，复合硅酸盐水泥的技术指标要求与火山灰质硅酸盐水泥和粉煤灰硅酸盐水泥的要求相同。

硅酸盐水泥、普通硅酸盐水泥、矿渣硅酸盐水泥、火山灰质硅酸盐水泥、粉煤灰硅酸盐水泥，是目前土木工程中应用最广的水泥品种，通常称为五大品种水泥。它们的主要组成及特性见表 4-11。

五大品种水泥的主要组成及特性 表 4-11

名称		硅酸盐水泥		普通硅酸盐水泥	矿渣硅酸盐水泥		火山灰质硅酸盐水泥	粉煤灰硅酸盐水泥
代号		P · I	P · II	P · O	P · S · A	P · S · B	P · P	P · F
主要成分		熟料，适量石膏，不加混合材料	熟料，适量石膏，掺加≤5%石灰石或粒化高炉矿渣	熟料，适量石膏，掺加>5%且≤20%活性混合材料	熟料，适量石膏，掺加以下范围的粒化矿渣		硅酸盐熟料，掺加>20%且≤40%火山灰质混合材料	硅酸盐熟料，掺加>20%且≤40%粉煤灰
					>20%且≤50%	>50%且≤70%		
密度（g/cm³）		3.00~3.15		3.00~3.15	2.80~3.10		2.80~3.10	2.80~3.10
堆积密度（kg/m³）		1000~1600		1000~1600	1000~1200		900~1000	900~1000
强度等级		42.5、42.5R、52.5、52.5R、62.5、62.5R		42.5、42.5R、52.5、52.5R	32.5、32.5R、42.5、42.5R、52.5、52.5R		32.5、32.5R、42.5、42.5R、52.5、52.5R	32.5、32.5R、42.5、42.5R、52.5、52.5R
特性	1. 硬化	快		较快	慢		慢	慢
	2. 早期强度	高		较高	低		低	低
	3. 水化热	高		高	低		低	低
	4. 抗冻性	好		较好	差		差	差
	5. 耐热性	差		较差	好		较差	较差
	6. 干缩性	较小		较小	较大		较大	较小
	7. 抗渗性	较好		较好	差		较好	较好
	8. 耐蚀性	差		较差	好		好	好

复合硅酸盐水泥的特性与矿渣硅酸盐水泥、火山灰质硅酸盐水泥和粉煤灰硅酸盐水泥相似，并取决于混合材料的种类与掺量。

4.3.3 硅酸盐系水泥的储存

水泥可采用袋装或散装形式供货。袋装每袋净含量为 50kg，且不得少于标志质量的 99%；随机抽取 20 袋总质量（含包装袋）不得少于 1 000kg。水泥包装袋上应清楚标明：执行标准、水泥品种、代号、强度等级、生产者名称、生产许可证标志(QS)及编号、出厂编号、包装日期、净含量。包装袋两侧应根据水泥的品种采用不同的颜色印刷水泥名称和强度等级,硅酸盐水泥和普通硅酸盐水泥采用红色,矿渣硅酸盐水泥采用绿色,火山灰质硅酸盐水泥、粉煤灰硅酸盐水泥和复合硅酸盐水泥采用黑色或蓝色。

散装运输时应提交与袋装标志相同内容的卡片。

水泥在运输和储存时不得受潮和混入杂物,不同品种和强度等级的水泥在储运中避免混杂。使用时应考虑先存先用,不可储存过久。

储存水泥的库房必须干燥,库房地面应高出室外地面30cm。若地面有良好的防潮层并以水泥砂浆抹面,可直接存放,否则应用木料垫高地面20cm。袋装水泥堆垛不宜过高,一般为10袋,如储存时间短、包装袋质量好可堆至15袋。袋装水泥垛一般应离开墙壁和窗户30cm以上。水泥垛应设立标示牌,注明生产厂家、水泥品种、强度等级、出厂日期等。应尽量缩短水泥的储存期,通用水泥不宜超过3个月,否则应重新测定强度等级,按实测强度使用。

露天临时储存袋装水泥,应选择地势高、排水好的场地,并应进行垫盖处理,以防受潮。

4.3.4 其他品种水泥

1)快硬硅酸盐水泥

凡以硅酸盐水泥熟料和适量石膏磨细制成的,以3d抗压强度表示强度等级的水硬性胶凝材料,称为快硬硅酸盐水泥(简称快硬水泥)。

快硬水泥具有早期强度增进率高的特点,其3d抗压强度可达到强度等级,后期强度仍有一定增长,因此适用于紧急抢修工程、军事工程、冬季施工工程,也适用于制造预应力钢筋混凝土或混凝土预制构件。

快硬水泥易受潮变质,故运输、保存时,须特别注意防潮,应及时使用,不宜久储。从出厂日期起超过一个月,应重新检验,合格后方可使用。

2)快凝快硬硅酸盐水泥

快凝快硬硅酸盐水泥是以硅酸三钙、氟铝酸钙为主的熟料,加入适量的硬石膏、粒化高炉矿渣、无水硫酸钠,经过磨细制成的一种凝结快、小时强度增长快的水硬性胶凝材料,简称双快水泥。

双快水泥的特点为凝结很快,早期强度增长很快。主要用于军事工程、机场跑道、桥梁、隧道和涵洞等紧急抢修工程,以及冬季施工、堵漏等工程。施工时不得与其他水泥混合使用。

3)道路硅酸盐水泥

以适当成分的生料烧至部分熔融,所得以硅酸钙为主要成分和较多量铁铝酸盐的硅酸盐水泥熟料称为道路硅酸盐水泥熟料。由道路硅酸盐水泥熟料,0%~10%活性混合材料和适量石膏磨细制成的水硬性胶凝材料,称为道路硅酸盐水泥,简称道路水泥。

道路水泥是一种强度高(尤其是抗折强度高)、耐磨性好、干缩性小、抗冲击性好、抗冻性和抗硫酸性比较好的专用水泥。它适用于道路路面、机场道面、城市广场等工程,具有耐久性好,裂缝和磨耗等病害少等显著特点。

4)白色硅酸盐水泥与彩色水泥

白色硅酸盐水泥熟料是以适当成分的生料烧至部分熔融,所得以硅酸钙为主要成分,氧化铁含量少的熟料。以白色硅酸盐水泥熟料加入适量石膏磨细制成的水硬性胶凝材料称为白色硅酸盐水泥,简称白水泥。

硅酸盐水泥呈暗灰色,主要原因是由于含 Fe_2O_3 较多(Fe_2O_3 含量为 3% ~4%)。当 Fe_2O_3 含量在0.5%以下时,水泥接近白色。此外,生产原料应采用纯净的石灰石、纯石英砂、高岭土。生产过程应严格控制 Fe_2O_3 含量,并尽可能减少 MnO、TiO_2 等着色氧化物,因此白水泥生产成本较高。

用白色水泥熟料与石膏以及颜料共同磨细可制得彩色水泥,所用颜料要求对光和大气能耐久,能耐碱而又不对水泥性能起破坏作用。常用的颜料有氧化铁、二氧化锰、氧化铬、赭石、群青和炭黑等。

在水泥生料中加入少量金属氧化物着色剂直接烧成彩色熟料,也可制得彩色水泥。

白水泥和彩色水泥主要用于建筑装饰工程及装饰制品。

5)中热硅酸盐水泥与低热矿渣水泥

中热硅酸盐水泥与低热矿渣水泥也称作大坝水泥。以适当成分的硅酸盐水泥熟料,加入适量石膏,磨细制成的具有中等水化热的水硬性胶凝材料,称为中热硅酸盐水泥(简称中热水泥)。

以适当成分的硅酸盐水泥熟料,加入矿渣、适量石膏,磨细制成的具有低水化热的水硬性胶凝材料,称为低热矿渣硅酸盐水泥(简称低热矿渣水泥)。水泥中矿渣掺加量按质量百分比计为20% ~60%,允许用不超过混合材总量50%的磷渣或粉煤灰代替部分矿渣。低热、中热水泥由于水化放热较低,适用于大坝工程及大型构筑物、大型房屋的基础等大体积工程。

6)膨胀和自应力水泥

使水泥产生膨胀的反应主要有3种:CaO 水化生成 $Ca(OH)_2$,MgO 水化生成$Mg(OH)_2$以及形成钙矾石,因为前两种反应产生的膨胀不易控制,目前广泛使用的是以钙矾石为膨胀组分的各种膨胀水泥。

水泥在无限制状态下,水化硬化过程中的体积膨胀称为自由膨胀。水泥在限制状态下,水化硬化过程中的体积膨胀称为限制膨胀。水泥水化后体积膨胀能使砂浆或混凝土在限制条件下产生可资应用的化学预应力,简单分述如下:

(1)自应力硅酸盐水泥:以适当比例的硅酸盐水泥或普通硅酸盐水泥、高铝水泥和天然二水石膏磨制成的膨胀性的水硬性胶凝材料称为自应力硅酸盐水泥。

(2)自应力铝酸盐水泥:自应力铝酸盐水泥是以一定量的高铝水泥熟料和二水石膏粉磨成的大膨胀率胶凝材料。

(3)膨胀硫铝酸盐水泥:凡以适当成分的生料,经煅烧所得以无水硫铝酸钙和硅酸二钙为主要成分的熟料,加入适当二水石膏磨细制成的具有可调整性能的水硬性胶凝材料,称为膨胀硫铝酸盐水泥。

7)铝酸盐水泥

铝酸盐水泥是以石灰石和铝矾土为主要原料,经煅烧至全部或部分熔融,得到以铝酸钙为主要矿物的熟料,经磨细而成的水硬性胶凝材料,代号为 CA。按 Al_2O_3 的含量可分为CA-50($50\% \leq Al_2O_3 < 60\%$),CA-60($60\% \leq Al_2O_3 < 68\%$),CA-70($68\% \leq Al_2O_3 < 77\%$)和 CA-80($77\% \leq Al_2O_3$)四类。铝酸盐水泥是一种快硬、高强、耐腐蚀、耐热的水泥,又称为高铝水泥。

它的主要矿物组成为铝酸一钙(CA)、二铝酸一钙(CA_2)、七铝酸十二钙($C_{12}A_7$)、钙铝黄长石(C_2AS)及六铝酸一钙(CA_6),其中铝酸一钙的含量约占70%。

CA是高铝水泥的主要矿物,有很高的水硬活性,凝结时间正常,水化硬化迅速;CA_2 水化硬化慢,后期强度高,但早期强度却较低,具有较好的耐高温性能。

铝酸盐水泥的早期强度发展迅速,适用于工期紧急的工程,如国防、道路和特殊抢修工程等。

铝酸盐水泥的放热量与硅酸盐水泥大致相同,但其放热速度特别快,一天之内即可放出水化热总量的70%~80%。使用时特别注意,不能用于大体积混凝土工程。由于早期的水化放热量大,铝酸盐水泥在较低的气温下也能很好的硬化,可用于冬季施工。

铝酸盐水泥硬化后,密度较大,不含有铝酸三钙和氢氧化钙,因此,耐磨性好,对矿物水和硫酸盐的侵蚀作用具有很高的抵抗能力。适用于耐磨要求较高的工程和受软水、海水、酸性水腐蚀及受硫酸盐腐蚀的工程。

铝酸盐水泥具有较高的耐热性,如采用耐火粗细集料(如铬铁矿等)可制成使用温度达1300~1400℃的耐热混凝土。

铝酸盐水泥与硅酸盐水泥或石灰相混不但产生闪凝,而且由于生成高碱性的水化铝酸钙,使混凝土开始破裂。因此,施工时除不得与石灰和硅酸盐水泥混合外,也不得与尚未硬化的硅酸盐水泥接触使用。铝酸盐水泥耐碱性极差,与碱性溶液接触,甚至在混凝土集料内含有少量碱性化合物,都会引起不断的侵蚀。因此不得用于接触碱性溶液的工程。

铝酸盐水泥最适宜的硬化温度约为15℃,一般不超过25℃。如温度过高,水化铝酸一钙和水化铝酸二钙会变成水化铝酸三钙,固相体积减少,孔隙率大大增加,强度显著降低。因此铝酸盐水泥混凝土不能进行蒸汽养护,也不宜在高温季节施工。

由于上述晶型转变,铝酸盐水泥的长期强度及其他性能有降低的趋势。因此,铝酸盐水泥不宜用于长期承重的结构及处于高温高湿环境的工程。

【创新漫谈】

水泥为添加剂的沥青路面冷再生混合料

沥青路面冷再生技术是指将旧沥青路面材料(包括沥青面层材料和部分基层材料)经铣刨加工后进行重复利用,并根据再生后结构层的结构特征,适当加入部分新集料,按比例加入一定量的添加剂(如水泥、石灰、粉煤灰、泡沫沥青或乳化沥青等)和适量的水,在自然环境下连续完成材料的铣刨、破碎、添加、拌和、摊铺及压实成型,重新形成结构层的一种工艺方法。这种施工技术不仅能够利用旧路面的废弃材料,节省筑路材料,解决废弃材料占用空间及对环境的污染问题,同时还具有简化施工工序、节约工期等优点。因此,冷再生技术可节省投资、保护生态环境,是一项利国利民的环保型新技术。

水泥稳定沥青路面材料是一种复合材料,由于沥青的存在而具备了半刚性与柔性材料的中间属性,有利于防止反射裂缝的发生及延续,从而可以改善基层材料的使用性能。水泥为添加剂稳定冷再生材料形成基层(底基层)的冷再生技术,在欧美、日本等发达国家已相当成熟,而且适用范围也相当广泛。在我国,水泥稳定废旧沥青混合料的冷再生技术目前主要应用于低等级公路的路面基层。

关于水泥浆与旧沥青混合料的作用机理,有国外学者对此进行了研究。《Recycled

Crushed Concrete Stabilized with Cementations Binder》中认为，在水泥稳定废旧沥青混合料中，旧沥青结合料已经受过氧化作用，性能趋于稳定，再生利用后不会迅速变质。水泥水化时，水泥与旧沥青混合料除物理吸附和化学吸附外，还可能发生化学反应。用水泥稳定冷再生旧料，主要是利用水泥水化产物和其他可能的水泥沥青生成物形成的凝聚力与旧沥青结合料的黏聚力组成复合力，使再生材料能够满足路用性能的要求。水泥浆与旧沥青混合料作用的微观结构示意图如图4-2所示。原来的旧沥青路面材料铣刨后，形成含有不同粒径的外部裹覆沥青的集料，这些外覆沥青的骨料形成集架结构，其间隙由水泥砂浆填充，形成水泥—沥青复合材料。图4-2可视为水泥砂浆为连续相，裹覆沥青的粗集料为分散相。

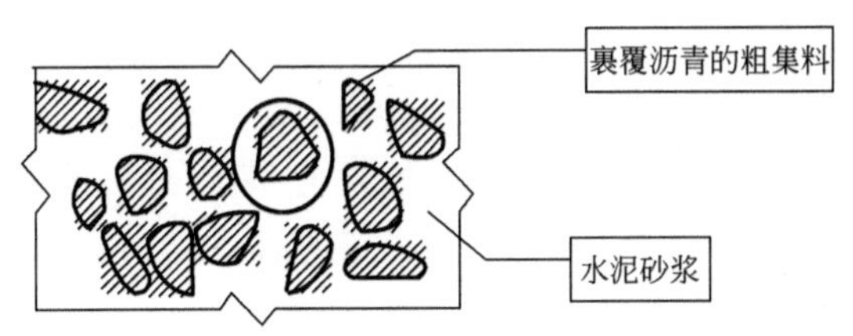

图4-2　水泥冷再生混合料的微观结构示意图

从微观结构看，可以从以下六个方面确定水泥为添加剂的沥青路面冷再生混合料的路用性能。

1）强度与刚度

旧沥青路面集料加入水泥和水拌和后，水泥中的各个成分与外覆沥青骨料中的水分发生强烈的水解和水化反应，形成硅酸钙、铝酸钙和氢氧化钙等水化产物，这些水化物继续硬化并在集料中形成水泥石骨架，以增强旧沥青路面集料的强度。同时，水泥加入旧粒料中还大大降低了土的塑性，增加了旧料的强度和稳定性。

2）水稳定性与冰冻稳定性

基层材料在浸水条件下，由于黏附性降低导致基层材料的物理力学性能降低的程度称为基层材料的水稳定性。水稳定性的优劣一般取决于细土含量的多少和其塑性指数的大小，细土含量越多，塑性指数越大，水稳定性就越差。冷再生混合料由于水泥的水化和水解作用或石灰粉煤灰的火山灰反应，形成了一系列的胶结物，降低了土的塑性，而且水稳定性较差的沥青夹层位于水泥砂浆连续相和粗集料分散相之间，降低了沥青的剥落程度，提高了冷再生混合料的水稳定性。

基层材料的冰冻性主要是由于基层中存在着严重的毛细管作用，形成水分重分布，在冰冻地区，形成聚冰带。而冷再生混合料的粗集料外覆沥青，使集料之间结合密实，减少了空隙水的存在，降低了毛细管作用，从而增强了抗冰冻能力。

3）抗冲刷能力

对基层冲刷程度的影响主要取决于细料含量的多少和稳定集料的级配类型，细料含量越多，抗冲刷能力越差。冷再生混合料属于中粒土范畴，细集料含量较少，而且其集料由沥青包裹，阻滞了自由水的冲刷，增加了基层的抗冲刷能力。

4）收缩特性

无机结合料与各种土和水经拌和、压实后，由于蒸发和混合料内部发生水化作用，水分不断减少。由水分的减少而发生的毛细管作用、吸附作用、分子间力的作用、材料矿物晶体或凝胶体间层间水的作用和碳化收缩作用会引起半刚性材料产生体积收缩。沥青夹层的出现减少了水分的蒸发,阻滞了半刚性材料体积的收缩,减小了体积干缩系数。

根据复合材料理论,其温度敏感性主要受基体温度敏感性的影响。由图 4-2 的结构示意图可以看出,温度敏感性最大的沥青夹层处于温度敏感性较弱的砂浆和粗集料之间,有利于发挥砂浆和粗集料对沥青温度敏感性的抑制作用,因此,其整体的温度敏感性也将较小。

5)疲劳特性

疲劳特性是路面材料重要的路用性能。材料在重复荷载作用下发生疲劳破坏需要经历裂纹萌生、扩展、连接,直至贯通断裂的过程。研究表明裂纹萌生、扩展阶段对材料的疲劳寿命有决定性的影响,因此,当材料具有较强的阻滞裂纹萌生和扩展的能力时将提高其疲劳寿命。一般情况下裂纹萌生出现于材料低强度、高应力的薄弱处,在无机结合料稳定性材料中,粗集料与砂浆界面不但强度低,而且存在法向应力集中,因此该界面利于萌生疲劳裂纹。由于冷再生混合料集料外覆沥青夹层,可以降低应力集中,减轻界面的薄弱性和萌生疲劳裂纹的可能性,从而利于提高疲劳寿命。其次,当裂纹萌生并扩展进入沥青夹层后,由于沥青材料的高韧性和较大的变形能力,将阻滞裂纹穿过沥青层进一步扩展,有利于提高疲劳寿命。

6)平整度

冷再生混合料由于其特殊的微观特征,使其稳定性较好并具有一定的粗糙度,表面结构均匀,无松散颗粒,与面层结合良好。

习　题

4-1　试述石灰的生产、消解和硬化机理。

4-2　生石灰使用前为什么要先陈伏,而磨细的生石灰粉可不经陈伏直接使用?

4-3　建筑石膏有哪些特点?试述其用途。

4-4　现有生石灰粉、建筑石膏和白水泥三种白色胶凝材料,如何采用简易方法进行辨认?

4-5　硅酸盐水泥熟料有哪些主要的矿物组成?它们在水泥水化中各表现出什么特性?

4-6　硅酸盐水泥熟料矿物组成的水化产物是什么?加入石膏的目的和作用机理是什么?

4-7　水泥的技术性质有哪些?采用什么方法进行检验?

4-8　何谓水泥的初凝和终凝?凝结时间对建筑工程施工有何影响?

4-9　什么是水泥体积安定性?主要影响因素是什么?为何要作为水泥的一项检验指标?

4-10　水泥的强度等级如何确定?它的含义是什么?

4-11　为什么相同强度等级的水泥要分为普通型和早强型两种类型?这对工程选用水泥有何意义?

4-12　掺混合材料水泥与硅酸盐水泥相比,在性能上有何特点?

4-13　某水泥试验室对一普通硅酸盐水泥进行了强度抽样检验,检验结果如表 4-12 所示,试确定其强度等级。

普通硅酸盐水泥强度检验结果 表4-12

抗折强度破坏荷载(kN)		抗压强度破坏荷载(kN)	
3d	28d	3d	28d
1.25	1.85	23	74
		26	72
1.55	3.20	29	70
		27	67
1.50	2.85	25	68
		26	69

第5章　水泥混凝土和建筑砂浆

学习指导

本章重点讲述普通混凝土的组成材料、技术性质、配合比设计方法和质量控制措施。同时对外加剂、其他功能混凝土和建筑砂浆作了简要的介绍。通过学习必须掌握普通混凝土的主要技术性质及其影响因素、普通混凝土的配合比设计方法及质量评定方法等知识点。了解混凝土外加剂的作用与品种,以及其他功能混凝土和建筑砂浆的特性。

混凝土的发展已有100多年的历史,如今已成为世界范围内应用最广、用量最大、几乎随处可见的建筑材料,广泛用于工业与民用建筑、道路与桥梁、海工与大坝、原子能与军事等工程中。

相传数千年前,我国劳动人民及埃及人就用石灰与砂混合配制成的砂浆砌筑房屋,后来罗马人又使用石灰、砂及石子配制成混凝土。1824年英国人阿斯普丁(J. Aspdin)发明了波特兰水泥,使混凝土胶凝材料发生了质的变化,大大提高了混凝土强度,并改善了其他性能,此后混凝土的生产技术迅速发展,使用范围日益扩大。1850年法国人朗波特(Lambot)发明了用钢筋加强混凝土,弥补了混凝土抗拉及抗折强度低的缺陷。1928年法国人佛列西涅发明了预应力钢筋混凝土施工工艺,并提出了混凝土收缩和徐变理论,使混凝土技术出现了一次飞跃,为钢筋混凝土结构在大跨度桥梁等结构物中的应用开辟了新的途径。1960年前后各种混凝土外加剂不断涌现,特别是减水剂、流化剂的大量应用,不仅改善了混凝土的各种性能,而且为混凝土施工工艺的发展变化创造了良好条件。

混凝土的有机化又使混凝土这种结构材料走上了一个新的发展阶段,如聚合物混凝土及树脂混凝土,不仅其抗压、抗拉、抗冲击强度都有大幅度提高,而且具有高抗腐蚀性等特点,因而在特种工程中得到了广泛应用。

水泥混凝土具有以下特点:工艺简单,适用性强,可以按工程结构要求浇筑成不同形状的整体结构或预制构件;混凝土与钢筋有着良好的握裹力,与钢材有着基本相同的线膨胀系数,可制作钢筋混凝土、预应力混凝土构件或整体结构;抗压强度高,耐久性好;改变组成材料品种和比例可以制得具有不同物理力学性质的混凝土,以满足不同工程的要求。因此,在土木工程结构中,普通水泥混凝土应用最广、用量最大。水泥混凝土也存在许多缺点:如自重大、抗拉强度低、韧性低、抗冲击能力差等,但这些缺点可以通过配制钢筋、掺加纤维材料等方式加以改善。

水泥混凝土有多种分类方式,按其干表观密度可分为以下3大类混凝土:普通混凝土(干表观密度通常波动在2000~2800kg/m^{3}之间)、轻混凝土(干表观密度可轻达1900kg/m^3)和重混凝土(干表观密度可达3200kg/m^3)。

普通混凝土是以天然砂、卵石或碎石为集料的混凝土，是土木工程结构中最常用的混凝土。现代大跨度钢筋混凝土桥梁和高层建筑为减轻结构自重，往往采用各种轻集料或不加集料配制成轻混凝土，以达到轻质高强，增大桥梁跨度和建筑物高度的目的。重混凝土是为了屏蔽各种射线的辐射，采用各种高密度集料配制的混凝土。

按混凝土的抗压强度分级，水泥混凝土可分为：低强度混凝土（抗压强度标准值 < 20MPa）、中强度混凝土（抗压强度标准值为 20 ~ 60MPa）和高强度混凝土（抗压强度标准值≥60MPa）。

按混凝土拌和物测定的坍落度不同，可将混凝土分为大流动性混凝土（坍落度大于160mm）、流动性混凝土（坍落度为 100 ~ 150mm）、塑性混凝土（坍落度为 10 ~ 90mm）和干硬性混凝土（坍落度小于 10mm）。

此外，为改善水泥混凝土的性能，适应现代土木工程的需要，近几年还发展了多种不同功能的混凝土，如各种高聚物改性混凝土、纤维增强混凝土、补偿收缩混凝土、流态混凝土等。

5.1 普通水泥混凝土的技术性质

普通水泥混凝土是由水泥，水与粗、细集料，按专门设计的配合比，经搅拌、成型、养护而得到的一种复合材料。现代水泥混凝土中，为了调节和改善其工艺性能和力学性能，还需要加入各种化学外加剂和磨细的矿质掺和料。水泥在其中起胶凝和填充作用，集料起骨架和密实作用，水泥与水发生水化反应生成具有胶凝作用的水化物，将集料颗粒牢固地黏结成整体，经过一定凝结硬化时间后形成人造石材，即普通水泥混凝土，通常简称为水泥混凝土或混凝土。

普通水泥混凝土具有原料丰富，便于施工和浇筑成各种形状的构件，硬化后性能优越、耐久性好、节约能源、成本低廉等优点，因此，在土木工程中被广泛应用。

水泥混凝土的技术性质主要包括新拌混凝土的工作性、硬化后混凝土的力学性质和耐久性三个方面。

5.1.1 新拌水泥混凝土的工作性

水泥混凝土在尚未凝结硬化之前，称为新拌混凝土，或称为混凝土拌和物。新拌水泥混凝土是不同粒径的矿质集料颗粒的分散相在水泥浆体的分散介质中的一种复杂分散系，具有弹—黏—塑的性质。目前在生产实践中，对新拌混凝土的性质主要用工作性（或称和易性）来表征。

1）工作性的含意

混凝土拌和物的工作性又称施工和易性，是指混凝土拌和物易于施工操作（搅拌、运输、浇筑、振捣和表面处理），并获得质量均匀、成型密实的性能。这些性质在很大程度上制约着硬化后混凝土的技术性质，因此，研究混凝土拌和物的施工和易性及其影响因素具有十分重要的意义。

混凝土拌和物的工作性是一项综合技术性质，主要包括流动性、黏聚性和保水性三方面的含义。流动性是指混凝土拌和物在自重或机械振捣作用下，能产生流动，并均匀密实地填满模板的性能。黏聚性指混凝土拌和物在施工过程中其组成材料之间有一定的黏聚力，在混凝土运输和振捣的过程中不致产生粗集料下沉、细集料和水泥浆上浮的分层离析现象。保水性是指混凝土拌和物在施工过程中具有一定的保水能力，不致产生严重的泌水现象。混凝土拌和物在施工过程中,由于保水性不足,水分会逐渐析出至混凝土拌和物的表面(此现象称为泌水),同时在混凝土内部形成泌水通道,使混凝土的密实性降低,耐久性下降。

除此之外,混凝土拌和物还要求易于振捣密实、易于排除所有被挟带的空气。在相同材料组成的条件下,经过充分捣实、成型密实的混凝土强度高于密实度较低的混凝土。

2)工作性的测定方法

各国混凝土工作者对混凝土拌和物的工作性测定方法进行了大量的研究,但至今仍未有一种能够全面反映混凝土拌和物工作性的测定方法。常用的方法是测定混凝土拌和物的流动性,辅以观察并结合经验来综合评定混凝土拌和物工作性其他方面的性能。《普通混凝土拌和物性能试验方法标准》(GB/T 50080—2016)规定,混凝土拌和物的工作性可采用稠度试验和泌水与压力泌水试验等方法测定。

(1)稠度试验

①坍落度与坍落扩展度试验。

坍落度试验是世界各国普遍使用的评价混凝土拌和物流动性的测试方法。《普通混凝土拌和物性能试验方法标准》(GB/T 50080—2016)规定,坍落度采用标准坍落度圆锥筒测定。该筒为钢皮制成的圆锥筒,高度 $H=300$mm,上口直径 $d=100$mm,下底直径 $D=200$mm。试验时,将圆锥筒置于平板上,然后将混凝土拌和物分三层装入标准圆锥筒内(使捣实后每层高度为筒高的1/3左右),每层用弹头捣棒由边缘到中心按螺旋形均匀地捣插25次。多余试样用镘刀刮平,然后垂直提起圆锥筒,将圆锥筒与混凝土拌和物并排放于平板上,测量筒高与坍落后混凝土拌和物最高点之间的高差(图5-1),即为新拌混凝土拌和物的坍落度,以mm为单位(精确至5mm)。当混凝土拌和物的坍落度大于或等于160mm时,用钢尺测量混凝土扩展后最终的最大直径和与之垂直方向的直径,在两个直径之差小于50mm的条件下,用其算术平均值作为坍落扩展度值;否则,此次试验无效。

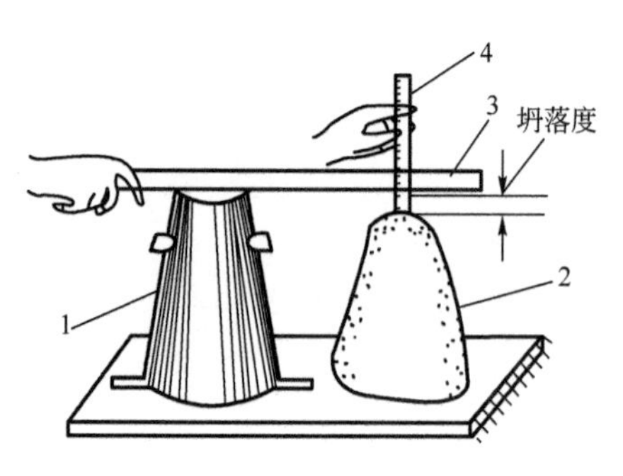

图5-1 坍落度测定

1-坍落度筒;2-拌和物试体;3-木尺;4-钢尺

为了同时评价混凝土拌和物试样的黏聚性和保水性,在测定坍落度后,用捣棒在已坍落锥体试样的一侧轻轻敲击,如锥体在轻打后渐渐下沉,表示黏聚性好;如锥体突然倒坍,或有石子离析现象,即表示黏聚性差。保水性以混凝土拌和物中水泥浆析出的程度表示,如有较多的水泥稀浆从底部析出,并引起失浆锥体试样中的集料外露,则表示此混凝土拌和物的保水性不好,如仅有少量稀浆从底部析出,则表示此混凝土拌和物的保水性良好。

本方法适用于集料最大粒径不大于40mm、坍落度不小于10mm的混凝土拌和物的稠度测定。

②维勃稠度试验。

对于干硬性混凝土拌和物,常采用维勃稠度试验来测定其流动性。维勃稠度试验仪如图5-2所示。

维勃稠度试验方法是将坍落度筒放在圆筒中,圆筒安装在专用的振动台上。按坍落度试验的方法将新拌混凝土装入坍落度筒内后再拔去坍落度筒,并在新拌混凝土顶上置一透明圆盘。开动振动台并记录时间，从开始振动至透明圆盘底面被水泥浆布满瞬间止所经历的时间，即为新拌混凝土的维勃稠度值，以 s 计，精确至 1s。

维勃稠度试验适用于集料最大粒径不大于 40mm，维勃时间在 5～30s 之间的水泥混凝土拌和物、坍落度不大于 50mm 或干硬性混凝土和维勃稠度大于 30s 的特干硬混凝土拌和物的稠度测定。

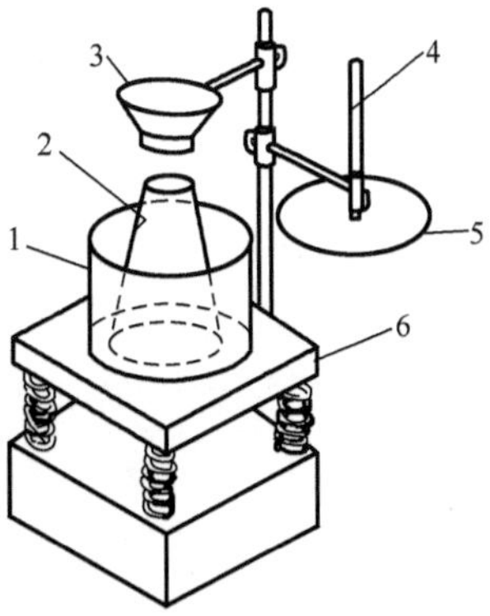

图 5-2　维勃稠度试验仪

1-圆柱形容器；2-坍落度筒；3-漏斗；4-测杆；5-透明圆盘；6-振动台

(2)泌水及压力泌水试验

①泌水试验。

混凝土拌和物的泌水性能是混凝土拌和物在施工中的重要性能之一，尤其是对于大流动性的泵送混凝土来说更为重要。在混凝土的施工过程中泌水过多，会使混凝土丧失流动性，从而影响混凝土的可泵性和工作性，会给工程质量造成严重后果。将混凝土试样装入容量 5L 的容量筒内，可采用振动台振实法或捣棒捣实。用振动台振实时将试样一次装入试筒内，开启振动台，振动到表面出浆为止。并使混凝土拌和物表面低于容量筒筒口 30mm ± 3mm，用抹刀抹平后，立即计时并称量；盖好容量筒盖子，保持室温在 20℃ ± 2℃，从计时开始后 60min 内，每隔 10min 吸取 1 次试样表面渗出的水；60min 后，每隔 30min 吸取 1 次水，直至不再泌水为止。

混凝土拌和物的泌水量按式(5-1)计算：

$$B_a = \frac{V}{A} \tag{5-1}$$

式中：B_a——泌水量，mL/mm^2；

V——累计的泌水量，mL；

A——试样外露的表面面积，mm^2。

混凝土拌和物的泌水率按式(5-2)计算：

$$B = \frac{V_W}{(W/m_r)m} \times 100 \tag{5-2}$$

式中：B——泌水率，%；

V_W——泌水总量，mL；

m——试样质量，g；

W——混凝土拌和物总用水量，mL；

m_r——混凝土拌和物总质量，g。

②压力泌水试验。

压力泌水性能是泵送混凝土的重要性能之一，它是衡量混凝土拌和物在压力状态下的泌水性能，关系到混凝土在泵送过程中是否会离析而堵泵。将混凝土拌和物分两层装入压力泌水仪的缸体容器内，每层插捣 25 次并振实，压力泌水仪按规定安装完毕后应立即给混凝土试样施加压力至 3.2MPa，并打开泌水阀门，同时开始计时并保持恒压。加压至 10s 时读取泌水量 V_{10}，加压至 140s 时读取泌水量 V_{140}，压力泌水率按式(5-3)计算：

$$B_V = \frac{V_{10}}{V_{140}} \times 100 \tag{5-3}$$

式中：B_V——压力泌水率，%；

V_{10}——加压至10s时的泌水量，mL；

V_{140}——加压至140s时的泌水量，mL。

3）影响混凝土拌和物工作性的因素

影响混凝土拌和物工作性的主要因素是混凝土的组成材料和施工环境。

（1）组成材料质量及其用量的影响

①水泥特性的影响。

水泥的品种、细度、矿物组成以及混合材料的掺量等都会影响需水量。由于不同品种的水泥达到标准稠度的需水量不同，所以不同品种水泥配制成的混凝土拌和物具有不同的工作性。通常普通硅酸盐水泥混凝土拌和物比矿渣硅酸盐水泥和火山灰质硅酸盐水泥的混凝土拌和物工作性好。矿渣硅酸盐水泥拌和物的流动性虽大，但黏聚性差，易泌水离析；火山灰质硅酸盐水泥流动性小，但黏聚性最好。此外，水泥细度对混凝土拌和物的工作性也有影响，适当提高水泥的细度可以改善混凝土拌和物的黏聚性和保水性，减少泌水、离析现象。

②集料特性的影响。

集料在混凝土中的占有体积最大，它的特性对混凝土拌和物工作性的影响也较大，混凝土拌和物的工作性主要与集料的最大粒径、级配、颗粒形状和表面粗糙程度有关。当给定水泥、水和集料用量时，集料比表面积随着最大粒径的减小而增加，比表面积大就需要较多的水泥浆润湿，所以混凝土拌和物的流动性将随着集料最大粒径减小而降低，而集料最大粒径较大时可获得较大的流动性。集料中针片状颗粒含量较少、圆形颗粒较多、级配较好时，在同样水泥浆数量下，混凝土拌和物可获得较大的流动性，黏聚性、保水性也较好。集料表面粗糙、具有棱角，会增加混凝土拌和物的内摩擦力，从而降低混凝土拌和物的流动性，如用河砂与卵石拌制的混凝土拌和物的流动性大于碎石混凝土拌和物的流动性。

③集浆比的影响。

集浆比就是单位混凝土拌和物中，集料绝对体积与水泥浆绝对体积之比。水泥浆在混凝土拌和物中，除了填充集料间的空隙外，还包裹集料的表面，以减少集料颗粒间的摩阻力，使混凝土拌和物具有一定的流动性。在单位体积的混凝土拌和物中，如水灰比保持不变，则水泥浆的数量越多，拌和物的流动性越大。但若水泥浆数量过多，则集料的含量相对减少，达到一定限度时，将会出现流浆现象，使混凝土拌和物的黏聚性和保水性变差，同时对混凝土的强度和耐久性也会产生一定的影响。此外水泥浆数量增加，就要增加水泥用量。相反若水泥浆数量过少，不足以填满集料的空隙包裹集料表面，则混凝土拌和物的黏聚性变差，甚至产生崩坍现象。因此，混凝土拌和物水泥浆数量应根据具体情况确定，在满足工作性要求的前提下，考虑强度和耐久性的要求，尽量采用较大的集浆比（较少的水泥浆用量），以节约水泥用量。

④水胶比的影响。

在单位混凝土拌和物中，集浆比确定后，即水泥浆的用量为一固定数值时，水胶即决定水泥浆的稠度。水胶比较小，则水泥浆较稠，混凝土拌和物的流动性也较小，当水胶比小于某一极限以下时，在一定施工方法下就不能保证密实成型；反之，水胶比较大，水泥浆较稀，混凝土拌和物的流动性虽然较大，但黏聚性和保水性却随之变差。当水胶比大于某一极限以上时，将产生严重的离析、泌水现象。因此,为了使混凝土拌和物能够密实成型,所采用的水胶比值不能过小;为了保证混凝土拌和物具有良好的黏聚性和保水性,所采用的水胶比值又不能过大。在实际工程中为增加拌和物的流动性而增加用水量时,必须保证水胶比不变,同时增加水泥用量,否则将显著降低混凝土的质量。因此,决不能以单纯改变用水量的办法来调整混凝土拌和物的流动性。在通常使用范围内,当混凝土中用水量一定时,水胶比在小的范围内变化,对混凝土拌和物的流动性影响不大。

⑤砂率的影响。

砂率是混凝土中砂的质量占砂石总质量的百分率。砂率表征混凝土拌和物中砂与石相对用量比例的组合。由于砂率变化,可导致集料的空隙率和总表面积的变化,因而混凝土拌和物的工作性亦随之产生变化。

混凝土拌和物坍落度与砂率的关系如图 5-3 所示。从图中可以看出,当砂率过大时集料的空隙率和总表面积增大,在水泥浆用量一定的条件下,混凝土拌和物就显得干稠,流动性小。当砂率过小时,虽然集料的总表面积减小,但由于砂浆量不足,不能在粗集料的周围形成足够的砂浆层来起润滑作用,因而使混凝土拌和物的流动性降低。更严重的是影响了混凝土拌和物的黏聚性与保水性,使拌和物显得粗涩、粗集料离析、水泥浆流失,甚至出现溃散等不良现象。因此,要保证混凝土拌和物具有良好的工作性,必须选择一个合理的砂率值。

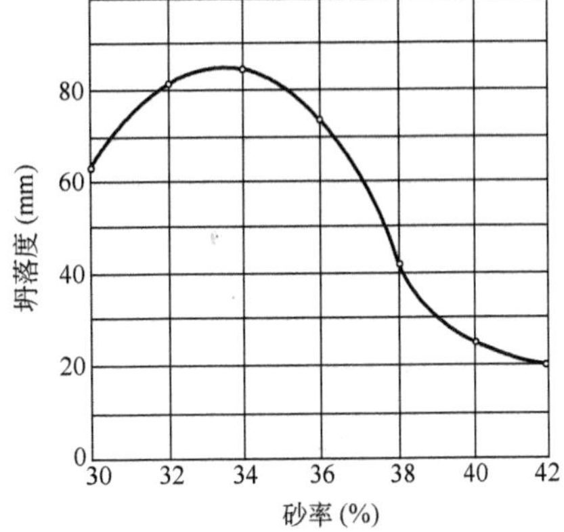

图 5-3　坍落度与砂率的关系

混凝土拌和物的合理砂率是指在用水量和水泥用量一定的情况下,能使混凝土拌和物获得最大的流动性,且能保持黏聚性和保水性能良好的砂率。

⑥外加剂的影响。

在拌制混凝土拌和物时,加入少量外加剂,可在不增加水泥用量的情况下,改善拌和物的工作性,同时尚能提高混凝土的强度和耐久性。

(2)环境条件的影响

引起混凝土拌和物工作性降低的环境因素主要有温度、湿度和风速。对于给定组成材料性质和配合比例的混凝土拌和物,其工作性的变化主要受水泥的水化率和水分的蒸发率所支配。因此,混凝土拌和物从搅拌至捣实的这段时间里,温度的升高会加速水化及水分的蒸发损失,导致拌和物坍落度的减小。同样,风速和湿度因素也会影响拌和物水分的蒸发率,从而影响坍落度。在不同环境条件下,要保证拌和物具有一定的工作性,必须采取相应的改善措施。

(3)时间的影响

混凝土拌和物在搅拌后,其坍落度随时间的增长而逐渐减小的现象,称为坍落度损失。主要是由于拌和物中自由水随时间而蒸发、集料吸水和水泥早期水化而损失的结果。混凝土拌和物工作性的损失率,受组成材料的性质(如水泥的水化和发热特性、外加剂的特性、集料的空隙率等)以及环境因素的影响。

4)改善混凝土拌和物工作性的措施

改善混凝土拌和物的工作性可通过下列途径采取必要的技术措施。

(1)调节混凝土的材料组成

在保证混凝土强度、耐久性和经济性的前提下,适当调整混凝土的组成配合比例,以提高工作性。

(2)掺加各种外加剂

如减水剂、流化剂等均能提高混凝土拌和物的工作性,同时提高强度、耐久性,并能节约水泥。

(3)提高振捣机械的效能

由于振捣效能提高,可降低施工条件对混凝土拌和物工作性的要求,因而保持原有工作性亦能达到捣实的效果。

5)混凝土拌和物工作性的选择

混凝土拌和物的工作性,依据结构物的断面尺寸、钢筋配置的疏密、捣实的机械类型和施工方法等来选择。一般对无筋大结构、钢筋配置稀疏易于施工的结构,尽可能选用较小的坍落度,以节约水泥。反之,对断面尺寸较小、形状复杂或配筋特密的结构,则应选用较大的坍落度,可易于浇捣密实,以保证施工质量。由于运输过程中会有坍落度的损失,选择坍落度值时应将损失值估计在内。混凝土浇筑时的坍落度要求见表5-1。

混凝土浇筑时的坍落度要求 表5-1

项次	结 构 种 类	坍落度(mm)
1	基础或地面等的垫层、无配筋的大体积结构(挡土墙、基础等)或配筋稀的结构	10~30
2	板、梁和大型及中型截面的柱子等	30~50
3	配筋密列的结构(薄壁、斗仓、筒仓、细柱等)	50~70
4	配筋特密的结构	70~90

注:1.本表系采用机械振捣混凝土时的坍落度,当采用人工振捣混凝土时其值可适当增大。

2.当需要配制大坍落度混凝土时,应掺用外加剂。

3.曲面或斜面混凝土的坍落度应根据实际需要另行选定。

4.泵送混凝土的坍落度宜为80~180mm。

5.1.2 硬化后混凝土的力学性质

硬化后混凝土的力学性质,主要包括强度和变形两个方面。

1)强度

混凝土强度分为立方体抗压强度、棱柱体抗压强度、劈裂抗拉强度、抗弯拉强度、剪切强度和黏结强度等,是混凝土硬化后的主要力学指标。

(1)立方体抗压强度、抗压强度标准值和强度等级

①立方体抗压强度。

按照标准的制作方法制成边长为150mm的正立方体试件,在标准养护室中(温度20℃±2℃,相对湿度95%以上),或在温度为20℃±2℃不流动的$Ca(OH)_2$饱和溶液中,养护至28d龄期,按照标准的测定方法测定其抗压强度值,称为混凝土立方体试件抗压强度(简称立方体抗压强度),以f_{cu}或$f_{cu,28}$表示,按式(5-4)计算:

$$f_{cu}=\frac{F}{A} \tag{5-4}$$

式中:f_{cu}——立方体抗压强度,MPa;

F——抗压试验中的极限破坏荷载,N;

A——试件的承载面积,mm^2。

试验时以三个试件为一组,取三个试件强度的算术平均值作为每组试件的强度代表值。

用非标准尺寸试件测得的立方体抗压强度,应乘以换算系数,折算为标准试件的立方体抗压强度。混凝土强度等级<C60时,200mm×200mm×200mm试件换算系数为1.05;100mm×100mm×100mm试件换算系数为0.95。当混凝土强度等级≥C60时,宜采用标准试件,使用非标准试件时,尺寸换算系数应由试验确定。

②立方体抗压强度标准值。

混凝土立方体抗压强度标准值是按照标准方法制作和养护的边长为150mm的立方体试件,在28d龄期,用标准试验方法测定的抗压强度总体分布中的一个值,强度低于该值的百分率不超过5%(具有95%保证率)的抗压强度。立方体抗压强度标准值以$f_{cu,k}$表示,按式(5-5)计算:

$$f_{cu,k} = \bar{f} - 1.645\sigma \tag{5-5}$$

式中:$f_{cu,k}$——抗压强度标准值,MPa;

$\bar{f}$——强度总体分布的平均值,MPa;

σ——强度总体分布的标准差,MPa;

1.645——与保证率为95%对应的保证率系数。

从以上定义可知,立方体抗压强度只是一组混凝土试件抗压强度的算术平均值,并未涉及数理统计、保证率的概念。而立方体抗压强度标准值是按数理统计方法确定,具有不低于95%保证率的立方体抗压强度。

③强度等级。

混凝土强度等级是根据立方体抗压强度标准值确定的。强度等级用符号"C"和"立方体抗压强度标准值"两项内容来表示。例如,C30即表示混凝土立方体抗压强度标准值,$f_{cu,k}$ = 30MPa。普通混凝土按立方体抗压强度标准值划分为:C15、C20、C25、C30、C35、C40、C45、C50、C55、C60、C65、C70、C75、C80共14个强度等级。

(2)轴心抗压强度

混凝土的"强度等级"是根据"立方体抗压强度标准值"确定的,但在实际工程中大部分钢筋混凝土结构形式为棱柱体或圆柱体。为了较真实地反映实际受力状况,在钢筋混凝土结构设计中,计算轴心受压构件时,均以混凝土的轴心抗压强度为设计指标。

轴心抗压强度是测定尺寸为150mm×150m×300mm棱柱体试件的抗压强度,在试验中该尺寸的试件将比立方体试件更好地反映混凝土结构的实际受力状况,轴心抗压强度以f_{cp}表示。轴心抗压强度与立方体抗压强度之比为0.7~0.8。

(3)劈裂抗拉强度

混凝土的抗拉强度值较低,通常为抗压强度的1/20~1/10。在普通钢筋混凝土结构设计中虽不考虑混凝土承受的拉力,但抗拉强度对混凝土的抗裂性起着重要作用,有时也用抗拉强度间接衡量混凝土与钢筋的黏结强度,或用于预测混凝土构件由于干缩或温缩受约束而引起的裂缝。

由于混凝土轴心抗拉强度的试验装置制作困难等因素,目前常采用劈裂抗拉试验法间接地求出混凝土的抗拉强度,试件的受力方式见图5-4。劈裂抗拉强度试验采用尺寸为150mm×150mm×150mm立方体试件,通过垫条对混凝土施加荷载,在试件的受力面上产生如图5-4所示的应力分布。混凝土劈裂抗拉强度以f_{ts}表示,按式(5-6)计算:

$$f_{ts}=\frac{2F}{\pi A}=0.637\frac{F}{A} \tag{5-6}$$

式中：f_{ts}——混凝土劈裂抗拉强度，MPa；

F——破坏荷载，N；

A——试件劈裂面面积，mm^2。

(4)抗弯拉强度

在道路和机场工程中，混凝土路面结构主要承受荷载的弯拉作用，因此，抗弯拉强度是混凝土路面结构设计和质量控制的主要指标，而将抗压强度作为参考强度指标。

道路水泥混凝土的抗弯拉强度是以标准方法制备成尺寸为150mm×150mm×550mm的梁形试件，在标准条件下，经养护28d后，按三分点加荷方式（图5-5），测定其抗弯拉强度，以f_{cf}表示，按式(5-7)计算。

$$f_{cf}=\frac{FL}{bh^2} \tag{5-7}$$

式中：f_{cf}——混凝土抗弯拉强度，MPa；

F——破坏荷载，N；

L——支座间距，mm（通常$L=450$mm）；

b——试件宽度，mm；

h——试件高度，mm。

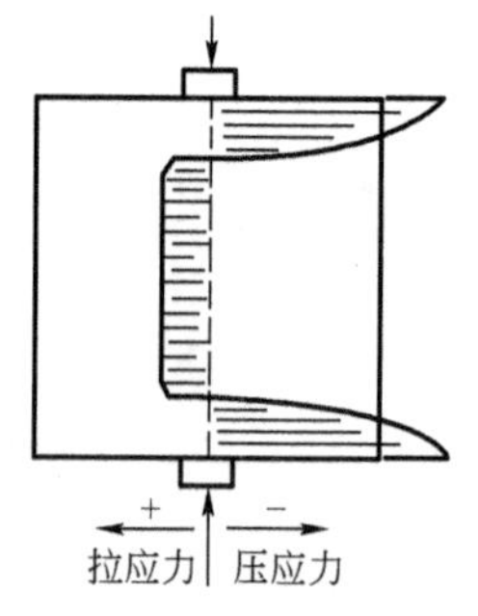

图5-4　混凝土劈裂抗拉强度受力模式示意图

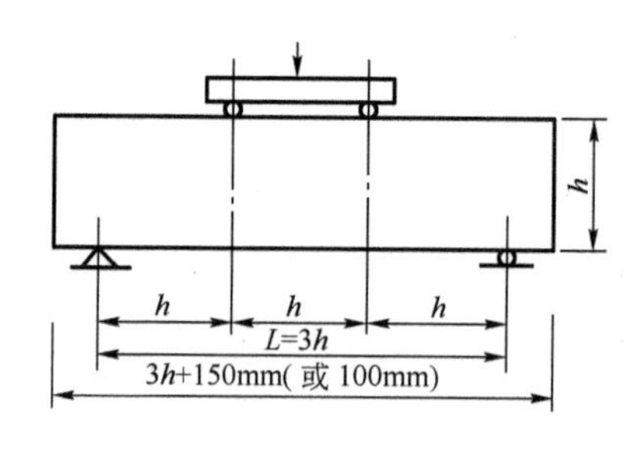

图5-5　混凝土抗弯拉强度试验装置图

根据《公路水泥混凝土路面设计规范》（JTG D40—2011）的规定，不同交通量等级的水泥混凝土弯拉强度标准值不得低于表5-2的规定。

路面水泥混凝土弯拉强度标准值　　表5-2

交通荷载等级	极重、特重、重	中等	轻
水泥混凝土弯拉强度标准值(MPa)	≥5.0	4.5	4.0
钢纤维混凝土弯拉强度标准值(MPa)	≥6.0	5.5	5.0

2)影响水泥混凝土强度的主要因素

a)

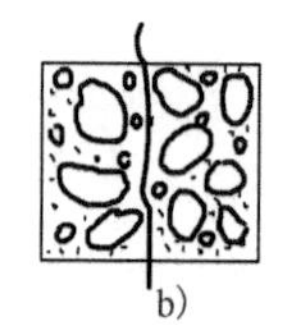

图5-6　混凝土受力破坏模式示意图

混凝土受力破坏时，破裂面可能出现在3个位置上，如图5-6所示。一是集料和水泥石黏结界面破坏，这是混凝土最常见的破坏形式；二是水泥石的破坏，这种情况在低强度等级混凝土中并不多见;三是集料自身破裂,多发生在高强度混凝土中。由此分析,普通水泥混凝土强度主要取决于水泥石强度及其与集料的界面黏结强度,而水泥石强度及其与集料的界面黏结强度同混凝土的组成材料密切相关,并受到施工质量、养护条件及试验条件等因素的影响。

(1)材料组成对混凝土强度的影响

材料组成是混凝土强度形成的内因,主要取决于组成材料的质量及其在混凝土中的用量。

①水泥的强度和水胶比。

水泥混凝土的强度主要取决于其内部起胶结作用的水泥石的质量,水泥石的质量则取决于水泥的强度和水胶比的大小。当试验条件相同时,在相同的水胶比下,水泥的强度越高,则水泥石的强度越高,从而使用其配制的混凝土强度也越高。

当水泥品种一定时,混凝土强度取决于水胶比。理论上,水泥充分水化所需的水胶比较小,但采用小水胶比拌制的混凝土拌和物将过于干硬。为了必要的流动性,在实际拌制混凝土拌和物时,通常加入较多的水即采用较大的水胶比。当用水量较大时,即使是充分捣实的混凝土,当混凝土硬化后也会有部分水分残留在混凝土中形成水泡或蒸发后形成气孔,从而大大减少了混凝土抵抗荷载的有效断面,而且有可能在孔隙周围产生应力集中。因此,在水泥强度相同的条件下,混凝土的强度将随水胶比的增加而降低,如图 5-7 所示。

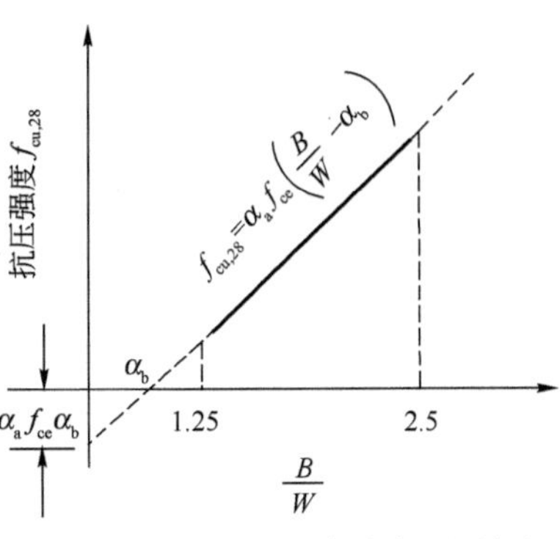

图 5-7　混凝土抗压强度与胶水比的关系

我国根据大量的试验资料统计结果,提出了胶水比、水泥实际强度与混凝土 28d 立方体抗压强度之间的关系式:

$$f_{cu,28} = \alpha_a f_{ce}\left(\frac{B}{W} - \alpha_b\right) \tag{5-8}$$

式中:$f_{cu,28}$——混凝土 28d 龄期的立方体抗压强度,MPa;

f_{ce}——水泥实际强度,MPa;

$\frac{B}{W}$——胶水比;

α_a、α_b——回归系数,依据《普通混凝土配合比设计规程》(JGJ 55—2011)的规定,按表5-3选用。

混凝土强度公式的回归系数　　表 5-3

石子品种	回归系数	
	α_a	α_b
碎石	0.53	0.20
卵石	0.49	0.13

②集料特性。

当混凝土受力时,在粗集料与砂浆界面处将产生拉应力和剪应力。若界面黏结强度有保障,粗集料所受到的应力要比砂浆大,如果集料的强度不足,混凝土可能因粗集料的破坏而破坏。通常情况下集料的强度比水泥石的强度高,所以不会直接影响混凝土的强度,但由于风化等原因集料强度降低时,用其配制的混凝土强度则会降低。

粗集料的颗粒形状、表面特征及洁净程度是影响混凝土强度的另一重要因素。使用针片状颗粒含量较高的集料将会增加混凝土的孔隙率,从而降低混凝土的强度。碎石富含棱角且表面粗糙,在水泥用量和用水量相同的情况下,用碎石拌制的混凝土拌和物流动性较差,但与水泥砂浆黏结较好,故强度较高。而卵石多为表面光滑的球状颗粒,用卵石拌制的混凝土拌和物流动性较好,但硬化后混凝土强度较低。覆盖在集料表面的杂质,如淤泥、黏土以及风化物和腐殖物会降低界面的黏结强度。集料形状、表面构造及洁净程度对混凝土抗弯拉强度的影响要大于对混凝土抗压强度的影响。

粗集料的最大粒径对混凝土的抗压强度和抗弯拉强度均有影响,但影响程度有差别。在一定的配比条件下,集料的最大粒径过大,将减小与水泥浆接触的总面积,界面强度降低,同时还会因振捣不密实而降低混凝土的强度。这种影响在水胶比较小时更为明显,而且对混凝土抗弯拉强度的影响大于对抗压强度的影响。

连续级配的优点是所配制的混凝土较密实,具有优良的工作性,不易发生离析现象,而采用间断级配配制的混凝土则易发生离析。

拌制混凝土时,砂的颗粒级配与粗细程度也应同时考虑。当砂中含有较多粗砂,并以适当中砂及少量细砂填充其孔隙时,砂的孔隙率及总表面积均较小,是比较理想的级配,不仅水泥用量较少,而且还可提高混凝土的密实性与强度。

(2)养护条件对混凝土强度的影响

为了获得质量良好的混凝土,混凝土浇筑成型后必须在适宜的环境中进行养护,以保证水泥水化的正常进行。对于相同配合组成和相同施工方法的水泥混凝土,其力学强度取决于养护的湿度、温度和养护的时间(龄期)。

①养护湿度。

水是水泥水化反应的必要成分,如果湿度不足,水泥水化反应不能正常进行,甚至停止,将严重降低混凝土强度,而且水泥石结构疏松,形成干缩裂缝,影响混凝土的耐久性,在不同条件的养护湿度下,混凝土的强度发展趋势如图 5-8 所示。在空气中养生的混凝土,在所有龄期得到的强度值都较低。因此,为了使混凝土正常硬化,在混凝土养护期间,应创造条件维持一定的潮湿环境,从而产生更多的水化产物,使混凝土密实度增加。

②养护温度。

养护温度对混凝土强度发展有很大影响。由图 5-9 可以看出当养护温度较高时,可以增大水泥初期的水化速度,混凝土的早期强度较高。但早期养护温度越高,混凝土后期强度增进率越小,这是由于急速的早期水化反应,导致水泥水化物的不均匀分布。水化物稀少区域成为水泥石中的薄弱点,而在水化物稠密区域,水化物包裹水泥颗粒,妨碍水泥颗粒的进一步水化,从而减少水化物数量。在相对较低的养护温度下,水泥的水化反应较为缓慢,使其水化物具有充分的扩散时间均匀地分布在水泥石中,导致混凝土后期强度提高。但如果混凝土的养护温度过低降至冰点以下时,水泥水化反应停止,致使混凝土的强度不再发展,并可能因冰冻作用使混凝土已获得的强度受到损失。

③龄期。

图 5-10 反映了混凝土强度随龄期增长的规律。在标准养护条件下,混凝土强度与龄期之间有着较好的相关性,通常在对数坐标上呈直线关系。在混凝土施工过程中可根据混凝土的这种特性,由其早期强度推算后期强度。当混凝土早期强度不足时,可及时采取措施来保证混凝土的施工质量并避免损失。

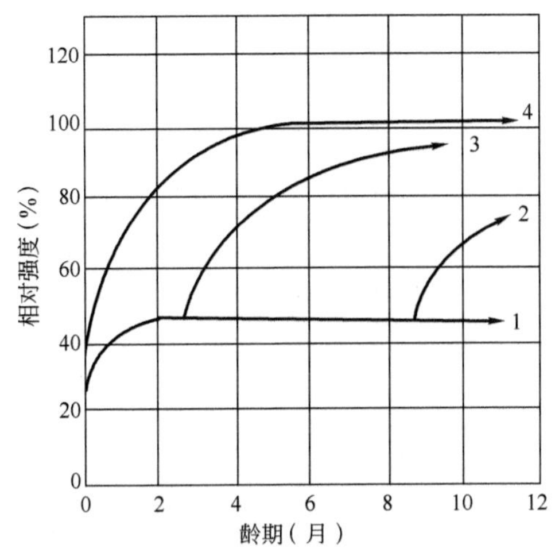

图5-8　养护湿度条件对混凝土强度的影响

1-空气养护;2-9个月后水中养护;3-3个月后水中养护;4-标准湿度条件下养护

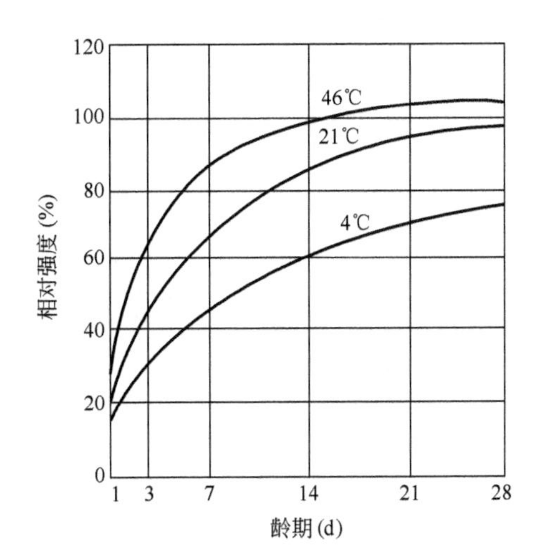

图5-9　养护温度条件对混凝土强度的影响

(3)试验条件对混凝土强度的影响

组成材料、制备条件和养护条件相同的条件下,混凝土的强度还与试验条件有关。影响其强度的试验条件主要有:试件形状与尺寸、表面状态及含水率、支承条件和加载方式等。

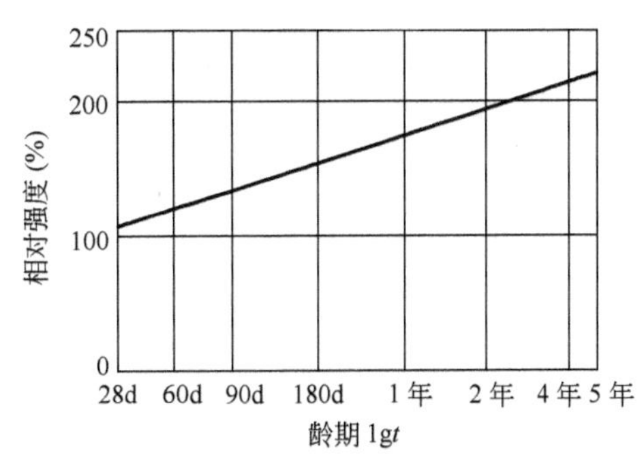

图5-10　水泥混凝土的强度随时间的增长关系

如采用标准立方体试件测定混凝土的立方体抗压强度时,当试件在压力机上受压时,由于钢制承压板的横向膨胀较混凝土小,因而在承压板与混凝土承压面之间形成摩擦力,对混凝土的横向膨胀产生约束作用,这种现象称之为“环箍效应”。“环箍效应”会造成混凝土的实测强度增大,这与混凝土构件的实际受力情况不相符。随着混凝土试件高度的不断增加,这种“环箍效应”会逐渐消失,因此,采用标准棱柱体试件测定混凝土的轴心抗压强度要比立方体抗压强度更为实际。但试件尺寸不宜过大,否则,随着试件内部孔隙、裂隙、局部材质较差等缺陷的增多,也会降低混凝土的实测强度。

此外,混凝土试件的含水率越高,或受压表面越光滑,测得的强度越低。试验时的加载速度对混凝土的强度也有很大的影响,若加载太快,而混凝土的裂纹变形速度较慢,不能及时获得变形反应,因而导致混凝土的测定强度偏大。

3)提高混凝土强度的措施

(1)选用高强度水泥和早强型水泥

水泥的强度和水胶比是影响混凝土强度的两个主要因素,在水胶比一定的条件下,选用高强度的水泥可进一步提高混凝土的强度,并可避免由于水泥用量过大而造成混凝土表面开裂等现象。另外,对于早期强度要求较高的混凝土结构,在供应条件允许时,应优先选用早强型水泥。

(2)采用低水胶比和浆集比

一方面,采用低的水胶比,可以减少混凝土中的游离水,从而减小混凝土中的空隙,提高混凝土的密实度和强度;另一方面降低了浆集比,减薄水泥浆层的厚度,可以充分发挥集料的骨架作用,对混凝土强度的提高亦有帮助。如采用适宜的最大粒径,可调节抗压和抗折强度之间的关系,以达到提高抗折强度的效果。

(3)掺加混凝土外加剂和掺合料

目前,土木工程结构用预应力钢筋混凝土,通常要求设计强度为 C50 以上,除了采用 42.5MPa或 52.5MPa 强度等级的硅酸盐水泥外,水胶比必须在 0.35 ~ 0.40 之间才能达到强度要求。而混凝土拌和物的坍落度又要求在 50mm 以上,必须采用高效减水剂等外加剂或掺配矿物掺合料,才能保证混凝土拌和物的工作性和混凝土的强度。

(4)采用湿热处理——蒸汽养护和蒸压养护

预制构件,除了采用前述措施外,还适合采用湿热处理来提高混凝土的强度。

①蒸汽养护。

蒸汽养护是使浇筑好的混凝土构件经 1 ~ 3h 预养后,在 90% 以上的相对湿度、60℃ 以上温度的饱和水蒸气中养护,以加速混凝土强度的发展。

普通硅酸盐水泥混凝土经过蒸汽养护后,早期强度提高快,一般经过一昼夜蒸汽养护,混凝土强度能达到标准强度的 70%,但对后期强度增长有影响,所以用普通水泥配制的混凝土养护温度不宜太高,时间不宜太长,一般养护温度为 60 ~ 80℃,恒温养护时间以 5 ~ 8h 为宜。

用火山灰质硅酸盐水泥和矿渣硅酸盐水泥配制的混凝土,蒸汽养护效果比普通硅酸盐水泥混凝土好,不但早期强度增加快,而且后期强度比自然养护还稍有提高。这两种水泥混凝土可以采用较高的温度养护,一般可达 90℃,养护时间不超过 12h。

②蒸压养护。

蒸压养护是将浇筑完的混凝土构件静停 8 ~ 10h 后,放入蒸压釜内,在高压、高温(如大于或等于 8 个大气压,温度为 175℃ 以上)饱和蒸汽中进行养护。

在高温、高压蒸汽下,水泥水化时析出的氢氧化钙不仅能充分与活性混合材中活性的氧化硅结合,而且也能与结晶状态的氧化硅结合而生成含水硅酸盐结晶,从而加速水泥的水化和硬化,提高混凝土的强度。此法比蒸汽养护的混凝土质量好,特别是对采用掺活性混合材料水泥及掺入磨细石英砂的混合硅酸盐水泥更为有效。

(5)采用机械搅拌和振捣

混凝土拌和物在强力搅拌和振捣作用下,水泥浆的凝聚结构暂时受到破坏,因而降低了水泥浆的黏度和集料间的摩阻力,提高了拌和物的流动性,从而混凝土拌和物能更好地充满模型并均匀密实,混凝土强度得到提高。

4)硬化混凝土的变形特性

(1)弹性变形——弹性模量

①混凝土的应力—应变特征。

混凝土承受荷载时,应力—应变关系是非线性的,在较高的荷载下,这种非线性特征更加明显。当卸除荷载时,混凝土变形不能完全恢复,在较低的荷载水平下重复加载和卸载时,每一次卸载都会残留部分残余变形。图 5-11 给出了混凝土在低应力重复荷载作用下的应力—应变曲线,在第一个加载循环中,加载曲线 OA,卸载曲线 AC,残余应变 OC。经四次循环后,混凝土残余应变的总量为 OC'。

②弹性模量。

在混凝土应力—应变曲线上,任一点应力与应变的比值称为混凝土在该应力下的弹性模量。由图5-12可见,在混凝土受力的不同阶段,其弹性模量是一个变量,所以当计算混凝土的弹性模量时,应指明计算条件。根据不同的取值方法,可得到图5-12所示的三种弹性模量。

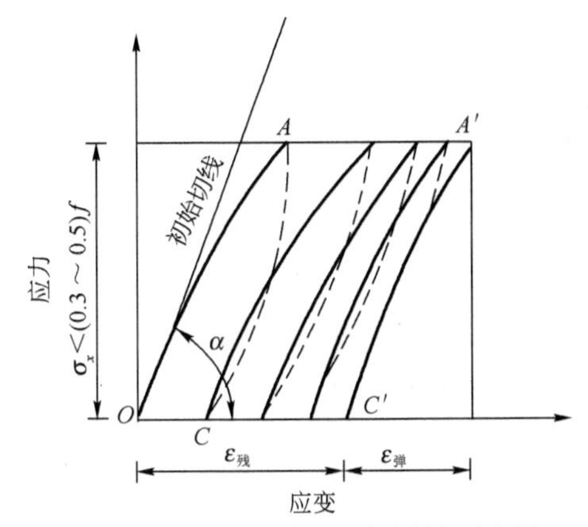

图5-11 混凝土的应力—应变特征示意图

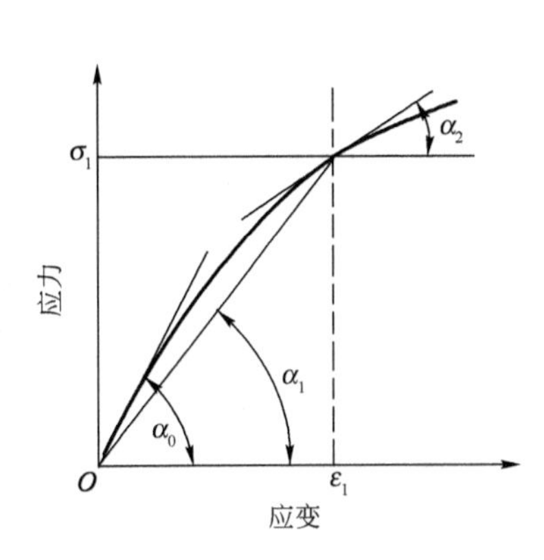

图5-12 混凝土强性模量分类示意图

初始切线弹性模量 $\tan\alpha_0$:由图5-12中的曲线原点的切线斜率求得。α_0 在结构设计中的应用价值较小,且难以准确测量。

切线弹性模量 $\tan\alpha_2$:由图5-12中曲线上任一点的切线斜率确定。

割线弹性模量 $\tan\alpha_1$:是由曲线上任一点与原点连线的斜率求得。

在混凝土工艺和混凝土结构设计中,通常采用规定条件下的割线弹性模量。《普通混凝土力学性能试验方法》(GB/T 50081—2002)规定,采用反复加载卸载($\sigma=f_{cp}/3$)三次以后所得的割线模量作为静力抗压弹性模量用于结构计算中。《公路工程水泥及水泥混凝土试验规程》(JTG E30—2005)规定,道路工程中混凝土的抗弯拉弹性模量取重复加载卸载(荷载标准为抗弯拉极限荷载平均值的1/2)五次循环所得到的割线模量。

③混凝土弹性模量影响因素。

混凝土弹性模量在很大程度上取决于粗集料的弹性模量,当粗集料含量较高时,弹性模量较高。此外,混凝土的弹性模量随其强度的提高而增加,但一般不呈线性关系。

(2)徐变变形

图5-13反映混凝土在持续荷载作用下的变形特征。由图可见,在加载的瞬间,混凝土产生以弹性变形为主的瞬时变形,此后,在荷载持续作用下,变形随时间连续增长,称为徐变变形。在较大的初始徐变变形后,徐变逐渐趋于稳定。卸除荷载后,混凝土有一瞬间恢复的变形,其后的一段时间里变形继续恢复,称为徐变恢复。在徐变恢复完成后残留下来的变形称为永久变形,又称残余变形。

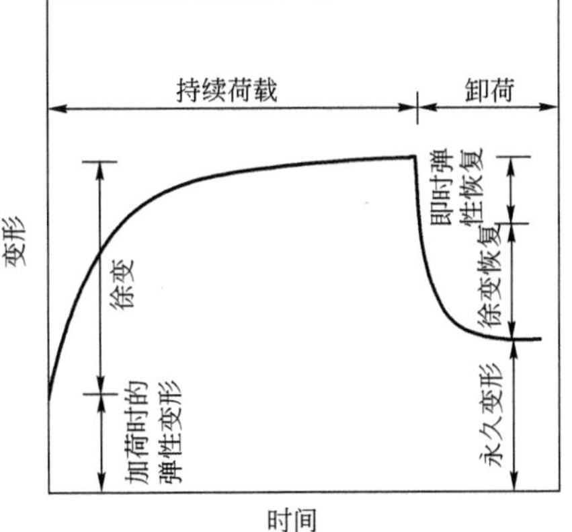

图5-13 混凝土的徐变变形和恢复变形曲线

混凝土的徐变变形主要是由水泥石的徐变变形所引起的,而集料所产生的徐变变形几乎可以忽略不计,因此,混凝土中集料的体积率越大,混凝土的徐变变形越小。

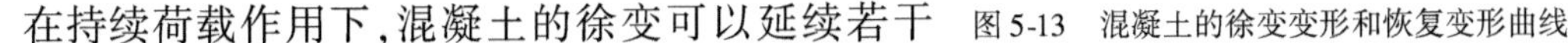

在持续荷载作用下,混凝土的徐变可以延续若干

年，其徐变应变通常会超过弹性应变，当混凝土结构承受持续荷载时，如果所承受的持续荷载较大，可能会导致混凝土结构破坏。所以在混凝土结构设计中必须考虑徐变的影响，否则，可能会导致对整个结构变形的严重估计不足。在预应力混凝土中，必须考虑徐变变形导致构件缩短而造成的预应力损失。

(3)温度变形

混凝土具有热胀冷缩的性质，其温度胀缩系数为$(10\sim14)\times10^{-6}℃^{-1}$。混凝土的温度变形对大体积混凝土工程或在温差较大的季节施工的混凝土结构极为不利。在大体积混凝土中，由于水泥水化放热，混凝土内部温度升高，使混凝土内部产生显著的体积膨胀，而混凝土外部却随气温降低而收缩，结果导致外部混凝土产生很大的拉应力。当这种拉应力超过混凝土的抗拉强度时，外部混凝土就会开裂。当混凝土施工期温差较大时，同样会出现上述问题。为了减小温度变形对混凝土性能的不利影响，应设法降低混凝土的发热量，如采用低热水泥、人工降温，以及对表层混凝土加强保温、保湿措施等。同时，在水泥混凝土路面中设置各种类型的接缝，在较长的混凝土结构中设置温度伸缩缝以减小混凝土温度胀缩引起的内应力，避免对混凝土结构的破坏。

(4)干燥收缩变形

在干燥环境中时，由于混凝土内部水分蒸发而引起的体积变化，称为干缩。当外界环境湿度低于混凝土本身的湿度时，混凝土中水泥石内部的游离水被蒸发，毛细管壁受到压缩，混凝土开始收缩。在环境相对湿度低于40%时，水泥水化物中的凝胶水也开始蒸发，会引起更大的收缩。当混凝土遇到潮湿的环境时，已经干缩的混凝土将会膨胀，但这种膨胀量极小，几乎可以不考虑。

混凝土干缩应变极限值为$(50\sim90)\times10^{-5}$，干缩系数为0.5~0.9mm/m。由于干缩变形是混凝土的固有性质，如果处理不当，会使混凝土中出现微小裂纹，影响混凝土的耐久性。混凝土的干缩主要由水泥石的干缩所至，所以混凝土的干缩程度与水泥品种及用量、单位用水量和集料用量有关。需水量大的水泥干缩性大，细度较大的水泥干缩性大。集料在混凝土中形成骨架，对收缩有一定的抑制作用，水泥用量多或用水量大时，混凝土收缩较大。此外，混凝土的干缩还与施工、养护条件有关。混凝土浇筑得越密实，收缩量越小。早期在水中养护或在潮湿的环境中养护，可大大减小混凝土的收缩量，蒸压养护对收缩的抑制效果更为显著。综上所述，降低混凝土干缩程度的主要措施有：限制水泥用量并保证一定的集料用量，减小水灰比，充分捣实混凝土，加强混凝土早期养护。

5.1.3 混凝土的耐久性

耐久性指混凝土在使用过程中，抵抗周围环境介质作用，保持其强度和使用质量的能力。大多数混凝土结构是永久性的，所以要求混凝土在使用环境中具有良好的耐久性。

混凝土的耐久性主要是指混凝土抗渗性、抗冻性、抗化学侵蚀性、耐磨性以及碱—集料反应等技术性质。

1)混凝土的抗渗性

混凝土对液体或气体渗透的抵抗能力称为混凝土的抗渗性。在混凝土的使用过程中，影响混凝土质量的主要环境因素包括：淡水溶出作用、硫酸盐化学侵蚀作用等引起水泥石强度的降低；二氧化碳、氯气及氧气等的作用导致混凝土中的钢筋锈蚀；碱—集料反应引起的混凝土开裂等破坏。由于环境中的各种侵蚀介质均要通过渗透才能进入混凝土内部，所以渗透性能是混凝土耐久性的重要因素。

混凝土的抗渗性,以抗渗等级来表示。采用标准养护28d的试件,按规定的方法进行试验,按混凝土所能承受的最大水压力,将混凝土的抗渗等级分为六个等级:S2、S4、S6、S8、S10和S12,分别表示混凝土能抵抗0.2MPa、0.4MPa、0.6MPa、0.8MPa、1.0MPa和1.2MPa的水压力而不渗水。

2)混凝土的抗冻性

混凝土遭受冻融的循环作用,可导致强度降低甚至破坏。评价混凝土抗冻性的试验方法可采用慢冻法和快冻法两种,通常采用快冻法。该方法是以尺寸为100mm×100mm×400mm棱柱体混凝土试件,经28d龄期,于-18℃和5℃条件下快速冻结和融化循环。每25次冻融循环,对试件进行一次横向基频的测试并称重。当冻融至300次循环,或相对动弹性模量下降至60%以下,或质量损失率达到5%,即停止试验。

混凝土相对动弹性模量按式(5-9)计算:

$$P = \frac{f_n^2}{f_0^2} \times 100 \tag{5-9}$$

式中:P——经n次冻融循环后混凝土试件的相对动弹性模量,%;

f_n——n次冻融循环后试件的横向基频,Hz;

f_0——试验前试件的横向基频,Hz。

混凝土质量损失率按式(5-10)计算:

$$W_n = \frac{m_0 - m_n}{m_0} \times 100 \tag{5-10}$$

式中:W_n——n次冻融循环后混凝土试件的质量损失率,%;

m_0——冻融前的试件质量,kg;

m_n——n次冻融后的试件质量,kg。

当混凝土相对动弹性模量降低至小于或等于60%,或质量损失达5%时的循环次数,即为混凝土的抗冻等级。抗冻等级分为F25、F50、F100、F150、F200、F250和F300等。

混凝土抗冻性也可采用耐久性指数表示。耐久性指数按式(5-11)计算:

$$K_n = P \times N/300 \tag{5-11}$$

式中:K_n——经n次冻融循环后的试件相对耐久性指数,%;

N——达到前述规定的冻融循环次数;

P——经n次冻融循环后试件的相对动弹性模量,%。

3)混凝土的抗化学侵蚀性

环境介质对混凝土的化学侵蚀有淡水侵蚀、海水侵蚀、酸碱侵蚀等,其侵蚀机理与水泥石化学侵蚀相同。其中海水的侵蚀除了硫酸盐侵蚀外,还有反复干湿作用,盐分在混凝土内的结晶与聚集,海浪的冲击磨损,海水中氯离子对钢筋的锈蚀作用等,同样会使混凝土受到侵蚀而破坏。

混凝土的抗渗性、抗冻性和抗化学侵蚀性之间是相互关联的,且均与混凝土的密实程度,即孔隙总量及孔隙结构特征有关。若混凝土内部的孔隙形成相互联通的渗水通道,混凝土的抗渗性差,相应的抗冻性和抗化学侵蚀性将随之降低。因此,应采取有效措施改善混凝土的孔隙结构,减少混凝土内部的毛细管通道,以降低混凝土的渗透性,从而提高混凝土的抗冻性和抗化学侵蚀性。常用的方法有:采用减水剂降低水灰比,提高混凝土密实度;掺加引气剂,在混凝土中形成均匀分布的不联通的微孔;加强养护,杜绝施工缺陷;防止由于离析、泌水而在混凝土内形成孔隙通道等。还可以采用外部保护措施,如隔离侵蚀介质使之不与混凝土相接触,以提高混凝土的抗化学侵蚀性。

4)混凝土的耐磨性

耐磨性是路面和桥梁用混凝土的重要性能之一。作为高级路面的水泥混凝土,必须具有抵抗车辆轮胎磨耗和磨光的性能。用作大型桥梁墩台的混凝土也需要具有抵抗湍流空蚀的能力。混凝土耐磨性的评价方法,是以尺寸为150mm×150mm×150mm立方体标准试件,养生至27d龄期,擦干试件表面水分在室内自然干燥12h后,在60℃烘箱中烘至12h至恒重,然后在带有花轮磨头的混凝土磨耗试验机上,在200N负荷下磨削30转。按式(5-12)计算磨损量,磨损量越大,混凝土耐磨性越差。

$$G_c = \frac{m_1 - m_2}{0.0125} \tag{5-12}$$

式中:G_c——单位面积的磨损量,kg/m^2;

m_1——试件的初始质量,kg;

m_2——试件磨损后的质量,kg;

0.0125——试件磨损面积,m^2。

5)碱—集料反应

水泥混凝土中水泥的碱与某些碱活性集料发生化学反应,可引起混凝土膨胀、开裂,甚至破坏,这种化学反应称为碱—集料反应。含有这种碱活性矿物的集料,称为碱活性集料(简称碱集料)。碱—集料反应会导致高速公路路面或大型桥梁墩台的开裂和破坏,并且这种破坏会继续发展下去,难以补救,因此引起世界各国的普遍关注。近年来,我国水泥含碱量的增加、水泥用量的提高以及含碱外加剂的普遍应用,增加了碱—集料反应破坏的潜在危险,因此,对水泥混凝土用砂石料的碱活性问题,必须引起足够的重视。

碱—集料反应有两种类型:碱—硅反应,是指碱与集料中活性二氧化硅反应;碱—碳酸盐反应,是指碱与集料中活性碳酸盐反应。

碱—集料反应机理甚为复杂,而且影响因素较多,但是发生碱—集料反应必须具备3个条件:①混凝土中的集料具有活性;②混凝土中含有一定量可溶性碱;③有一定的湿度。对重要工程混凝土使用的碎石(卵石)应进行碱活性检验。进行碱活性检验时,首先应采用岩相法检验活性集料的品种、类型(硅酸类或碳酸类岩石)和数量。若岩石中含有活性二氧化硅时,应采用化学法和砂浆长度法进行检验;含有活性碳酸岩集料时,应采用岩石柱法进行检验。

为防止碱—硅反应的危害,按现行规范规定:应使用含碱量小于0.6%的水泥或采用抑制碱—集料反应的掺和料;当使用钾、钠离子的混凝土外加剂时,必须专门试验。

5.2 普通水泥混凝土的组成材料

普通混凝土的组成材料包括水泥、水、集料以及适量的掺和料和外加剂。组成材料的质量好坏直接影响混凝土的各种技术性质,在经济的原则下,合理选择组成材料是保证混凝土质量的前提条件。

5.2.1 水泥

水泥是影响混凝土施工和易性、强度和耐久性的重要材料。在选择混凝土的组成材料时，对水泥的强度和品种必须合理加以选择。

1）水泥品种的选择

一般来说，硅酸盐水泥、普通硅酸盐水泥、矿渣硅酸盐水泥、火山灰质硅酸盐水泥、粉煤灰硅酸盐水泥等均可用于配置普通水泥混凝土。在选择水泥品种时，根据混凝土工程的特点、所处环境、施工气候和条件等因素，可按表5-4中的建议选用。

常用水泥混凝土的选用参考表 表5-4

使用部位及环境		水泥品种				
		硅酸盐水泥（P）	普通硅酸盐水泥（P·O）	矿渣硅酸盐水泥（P·S）	火山灰质硅酸盐水泥（P·P）	粉煤灰硅酸盐水泥（P·F）
工程特点	1. 厚大体积混凝土	×	△	☆	☆	☆
	2. 快硬混凝土	☆	△	×	×	×
	3. 高强（高于C40）混凝土	☆	△	△	×	×
	4. 有抗渗要求的混凝土	☆	☆	×	☆	☆
	5. 耐磨混凝土	☆	☆	△	×	×
环境条件	1. 在普通气候环境中混凝土	△	☆	△	△	△
	2. 在干燥环境中混凝土	△	☆	△	×	×
	3. 在高湿度环境中或永远在水下混凝土	△	△	☆	△	△
	4. 在严寒地区的露天混凝土，寒冷地区处在水位升降范围内的混凝土	☆	☆	△	×	×
	5. 严寒地区处在水位升降范围内的混凝土	☆	☆	×	×	×

注：1. 符号说明：☆表示优先选用，△表示可以使用，×表示不得使用。
2. 对蒸汽养护的混凝土，水泥品种宜根据具体条件通过试验选用；对受侵蚀性水或侵蚀性气体作用的混凝土，水泥品种根据侵蚀性介质的种类和浓度等具体条件按专门规定（或设计）选用。
3. 寒冷地区是指最寒冷月份里的平均温度处在 -5 ~ -15℃之间者；严寒地区是指最寒冷月份里的平均温度低于 -15℃者。

2）水泥强度的选择

选用水泥的强度应与要求配制的混凝土强度等级相适应。如水泥强度选用过高，则混凝土中水泥用量过低，影响混凝土的和易性和耐久性。反之，如水泥强度选用过低，则混凝土中水泥用量太多，非但不经济，而且降低混凝土的某些技术品质（如收缩率增大等）。通常，配制一般混凝土时，水泥强度为混凝土抗压强度的1.1~1.6倍；配制高强度混凝土时，水泥强度为混凝土抗压强度的0.7~1.2倍。但是，随着混凝土要求的强度等级不断提高，近代高强度混凝土并不受此比例的约束。

用于水泥混凝土路面的水泥强度的选择，依据《公路水泥混凝土路面施工技术细则》（JTG/T F30—2014）的规定，应按路面的交通荷载等级所要求的设计弯拉强度参照表5-5确定。

各交通荷载等级路面水泥各龄期的实测强度值 表 5-5

水泥混凝土弯拉强度标准值(MPa)	5.5		5.0		4.5		4.0	
龄期(d)	3	28	3	28	3	28	3	28
水泥实测抗弯拉强度(MPa)≥	5.0	8.0	4.5	7.5	4.0	7.0	3.0	6.5
水泥实测抗压强度(MPa)≥	23.0	52.5	17.0	42.5	17.0	42.5	10.0	32.5

极重、特重、重交通荷载等级公路面层水泥混凝土应采用旋窑生产的道路硅酸盐水泥、硅酸盐水泥、普通硅酸盐水泥,中、轻交通荷载等级公路面层水泥混凝土可采用矿渣硅酸盐水泥。高温期施工宜采用普通水泥,低温期施工宜采用早强型水泥,以缩短养护时间。

5.2.2 粗集料

水泥混凝土所用粗集料主要包括碎石和卵石,常称为石子,是混凝土的主要组成材料,也是影响混凝土强度的主要因素之一。混凝土所用粗集料的技术要求包括强度、坚固性、表面特征和形状、有害杂质含量、碱活性检验、最大粒径、级配等几个方面。碎石、卵石按其技术要求分为Ⅰ类、Ⅱ类和Ⅲ类。

1)强度

为保证混凝土强度,要求所采用的碎石或卵石必须具有一定的强度。强度可用岩石的抗压强度和压碎值指标表示。岩石的抗压强度应比所配制的混凝土强度至少高 20%。当混凝土的强度等级大于或等于 C60 时,应进行岩石抗压强度检验。通常岩石的抗压强度由生产单位提供,工程中可采用压碎值指标对其进行控制。

2)坚固性

为保证混凝土的耐久性,用作混凝土的粗集料应具有足够的坚固性,以抵抗冻融和自然因素的风化作用。混凝土用粗集料的坚固性用硫酸钠溶液法检验,试样经 5 次循环后,采用其质量损失作为评价指标。

3)表面特征和形状

与表面光滑和圆形的卵石相比,表面粗糙且多棱角的碎石配制成的混凝土,由于碎石对水泥石的黏附性好,故具有较高的强度。但是在相同单位用水量(即相同水泥浆用量)条件下,卵石配制的新拌混凝土具有较好的工作性。

粗集料的粒形接近正立方体者为佳,不宜含有较多针片状颗粒,否则将显著降低水泥混凝土的抗弯拉强度,同时影响新拌混凝土的工作性,因此,应控制普通混凝土用碎石和卵石的针片状颗粒含量。

4)有害杂质含量

粗集料中的有害杂质主要有:黏土、淤泥及细屑、硫酸盐及硫化物、有机质、蛋白石及其他含有活性氧化硅的岩石颗粒等。为保证混凝土的优良性质,应规定有害杂质的最大限值。

5)碱活性检验

对于长期处于潮湿环境的重要混凝土工程用粗集料,应进行碱活性检验。首先应用岩相法确定碱活性集料的种类和数量。若粗集料中含有活性二氧化硅,应采用快速砂浆棒法或砂浆长度法检验;若粗集料中含有活性碳酸盐,应采用岩石柱法检验,以确定其是否存在潜在危害。

当确定粗集料存在潜在碱—硅反应危害时，应控制混凝土中的碱含量不超过 $3kg/m^3$，或采用能抑制碱—集料反应的有效措施。当判定粗集料中存在潜在碱—碳酸盐反应危害时，则此粗集料不宜用作混凝土集料；否则，应通过专门的混凝土试验，做最后评定。

《建设用卵石、碎石》（GB/T 14685—2011）对建设用卵石、碎石的各项技术指标要求见表5-6。

建设用碎石、卵石的技术指标要求 表5-6

碎石、卵石的类别			Ⅰ	Ⅱ	Ⅲ
力学指标	岩石抗压强度（MPa）≥	火成岩	80		
		变质岩	60		
		水成岩	30		
	压碎值（%）≤	碎石	10	20	30
		卵石	12	14	16
物理指标	表观密度（kg/m^3）≥		2600		
	针、片状颗粒总含量（按质量计）（%）≤		5	10	15
	坚固性，质量损失（%）≤		5	8	12
	连续级配松散堆积空隙率（%）≤		43	45	47
	吸水率（%）≤		1.0	2.0	2.0
	含水率（%）		实测值		
	堆积密度（kg/m^3）		实测值		
化学指标	含泥量（按质量计）（%）≤		0.5	1.0	1.5
	泥块含量（按质量计）（%）≤		0	0.2	0.5
	有机物		合格		
	硫化物及硫酸盐（按 SO_3 质量计）（%）≤		0.5	1.0	1.0
	碱—集料反应		试验后试件应无裂缝、酥裂、胶体外溢等现象，在规定的试验龄期膨胀率应不小于0.10%		

6）最大粒径的选择

为了保证混凝土的施工质量，保证混凝土构件的完整性和密实度，粗集料的最大粒径不宜过大。要求集料的最大颗粒粒径不得大于结构截面最小尺寸的1/4，同时不得大于钢筋间最小净距的3/4。对于混凝土实心板，集料的最大粒径不宜超过板厚的1/3，且不得超过40mm。

7）级配

为获得密实、高强的混凝土，并能节约水泥，要求粗细集料组成的矿质混合料要有良好的级配。混凝土用粗集料应采用连续粒级，单粒级宜用于组配成满足要求的连续粒级，也可以与连续粒级混合使用，以改善其级配或组配成较大粒度的连续粒级。单粒级和连续粒级矿质集料的级配应满足《建设用卵石、碎石》（GB/T 14685—2011）的规定，如表5-7所示。

建设用碎石、卵石的颗粒级配范围 表 5-7

公称粒径(mm)		累计筛余(%)											
		筛孔尺寸(mm)											
		2.36	4.75	9.5	16.0	19.0	26.5	31.5	37.5	53.0	63.0	75.0	90
连续粒级	5~16	95~100	85~100	30~60	0~10	0							
	5~20	95~100	90~100	40~80	—	0~10	0						
	5~25	95~100	90~100	—	30~70	—	0~5	0					
	5~31.5	95~100	90~100	70~90	—	15~45	—	0~5	0				
	5~40	—	95~100	70~90	—	30~65	—	—	0~5	0			
单粒粒级	5~10	95~100	80~100	0~15	0								
	10~16		95~100	80~100	0~15								
	10~20		95~100	85~100		0~15	0						
	16~25			95~100	55~70	25~40	0~10	0					
	16~31.5		95~100		85~100			0~10	0				
	20~40			95~100		80~100			0~10	0			
	40~80					95~100			70~100		30~60	0~10	0

连续级配矿质混合料的优点在于所配制的混凝土较为密实,特别是具有优良的工作性,不易产生离析等现象,因此被经常采用。但与间断级配矿质混合料相比较,连续级配配制相同强度的混凝土,所需的水泥量较高。间断级配矿质混合料的最大优点是它的空隙率低,可以配制成密实高强的混凝土,而且水泥耗量较小,但是间断级配混凝土拌和物容易产生离析现象,适宜于配制干硬性拌和物,并须采用强力振捣。

5.2.3 细集料

水泥混凝土用细集料应采用级配良好、质地坚硬、颗粒洁净的河砂或海砂。若工程所在地没有河砂或海砂资源时,也可使用符合要求的山砂或机制砂。各类砂的技术指标必须合格才能使用。

1)级配和细度模数

(1)级配

优质的混凝土用砂希望具有高的密度和小的比表面,这样才能既保证新拌混凝土有适宜的工作性,硬化后混凝土有一定的强度、耐久性,同时又达到节约水泥的目的。

混凝土用细集料的级配要求,应与一定的粗集料级配所组成的矿质混合料一并考虑。但是,如细集料的级配不良则很难配制成良好的矿质混合料。依据《建设用砂》(GB/T 14684—2011)的规定,砂分为Ⅰ类、Ⅱ类和Ⅲ类,Ⅰ类砂主要为2区砂,Ⅱ类和Ⅲ类砂包括1区、2区和3区砂。Ⅰ区砂属于粗砂范畴,用Ⅰ区砂配制混凝土时,所采用的砂率应较Ⅱ区砂大,且保持足够的水泥用量,以满足混凝土和易性的要求。否则,新拌混凝土的内摩擦阻力较大、保水差、不易捣实成型。Ⅱ区砂由中砂和一部分偏粗的细砂组成,是配制混凝土时优先选用的级配类型。Ⅲ区砂由细砂和一部分偏细的中砂组成。当应用Ⅲ区砂配制混凝土时,所采用的砂率应较Ⅱ区砂小,因应用Ⅲ区砂所配制成的新拌混凝土黏性略大,比较细软,易插捣成型,且由于Ⅲ区砂细、比表面大,所以对新拌混凝土的工作性影响比较敏感。

普通混凝土用砂以细度模数 $M_x=1.6\sim3.7$ 的砂，按 0.6mm 筛孔的累计筛余划分为三个级配区，级配范围要求列于表 5-8。对于砂浆用砂，4.75mm 筛孔的累计筛余量应为 0。砂的实际颗粒级配除 4.75mm 和 0.6mm 筛档外，可以略有超出，但各级累计筛余超出值总和应不大于 5%。

砂的颗粒级配 表 5-8

砂的分类	天然砂			机制砂		
级配区	1 区	2 区	3 区	1 区	2 区	3 区
方孔筛(mm)	累计筛余(%)					
4.75	10~0	10~0	10~0	10~0	10~0	10~0
2.36	35~5	25~0	15~0	35~5	25~0	15~0
1.18	65~35	50~10	25~0	65~35	50~10	25~0
0.6	85~71	70~41	40~16	85~71	70~41	40~16
0.3	95~80	92~70	85~55	95~80	92~70	85~55
0.15	100~90	100~90	100~90	97~85	94~80	94~75

(2)细度模数

砂的粗细程度用细度模数来表示。砂按细度模数分为：粗砂($M_x=3.7\sim3.1$)、中砂($M_x=3.0\sim2.3$)、细砂($M_x=2.2\sim1.6$)三级。

这里应该特别指出，细度模数只反映全部颗粒的平均粗细程度，而不能反映颗粒的级配情况。细度模数相同而级配不同的砂，可配制出性质不同的混凝土。所以考虑砂的颗粒分布情况时，只有同时关注细度模数和级配两项指标，才能真正反映其全部性质。

2)有害杂质含量

集料中含有的会妨碍水泥水化，或能降低集料与水泥石黏附性，以及能与水泥水化产物产生不良化学反应的各种物质，称为有害杂质。砂中常含有的有害杂质主要有泥和泥块、云母、轻物质、硫酸盐和硫化物及有机物等。

(1)含泥量和泥块含量

砂石中含泥量是指粒径小于 0.075mm 的颗粒含量。泥块是指原颗粒粒径大于 4.75mm，经水洗手捏后变成小于 2.36mm 的颗粒。泥块主要有 3 种类型：①纯泥块是由纯泥组成的粒径大于 4.75mm 的团块；②泥砂团或石屑团是由砂或石屑与泥混成粒径大于 4.75mm 的团块；③包裹型的泥是包裹在砂石表面的泥。这 3 种存在形式中，包裹型的泥是以表面覆盖层的形式存在，它妨碍集料与水泥净浆的黏结，影响混凝土的强度和耐久性。

(2)云母含量

某些砂中含有云母。云母呈薄片状，表面光滑，且极易沿节理裂开，因此，它与水泥石的黏附性极差。砂中含有云母，对混凝土拌和物的工作性以及硬化后混凝土的抗冻性和抗渗性都有不利的影响。白云母似乎较黑云母更为有害。对于有抗冻性、抗渗性要求的混凝土，则应通过混凝土试件的相应试验，确定其有害量。

(3)轻物质含量

砂中的轻物质是指相对密度小于 2.0 的颗粒(如煤和褐煤等)。规范规定，轻物质含量不宜大于 1.0%。轻物质的含量用相对密度为 1.95~2.00 的重液进行分离测定。

(4)有机质含量

天然砂中有时混杂有有机物质(如动植物的腐殖质、腐殖土等),这类有机物质将延缓水泥的硬化过程,并降低混凝土的强度,特别是早期强度。

规范规定,应用比色法测定砂中有机物含量,试液颜色不应深于标准颜色,如深于标准颜色时,则应进行水泥砂浆强度的对比试验。

为了消除砂中有机物的影响,可采用石灰水淘洗,或在拌和混凝土时加入少量消石灰。此外,亦可将砂在露天摊成薄层,经接触空气和阳光照射后也可消除有机物的不良影响。

(5)硫化物和硫酸盐含量

在天然砂中,常掺杂有硫铁矿($FeSO_2$)或石膏($CaSO_4 \cdot 2H_2O$)的碎屑,如果含量过多,将在已硬化的混凝土中与水化铝酸钙发生反应,生成水化硫铝酸钙结晶,体积膨胀,在混凝土内产生破坏作用。对无筋混凝土,砂中硫化物和硫酸盐含量可酌情放宽。

砂中有无硫化物及硫酸盐,可先用氯化钡溶液做定性试验,如有白色沉淀,再做定量试验。

此外,如混凝土处在严寒及寒冷地区室外并经常处于潮湿或干湿交替状态下,有腐蚀介质作用或经常处于水位变化区的地下结构,有抗疲劳、耐磨、抗冲击等要求时,应进行硫酸钠坚固性检验。对于长期处于潮湿环境中的重要混凝土结构用砂,应采用快速砂浆棒法或砂浆长度法进行碱活性检验,判定有潜在危害时,应控制混凝土中的碱含量不超过3kg/m^{3}或采用能抑制碱—集料反应的有效措施。

若使用机制砂时,应进行压碎性、石粉含量、亚甲蓝(MB)值等检验。若使用海砂,还应控制其贝壳含量。

《建设用砂》(GB/T 14684—2011)对建设用砂的各项技术指标规定见表5-9。

建设用砂的技术指标要求 表5-9

<table>
<tr><td colspan="3">砂的类别</td><td>Ⅰ</td><td>Ⅱ</td><td>Ⅲ</td></tr>
<tr><td rowspan="17">化学指标</td><td rowspan="2">天然砂</td><td>含泥量(按质量计)(%)≤</td><td>1.0</td><td>3.0</td><td>5.0</td></tr>
<tr><td>泥块含量(按质量计)(%)≤</td><td>0</td><td>1.0</td><td>2.0</td></tr>
<tr><td rowspan="8">机制砂</td><td colspan="4">石粉含量和泥块含量(MB值≤1.4或快速法试验合格)</td></tr>
<tr><td>MB值≤</td><td>0.5</td><td>1.0</td><td>1.4或合格</td></tr>
<tr><td>石粉含量(按质量计)(%)≤</td><td colspan="3">10.0</td></tr>
<tr><td>泥块含量(按质量计)(%)≤</td><td>0</td><td>1.0</td><td>2.0</td></tr>
<tr><td colspan="4">石粉含量和泥块含量(MB值>1.4或快速法试验不合格)</td></tr>
<tr><td>石粉含量(按质量计)(%)≤</td><td>1.0</td><td>3.0</td><td>5.0</td></tr>
<tr><td>泥块含量(按质量计)(%)≤</td><td>0</td><td>1.0</td><td>2.0</td></tr>
<tr><td colspan="4"></td></tr>
<tr><td colspan="2">云母(按质量计)(%)≤</td><td>1.0</td><td>2.0</td><td>2.0</td></tr>
<tr><td colspan="2">轻物质(按质量计)(%)≤</td><td colspan="3">1.0</td></tr>
<tr><td colspan="2">有机物</td><td colspan="3">合格</td></tr>
<tr><td colspan="2">硫化物及硫酸盐(按SO_3质量计)(%)≤</td><td colspan="3">0.5</td></tr>
<tr><td colspan="2">氯化物(按氯离子质量计)(%)≤</td><td>0.01</td><td>0.02</td><td>0.06</td></tr>
<tr><td colspan="2">贝壳(按质量计)(%)≤</td><td>3.0</td><td>5.0</td><td>8.0</td></tr>
<tr><td colspan="2">碱—集料反应</td><td colspan="3">试验后试件应无裂缝、酥裂、胶体外溢等现象,在规定的试验龄期膨胀率应不小于0.10%</td></tr>
</table>

续上表

砂的类别		Ⅰ	Ⅱ	Ⅲ
物理指标	表观密度(kg/m^3)≥	2500		
	堆积密度(kg/m^3)≥	1400		
	空隙率(%)≤	44		
	坚固性质量损失(%)≤	8	8	10
	含水率(%)	实测值		
	饱和面干吸水率(%)	实测值		
力学指标	压碎值(%)≤	20	25	30

5.2.4 混凝土拌和用水

混凝土拌和用水水源,可分为饮用水、地表水、地下水、海水以及经适当处理或处置后的工业废水。依据《混凝土用水标准》(JGJ 63—2006)的规定,混凝土拌和用水中的化学指标(pH、不溶物、可溶物、Cl^-、SO_4^{2-} 和碱含量)均应符合标准要求。符合国家标准的生活饮用水,可以用来拌制混凝土,不需再进行检验。地表水、地下水、再生水的放射性应符合国家《生活饮用水卫生标准》(GB 5749—2006)的相关要求;被检水样应与采用生活饮用水测定的水泥凝结时间和水泥胶砂强度进行对比试验,检验合格才能使用;拌和用水不应有漂浮明显的油脂和泡沫,不应有明显的颜色和异味。混凝土企业设备洗涮水不宜用于预应力钢筋混凝土、装饰混凝土、加气混凝土和暴露于侵蚀环境中的混凝土;不得用于使用碱活性或潜在碱活性集料的混凝土。未经处理的海水严禁用于钢筋混凝土和预应力钢筋混凝土;在无法获得水源的情况下,海水可用于素混凝土,但不宜用于装饰混凝土。

5.2.5 混凝土外加剂

混凝土外加剂是在拌制混凝土过程中掺入用以改善混凝土性质的物质。掺量不应大于水泥质量的5%(特殊情况除外)。

1)外加剂的分类

混凝土外加剂按其主要功能可分为下列四类:

(1)改善混凝土拌和物流变性能的外加剂,如各种减水剂、引气剂、泵送剂、保水剂、灌浆剂等。

(2)调节混凝土凝结时间和硬化性能的外加剂,如缓凝剂、早强剂、速凝剂等。

(3)改善混凝土耐久性的外加剂,如引气剂、阻锈剂、防水剂等。

(4)改善混凝土其他性能的外加剂,如加气剂、膨胀剂、防冻剂、着色剂、碱—集料反应抑制剂等。

2)常用混凝土外加剂

(1)减水剂

混凝土外加剂发展迅速,种类繁多,其中减水剂是当前品种最多、应用最广的一种外加剂。减水剂是指在混凝土坍落度基本相同的情况下,能减少拌和用水的外加剂。

①减水剂的减水机理。

减水剂均属于表面活性剂,因此不同种类的减水剂其作用机理基本相似。

表面活性剂有着特殊的分子结构,它是由亲水基团和憎水基团两个部分组成。表面活性剂加入水中,其亲水基团会电离出离子,使表面活性剂分子带有电荷。亲水基团指向溶剂,憎水基团指向空气(或气泡)、固体(如水泥颗粒)或非极性液体(如油滴)并作定向排列,形成定向吸附膜而降低水的表面张力。这种表面活性作用是减水剂起减水增强作用的主要原因。

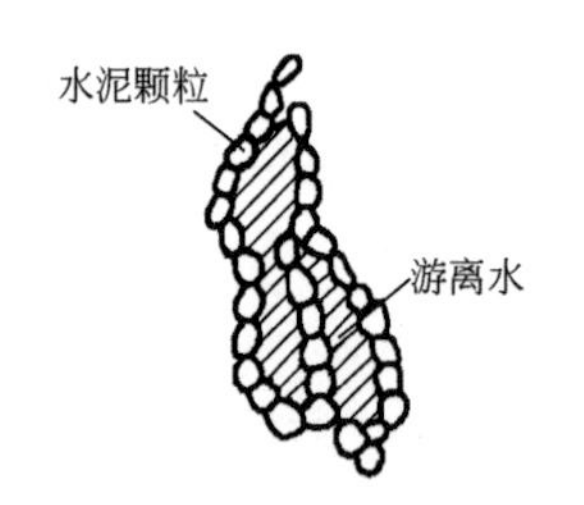

图5-14 未掺减水剂水泥的絮凝结构

水泥加水后,由于水泥颗粒的水化作用使水泥颗粒间在分子力的作用下形成一些絮凝状结构。如图5-14所示,这种絮凝结构中包裹着一部分拌和水,使得混凝土的拌和用水量相对减少,从而降低了混凝土拌和物的工作性。

加入减水剂后,它在混凝土拌和物中起到三方面的作用:吸附—分散作用、润滑作用和润湿作用。

吸附—分散作用指减水剂首先在水中电离出离子,自身带有电荷,在电斥力作用下,使原来水泥颗粒的絮凝结构被打开,将被束缚在絮凝结构中的游离水释放出来,如图5-15a)所示,使拌和物中的水量相对“增加”,这就是减水剂分子的分散作用。其次,减水剂分子中的憎水基团定向吸附于水泥颗粒表面,亲水基团指向水溶剂,在水泥颗粒表面形成一层稳定的溶剂化水膜,如图5-15b)所示,阻止了水泥颗粒间的直接接触,使拌和用水量相对“增多”,达到了减水的目的。

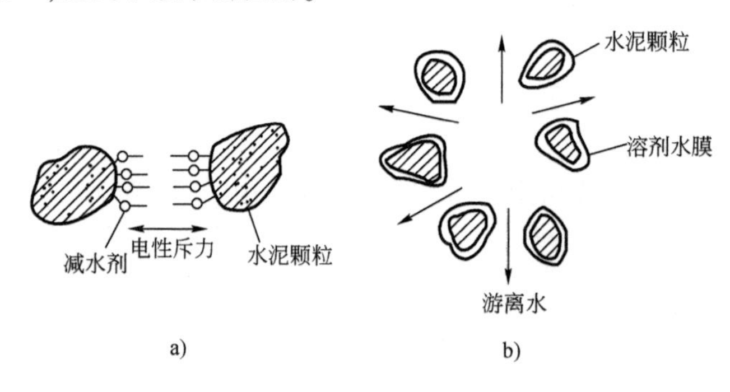

图5-15 减水剂对水泥颗粒的分散—吸附作用

润滑作用是指在水泥颗粒表面形成的稳定溶剂化水膜,不仅能阻止水泥颗粒间的直接接触,在颗粒间起润滑作用,而且在加入减水剂的同时也引进了一定的细微气泡,同样由于减水剂的表面活性作用,在细微气泡表面也形成了与水泥颗粒吸附膜带有相同电荷的分子膜,由于气泡和水泥颗粒间的电斥力作用而使水泥颗粒分散,增加了水泥颗粒间的滑动能力。

润湿作用是指减水剂在水泥颗粒表面的定向排列,不仅能使水泥颗粒分散,而且能增大水泥的水化面积,影响水泥的水化速度。

减水剂在混凝土拌和物中的吸附—分散、润滑和润湿作用,不仅能显著改善混凝土拌和物的流动性,而且能改善混凝土硬化后的性能。

②减水剂的作用。

使用减水剂对混凝土主要有下列技术经济效益:

a.在保证混凝土工作性和水泥用量不变的条件下,可以减少用水量,提高混凝土强度,特别是高效减水剂可大幅度减小用水量,制备早强、高强混凝土。

b.在保持混凝土用水量和水泥用量不变的条件下,可增大混凝土的流变性,如采用高效减水剂可制备大流动性混凝土。

c. 在保证混凝土工作性和强度不变的条件下，可减少拌和用水量和节约水泥用量。还可减少混凝土拌和物的泌水、离析现象，密实混凝土结构，从而提高混凝土的抗渗性、抗冻性。

③减水剂的分类。

减水剂通常有两种分类方法，可按其主要化学成分和功能进行分类。

a. 按减水剂主要化学成分分类。

减水剂按主要化学成分分为：木质素系减水剂、多环芳香族磺酸盐系减水剂、水溶性树脂磺酸盐系减水剂等。

木质素磺酸盐系减水剂的主要成分为木质素磺酸盐，主要品种为木质素磺酸钙（又称为M型减水剂），是由生产纸浆或纤维浆的废液，经发酵处理、脱糖、浓缩、喷雾干燥而成的棕色粉末。

M型减水剂的掺量，一般为水泥质量的0.2%～0.3%。当保持水泥用量和混凝土坍落度不变时，其减水率为10%～12%，混凝土28d抗压强度提高10%～20%；在混凝土工作性和强度相近条件下，可节约水泥5%～10%；当水泥用量不变，强度相近条件下，塑性混凝土的坍落度可增加50～120mm。这类减水剂适用于日最低温度5℃以上的各种预制及现浇混凝土、钢筋混凝土及预应力混凝土、大体积混凝土、泵送混凝土、防水混凝土、大模板施工用混凝土及滑模施工用混凝土，但不宜单独用于冬季施工和蒸养混凝土。

M型减水剂除了减水作用之外，还有缓凝和引气作用。当掺量较大或在低温下施工缓凝作用更为显著，但掺量过多则会导致混凝土强度降低；减水剂还具有引气效果，掺用后可改善混凝土的抗渗性及抗冻性。

多环芳香族磺酸盐系减水剂（萘系）的主要成分为萘或萘的同系物磺酸盐与甲醛的缩合物，属阴离子型高效减水剂。通常是由工业萘或煤焦油中的萘、蒽、甲基萘等馏分，经磺化、水解、缩合、中和、过滤、干燥而制成。国内现生产的品牌有：MF（β-萘磺酸甲醛缩合物的钠盐及甲基萘磺酸甲醛缩合物钠盐）、FDN、NF、JN、UNF等，其中大部分品牌为非引气型减水剂。

这类减水剂均为高效减水剂，常用量为水泥质量的0.5%～1.0%；减水率为10%～25%；28d抗压强度可提高15%～50%；当水泥用量相同和强度相近时，可使坍落度20～30mm的低塑性混凝土的坍落度增加100～150mm；在混凝土工作性和强度相近条件下，可节约水泥10%～20%。该类外加剂除适用于普通混凝土之外，更适用于高强混凝土、早强混凝土、流态混凝土、蒸养混凝土及特种混凝土。

水溶性树脂系减水剂是以一些水溶性树脂（如三聚氰胺树脂、古马隆树脂）等为主要原料的减水剂，也属阴离子型，系早强、非引气型的高效减水剂，其减水及增强效果比萘系减水剂更好。国产SM、CRS减水剂即属此类。

树脂系减水剂的掺量为水泥质量的0.5%～1.0%。减水率为20%～30%；混凝土3d抗压强度提高30%～100%，28d抗压强度提高20%～50%；当水泥用量相同和强度相近时，可使塑性混凝土的坍落度增加150mm以上。这种减水剂除具有显著的减水、增强效果外，还能提高混凝土的其他力学性能和混凝土的抗渗性、抗冻性，对混凝土的蒸养适应性也优于其他外加剂。树脂减水剂适用于早强、高强、蒸养及流态混凝土。

此外，常用的减水剂还有糖蜜类和腐殖酸类减水剂。

b. 按减水剂功能分类。

减水剂按其功能可分为：普通减水剂、高效减水剂、早强减水剂、引气减水剂、缓凝减水剂及缓凝高效减水剂等。

按塑化效果可分为普通减水剂和高效减水剂。普通减水剂的减水率通常小于10%；高效减水剂的减水率可达12%以上。

按引气量可分为引气减水剂和非引气减水剂。引气减水剂混凝土的含气量为3.5% ~ 5.5%;非引气减水剂混凝土的含气量小于3%(一般在2%左右)。

按混凝土的凝结时间和早期强度可分为标准型、缓凝型和早强型减水剂。掺标准型减水剂混凝土的初凝及终凝时间缩短不大于1h,延长不超过2h。早强型减水剂除具有减水增强作用外,并可提高混凝土的早期强度。1d强度提高30%以上,3d强度提高20%以上,7d强度提高15%以上,28d强度提高5%以上。初凝和终凝时间可延长不超过2h或缩短不超过1h。掺缓凝型减水剂混凝土的初凝时间延长至少1h,但不小于3.5h;终凝时间延长不超过3.5h。

(2)引气剂

引气剂为憎水性表面活性物质,由于它能降低水泥—水—空气的界面能,同时由于它的定向排列,形成单分子吸附膜提高泡膜的强度,并使气泡排开水分而吸着固相粒子表面,因而能使搅拌过程混进的空气形成微小(孔径0.01 ~2mm)而稳定的气泡,均匀分布于混凝土中。

常用的引气剂有松香热聚物、烷基磺酸钠和烷基苯碳酸钠等阴离子表面活性剂。适宜的掺加量为水泥用量的0.005% ~0.01%,混凝土中含气量为3% ~6%。对新拌混凝土,由于这些气泡的存在,可改善和易性,减少泌水和离析。对硬化后的混凝土,由于气泡彼此隔离,切断毛细孔通道,使水分不易渗入,又可缓冲其结冰膨胀的作用,因而可提高混凝土的抗冻性、抗渗性和抗蚀性;由于大量气泡存在,可降低混凝土的弹性模量,有利于提高混凝土的抗裂性。但是,由于气泡的存在,混凝土的强度会有所降低,当水灰比一定时,混凝土中空气量每增加1%(体积),其抗压强度下降3% ~5%。因此,引气剂的掺量应严格控制。同时,注意引气剂不能用于预应力混凝土和蒸汽(或蒸压)养护混凝土。

(3)早强剂

早强剂是加速混凝土早期强度发展的外加剂,多用于冬季施工或紧急抢修工程。

早强剂对水泥中的硅酸三钙和硅酸二钙等矿物的水化有催化作用,能加速水泥的水化和硬化,而具有早强的作用。通常采用复合早强剂,可以获得更为有效的早强作用。常用的早强剂按化学成分可分为无机盐类、有机盐类和有机复合的复合早强剂三类。这里主要介绍具有代表性的品种——氯化钙和三乙醇胺复合早强剂。

①氯化钙早强剂。

氯化钙的早强作用是由于它能与水泥产生水化作用,增加水泥矿物的溶解度,而加速水泥矿物水化。同时,氯化钙还能与C_3A作用生成一些水化的复盐晶体,因而能提高水泥的早期强度;此外,$CaCl_2$还能与$Ca(OH)_2$反应,降低水泥—水体系的碱度,使C_3S水化反应易于进行,相应地也提高了水泥的早期强度。

在混凝土中掺入了$CaCl_2$后,因为增加了溶液中的Cl^-,使钢筋与Cl^-之间产生较大的电极电位,因而对于混凝土中钢筋锈蚀影响较大。为此,在钢筋混凝土中$CaCl_2$的掺加量不得超过1%,在无筋混凝土中掺加量不得超过3%。为了防止$CaCl_2$对钢筋的锈蚀,$CaCl_2$早强剂一般与除锈剂复合使用。常用除锈剂有亚硝酸钠($NaNO_2$)等。亚硝酸钠在钢筋表面生成氧化保护膜,抑制钢筋锈蚀作用。

②三乙醇胺复合早强剂。

这种早强剂由三乙醇胺与无机盐复合而成,其中无机盐常用氯化钙、亚硝酸钠、二水石膏、硫酸钠和硫代硫酸钠等,是一种较好的早强剂。三乙醇胺复合早强剂的早强作用,是由于微量三乙醇胺能加速水泥的水化速度,因此它在水泥水化过程中起着“催化作用”。亚硝酸盐或硝酸

盐与 C_3A 生成络盐,能提高水泥石的早期强度和防止钢筋锈蚀。二水石膏的掺入提供了较多 SO_4^{2-} 离子,为较早较多地生成钙矾石创造了条件,对水泥石早期强度的发展起着积极的作用。

掺加三乙醇胺复合早强剂能提高混凝土的早期强度,2d 的强度可提高 40% 以上,能使混凝土达到 28d 强度的养护时间缩短 1/2,也能在一定程度上提高混凝土的早期强度。常用于混凝土快速低温施工。

(4)缓凝剂

缓凝剂是能延缓混凝土的凝结时间,对混凝土后期物理力学性能无不利影响的外加剂。缓凝剂的缓凝机理是由于它在水泥及其水化物表面上的吸附作用,或与水泥反应生成不溶层而达到缓凝的效果。通常用的缓凝剂有下列几种类型:

①羟基羧酸盐:如酒石酸、酒石酸甲钠、柠檬酸、水杨酸等。

②多羟基碳水化合物:如糖蜜、含氧有机酸、多元醇等。

③无机化合物:如 Na_3PO_4、$Na_2B_4O_7$、Na_2SO_3 等。

缓凝剂用于大体积混凝土工程,可延缓混凝土的凝结时间,保持工作性,延长放热时间,消除或减少裂缝,保证结构整体性。

(5)泵送剂

能改善混凝土拌和物泵送性能的外加剂称为泵送剂。它具有能使混凝土拌和物顺利通过输送管道、不阻塞、不离析、黏塑性良好的性能,可以满足泵送混凝土的性能要求。

泵送剂是流化剂中的一种,它除了能大大提高拌和物流动性以外,还能使新拌混凝土在 60 ~ 180min 时间内保持其流动性,剩余坍落度应不低于原始坍落度的 55%。但泵送剂不是缓凝剂,缓凝时间不宜超过 120min(有特殊要求除外)。

泵送剂是复合了其他成分的复合外加剂,所复合的其他外加剂组分都应当符合该外加剂的技术标准要求。常温下使用的泵送剂,经常由以下几种组分构成:

①减水组分:木质素磺酸钙、木质素磺酸钠为首选减水剂,高效减水剂和高性能减水剂也是泵送剂中最常掺用的。

②缓凝组分:掺入缓凝剂用以调节凝结时间、增加游离水的含量,从而提高流动性。

③增稠组分:亦称保水剂,多数是水溶性聚合物外加剂,其特性是在浓度低的情况下能使水的黏度大大增加。常用的增稠剂有水溶性树脂(如聚乙烯醇的某些品种、纤维素醚、水溶性淀粉等)、聚合物电解质(又分为碱型、酸型和两性型,它们同时也是絮凝剂,除增加黏度外,还会减小流动性,增加泌水速度)、动物胶质(如明胶等)。优良的增稠剂是水溶性聚合物中的水溶性树脂类外加剂和某些聚合物电解质。

泵送剂适用于各种需要采用泵送工艺的混凝土。超缓凝泵送剂用于大体积混凝土,含防冻组分的泵送剂适用于冬季施工混凝土。

5.2.6 掺合料

在混凝土拌和物制备时,为了节约水泥、改善混凝土的性能、调节混凝土强度等级而加入的天然或人造的矿物材料,统称为混凝土掺合料。用于混凝土中的掺合料可分为非活性矿物掺合料和活性矿物掺合料。非活性矿物掺合料一般与水泥组分不起化学作用或化学作用很小,常用材料有磨细的石英砂、石灰石等。活性矿物掺合料虽然本身不硬化或硬化速度很慢,但能与水泥水化生成的 $Ca(OH)_2$ 发生化学反应,生成具有水硬性的胶凝材料,如粉煤灰、粒化高炉矿渣、火山灰质材料、硅灰等。

1)粉煤灰

粉煤灰也称为飞灰,是燃烧煤粉后收集的灰粒,有干排法或湿排法粉煤灰。因含有一定量的活性成分,可作为生产水泥的原料,也可以用作水泥混凝土、公路路基或基层的组成材料。

(1)化学成分

粉煤灰的化学成分与煤的品种和燃烧条件有关,一级燃烧烟煤和无烟煤锅炉排出的粉煤灰,其 SiO_2 含量为45% ~60% ,$A1_2O_3$ 含量为20% ~35% ,Fe_2O_3 含量为5% ~10% ,CaO 含量为5%左右,烧失量为5% ~30% 。通常低钙粉煤灰中 $SiO_2+A1_2O_3+Fe_2O_3$ 的含量可达75%以上,而 CaO 含量为10% ~40% 的粉煤灰称为高钙粉煤灰。绝大多数粉煤灰以 SiO_2 和 $A1_2O_3$ 为主要成分,其总含量一般大于70% ,且 CaO 含量为2% ~6% ,这种粉煤灰也可称作硅铝粉煤灰。可见,粉煤灰化学成分中硅、铝和铁的氧化物总含量是评价粉煤灰在混凝土中应用的主要指标。

(2)粉煤灰的技术标准

依据《用于水泥和混凝土中的粉煤灰》(GB/T 1596—2017)的规定,粉煤灰按燃煤品种分为 F 类和 C 类两类。F 类粉煤灰是由无烟煤或烟煤煅烧收集的粉煤灰,C 类粉煤灰是由褐煤或次烟煤煅烧收集的粉煤灰。拌制砂浆和混凝土用粉煤灰,按其品质指标分为Ⅰ级、Ⅱ级、Ⅲ级三个等级,见表5-10。

拌制砂浆和混凝土用粉煤灰物化性能要求 表5-10

质量指标		等级		
		Ⅰ	Ⅱ	Ⅲ
细度(45μm 方孔筛筛余)(%)≤	F、C 类粉煤灰	12.0	30.0	45.0
需水量比(%)≤	F、C 类粉煤灰	95	105	115
烧失量(%)≤	F、C 类粉煤灰	5.0	8.0	10.0
含水率(%)≤	F、C 类粉煤灰	1.0		
三氧化硫含量(%)≤	F、C 类粉煤灰	3.0		
游离氧化钙(%)≤	F 类粉煤灰	1.0		
	C 类粉煤灰	4.0		
($SiO_2+A1_2O_3+Fe_2O_3$)总含量(%)≥	F 类粉煤灰	70.0		
	C 类粉煤灰	50.0		
密度(g/cm^3)≤	F、C 类粉煤灰	2.6		
安定性(雷氏法)(mm)≤	C 类粉煤灰	5.0		
强度活性指数(%)≥	F、C 类粉煤灰	70.0		

注:1. 需水量比是指在相同流动度下,粉煤灰的需水量与硅酸盐水泥的需水量之比。

2. 强度活性指数是指测定试验胶砂和对比胶砂的28d 抗压强度之比。

2)粒化高炉矿渣粉

粒化高炉矿渣是炼铁工业的副产品,从高炉底部渣铁口上部流出后用水急冷形成粒状,保留了大部分熔融玻璃体结构,使矿渣具有较高的活性。因此,磨细高炉粒化矿渣粉(简称矿渣粉)是一种活性较高的混凝土掺合料。

(1)化学成分

我国大型钢铁企业的粒化高炉矿渣的玻璃体含量一般都在85%以上。矿渣的化学成分以 CaO、SiO_2、Al_2O_3 为主，通常含量在 90% 左右，另外还含有少量的 MgO、Fe_2O_3、MnO、TiO_2 以及少量的硫化物。

(2)技术要求

粒化高炉矿渣粉是指合格的粒化高炉矿渣经干燥、粉磨(或掺加少量石膏一起粉磨)而成的粉体，其质量应符合《用于水泥、砂浆和混凝土中的粒化高炉矿渣粉》(GB/T 18046—2017)的要求，见表 5-11。

用于水泥和混凝土中粒化高炉矿渣粉的技术要求 表 5-11

质量指标		级别		
		S105	S95	S75
密度(g/cm^3)≥		2.8		
比表面积(cm^2/g)≥		500	400	300
活性指数(%)≥	7d	95	70	55
	28d	105	95	75
流动度比(%)≥		95		
初凝时间比(%)≤		200		
含水率(%)≤		1.0		
三氧化硫含量(%)≤		4.0		
氯离子(%)≤		0.06		
烧失量(%)≤		1.0		
不溶物(%)≤		3.0		
玻璃体含量(%)≥		85		
放射性≤		I_{Ra}≤1.0 且 I_r≤1.0		

注：1. 粒化高炉矿渣粉的活性指数是指试验样品与同龄期对比试样的抗压强度之比。
2. 玻璃体含量是指通过测量矿渣微分 X 射线衍射图中玻璃体部分的面积与底线上面积之比。
3. 放射性试验样品为矿渣粉和硅酸盐水泥按质量比 1:1 混合制成，采用内照射指数(I_{Ra})和外照射指数(I_r)表征。

3)硅灰

硅灰是工业电炉在高温熔炼工业硅及硅铁的过程中，随废气逸出的烟尘经收集处理而成，又称硅粉或微硅粉。由于硅灰的火山灰活性极高，目前已成为一种有效的混凝土掺合料。

(1)物化性质

硅灰颜色在浅灰色与深灰色之间，密度为 2.2g/cm^3 左右，比水泥轻，与粉煤灰相似，堆积密度一般为 200 ~ 350kg/m^3。硅灰颗粒非常微小，大多数颗粒的粒径小于 1μm，平均粒径 0.1μm左右，仅是水泥颗粒平均直径的 1/100。硅灰的比表面积为 15000 ~ 25000m^2/kg。

硅灰的主要化学成分为非晶态的无定形 SiO_2，一般占 90% 以上，具有较高的火山灰活性。硅灰用于高性能混凝土，可以获得良好的黏聚性、保水性和密实度，提高混凝土的抗渗性、抗冻性、抗磨性、抗碳化性、抗硫酸盐与氯盐的腐蚀性及抑制碱集料反应等，可有效改善混凝土的耐久性。

(2)技术标准

硅灰一般按照使用状态可分为硅灰(代号 SF)和硅灰浆(代号 SF-S)。依据《砂浆和混凝土用硅灰》(GB/T 27690—2011)，硅灰的性能指标应符合表 5-12 的规定。

砂浆和混凝土用硅灰性能指标要求 表5-12

质量指标	技术要求	质量指标	技术要求
固含量(液料)	按生产控制值的±2%	需水量比	≤125%
总碱量	≤1.5%	比表面积(BET法)	≥15cm²/g
SiO_2含量	≥85.0%	活性指数(7d快速法)	≥105%
氯离子含量	≤0.1%	放射性	$I_{Ra}\leq1.0$和$I_r\leq1.0$
含水率(粉体)	≤3.0%	抑制碱—集料反应	14d膨胀率降低值≥35%
烧失量	≤4.0%	抗氯离子渗透性	28d电通量之比≤40%

5.3 水泥混凝土的配合比设计

5.3.1 普通水泥混凝土配合比设计概述

1)混凝土配合比及表示方法

混凝土配合比,是指混凝土中各组成材料之间的比例关系。混凝土配合比,可以采用单位用量表示法,即以1m³混凝土中各种材料的用量来表示,如水泥:水:砂:碎石=340kg/m³:175kg/m³:620kg/m³:1182kg/m³;也可以采用相对用量表示法,即以水泥质量为1,各种材料用量与水泥用量的比例表示,如上述配合比采用相对用量可表示为1:1.82:3.48,$W/C=0.51$。土木工程中通常以每搅拌一盘混凝土的各种材料用量表示。

2)混凝土配合比设计的基本要求

混凝土配合比设计的要求有以下4个方面:

(1)满足结构设计的强度要求。

(2)满足现场施工条件所要求的工作性。

(3)满足工程所处环境和设计规定的耐久性要求。

(4)在满足上述要求的前提下,尽量减少高价材料(水泥)的用量,降低混凝土的生产成本,以便取得较好的经济效果。

3)混凝土配合比设计的三个参数

普通混凝土4种主要组成材料的相对比例,通常由水胶比、砂率和用水量3个参数来控制。

(1)水胶比

混凝土中水与胶凝材料的比例称为水胶比,当胶凝材料只有水泥时,即为水灰比。如前所述,水胶比对混凝土和易性、强度和耐久性都具有重要的影响,因此,通常根据强度和耐久性来确定水胶比的大小。一方面,水胶比较小时可以使强度更高且耐久性更好;另一方面,在保证混凝土和易性所要求用水量基本不变的情况下,只要满足强度和耐久性对水胶比的要求,选用较大水胶比时,可以节约水泥。

(2)砂率

砂子占砂石总量的百分率称为砂率。砂率对混凝土的和易性影响较大,若选择不恰当,还会对混凝土强度和耐久性产生影响。砂率的选用应该合理,在保证和易性要求的条件下,宜取较小值,以利于节约水泥。

(3)用水量

用水量是指每立方米混凝土拌和物中水的用量(kg/m^3)。在水灰比确定后,混凝土中单位用水量也表示水泥浆与集料之间的比例关系。为节约水泥和改善耐久性,在满足流动性条件下,应尽可能取较小的单位用水量。

4)混凝土配合比设计的基本原理

(1)绝对体积法

该法是假定混凝土拌和物的体积等于各组成材料绝对体积与混凝土拌和物中所含空气体积之和。

(2)假定表观密度法(质量法)

如果原材料比较稳定,可先假设混凝土的表观密度为一定值,混凝土拌和物各组成材料的单位用量之和,即为其表观密度。通常普通混凝土的表观密度为2350~2450kg/m^3。

(3)查表法

对大量试验结果进行整理,将各种配合比列成表,使用时根据相应条件查表,选取适当的配合比。因为它是直接从工程实际中总结的结果,比较实用,所以在工程中应用较为广泛。

5.3.2 普通水泥混凝土配合比设计方法

1)设计的基本资料

混凝土配合比设计的基本资料包括以下个四方面:设计要求的混凝土强度等级,承担施工单位的管理水平;工程所处的环境和设计对混凝土耐久性的要求;原材料品种及其物理力学性能指标;混凝土所处的部位、结构构造情况,施工条件等。

普通混凝土配合比设计方法依据《普通混凝土配合比设计规程》(JGJ 55—2011)进行。

2)初步配合比计算

(1)确定配制强度

$$f_{cu,0} \geqslant f_{cu,k} + 1.645\sigma \tag{5-13}$$

式中:$f_{cu,0}$——混凝土配制强度,MPa;

$f_{cu,k}$——设计要求的混凝土强度等级,MPa;

σ——混凝土强度标准差,MPa。

当有统计资料时,混凝土强度标准差按式(5-14)计算:

$$\sigma = \sqrt{\frac{\sum_{i=1}^{n} f_{cu,i}^2 - n\mu_{f_{cu}}^2}{n-1}} \tag{5-14}$$

式中:$f_{cu,i}$——统计周期内同一品种混凝土第i组试件的强度,MPa;

$\mu_{f_{cu}}$——统计周期内同一品种混凝土n组试件强度的平均值,MPa;

n——统计周期内同一品种混凝土试件的总组数,$n \geqslant 25$。

对于强度等级不大于C30的混凝土,当强度标准差计算值不小于3.0MPa时,应按计算结果取值;当混凝土强度标准差计算值小于3.0MPa时,应取3.0MPa。对于强度等级大于C30且小于C60的混凝土,当强度标准差计算值不小于4.0MPa时,应按计算结果取值;当混凝土强度标准差计算值小于4.0MPa时,应取4.0MPa。

若无历史统计资料时，强度标准差可根据要求的强度等级按表 5-13 规定选用。

标准差 σ 取值表 表 5-13

强度等级	≤C20	C25 ~ C45	C50 ~ C55
标准差 σ(MPa)	4.0	5.0	6.0

(2)水胶比计算及校核

①计算水胶比。

依据混凝土的强度理论，可推算出混凝土的水胶比(W/B)的计算公式：

$$W/B = \frac{\alpha_a f_b}{f_{cu,0} + \alpha_a \alpha_b f_b} \tag{5-15}$$

式中：$f_{cu,0}$——混凝土配制强度，MPa；

α_a、α_b——回归系数(根据使用的粗、细集料经过试验得出的灰水比与混凝土强度关系式确定，若无上述试验统计资料时可采用表 5-3 的数值)；

f_b——胶凝材料 28d 胶砂抗压强度实测值，MPa。当无抗压强度实测值时，可按下式确定：

$$f_b = \gamma_f \cdot \gamma_s \cdot f_{ce} \tag{5-16}$$

式中：γ_f、γ_s——粉煤灰、粒化高炉矿渣粉的影响系数，可按表 5-14 选用；

f_{ce}——水泥 28d 胶砂抗压强度实测值，MPa。当无水泥抗压强度实测值时，可按下式计算：

$$f_{ce} = \gamma_c \cdot f_{ce,g} \tag{5-17}$$

式中：γ_c——水泥强度等级值的富余系数，可按实际统计资料确定；当缺乏实际统计资料时，可按表 5-15 选用；

$f_{ce,g}$——水泥强度等级值，MPa。

粉煤灰和粒化高炉矿渣粉的影响系数 表 5-14

矿物掺合料掺量(%)	粉煤灰影响系数 γ_f	粒化高炉矿渣粉影响系数 γ_s
0	1.00	1.00
10	0.85 ~ 0.95	1.00
20	0.75 ~ 0.85	0.95 ~ 1.00
30	0.65 ~ 0.75	0.90 ~ 1.00
40	0.55 ~ 0.65	0.80 ~ 0.90
50	—	0.70 ~ 0.85

注：1. 采用Ⅰ级、Ⅱ级粉煤灰宜取上限值。

2. 采用 S75 级粒化高炉矿渣粉宜取下限值，采用 S95 级粒化高炉矿渣粉宜取上限值，采用 S105 级粒化高炉矿渣粉可取上限值加 0.05。

3. 当超出表中的掺量时，粉煤灰和粒化高炉矿渣粉影响系数应经试验确定。

水泥强度等级值的富余系数 表 5-15

水泥强度等级值	32.5	42.5	52.5
富余系数 γ_c	1.12	1.16	1.10

②按耐久性校核水胶比。

《混凝土结构设计规范》(GB 50010—2010)将混凝土结构暴露的环境类别划分为七个等级:一、二 a、二 b、三 a、三 b、四、五,对处于不同环境等级中的混凝土结构,其混凝土配合比设计规定的最大水胶比限值见表 5-16。按强度要求计算的水胶比,还应根据混凝土所处的环境条件参照表 5-16 进行耐久性校核。

设计使用年限为 50 年的混凝土结构耐久性基本要求 表 5-16

<table>
<tr><th colspan="2">环境类别</th><th>环境条件</th><th>最大水胶比</th><th>最低强度等级</th><th>最大氯离子含量(%)</th><th>最大碱含量(kg/m³)</th></tr>
<tr><td colspan="2">一</td><td>1. 室内干燥环境;
2. 无侵蚀性静水浸没环境</td><td>0.60</td><td>C20</td><td>0.30</td><td>不限制</td></tr>
<tr><td rowspan="2">二</td><td>a</td><td>1. 室内潮湿环境
2. 非严寒和非寒冷地区的露天环境
3. 非严寒和非寒冷地区与无侵蚀性的水或土壤直接接触的环境
4. 严寒和寒冷地区的冰冻线以下与无侵蚀性的水或土壤直接接触的环境</td><td>0.55</td><td>C25</td><td>0.20</td><td rowspan="4">3.0</td></tr>
<tr><td>b</td><td>1. 干湿交替环境
2. 水位频繁变动环境
3. 严寒和寒冷地区的露天环境
4. 严寒和寒冷地区的冰冻线以上与无侵蚀性的水或土壤直接接触的环境</td><td>0.50(0.55)</td><td>C30(C25)</td><td>0.15</td></tr>
<tr><td rowspan="2">三</td><td>a</td><td>1. 严寒和寒冷地区冬季水位变动区环境
2. 受除冰盐影响环境
3. 海风环境</td><td>0.45(0.50)</td><td>C35(C30)</td><td>0.15</td></tr>
<tr><td>b</td><td>1. 盐渍土环境
2. 受除冰盐作用环境
3. 海岸环境</td><td>0.40</td><td>C40</td><td>0.10</td></tr>
</table>

注:1. 氯离子含量是指其占胶凝材料总量的百分比。
2. 预应力构件混凝土中的最大氯离子含量为 0.06%;其最低混凝土强度等级宜按表中的规定提高两个等级。
3. 素混凝土构件的水胶比及最低强度等级的要求可适当放松。
4. 有可靠工程经验时,二类环境中的最低混凝土强度等级可降低一个等级。
5. 处于严寒和寒冷地区二 b、三 a 类环境的混凝土应使用引气剂,并可采用括号中的有关参数。
6. 当使用非碱活性集料时,对混凝土中的碱含量可不作限制。

环境等级四、五分别指海水环境、受人为或自然的侵蚀性物质影响的环境,其混凝土的耐久性设计应符合有关标准的规定。对设计年限为 100 年的混凝土结构,其耐久性设计要求更加严格。

(3)选定单位用水量(m_{w0})

当水胶比确定后,单位用水量决定了混凝土中水泥浆与集料质量的比例关系。单位用水量取决于集料特性以及混凝土拌和物施工和易性的要求,按以下方法选用。

①干硬性和塑性混凝土。

当水胶比在 0.4 ~ 0.8 范围时,其单位用水量应根据集料的品种、公称最大粒径及施工要求的混凝土拌和物稠度值按表 5-17 选用。

混凝土的用水量选用(单位:kg/m³) 表 5-17

拌和物稠度		卵石公称最大粒径(mm)				碎石公称最大粒径(mm)			
项目	指标	10	20	31.5	40	16	20	31.5	40
坍落度(mm)	10～30	190	170	160	150	200	185	175	165
	35～50	200	180	170	160	210	195	185	175
	55～70	210	190	180	170	220	205	195	185
	75～90	215	195	185	175	230	215	205	195
维勃稠度(s)	16～20	175	160	—	145	180	170	—	155
	11～15	180	165	—	150	185	175	—	160
	5～10	185	170	—	155	190	180	—	165

注:1.本表用水量系采用中砂时的平均取值;采用细砂时,每立方米混凝土用水量可增加5～10kg;采用粗砂时,则可减少5～10kg。

2.掺用各种外加剂或掺合料时,用水量应相应调整。

②流动性和大流动性混凝土。

流动性和大流动性混凝土未掺外加剂时,以表5-17中坍落度90mm的用水量为基础,按坍落度每增大20mm用水量增加5kg/m³的原则计算混凝土的用水量。当坍落度增大到180mm以上时,随坍落度增大相应增加的用水量可减少。

当掺用外加剂时,混凝土用水量可按式(5-18)计算:

$$m_{w,ad} = m_{w0}(1-\beta) \tag{5-18}$$

式中:$m_{w,ad}$——掺外加剂混凝土的单位用水量,kg/m³;

$m_{w,0}$——未掺外加剂混凝土的单位用水量,kg/m³;

β——外加剂的减水率,%,经试验确定;无减水作用的外加剂,$\beta=0$。

混凝土中单位外加剂用量可按式(5-19)计算:

$$m_{a0} = m_{b0}\cdot\beta_a \tag{5-19}$$

式中:m_{a0}——计算配合比每立方米混凝土中外加剂用量,kg/m³;

m_{b0}——计算配合比每立方米混凝土中胶凝材料用量,kg/m³;

β_a——外加剂掺量,%,应经混凝土试验确定。

(4)计算混凝土的单位胶凝材料、矿物掺合料和水泥用量

①计算单位胶凝材料用量。

每立方米混凝土的胶凝材料用量(m_{b0})应按式(5-20)计算,并应进行试拌调整,在满足拌和物性能的情况下,取经济合理的胶凝材料用量。

$$m_{b0} = \frac{m_{w0}}{W/B} \tag{5-20}$$

②计算单位矿物掺合料用量。

每立方米混凝土的矿物掺合料用量(m_{f0})应按式(5-21)计算:

$$m_{f0} = m_{b0}\cdot\beta_f \tag{5-21}$$

式中:m_{f0}——计算配合比每立方米混凝土中矿物掺合料用量,kg/m³;

β_f——矿物掺合料掺量,%,可结合表5-18及水胶比的有关规定确定。

钢筋混凝土与预应力混凝土中矿物掺合料的最大掺量限值(单位:%) 表 5-18

矿物掺合料种类	水胶比	最大掺量			
		钢筋混凝土		预应力混凝土	
		硅酸盐水泥	普通硅酸盐水泥	硅酸盐水泥	普通硅酸盐水泥
粉煤灰	≤0.40	45	35	35	30
	>0.40	40	30	25	20
粒化高炉矿渣粉	≤0.40	65	55	55	45
	>0.40	55	45	45	35
钢渣粉	—	30	20	20	10
磷渣粉	—	30	20	20	10
硅灰	—	10	10	10	10
复合掺合料	≤0.40	65	55	55	45
	>0.40	55	45	45	35

注:1. 采用其他通用硅酸盐水泥时,宜将水泥混合材掺量20%以上的混合材量计入矿物掺合料。
2. 复合掺合料各组分的掺量不宜超过单掺时的最大掺量。
3. 在混合使用两种或两种以上矿物掺合料时,矿物掺合料总掺量应符合表中复合掺合料的规定。
4. 对基础大体积混凝土,粉煤灰、粒化高炉矿渣粉和复合掺合料的最大掺量可增加5%;采用掺量大于30%的C类粉煤灰混凝土应以实际使用的水泥和粉煤灰掺量进行安定性检验。

③计算单位水泥用量。

每立方米混凝土中的胶凝材料用量(m_{c0})应按式(5-22)计算:

$$m_{c0} = m_{b0} - m_{f0} \tag{5-22}$$

通过计算得到的单位胶凝材料用量还应进行混凝土耐久性校核。除配制C15及其以下强度等级的混凝土外,其胶凝材料的最小用量均应符合表5-19的规定。

混凝土的最小胶凝材料用量(单位:kg/m³) 表 5-19

最大水胶比	最小胶凝材料用量		
	素混凝土	钢筋混凝土	预应力混凝土
0.60	250	280	300
0.55	280	300	300
0.50	320		
≤0.45	330		

(5)选定砂率(β_s)

根据粗集料品种、公称最大粒径和混凝土拌和物的水胶比确定砂率。一般可根据施工单位所用材料的使用经验选定,如使用经验不足,可参照表5-20选取。

混凝土的砂率选用表(单位:%) 表 5-20

水胶比(W/B)	卵石公称最大粒径(mm)			碎石公称最大粒径(mm)		
	10	20	40	16	20	40
0.40	26~32	25~31	24~30	30~35	29~34	27~32
0.50	30~35	29~34	28~33	33~38	32~37	30~35
0.60	33~38	32~37	31~36	36~41	35~40	33~38

续上表

水胶比（W/B）	卵石公称最大粒径(mm)			碎石公称最大粒径(mm)		
	10	20	40	16	20	40
0.70	36~41	35~40	34~39	39~44	38~43	36~41

注：1. 本表数值系中砂的选用砂率，对细砂或粗砂，可相应地减少或增大砂率。

2. 只用一个单粒级粗集料配制混凝土时，砂率应适当增大。

3. 掺有各种外加剂或掺和料时，其合理砂率应经试验或参照其他有关规定确定。

4. 对薄壁构件砂率取偏大值。

(6)计算粗、细集料单位用量(m_{g0}、m_{s0})

粗、细集料的单位用量，可用质量法或体积法求得。

①质量法。

质量法即假定表观密度法，是假定混凝土拌和物的表观密度为一固定值，混凝土拌和物各组成材料的单位用量之和即为其表观密度。在砂率值为已知的条件下，粗、细集料的单位用量可由式(5-23)计算：

$$\begin{cases} m_{c0}+m_{w0}+m_{s0}+m_{g0}=\rho_{cp} \\ \dfrac{m_{s0}}{m_{s0}+m_{g0}}\times 100=\beta_s \end{cases} \tag{5-23}$$

式中：m_{c0}、m_{w0}、m_{s0}、m_{g0}——每立方米混凝土中胶凝材料、水、细集料和粗集料的用量，kg/m^3；

β_s——砂率，%；

ρ_{cp}——每立方米混凝土拌和物的假定表观密度，kg/m^3。其值可根据施工单位积累的试验资料确定。如缺乏资料时，可根据集料的表观密度、粒径以及混凝土强度等级在2350~2450kg/m^{3}范围内选定。

②体积法。

体积法又称为绝对体积法。该方法是假定混凝土拌和物的体积等于各组成材料绝对体积和混凝土拌和物中所含空气体积之总和。在砂率值为已知的条件下，粗、细集料的单位用量可由式(5-24)求得：

$$\begin{cases} \dfrac{m_{c0}}{\rho_c}+\dfrac{m_{w0}}{\rho_w}+\dfrac{m_{s0}}{\rho_s}+\dfrac{m_{g0}}{\rho_g}+0.01\alpha=1 \\ \dfrac{m_{s0}}{m_{s0}+m_{g0}}\times 100=\beta_s \end{cases} \tag{5-24}$$

式中：ρ_c、ρ_w——水泥、水的密度，kg/m^3，可分别取2900~3100kg/m^{3}和1000kg/m^3；

ρ_g、ρ_s——粗集料、细集料的表观密度，kg/m^3；

α——混凝土的含气量百分率，%，在不使用引气型外加剂时，α可取为1。

将已确定的单位用水量m_{w0}、单位水泥用量m_{c0}和砂率β_s代入式(5-23)或式(5-24)，可求出粗集料用量m_{g0}和细集料用量m_{s0}。由此得到混凝土的初步配合比为：水泥：水：砂：石子＝$m_{c0}:m_{w0}:m_{s0}:m_{g0}$。

3)试拌、调整，提出基准配合比

在初步配合比设计过程中，各组成材料的用量是借助于经验公式、经验表格和经验参数得到的，还需要通过试拌检验，经调整后得出满足施工和易性要求的混凝土基准配合比。

(1)试拌

混凝土试拌时所用各种原材料,应与实际工程使用的材料相同,粗、细集料的质量均以干燥状态为基准。试拌时所采用的搅拌方法,也应尽量与生产时采用方法相同。每盘混凝土的试拌量一般应不少于表5-21中的建议值。采用机械搅拌时,其搅拌量应不小于搅拌机公称搅拌量的1/4。

混凝土试配的最小搅拌量 表5-21

粗集料公称最大粒径(mm)	拌和物量(L)	粗集料公称最大粒径(mm)	拌和物量(L)
≤31.5	15	40	25

(2)校核工作性、调整配合比

按计算出的初步配合比进行试拌,以校核混凝土拌和物的工作性。如试拌得出的拌和物的坍落度(或维勃稠度)不能满足要求或黏聚性和保水性能不好时,则应在保证水灰比不变的条件下,相应调整用水量或砂率,直到符合要求为止。然后提出供混凝土强度校核用的基准配合比,即水泥∶水∶砂∶石子 $= m_{ca} : m_{wa} : m_{sa} : m_{ga}$。

4)检验强度、确定试验室配合比

(1)制作试件与检验强度

为校核混凝土的强度,至少拟定3个不同的配合比,其中一个为按上述方法得出的基准配合比,另外两个配合比的水灰比值,应较基准配合比的水灰比值分别增加及减少0.05,其用水量应该与基准配合比相同,但砂率值应分别增加和减少1%。

制作检验混凝土强度的试件时,尚应检验拌和物的坍落度(或维勃稠度)、黏聚性、保水性及测定混凝土的表观密度,并以此结果表征该配合比混凝土拌和物的性能。

为检验混凝土强度,每种配合比至少制作一组(三块)试件,在标准养护28d(或设计规定龄期,如60d、90d等)条件下进行抗压强度测试。有条件的单位可同时制作几组试件,供快速检验或较早龄期(3d、7d等)时抗压强度的测试,以便尽早提出混凝土配合比供施工使用。

(2)确定试验室配合比

根据强度试验结果,建立胶水比与混凝土强度的关系,选定与混凝土配制强度($f_{cu,0}$)相对应的胶水比(B/W),按下列步骤确定经混凝土强度检验的各组成材料用量。

①确定单位用水量(m_{wb}):取基准配合比中的用水量,并根据制作强度检验试件时测得的坍落度(或维勃稠度)值加以适当调整。

②确定单位水泥用量(m_{cb}):由单位用水量乘以选定出的灰水比计算确定。

③确定粗、细集料用量(m_{gb}和m_{sb}):取基准配合比中的砂、石用量,并按$f_{cu,28}$-C/W关系曲线选定的水灰比做适当调整后确定。

(3)根据实测拌和物表观密度修正配合比

由式(5-25)计算混凝土的表观密度$\rho_{c,c}$:

$$\rho_{c,c} = m_{cb} + m_{sb} + m_{gb} + m_{wb} \tag{5-25}$$

式中: $\rho_{c,c}$——混凝土拌和物表观密度计算值,kg/m^3;

m_{cb}、m_{wb}、m_{sb}、m_{gb}——经强度检验的混凝土配合比各组成材料的单位用量,kg/m^3。

由式(5-26)计算混凝土配合比校正系数δ:

$$\delta = \frac{\rho_{c,t}}{\rho_{c,c}} \tag{5-26}$$

式中：δ——混凝土配合比校正系数；

$\rho_{c,t}$、$\rho_{c,c}$——分别为混凝土拌和物表观密度实测值和计算值，kg/m^3。

当混凝土表观密度的实测值与计算值之差的绝对值不超过计算值的2%时，上述方法得到的混凝土的配合比即为混凝土的试验室配合比。当二者之差超过2%时，混凝土试验室配合比以各组成材料用量乘以校正系数(δ)确定。混凝土试验室配合比表示为：水泥：水：砂：石子$=m'_{cb}:m'_{wb}:m'_{sb}:m'_{gb}$。

5）施工配合比换算

试验室最后确定的配合比，是按干燥状态集料计算的，而施工现场砂、石材料为露天堆放，都有一定的含水率。因此，施工现场应根据现场砂、石实际含水率的变化，将试验室配合比换算为施工配合比。

设施工现场实测砂、石含水率分别为$a\%$、$b\%$，则施工配合比的各种材料单位用量为：

$$\begin{cases} m_c = m'_{cb} \\ m_s = m'_{sb}(1+a\%) \\ m_g = m'_{gb}(1+b\%) \\ m_w = m'_{wb}-(m'_{sb}\cdot a\% + m'_{gb}\cdot b\%) \end{cases} \tag{5-27}$$

最终确定混凝土的施工配合比为：水泥：水：砂：石子$=m_c:m_w:m_s:m_g$。

【例5-1】 普通水泥混凝土配合比设计示例

1）原始资料

已知混凝土设计强度等级为C30，无强度历史统计资料，要求混凝土拌和物坍落度为30~50mm。桥梁所在地区属温热地区。

组成材料：可供应强度等级为42.5的硅酸盐水泥，密度$\rho_c=3.10\times10^3kg/m^3$，28d实测强度为45.5MPa。中砂，表观密度$\rho_s=2.65\times10^3kg/m^3$。碎石公称最大粒径$D=31.5mm$，表观密度$\rho_g=2.70\times10^3kg/m^3$。

2）设计要求

(1)计算出初步配合比。

(2)根据初步配合比在试验室进行试拌调整，得出试验室配合比。

3）设计步骤

(1)计算初步配合比

①确定混凝土配制强度($f_{cu,0}$)

根据设计要求混凝土强度确定试配强度：$f_{cu,k}=30MPa$，无历史统计资料，按表5-13选取标准差$\sigma=5.0MPa$。

按式(5-13)，混凝土配制强度为：$f_{cu,0}=f_{cu,k}+1.645\sigma=30+1.645\times5.0=38.2(MPa)$。

②计算水灰比(W/C)

已知混凝土配制强度$f_{cu,0}=38.2MPa$，水泥实际强度$f_{ce}=45.5MPa$。施工单位无混凝土强度回归系数统计资料，按表5-3选择碎石$\alpha_a=0.53$，$\alpha_b=0.20$。按式(5-15)计算水灰比：

$$\frac{W}{C}=\frac{\alpha_a f_{ce}}{f_{cu,0}+\alpha_a\alpha_b f_{ce}}=\frac{0.53\times45.5}{38.2+0.53\times0.20\times45.5}=0.56$$

根据混凝土所处环境条件属于温热地区，查表5-16，允许最大水灰比为0.60。按耐久性校核，采用水灰比为0.56。

③选定单位用水量(m_{w0})

由题意已知，要求混凝土拌和物坍落度为30～50mm，碎石最大粒径为31.5mm。查表5-17选用混凝土单位用水量$m_{w0}=185\text{kg/m}^3$。

④计算单位水泥用量(m_{c0})

已知混凝土单位用水量$m_{w0}=185\text{kg/m}^3$，水灰比$W/C=0.56$，按式(5-20)计算混凝土单位水泥用量：

$$m_{c0}=\frac{m_{w0}}{\frac{W}{C}}=\frac{185}{0.56}=330(\text{kg/m}^3)$$

根据混凝土所处环境条件属温热地区，查表5-19得配筋混凝土的最小水泥用量不得低于280kg/m³。按强度计算单位水泥用量330kg/m³，符合耐久性要求。采用单位水泥用量为330kg/m³。

⑤选定砂率(β_s)

已知集料采用碎石公称最大粒径为31.5mm、水灰比$W/C=0.56$，查表5-20，选定混凝土砂率$\beta_s=33\%$。

⑥计算单位砂石用量

按照质量法计算时，已知单位水泥用量$m_{c0}=330\text{kg/m}^3$，单位用水量$m_{w0}=185\text{kg/m}^3$，混凝土拌和物假定表观密度$\rho_{cp}=2400\text{kg/m}^3$，砂率$\beta_s=33\%$。由式(5-23)得：

$$\begin{cases}m_{s0}+m_{g0}=2400-330-185\\ \dfrac{m_{s0}}{m_{s0}+m_{g0}}\times 100=33\end{cases}$$

解得：单位砂用量$m_{s0}=622\text{kg/m}^3$，单位碎石用量$m_{g0}=1263\text{kg/m}^3$。

按质量法计算得初步配合比$m_{c0}:m_{w0}:m_{s0}:m_{g0}=330:185:622:1263$。

按照体积法计算时，已知水泥密度$\rho_c=3.10\times10^3\text{kg/m}^3$，砂表观密度$\rho_s=2.65\times10^3\text{kg/m}^3$，碎石表观密度$\rho_g=2.70\times10^3\text{kg/m}^3$。

由公式(5-24)得：

$$\begin{cases}\dfrac{m_{g0}}{\rho_g}+\dfrac{m_{s0}}{\rho_s}=1-\dfrac{m_{c0}}{\rho_c}-\dfrac{m_{w0}}{\rho_w}-0.01\alpha\\ \dfrac{m_{s0}}{m_{g0}+m_{s0}}\times 100=\beta_s\end{cases}$$

非引气混凝土$\alpha=1$，所以：

$$\begin{cases}\dfrac{m_{g0}}{2.70}+\dfrac{m_{s0}}{2.65}=1000-\dfrac{330}{3.10}-\dfrac{185}{1}-10\\ \dfrac{m_{s0}}{m_{s0}+m_{g0}}\times 100=33\end{cases}$$

解得：单位砂用量 $m_{s0}=619\text{kg/m}^3$，单位碎石用量 $m_{g0}=1257\text{kg/m}^3$。

按体积法计算得初步配合比为 $m_{c0}:m_{w0}:m_{s0}:m_{g0}=330:185:619:1257$。

(2)调整工作性、提出基准配合比

①计算试拌材料用量。

按计算初步配合比(以绝对体积法计算结果为例)试拌15L混凝土拌和物，各种材料用量：

水泥　　$330\times0.015=4.95(\text{kg})$

水　　$185\times0.015=2.78(\text{kg})$

砂　　$619\times0.015=9.29(\text{kg})$

碎石　　$1257\times0.015=18.86(\text{kg})$

②调整工作性。

按计算材料用量拌制混凝土拌和物，测定其坍落度为10mm，未满足题中施工和易性的要求。为此，保持水灰比不变，增加5%水泥浆。再经拌和，其坍落度为40mm，黏聚性和保水性亦良好，满足施工和易性要求。此时，混凝土拌和物各组成材料的实际用量为：

水泥　　$4.95\times(1+5\%)=5.20(\text{kg})$

水　　$2.78\times(1+5\%)=2.92(\text{kg})$

砂　　9.29kg

碎石　　18.86kg

③提出基准配合比。

调整工作性以后，混凝土拌和物的基准配合比为：

$m_{ca}:m_{wa}:m_{sa}:m_{ga}=347:194:619:1257$，或 $1:1.79:3.63:0.56$。

(3)检验强度、确定试验室配合比

①检验强度。

采用水灰比分别为 $(W/C)_A=0.51$、$(W/C)_B=0.56$ 和 $(W/C)_C=0.61$ 拌制三组混凝土拌和物。砂、碎石用量不变，用水量亦保持不变，则三组水泥用量分别为：A组5.73kg，B组5.20kg，C组4.79kg。除基准配合比一组外，其他两组亦经测定坍落度并观察其黏聚性和保水性，均合格。

三组配合比经拌制成型，在标准条件下养护28d后，按规定方法测定其立方体抗压强度值，结果列于表5-22。

不同水灰比的混凝土强度值　　表5-22

组　别	水灰比(W/C)	灰水比(C/W)	28d抗压强度值$f_{cu,28}$(MPa)
A	0.51	1.96	45.3
B	0.56	1.79	39.5
C	0.61	1.64	34.2

由图5-16得到，相应混凝土配制强度 $f_{cu,0}=38.2\text{MPa}$ 的灰水比 $C/W=1.82$，即水灰比 $W/C=0.55$。

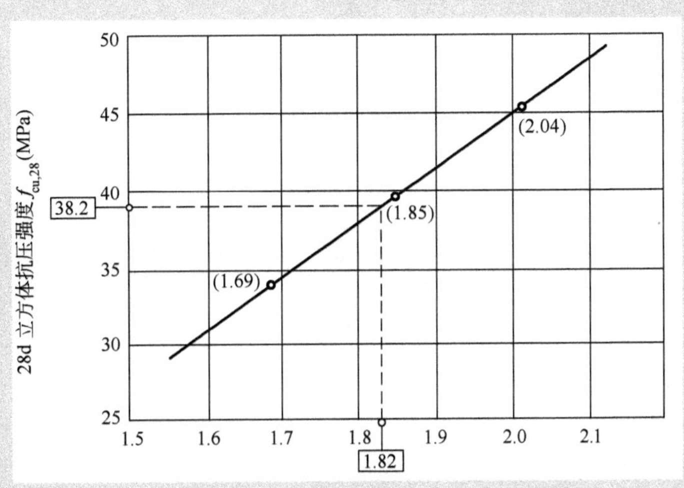

图5-16　混凝土28d抗压强度与C/W的关系曲线

②确定试验室配合比。

按强度试验结果修正配合比,各材料用量为:

水　　$m_{wb}=185\times(1+0.05)=194(kg/m^3)$

水泥　　$m_{cb}=194\div0.55=353(kg/m^3)$

砂、石用量按体积法计算:

$$\begin{cases}\dfrac{m_{gb}}{2.70}+\dfrac{m_{sb}}{2.65}=1000-\dfrac{353}{3.10}-\dfrac{194}{1}-10\\[2ex]\dfrac{m_{sb}}{m_{sb}+m_{gb}}\times100=33\end{cases}$$

解得:砂用量$m_{sb}=604kg/m^3$,碎石用量$m_{gb}=1225kg/m^3$。

强度修正后配合比:$m_{cb}:m_{wb}:m_{sb}:m_{gb}=353:194:604:1225$,或表示为1:1.71:3.47:0.55。也可以直接确定B组配合比为符合强度检验的配合比。

计算表观密度:$\rho_{c,c}=353+194+604+1225=2376(kg/m^3)$。

实测表观密度:$\rho_{c,t}=2400kg/m^3$。

$|\rho_{c,t}-\rho_{c,c}|/\rho_{c,c}=|2400-2376|/2376=1.01\%<2\%$,则试验室配合比为$m'_{cb}:m'_{wb}:m'_{sb}:m'_{gb}=353:194:604:1225$。

(4)换算工地配合比

根据工地实测,砂的含水率$w_s=5\%$,碎石的含水率$w_g=1\%$,各种材料的用量为:

水泥　　$m_c=353(kg/m^3)$

砂　　$m_s=604\times(1+5\%)=634(kg/m^3)$

碎石　　$m_g=1225\times(1+1\%)=1237(kg/m^3)$

水　　$m_w=194-(604\times5\%+1225\times1\%)=152(kg/m^3)$

因此,工地配合比为:$m_c:m_w:m_s:m_g=353:152:634:1237$,或1:1.80:3.50:0.43。

5.3.3 路面水泥混凝土配合比设计方法

水泥混凝土路面用混凝土配合比设计方法，按《公路水泥混凝土路面施工技术细则》(JTG/T F30—2014)的规定，采用弯拉强度作为设计指标，分为目标配合比和施工配合比两个设计阶段。

1)设计要求

路面水泥混凝土配合比设计，应满足施工工作性、抗弯拉强度、耐久性(包括耐磨性)和经济合理的要求。

2)设计步骤

(1)目标配合比设计

①确定配制强度。

面层水泥混凝土配制28d弯拉强度的均值按式(5-28)计算：

$$f_c = \frac{f_r}{1 - 1.04C_v} + ts \tag{5-28}$$

式中：f_c——面层水泥混凝土配制28d弯拉强度的均值，MPa；

f_r——混凝土设计弯拉强度标准值，MPa；

t——保证率系数，按表5-23确定；

s——弯拉强度试验样本的标准差，MPa，有试验数据时应使用样本标准差；无试验数据时可按表5-24确定；

C_v——弯拉强度变异系数，应按统计数据取值，小于0.05时取0.05；无统计数据时，可在表5-24的规定范围内取值，其中高速公路、一级公路变异水平应为低，二级公路变异水平应不低于中。

保证率系数 t　　表5-23

公路等级	判别概率 P	样本数 n(组)			
		6~8	9~14	15~19	≥20
高速公路	0.05	0.79	0.61	0.45	0.39
一级公路	0.10	0.59	0.46	0.35	0.30
二级公路	0.15	0.46	0.37	0.28	0.24
三、四级公路	0.20	0.37	0.29	0.22	0.19

各级公路混凝土面层弯拉强度试验样本的标准差 s 和变异系数 C_v　　表5-24

公路等级	高速公路	一级公路	二级公路	三级公路	四级公路
目标可靠度(%)	95	90	85	80	70
目标可靠指标	1.64	1.28	1.04	0.84	0.52
样本标准差 s(MPa)	$0.25 \leq s \leq 0.50$		$0.45 \leq s \leq 0.67$	$0.40 \leq s \leq 0.80$	
弯拉强度变异水平等级	低		中	高	
弯拉强度变异系数 C_v 的范围	0.05~0.10		0.10~0.15	0.15~0.20	

②计算水灰比（W/C）或水胶比（W/B）。

公路面层水泥混凝土目标配合比设计可使用正交试验法获得水灰比，二级及二级以下公路也可以采用经验法计算水灰比。根据粗集料的类型，水灰比可分别按下列统计公式计算。

对碎石或碎卵石混凝土：

$$\frac{W}{C}=\frac{1.5684}{f_c+1.0097-0.3595f_s} \tag{5-29}$$

对卵石混凝土：

$$\frac{W}{C}=\frac{1.2618}{f_c+1.5492-0.4709f_s} \tag{5-30}$$

式中：f_s——水泥实测28d抗弯拉强度，MPa。

掺用粉煤灰、硅灰、矿渣粉等掺合料时，应计入超量取代法中代替水泥的那一部分掺合料用量（代替砂的超量部分不计入）计算水胶比。水胶比（或水灰比）不得超过表5-25规定的最大限值。

混凝土满足耐久性要求的最大水灰（胶）比和最小单位水泥（胶凝材料）用量 表5-25

公路等级			高速、一级公路	二级公路	三、四级公路
最大水灰（胶）比	无抗冻性要求		0.44	0.46	0.48
	有抗冻性要求		0.42	0.44	0.46
	有抗盐冻性要求		0.40	0.42	0.44
最小单位水泥（胶凝材料）用量（kg/m^3）	无抗冻性要求	52.5级	300	300	290
		42.5级	310	310	300
		32.5级	—	—	315
	有抗冰（盐）冻性要求	52.5级	310	310	300
		42.5级	320	320	315
		32.5级	—	—	325
	掺粉煤灰时	52.5级	250	250	245
		42.5级	260	260	255
		32.5级	—	—	265

③确定砂率（S_p）。

砂率宜根据细度模数与粗集料的种类，按表5-26选取。软作抗滑槽时，砂率可在表5-26的基础上增大1%～2%。

水泥混凝土的砂率 表5-26

砂细度模数		2.2～2.5	2.5～2.8	2.8～3.1	3.1～3.4	3.4～3.7
砂率S_p（%）	碎石	30～34	32～36	34～38	36～40	38～42
	卵石	28～32	30～34	32～36	34～38	36～40

注：1. 相同细度模数时，机制砂的砂率宜偏低限取用。
2. 破碎卵石，可在碎石与卵石之间内插取值。

④计算单位用水量(m_{w0})。

根据粗集料种类、坍落度和砂率的要求,混凝土拌和物的单位用水量按式(5-31)和式(5-32)确定。

对于碎石混凝土:

$$m_{w0} = 104.97 + 0.309S_L + 11.27C/W + 0.61S_p \tag{5-31}$$

对于卵石混凝土:

$$m_{w0} = 86.89 + 0.370S_L + 11.24C/W + 1.00S_p \tag{5-32}$$

式中:m_{w0}——混凝土单位用水量(不掺外加剂和掺合料),kg/m³;

C/W——灰水比;

S_L——混凝土拌和物坍落度,mm;

S_p——砂率。

若计算单位用水量大于表5-27最大用水量的规定,应采用较高减水率的外加剂进行降低。

面层水泥混凝土最大单位用水量(单位:kg/m³)　　表5-27

施工工艺	碎石混凝土	卵石混凝土
滑膜摊铺机摊铺	160	155
三辊轴机组摊铺	153	148
小型机具摊铺	150	145

掺外加剂的混凝土单位用水量,可参照普通水泥混凝土掺加外加剂时单位用水量的计算公式(5-18)进行计算。

⑤计算单位水泥用量(m_{c0})。

面层水泥混凝土的单位水泥用量计算同普通混凝土的计算方法,但单位水泥用量不得小于表5-25规定的耐久性要求的最小水泥用量限值。

⑥计算砂石材料单位用量(m_{s0},m_{g0})。

砂石材料单位用量可按前述绝对体积法或质量法确定。按质量法计算时,混凝土单位质量可取2400~2450kg/m³;按体积法计算时,应计入设计含气量。经计算得到的配合比应验算单位粗集料填充体积率,且不宜小于70%。

当掺用掺合料时,若为矿渣粉或硅灰,应采用等量取代法计算配合比,若掺加粉煤灰时,宜采用超量取代法计算。

⑦试验室进行目标配合比的试拌、检验与调整。

试验室在检验目标配合比时,砂石材料应采用饱和面干状态进行组配试拌,检验与调整方法应参照普通混凝土试验室配合比的设计方法。

(2)施工配合比设计

施工配合比设计应根据施工现场材料性质、砂石材料颗粒的表面含水率,对理论配合比进行换算,最后得出施工配合比。施工配合比中的水泥用量,可根据拌和过程中的损耗情况,较目标配合比适当增加5~10kg/m³。

【例 5-2】 路面混凝土配合比设计示例

1)设计要求

某高速公路路面混凝土(无抗冻性要求),要求混凝土设计抗弯拉强度标准值为5.0MPa,施工单位混凝土抗弯拉强度样本的标准差为0.4MPa($n=9$)。混凝土由机械搅拌并振捣,采用滑模摊铺机摊铺,施工要求坍落度30~50mm。试确定该路面混凝土配合比。

2)组成材料

水泥:52.5级P·II型硅酸盐水泥,实测水泥28d抗折强度为8.2MPa,水泥密度$\rho_c=3100kg/m^3$;

砂:中砂,表观密度$\rho_s=2600kg/m^3$,细度模数2.60;

碎石:5~40mm,表观密度$\rho_g=2700kg/m^3$,振实密度为$1710kg/m^3$;

水:自来水。

3)设计步骤

(1)计算配制弯拉强度(f_c)

根据表5-23,当高速公路路面混凝土样本数为9时,保证率系数t为0.61。按照表5-24,高速公路路面混凝土变异水平等级为"低",混凝土抗弯拉强度变异系数$C_v=0.05\sim0.10$,取中值0.075。

根据设计要求,$f_r=5.0$MPa,将以上参数代入式(5-28),混凝土配制弯拉强度为:

$$f_c=\frac{f_r}{1-1.04C_v}+ts=\frac{5.0}{1-1.04\times0.075}+0.61\times0.4=5.67(\text{MPa})$$

(2)确定水灰比(W/C)

按抗弯拉强度计算水灰比。由所给资料:水泥实测抗折强度$f_s=8.2$MPa。计算得到的混凝土配制抗弯拉强度$f_c=5.67$MPa,粗集料为碎石,代入式(5-29)计算混凝土的水灰比W/C:

$$\frac{W}{C}=\frac{1.5684}{f_c+1.0097-0.3595f_s}=\frac{1.5684}{5.67+1.0097-0.3595\times8.2}=0.42$$

按耐久性校核:混凝土为高速公路路面所用,无抗冻性要求,查表5-25得最大水灰比为0.44,故按照强度计算的水灰比结果符合耐久性要求,取水灰比$W/C=0.42$。

(3)确定砂率(S_p)

由砂的细度模数2.60,碎石,查表5-26,取混凝土砂率$S_p=34\%$。

(4)确定单位用水量(m_{w0})

按坍落度设计要求30~50mm,取40mm,灰水比$C/W=2.38$,砂率$S_p=34\%$代入式(5-31)计算单位用水量:

$$m_{w0}=104.97+0.309\times40+11.27\times2.38+0.61\times34=165(\text{kg/m}^3)$$

(5)确定单位水泥用量(m_{c0})

将单位用水量$165kg/m^3$,水灰比$W/C=0.42$代入式(5-20)计算单位水泥用量:

$$m_{c0}=m_{w0}/(W/C)=165/0.42=393(\text{kg/m}^3)$$

查表5-25得满足耐久性要求的最小水泥用量为300kg/m³，因此取计算水泥用量 $m_{c0}=393\text{kg/m}^3$。

(6)计算砂、石材料用量(m_{s0},m_{g0})

采用体积法，将以上的计算结果代入式(5-24)，可得：

$$\begin{cases}\dfrac{m_{s0}}{2600}+\dfrac{m_{g0}}{2700}=1000-\dfrac{393}{3100}-\dfrac{165}{1000}-10\\[2ex]\dfrac{m_{s0}}{m_{s0}+m_{g0}}\times 100=34\end{cases}$$

求解得：砂用量 $m_{s0}=639\text{kg/m}^3$，碎石用量 $m_{g0}=1228\text{kg/m}^3$。

因此，路面混凝土的初步配合比为：$m_{c0}:m_{w0}:m_{s0}:m_{g0}=393:165:639:1228$。

路面混凝土的基准配合比、试验室配合比与施工配合比设计内容与以抗压强度为设计指标的普通混凝土相同，此处不再赘述。

5.4 普通水泥混凝土的质量控制与评定

5.4.1 混凝土强度的质量控制

混凝土广泛应用于各种土木工程结构中，受力复杂且会受到各种气候环境的侵蚀，因此，对混凝土进行严格的质量控制是保证工程质量的必要手段。在施工过程中对混凝土进行质量控制主要包括以下3个方面：

(1)拌制混凝土前对水泥、砂、石等各种原材料进行严格的质量检验，检验的频率及方法均应严格执行规范要求；及时标定拌和设备的各种计量装置，拌和时严格控制配合比。

(2)浇筑前严格检查混凝土拌和物的坍落度或维勃稠度，达不到设计要求时及时进行调整；浇筑时根据结构物的特点掌控好分层厚度及振捣时间，既要避免出现欠振、漏振现象，又要避免出现过振、离析现象。

(3)浇筑完成后及时进行养护，确保水泥硬化所需要的温度及湿度，必要时可采用蒸汽养护等措施；在混凝土施工中，既要保证混凝土所要求的各种性能，又要力求保持其质量的稳定性。但实际上，由于原材料、施工条件以及试验条件等许多复杂因素的影响，必然会造成混凝土质量的波动。

原材料及施工方面的影响因素有：水泥、集料、外加剂等质量和计量的波动，用水量或集料含水量的变化所引起的水灰比的波动，搅拌、运输、浇筑、振捣、养护条件的波动及气温变化等。试验条件方面的影响因素有：取样方法、试件成型及养护条件的差异，试验机的误差和试验人员的操作熟练程度等。

5.4.2 混凝土强度的评定方法

按照《混凝土强度检验评定标准》(GB 50107—2010)的规定，混凝土强度应分批进行检验评定。一个验收批的混凝土应由强度等级相同、试件试验龄期相同、生产工艺条件和配合比基本相同的混凝土组成。验收批指符合规定条件、用于合格评定确定接收或拒绝的混凝土总体。

评定混凝土的强度,可采用数理统计方法和非统计方法。对于大批量连续生产的混凝土,应采用统计方法评定混凝土的强度,对于零星生产、批量不大且无法取得统计参数的混凝土,可按非统计方法进行评定。

1)统计方法

(1)已知标准差方法

当混凝土生产条件在较长时间内能保持一致,且同一品种混凝土的强度变异性能保持稳定时,样本容量应为连续的3组试件。其强度应同时符合式(5-33)、式(5-34)的要求:

$$m_{f_{cu}} \geqslant f_{cu,k} + 0.7\sigma_0 \tag{5-33}$$

$$f_{cu,min} \geqslant f_{cu,k} - 0.7\sigma_0 \tag{5-34}$$

当混凝土强度等级不高于C20时,其强度最小值尚应满足式(5-35)的要求:

$$f_{cu,min} \geqslant 0.85 f_{cu,k} \tag{5-35}$$

当混凝土强度等级高于C20时,其强度最小值尚应满足式(5-36)的要求:

$$f_{cu,min} \geqslant 0.90 f_{cu,k} \tag{5-36}$$

式中:$m_{f_{cu}}$——同一验收批混凝土立方体抗压强度的平均值,MPa;

$f_{cu,k}$——设计的混凝土立方体抗压强度标准值,MPa;

$f_{cu,min}$——同一验收批混凝土立方体抗压强度的最小值,MPa;

σ_0——验收批混凝土立方体抗压强度的标准差($\sigma_0 \geqslant 2.5$MPa),MPa。

验收批混凝土立方体抗压强度标准差σ_0,应根据前一个检验期(为确定验收批混凝土强度标准差σ_0而规定的统计时段,不应少于二个月也不宜超过三个月)内同一品种混凝土试件强度数据,按式(5-37)确定:

$$\sigma_0 = \frac{0.59}{m}\sum_{i=1}^{m}\Delta f_{cu,i} \tag{5-37}$$

式中:$\Delta f_{cu,i}$——前一检验期内第i验收批混凝土试件中立方体抗压强度最大值与最小值之差,MPa;

m——前一检验期内验收批的总批数($m \geqslant 15$批)。

(2)未知标准差方法

当混凝土生产条件不能满足前述规定,或在前一个检验期内的同一品种混凝土没有足够的数据用以确定验收批混凝土强度的标准差时,可采用未知标准差法。样本容量应不少于10组混凝土,其强度应同时符合式(5-38)、式(5-39)的要求:

$$m_{f_{cu}} - \lambda_1 S_{f_{cu}} \geqslant f_{cu,k} \tag{5-38}$$

$$f_{cu,min} \geqslant \lambda_2 f_{cu,k} \tag{5-39}$$

式中:λ_1, λ_2——合格判定系数,按表5-28取用;

$S_{f_{cu}}$——同一验收批混凝土立方体抗压强度的标准差($S_{f_{cu}} \geqslant 2.5$MPa),MPa。

混凝土强度的合格判定系数　表 5-28

试件组数	10～14	15～19	≥20
λ_1	1.00	0.95	0.90
λ_2	0.90	0.85	0.85
混凝土强度等级	<C50		≥C50
λ_3	1.15		1.10
λ_4	0.95		0.90

混凝土立方体抗压强度的标准差 $S_{f_{cu}}$ 可按式(5-40)计算：

$$S_{f_{cu}} = \sqrt{\frac{\sum_{i=1}^{n} f_{cu,i}^{2} - n m_{f_{cu}}^{2}}{n-1}} \tag{5-40}$$

式中：$f_{cu,i}$——第 i 组混凝土试件的立方体抗压强度值，MPa；

n——混凝土的试件样本组数。

2）非统计方法

当用于评定的样本试件不足 10 组且不少于 3 组时，可采用非统计方法评定混凝土强度，其强度应同时满足式(5-41)、式(5-42)的要求：

$$m_{f_{cu}} \geq \lambda_3 f_{cu,k} \tag{5-41}$$

$$f_{cu,min} \geq \lambda_4 f_{cu,k} \tag{5-42}$$

式中：λ_3、λ_4——合格判定系数，按表 5-28 取用。

3）混凝土强度的合格性判断

当检验结果满足上述规定时，则该批混凝土强度判为合格；当不能满足上述规定时，该批混凝土强度判为不合格。

由不合格批混凝土制成的结构或构件，应进行鉴定。对不合格的混凝土，可采用从结构或构件中钻取试件的方法或采用非破损检验方法，对混凝土的强度进行检测，作为混凝土强度处理依据。

5.5　其他功能混凝土

在土木工程中，除了普通水泥混凝土材料外，高强混凝土、流态混凝土、纤维增强混凝土、聚合物混凝土等都有了很大的发展，现将这几种混凝土简述如下。

5.5.1　高强混凝土和高性能混凝土

自 1850 年钢筋混凝土出现以来，作为重要的结构材料，混凝土的高强化成为人们努力的目标。20 世纪 50 年代以前，各国生产的混凝土强度都在 30MPa 以下，30MPa 以上即为高强混凝土；60 年代以来提高到 41～52MPa；现在 50～60MPa 的高强混凝土已开始用于高层建筑与桥梁工程。在我国，通常将强度等级超过 C60 的混凝土称为高强混凝土。

但工程经验表明，高强混凝土需要通过采用高强度水泥、优质集料、较低水灰比、掺加高效外加剂，以及高强振动等措施达到混凝土高强的目的，但混凝土强度越高，脆性越大，也增加了混凝土的不安全因素。水泥用量加大，收缩徐变也相应增大，使高强混凝土在土木工程结构中的应用产生一定的难度和限制。而且高强混凝土并不能解决一切问题，许多水工、海港、桥梁工程的破坏原因往往不是强度不足，而是耐久性不够。

由于结构使用年限短，修复破坏建筑物的工程费用大，人们开始考虑，在建造初期，采用高性能混凝土延长结构使用年限，减少维修费用更具有经济性。新型外加剂和胶凝材料的出现，使得既具有良好施工性能，又有优异的力学性能和耐久性的混凝土的生产成为现实，这种混凝土就称为高性能混凝土。

高性能混凝土（High Performance Concrete，简称 HPC）是在 20 世纪 80 年代末 90 年代初才出现的。1990 年 5 月在美国国家标准与技术研究所（NIST）和混凝土协会（ACI）主办的第一届高性能混凝土会议上首次定义高性能混凝土，其含义可概括为：

（1）混凝土的使用寿命要长（耐久性作为设计的主要指标）。

（2）混凝土应具有较高的体积稳定性。

（3）混凝土应具备良好的施工性质。

（4）混凝土应具有一定的强度和密实性。

现代高强混凝土不仅具有较高的强度，由于密实性好还具有独特的耐久性，因此，高强混凝土应属高性能混凝土。但高性能混凝土是否必须高强，却有不同的看法，欧美学者的研究偏重于硬化后混凝土的性能，认为高性能即高强度，或高强度和高耐久性，其强度指标不宜低于 50 ~ 60MPa。但日本学者则更重视工作性（和易性）与耐久性。

为保证混凝土质量，达到高性能的目的，通常采用精选优质原材料、掺加新型外加剂和超细矿物质掺和料、采用高聚物和纤维增强、增加混凝土密实度等几方面的综合措施，提高水泥混凝土的强度和耐久性。

高性能混凝土是近期混凝土技术发展的主要方向，因此，有人将其称之为 21 世纪混凝土。

5.5.2 流态混凝土与泵送混凝土

流态混凝土是在预拌的坍落度为 80 ~ 120mm 的基体混凝土拌和物中，加入高效减水剂（或流态剂），经过搅拌使混凝土拌和物的坍落度增至 200 ~ 220mm，能自流填满模型或钢筋间隙的混凝土，又称为超塑性混凝土。其包括可泵的泵送混凝土和非可泵的大流动性混凝土。

与基体混凝土相比，流态混凝土具有流动性大、浇筑性好；减少用水量、提高混凝土性能；降低浆集比、减少收缩；不产生离析和泌水等特点。

流态混凝土的力学性能表现为：

（1）抗压强度：一般情况下，流态混凝土，同龄期的强度无大差别。但是由于流化剂的性能各异，有些流化剂可起到一定的早强作用，因而使流态混凝土的强度有所提高。

（2）弹性模量：掺加流化剂后，混凝土的弹性模量与抗压强度一样，未见明显差别。

（3）与钢筋的黏结强度：由于流化剂使混凝土拌和物的流动性增加，所以流态混凝土较普通混凝土与钢筋的黏结强度有所提高。

（4）徐变和收缩：流态混凝土的徐变较基体混凝土稍大，而与普通大流动性混凝土接近。流态混凝土收缩与流化剂的品种和掺量有关。掺加缓凝型流化剂时，其收缩比基体混凝土大。

(5)抗冻性:流态混凝土的抗冻性比基体混凝土稍差,与大流动性混凝土接近。

(6)耐磨性:试验表明,流态混凝土的耐磨性较基体混凝土稍差,作为路面混凝土应考虑提高耐磨性措施。

流态混凝土的坍落度大,所以配合比设计时要注意基体混凝土的组成特点:水泥用量一般不低于300kg/m^3,粗集料最大粒径不大于20mm,细集料希望含有一定数量粒径小于0.315mm的粉料,砂率通常可达45%左右。基体混凝土拌和物的坍落度值应与流化后拌和物的坍落度值相匹配,通常两值之差约为100mm。同时应使用流化剂,通常还需掺加优质粉煤灰,以达到改善流动性、提高强度、节约水泥的目的。

流态混凝土在土木工程中应用日益广泛,例如目前广泛应用的钻孔灌注桩基础、斜拉桥的混凝土主塔以及地铁的衬砌封顶等均须采用流态混凝土。

泵送混凝土属流态混凝土的一种,是指在泵压作用下经混凝土泵和管道实行垂直及水平输送的混凝土。泵送混凝土可用于大多数混凝土工程,尤其适用于施工地域和施工机具受到限制的混凝土浇筑。按混凝土泵的不同型号,泵送效率为每小时15~70m^3 混凝土,泵送水平距离100~300m,泵送高度为30~90m。

混凝土泵由带搅拌叶片的料斗、吸入阀、排出阀和混凝土活塞构成,排出阀与输送管连接,当活塞启动回程时,吸入阀开启,排出阀关闭,然后活塞将混凝土缸中的混凝土压入输送管,如此活塞连续往复运动,将混凝土连续不断地经输送管压送至浇筑处。

泵送混凝土配合比设计方法同流态混凝土,但应注意为满足可泵性的要求,泵送混凝土的坍落度一般以100~220mm为宜,坍落度过小影响泵送效率甚至会发生堵管现象,坍落度过大,则因离析泌水,同样容易发生堵管,同时混凝土应具有较小的坍落度损失,能够在较长时间内或较长的运输距离中保持足够的流动性能,以利泵送。

应当指出可泵性与流动性是两个不同的概念,泵送剂的组分较流化剂亦复杂得多。泵送混凝土是流化混凝土的一种,但不是所有的流态混凝土都适合泵送。

5.5.3 大体积混凝土

当混凝土结构物尺寸较大时,水泥水化产生的热量不易散发,引起结构物内部温度升高而表面温度较低,较大的温度变化和差异引起的体积变化常常导致受约束的混凝土的开裂。

大体积混凝土目前还没有确切的定义,美国混凝土协会认为,大体积混凝土是“现场浇筑的混凝土,尺寸大到需要采取措施降低水化热和水化热引起的体积变化,以最大限度地减少混凝土的开裂”,同时该协会还提出“结构最小尺寸大于0.6m,即应考虑水化热引起的体积变化与开裂问题”。日本建筑学会标准则认为“结构断面最小尺寸在80cm以上,水化热引起混凝土内最高温度与外界气温之差超过25℃的混凝土,称为大体积混凝土”。

大体积混凝土由于温度的快速升高常常导致混凝土结构物出现大量的裂缝,温度应力及裂缝的出现对结构物的强度及耐久性都会造成严重的破坏。因此,在浇筑大体积混凝土时采取必要的措施防止温度的过快变化是非常必要的,目前常采取的措施有以下几种。

1)低混凝土发热量

(1)采用低水化热水泥。

(2)掺加粉煤灰,减少水泥用量。

(3)应用高效缓凝减水剂。

(4)掺加高效减水剂可以减少用水量和水泥用量,减少水化热的产生,同时延缓早期强度的发展。

(5)掺加引气剂,空气含量4%左右。

(6)应用低热膨胀系数粗集料。

(7)尽可能应用最大粒径较大的粗集料。尽量用粒径较大且颗粒形状和级配较好的粗集料,避免用砂量过多,应用级配优良且不含黏土的砂。

2)降低混凝土浇筑温度

研究表明,当把混凝土的浇筑温度降低10℃时,可以降低其开裂时应变的10%~15%。降低混凝土浇筑温度的方法有:

(1)选择在低温季节浇筑混凝土。

(2)降低材料温度。

(3)加冰拌和:温度升高1℃的水所吸收的热量约为水泥和集料的4.5倍,所以采用冷却水拌和可以有效地降低混凝土的温度,用冰片代替部分水拌和混凝土是一种常用的降低混凝土温度的方法,但在拌和结束前要注意使所有的冰都融化,以保证混凝土质量的均匀性。

(4)避免吸收外温:运输工具、泵送管道等均应用麻袋包裹,淋水降温;在模板和混凝土外表面遮阴,避免阳光直射或水养护。

3)分块分层浇筑混凝土

结构物水平尺寸越大,约束越大,大体积混凝土结构往往根据搅拌能力和浇筑能力划分为若干块浇筑混凝土,同时采用薄层浇筑,利用层面散热,以降低混凝土温度。

4)埋设冷却水管

埋设水管用连续流动的冷水降低混凝土的温度,冷却时间一般在浇筑开始初期的10~15d。

5.5.4 碾压式水泥混凝土

碾压式水泥混凝土(Roller Compacted Concrete,简称RCC)是以级配集料和较低的水泥用量与用水量以及掺和料和外加剂等组成的超干硬性混凝土拌和物,经振动压路机等机械碾压密实而形成的一种混凝土。这种混凝土铺筑成的路面具有强度高、密度大、耐久性好和节约水泥等优点。

1)材料组成

(1)水泥:路面碾压混凝土用水泥与普通水泥混凝土相同,应符合《公路水泥混凝土路面施工技术细则》(JTG/T F30—2014)的有关技术要求。

(2)矿质混合料:路面碾压混凝土用粗细集料应能组成密实的混合料,符合密级配的要求。粗集料最大粒径,用于路面面层的应不大于20mm,用于路面底层的应不大于30(或40)mm。碎石中往往缺乏5~25mm部分,因而应补充部分石屑。为达到密实结构,砂率宜采用较高值。

(3)掺和料:为节约水泥、改善和易性和提高耐久性,通常均应掺加粉煤灰。

(4)外加剂:为改善和易性及有足够的碾压时间,可以掺加缓凝型减水剂。

2)技术性能和经济效益

(1)技术性能

①强度高:碾压混凝土路面由于矿质混合料组成为连续密级配,经过振动压路机和轮胎压路机等的碾压,使各种集料排列为骨架密实结构,这样不仅节约水泥用量,而且使水泥胶结物能发挥最大作用,因而具有高的强度,特别是早期强度的提高。通过现场钻孔取样及无损测试表明,不论抗压或抗弯拉强度均较普通混凝土有所提高,例如,水泥用量为200kg/m^3 的碾压式混凝土,其28d 抗压强度$f_{cu,28}>30$MPa,抗弯拉强度$f_{cf,28}>5$MPa。

②干缩率小:碾压混凝土由于其组成材料配合比的改进,使拌和物具有优良的级配和很低的含水率。这种拌和物在碾压机械的作用下,才有可能使矿质集料包裹一层很薄的水泥浆且又互相靠拢形成骨架。这样,在碾压混凝土中,水泥浆与集料的体积比率大大降低。因此碾压混凝土的干缩率也大大减小。根据试验,在20℃时,普通混凝土的干缩率为18.7×10^{-4},而碾压混凝土干缩率仅为6.9×10^{-4}。

③耐久性好:如前所述,碾压式混凝土可形成密实骨架结构的高强、干缩率低的混凝土。由于在形成这种密实结构的过程中,拌和物中的空气被碾压机械所排出,所以碾压式混凝土中的孔隙率大为降低,这样抗蚀性、抗渗性和抗冻性等耐久性指标都有了提高。

(2)经济效益

①节约水泥:由于碾压式混凝土用水量少,在保持同样的水灰比的条件下,其用灰量亦较少。在达到相同强度前提下,可较普通水泥混凝土节约水泥30%。

②提高工效:碾压式混凝土采用强制式拌和机拌和,自卸车运料,到改装后的摊铺机摊铺、振动压路机和胶轮压路机碾压,按此施工组织的工效可较普通水泥混凝土提高两倍左右。

③提早通车:碾压式混凝土早期强度高,养生时间短,可提早开放交通,带来明显的社会、经济效益。

④降低投资:碾压式混凝土路面的造价与沥青混凝土路面接近,养护费用较沥青混凝土路面低,而且使用年限较长。

3)工程应用

碾压式混凝土应用于水泥混凝土路面,可以做成一层式或两层式;也可作为底层,面层采用沥青混凝土作为抗滑、磨耗层。碾压式混凝土路面的质量,不仅取决于材料的组成配合,更取决于路面的施工工艺。

5.5.5 商品混凝土

商品混凝土是指在工厂中生产,并作为商品出售的混凝土。商品混凝土通常也称为预拌(商品)混凝土,是由专业的混凝土生产企业生产,生产设备先进,计量精确,搅拌均匀,生产人员专业性强、经验丰富。另外,商品混凝土企业一般还具有较完善的质量保证体系及质量检测系统,包括对水泥、砂石料、外加剂等原材料的检验以及对新拌混凝土和硬化混凝土性能的检验,有效保证了混凝土的质量。

采用商品混凝土可以减少施工现场建筑材料的堆放,当施工现场较狭窄时,这一作用将更明显,同时由于施工现场材料少,也减少了对周围环境的污染,有利于文明施工。由于商品混凝土具有以上优点,目前商品混凝土越来越广泛地应用于公路、桥梁及建筑工程中,以至于许多大中城市均规定市区内不允许进行混凝土的现场搅拌。

5.6 建筑砂浆

砂浆由胶凝材料、细集料和水配制而成，在土木工程中起黏结、衬垫和传递应力的作用。当胶凝材料仅为水泥时称为水泥砂浆，胶凝材料由水泥和掺加料共同组成时称为混合砂浆。按用途砂浆又可分为砌筑砂浆、抹面砂浆、装饰砂浆，以及保温和吸声砂浆等。

5.6.1 砌筑砂浆

砌筑砂浆是将砌筑块体材料(砖、石、砌块等)黏结为整体的砂浆。砌体强度不仅取决于砌块，而且取决于砂浆的强度，所以砂浆为砌体的重要组成部分。

1)组成材料

砂浆的组成材料除了不含粗集料外，基本上与混凝土的组成材料相同，但亦有差异。依据《砌筑砂浆配合比设计规程》(JGJ/T 98—2010)，各组成材料的要求如下。

(1)水泥

常用的各品种水泥均可作为砂浆的结合料，但由于砂浆的强度等级较低，所以水泥的强度等级不宜太高，否则水泥的用量太低，会导致砂浆的保水性不良。通常水泥砂浆采用的水泥，其强度等级不宜大于32.5级，水泥砂浆中水泥用量不应小于200kg/m^3；水泥混合砂浆采用的水泥，其强度等级不宜大于42.5级，水泥和掺加料总量宜为300 ~ 350kg/m^3。一般，M15及以下砌筑砂浆宜选用32.5级通用硅酸盐水泥或砌筑水泥，而M15以上的砌筑砂浆宜选用42.5级的通用硅酸盐水泥。

(2)掺加料

为提高砂浆的和易性，除水泥外，还掺加各种掺加料(如石灰、黏土和粉煤灰等)，配制成各种混合砂浆，以达到提高质量、降低成本的目的。

(3)细集料

细集料为砂浆的骨料，砌筑砂浆宜选用中砂，其质量合格，且应全部通过4.75mm筛孔。

(4)水

拌制砂浆用水与混凝土用水相同。

(5)外加剂

为提高砂浆和易性，节约结合料的用量，必要时可掺加外加剂。最常用的有微沫剂，是一种松香热聚物，掺量为水泥质量的0.005% ~0.010%，即可取得良好效果，但在水泥黏土砂浆中不得使用。

2)技术性质

(1)新拌砂浆和易性

砂浆在硬化前应具有良好的和易性。砂浆的和易性包括流动性和保水性。

①流动性。

砂浆的流动性是指其在自重或外力作用下流动的性能。砂浆的流动性与用水量、胶结材料的品种和用量、细集料的级配和表面特征、掺合料及外加剂的特性和用量、拌和时间等因素有关。

砂浆的流动性用稠度表示，采用稠度仪测定。测定方法是将砂浆拌和物一次装入稠度仪的容器中，使砂浆表面低于容器口 10mm 左右，用捣棒插捣 25 次，然后轻轻将容器摇动或敲击 5~6 下，使砂浆表面平整，将容器置于稠度仪上，使试锥与砂浆表面接触，拧开制动螺丝，同时计时，待 10s 时立即固定螺丝，从刻度盘读出试锥下沉的深度(精确至 1mm)即为砂浆的稠度。

砂浆的稠度，可根据砌体的类型、气候条件、施工条件等因素决定。砌筑各种砌体材料的砌筑砂浆的施工稠度要求见表 5-29。

砌筑砂浆的施工稠度 表 5-29

砌体种类	施工稠度(mm)
烧结普通砖砌体、粉煤灰砖砌体	70~90
混凝土砖砌体、普通混凝土小型空心砌块砌体、灰砂砖砌体	50~70
烧结多孔砖砌体、烧结空心砖砌体、轻集料混凝土小型空心砌块砌体、蒸压加气混凝土砌块砌体	60~80
石砌体	30~50

②保水性。

砂浆保水性是指砂浆能保持水分的性能。砂浆在运输、静置或砌筑过程中，水分不应从砂浆中离析，并使砂浆保持必要的稠度，便于操作；同时使水泥正常水化，保证砌体强度。

砂浆的保水性用保水率表示，采用保水性试验测定。其方法是将砂浆拌和物一次性填入置于不透水片上的金属或硬塑料圆环试模，用抹刀插捣数次，当填充砂浆略高于试模边缘时，用抹刀刮去试模表面多余的砂浆，并称量试模、下不透水片与砂浆总质量。用 2 片医用棉纱覆盖在砂浆表面，再放上 8 片滤纸，用不透水片盖在滤纸表面，并用重物压住静止 2min 后，移走重物及不透水片，取出滤纸并称量滤纸质量，然后计算砂浆的保水率。

砂浆的保水性与胶结材料的类型和用量、细集料的级配、用水量以及有无掺合料和外加剂等有关。砌筑砂浆的保水率应满足表 5-30 的要求。为提高保水性，可掺加石灰膏、粉煤灰和微沫剂等。

砌筑砂浆的保水率 表 5-30

砂浆种类	保水率(%)	砂浆种类	保水率(%)
水泥砂浆	≥80	预拌砌筑砂浆	≥88
水泥混合砂浆	≥84		

(2)硬化后砂浆的强度

砂浆硬化后应具有足够的强度，而砂浆在圬工砌体中，主要是传递压力，所以要求砌筑砂浆应具有一定的抗压强度。砂浆抗压强度是确定其强度等级的重要依据。

①砂浆抗压强度等级。

砂浆抗压强度等级是以尺寸为 70.7mm×70.7mm×70.7mm 的正方体试件，在温度为 20℃±2℃和相对湿度为 90%以上的标准养护条件下，养护至 28d 龄期的抗压强度平均值确定的。

《砌筑砂浆配合比设计规程》(JGJ/T 98—2010)规定，水泥砂浆及预拌砌筑砂浆的强度等级可分为 M5、M7.5、M10、M15、M20、M25、M30 共 7 个强度等级；水泥混合砂浆的强度等级可分为 M5、M7.5、M10、M15 共 4 个强度等级。

②砂浆强度的影响因素。

砂浆强度的影响因素很多,随其组成材料的种类和使用条件的差异有较大的波动。

用于不吸水基底的砂浆强度:密实基底(如致密的石料)吸收砂浆中的水分甚微,对砂浆的水灰比影响不大。因此砂浆强度与普通混凝土一样,主要取决于水泥强度及水灰比,它们之间的关系可以由经验公式(5-43)表示。

$$f_{m,28} = 0.293 f_{ce}(C/W - 0.4) \tag{5-43}$$

式中:$f_{m,28}$——砂浆28d抗压强度,MPa;

f_{ce}——水泥28d实测抗压强度,MPa;

C/W——砂浆的灰水比。

用于吸水基底的砂浆强度:吸水基底(如黏土砖、多孔混凝土等)吸水性较强,即使砂浆用水量不同,但经砌体吸水后,保留在砂浆中的水分几乎是相同的。因此,砂浆强度主要取决于水泥强度及其用量,而与水灰比无关。各参数之间的关系见经验公式(5-44)。

$$f_{m,28} = \frac{\alpha \cdot f_{ce} \cdot Q_c}{1000} + \beta \tag{5-44}$$

式中:$f_{m,28}$、f_{ce}——意义同前;

Q_c——砂浆中单位水泥用量,kg/m^3;

α、β——砂浆的特征系数,可由试验确定。

3)砂浆配合比设计

(1)现场配制水泥混合砂浆配合比计算步骤

①计算砂浆的试配强度($f_{m,0}$)

砂浆的试配强度按式(5-45)计算:

$$f_{m,0} = k f_2 \tag{5-45}$$

式中:$f_{m,0}$——砂浆的试配强度,MPa,精确至0.1MPa;

f_2——砂浆强度等级,MPa,精确至0.1MPa;

k——系数,按表5-31取值。

砂浆强度标准差 σ 及 k 值 表5-31

施工水平	强度等级							k
	M5	M7.5	M10	M15	M20	M25	M30	
	强度标准差 σ(MPa)							
优良	1.00	1.50	2.00	3.00	4.00	5.00	6.00	1.15
一般	1.25	1.88	2.50	3.75	5.00	6.25	7.50	1.20
较差	1.50	2.25	3.00	4.50	6.00	7.50	9.00	1.25

砂浆强度标准差,有统计资料时,按式(5-46)计算:

$$\sigma = \sqrt{\frac{\sum_{i=1}^{n} f_{m,i}^2 - n\mu_{f_m}^2}{n-1}} \tag{5-46}$$

式中:$f_{m,i}$——统计周期内同一品种砂浆第 i 组试件的强度,MPa;

μ_{f_m}——统计周期内同一品种砂浆 n 组试件强度的平均值,MPa;

n——统计周期内同一品种砂浆试件的总组数，$n \geq 25$。

当不具有同期统计资料时，σ 可按表5-31取值。

②计算水泥用量（Q_c）。

砂浆中的水泥用量应按式（5-47）计算：

$$Q_c = \frac{1000(f_{m,0} - \beta)}{\alpha \cdot f_{ce}} \tag{5-47}$$

式中：Q_c——每立方米砂浆中的水泥用量，kg/m^3，精确至 $1kg/m^3$；

$f_{m,0}$——砂浆的试配强度，MPa，精确至0.1MPa；

α、β——砂浆的特征系数，其中 $\alpha = 3.03$，$\beta = -15.09$；

f_{ce}——水泥的实际强度，MPa，精确至0.1MPa。在无法取得水泥的实际强度时，可按下式计算 f_{ce}：

$$f_{ce} = \gamma_c \cdot f_{ce,k} \tag{5-48}$$

式中：$f_{ce,k}$——水泥的强度等级对应的强度值；

γ_c——水泥强度等级值的富余系数，该值应按实际统计资料确定。无统计资料时，γ_c 可取1.0。

③计算石灰膏用量（Q_D）。

水泥混合砂浆中石灰膏用量按式（5-49）计算：

$$Q_D = Q_A - Q_c \tag{5-49}$$

式中：Q_D——每立方米砂浆中石灰膏用量，kg/m^3，精确至 $1kg/m^3$；石灰膏使用时的稠度宜为120mm ± 5mm，如稠度不在规定范围时可按表5-32进行换算；

Q_c——每立方米砂浆中水泥用量，kg/m^3，精确至 $1kg/m^3$；

Q_A——每立方米砂浆中水泥和石灰膏总量，kg/m^3，精确至 $1kg/m^3$，可取 $350kg/m^3$。

换 算 系 数　　表5-32

稠度（mm）	120	110	100	90	80	70	60	50	40	30
换算系数	1.00	0.99	0.07	0.95	0.93	0.92	0.90	0.88	0.87	0.86

④确定砂浆中的砂用量（Q_s）。

应按干燥状态（含水率小于0.5%）的堆积密度值作为每立方米砂浆中砂用量的计算值，单位为 kg/m^3。

⑤确定砂浆中的用水量（Q_w）。

砂浆中用水量的多少对砂浆的强度影响不大，应根据施工和易性所需稠度选用。水泥混合砂浆用水量常小于水泥砂浆用水量。每立方米混合砂浆中用水量，可根据砂浆稠度等要求选用210～310kg/m^3。混合砂浆中的用水量，不包括石灰膏中的水；当采用细砂或粗砂时，用水量分别取上限或下限；稠度小于70mm时，用水量可小于下限；施工现场气候炎热或干燥季节，可酌量增加用水量。

（2）现场配制水泥砂浆配合比选用

水泥砂浆材料用量可按表5-33选用，其试配强度可按式（5-45）计算。

每立方米水泥砂浆材料用量(单位:kg/m³)　　表 5-33

强度等级	水泥用量	砂用量	用水量
M5	200~230	1m³砂的堆积密度值	270~330
M7.5	230~260		
M10	260~290		
M15	290~330		
M20	340~400		
M25	360~410		
M30	430~480		

注:1. M15 及 M15 以下强度等级水泥砂浆,水泥强度等级为 32.5 级;M15 以上强度等级水泥砂浆,水泥强度等级为 42.5级。
2. 当采用细砂或粗砂时,用水量分别取上限或下限。
3. 稠度小于 70mm 时,用水量可小于下限。
4. 施工现场气候炎热或干燥季节,可酌量增加用水量。

(3)砌筑砂浆配合比试配、调整与确定

①砌筑砂浆试配时应考虑工程实际要求,采用机械搅拌。搅拌时间应自开始加水算起,对水泥砂浆和水泥混合砂浆,搅拌时间不得少于 120s;对预拌砌筑砂浆和掺有粉煤灰、外加剂、保水增稠材料等的砂浆,搅拌时间不得少于 180s。

②按计算或查表所得配合比进行试拌时,应按现行《建筑砂浆基本性能试验方法标准》(JGJ/T 70—2009)测定砌筑砂浆拌和物的稠度和保水率。当稠度和保水率不能满足要求时,应调整材料用量,直到符合要求为止,然后确定为试配时的砂浆基准配合比。

③试配时至少应采用三个不同的配合比,其中一个配合比应为按本规程得出的基准配合比,其余两个配合比的水泥用量应按基准配合比分别增加及减少 10%。在保证稠度、保水率合格的条件下,可将用水量、石灰膏、保水增稠材料或粉煤灰等活性掺合料用量做相应调整。

【例 5-3】 砂浆配合比设计示例

1)设计要求

某住宅砖砌体要求用强度等级为 32.5 级的普通水泥配制 M5 石灰水泥混合砂浆。中砂,含水率为 2%,干堆积密度为 1500kg/m³;陈伏好的石灰膏,密度为 1350kg/m³,试计算其配合比。

2)设计步骤

(1)砂浆试配强度

该施工单位的施工水平按一般评价,取 $k=1.20$,则 $f_{m,0}=kf_2=1.20\times5=6.0$(MPa)。

(2)计算水泥用量 Q_c

$$Q_c=\frac{1000(f_{m,0}-\beta)}{\alpha\cdot f_{ce}}=\frac{6.0-(-15.09)}{3.03\times32.5}\times1000=214(\mathrm{kg/m^3})$$

(3)计算石灰膏用量 Q_D

$$Q_D=Q_A-Q_c=350-214=136(\mathrm{kg/m^3})$$

(4)确定干砂用量

按砂的干堆积密度 $1500kg/m^3$ 知干砂用量为 $1500kg/m^3$，已知砂的含水率为2%，因此，每立方米砂浆中湿砂用量为 $1530kg/m^3$，其中含水量为 $30kg/m^3$。

(5)确定用水量

按用水量经验值 $210 \sim 310kg/m^3$ 取用水量为 $260kg/m^3$，考虑湿砂中含水量为 $30kg/m^3$，因此，用水量取 $230kg/m^3$。

(6)确定砂浆配合比

每立方米砂浆中水泥、石灰膏、砂和水的用量配合比为：

$$Q_c : Q_D : Q_s : Q_w = 214 : 136 : 1530 : 230$$

3)试验调整

以上的砂浆配合比经过试拌、测定和易性、调整配合比，再按规定方法制备试件和强度检验，最后确定出砂浆配合比。

5.6.2 抹面砂浆

抹面砂浆为涂抹于建筑物或构筑物表面的砂浆，不承受荷载，按其功能的不同可分为普通抹面砂浆、防水砂浆和具有特殊功能的防水砂浆等。防水砂浆应与基底层有良好的黏结力，以保证在施工或长期自然环境因素下不脱落、不开裂，且不丧失其主要功能。抹面砂浆多分层抹成均匀的薄层，表面要求平整、细致。

1)普通抹面砂浆

普通抹面砂浆用于室外时，对建筑或墙体起保护作用。它可以抵抗风、雨、雪等自然因素及有害介质的侵蚀，提高建筑或墙体抗风化、防潮、防腐蚀和保温、隔热的能力，用于室内则具有一定的装饰效果。

抹面砂浆通常分为两层或三层进行施工，各层的作用与要求不同，因此所选用的砂浆也不同。底层砂浆的作用是使砂浆与底面黏结牢固，要求砂浆有良好的和易性和较高的黏结力，并且保水性良好，否则水分易被底面吸收掉而影响黏结力。中层主要用来找平，有时可省去不用，面层砂浆主要起装饰作用，应达到平整美观的效果。

抹面水泥砂浆的配合比为水泥:砂 = 1:2 ~ 1:3(体积比)，水泥石灰混合砂浆的配合比一般为水泥:掺加料:砂 = 1:0.5:4.5 ~ 1:1:6.0。

2)防水砂浆

防水砂浆用作防水层，适用于不受振动和具有一定刚度的混凝土或砖石砌体的表面，以及地下室、水池、水塔等防水工程。

用普通水泥砂浆多层抹面作为防水层时，要求水泥强度等级不低于32.5，砂宜采用中砂或粗砂。配合比控制在水泥:砂 = 1:2 ~ 1:3，水灰比范围为0.40 ~ 0.50。

在普通水泥砂浆中掺入防水剂，可以提高砂浆的防水能力，配合比范围与上述相同。用膨胀水泥或无收缩水泥配制防水砂浆时，由于水泥具有微膨胀或补偿收缩性能，提高了砂浆的密实性，砂浆的抗渗性提高，并具有良好的防水效果。配合比(体积比)为：水泥:砂 = 1:2.5，水灰比0.4 ~ 0.5。

土木工程中，除普通抹面砂浆和防水砂浆应用较为广泛之外，装饰砂浆、绝热砂浆、吸声砂浆等应用也较为普遍。

【创新漫谈】

聚合物混凝土

水泥混凝土是一种传统的建筑材料，相对而言，将聚合物应用于混凝土中而形成的复合材料是一种新型材料。聚合物混凝土是以合成树脂为胶结材料，以砂石为集料的混凝土，又称树脂混凝土。与普通混凝土相比，具有强度高、耐化学腐蚀、耐磨性和抗冻性好、易于黏结、电绝缘性好等优点。如果在聚合物混凝土中掺加增强材料，其抗裂性能比普通混凝土高很多倍。按照国际惯例，聚合物在混凝土中的应用包括3个分支：聚合物混凝土(Polymer Concrete，简称PC)、聚合物改性混凝土(Polymer-Modified Concrete，简称PMC)、聚合物浸渍混凝土(Polymer Impregnated Concrete，简称PIC)，然而，对这三种材料的总称一直没有明确。我国习惯上把这3种材料总称为聚合物混凝土。

1)聚合物混凝土的材料组成

(1)胶结料：拌制聚合物混凝土的胶结料树脂是液态的，主要有热固性树脂、热塑性树脂、沥青类、焦油类以及乙烯类单体(表5-34)。所选用的树脂应能与骨料容易混合、牢固黏结，在室温或加热条件下可以固化，硬化时间可以调整，而且强度高、耐久性好。

胶 结 料 种 类　　表5-34

热固性树脂	不饱和聚酯树脂(UP)、环氧树脂、呋喃树脂、聚氨酯(PUR)、酚醛树脂
焦油改性树脂	焦油环氧树脂、焦油氨基甲酸乙酯
乙烯型单体	甲基丙烯酸甲酯(MMA)、甘油甲基丙烯酸甲酯—苯乙烯

(2)集料：与普通混凝土集料相同，最大粒径在20mm以下。

(3)填料：为了减少树脂的用量，改善树脂混凝土的工作性，宜加入粒径为1~30mm的惰性填料，如粉砂、硅石粉、石灰石粉、碳酸钙、粉煤灰、火山灰等。

(4)添加剂：为了使液态树脂转化为固态，以及改善树脂混凝土的某些性能，胶结材料除液态树脂外，需加入一定量的添加剂。常用的有苯二甲胺、乙二胺、多乙烯多胺等。

聚合物混凝土的生产工艺如图5-17所示。

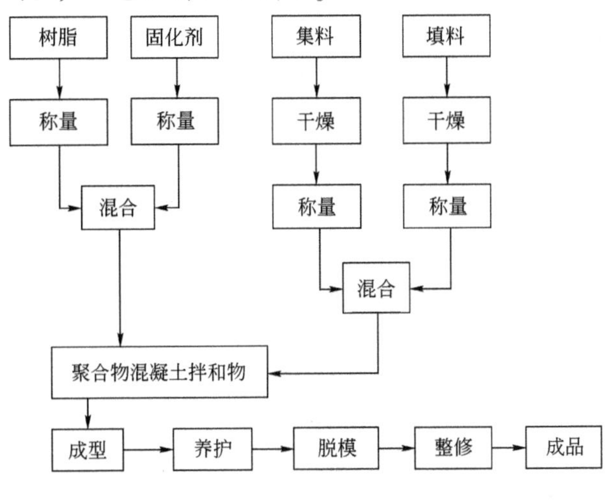

图5-17　聚合物混凝土生产工艺

2)聚合物混凝土的性能

聚合物混凝土抗压强度高,特别是早期强度高,黏结强度高,但强度对温度的敏感大。各种聚合物混凝土的物理力学性能见表5-35。此外,聚合物混凝土变形能力较好,由于聚合物混凝土非常致密,其抗渗性、抗冻性、抗腐蚀性以及抗冲磨性均优于普通混凝土。

几种聚合物混凝土的物理力学性能　　表5-35

性能	树脂种类						普通混凝土
	聚氨酯	呋喃	酚醛	聚酯	环氧	聚氨基甲酸酯	
表观密度(kg/m^3)	2000~2100	2000~2100	2000~2100	2200~2400	2100~2300	2000~2100	2300~2400
抗压强度(MPa)	65.0~72.0	50.0~140.0	24.0~25.0	80.0~160.0	80.0~120.0	65.0~72.0	10.0~60.0
抗拉强度(MPa)	8.0~9.0	6.0~10.0	2.0~8.0	9.0~14.0	10.0~11.0	8.0~9.0	1.0~5.0
抗弯强度(MPa)	20.0~23.0	16.0~32.0	7.0~8.0	14.0~35.0	17.0~31.0	20.0~23.0	2.0~7.0
弹性模量($\times 10^4$MPa)	1.0~2.0	2.0~3.0	1.0~2.0	1.5~3.5	1.5~3.5	1.0~2.0	2.0~4.0
(质量)吸水率(%)	0.3~1.0	0.1~1.0	0.1~1.0	0.1~1.0	0.2~1.0	1.0~3.0	4.0~6.0

聚合物混凝土高强、抗渗、耐腐性能好,较广泛地用于要求耐腐蚀的化工结构和接头,还用于衬砌、堤坝面层、桩、轨枕以及喷射混凝土等。此外,由于聚合物混凝土外貌漂亮,可以代替花岗岩、大理石等用作地面砖、桌面、浴缸等。

习　题

5-1　水泥混凝土有什么优点?试述在土木工程中的应用现状。

5-2　普通水泥混凝土应具备哪些技术性质?

5-3　试述混凝土强度理论。影响水泥混凝土强度的主要因素及提高强度的主要措施有哪些?

5-4　试述混凝土拌和物工作性的含义。影响工作性的主要因素和改善措施有哪些?

5-5　试述水泥混凝土立方体抗压强度、立方体强度标准值与强度等级有什么关系?

5-6　土木工程用水泥混凝土的耐久性有哪些要求?碱—集料反应对土木工程混凝土有何危害?应如何控制?

5-7　水泥混凝土用集料在技术性质上有哪些主要要求?

5-8　粗集料的最大粒径对混凝土配合组成及技术性质有什么影响?如何确定最大粒径?

5-9　水泥混凝土组成设计包括哪些内容?在设计时应满足的四项基本要求是什么?

5-10　水泥混凝土配合比设计三参数指什么?在设计中应如何控制?

5-11　试述我国现行的混凝土配合比设计方法及其步骤。

5-12　水泥混凝土配制强度与什么因素有关？在配合比设计中应如何确定？

5-13　混凝土外加剂按其功能可分为哪几类？试述其性能和应用。

5-14　试述混凝土减水剂的作用机理和主要的技术经济效果。

5-15　试设计 A 桥预应力混凝土 T 梁用混凝土的配合组成。

［设计资料］

(1)按桥梁设计图纸：水泥混凝土设计强度为 40MPa；混凝土置信度界限 $t=1.645$；水泥混凝土强度标准差 $\sigma=6.0$MPa。

(2)按预应力混凝土梁钢筋密集程度和现场施工机械设备，要求水泥混凝土拌和物的坍落度为 30～50mm。

(3)可供选择的组成材料及性质如下：

①水泥：52.5 级硅酸盐水泥，实测 28d 抗压强度为 58.5MPa，密度 $\rho_c=3.10$g/cm^3。

②碎石：一级石灰岩轧制的碎石，最大粒径为 20mm，表观密度 $\rho_g=2.780$g/cm^3，现场含水率为 1.5%。

③砂：清洁河砂，粗度属于中砂，表观密度 $\rho_s=2.685$g/cm^3，现场含水率为 3.0%。

④水：饮用水，符合混凝土拌和用水要求。

⑤减水剂：采用 UNF-5，掺量为 0.8%，减水率为 15%。

［设计要求］

(1)确定水泥混凝土配制强度 $f_{cu,o}$。

(2)按我国现行设计方法计算混凝土初步配合比。

(3)通过试验室试拌调整和强度检验，确定试验室配合比。

(4)按提供的现场材料含水率折算为工地配合比。

5-16　试设计某高速公路路面用水泥混凝土的配合组成。

［设计资料］

(1)交通量属于特重级，混凝土设计抗弯拉强度为 5.0MPa，施工单位混凝土抗弯拉强度样本的标准差为 0.42MPa($n=15$)。无抗冻性要求。

(2)要求施工坍落度为 10～30mm。

(3)组成材料如下：

①水泥：52.5 级普通硅酸盐水泥，实测水泥胶砂抗弯拉强度为 8.45MPa，密度 $\rho_c=3100$kg/m^3。

②碎石：一级石灰石轧制的碎石，最大粒径为 31.5mm，表观密度为 $\rho_g=2720$kg/m^3，振实密度为 1750kg/m^3，现场含水率为 1.0%。

③砂：洁净的河砂，细度模数 2.62，表观密度 $\rho_s=2650$kg/m^3，现场含水率为 3.5%。

④水：饮用水，符合混凝土拌和用水要求。

［设计要求］

(1)确定混凝土试配抗弯拉强度。

(2)计算初步配合比。

(3)通过试拌调整和强度检验，确定试验室配合比。

(4)根据现场集料含水率换算为工地配合比。

第6章 砌体材料

学习指导

本章着重阐述土木工程常用砌墙砖、混凝土砌块及墙用板材的技术性质和应用特点。通过本章学习，要求学生掌握常用的几种砌墙砖、混凝土砌块、加气混凝土砌块的性能及应用特点等知识点，了解墙用板材等新型墙体材料的性能及应用。

无论是饱经沧桑的历史遗迹，抑或是绚丽多姿、功能各异的现代建筑，都有由砌体材料构建而成的部分。砌体在建筑中起承重、围护或分隔作用。砌体材料的发展，是随着社会生产力的发展而发展的。早在公元前8000年前后，人类开始利用水与黏土制造了原始的砖类砌体材料——土坯，进而发展成较为成熟的黏土砖。我国黏土砖的使用比国外大约晚了4000年左右，在西周时期开始大量应用，与此同时出现了烧制的瓦。由“秦砖汉瓦”一词可看出秦汉时期，砖瓦已经大量应用于建筑。一直以来颜色形状各异的砖瓦构建成视觉美感强烈的建筑，典雅非凡，直到今天砖瓦依然是重要的砌体材料。

然而传统的砌体材料耗用大量农田，影响农业生产和生态环境，不符合可持续发展的要求。而且黏土砖由于体积小、重量大，因此施工时劳动强度高，生产效率低，也严重影响建筑施工机械化和装配化的实现。为此，我国政府已开始限制并逐步淘汰使用普通黏土砖。

目前，砌体材料的改革越来越受到广泛重视。新型砌体材料本着因地制宜，利用工业废料和地方资源的原则，向轻质、高强、空心、大块、多样化、多功能的方向发展，力求减轻建筑自重，实现机械化、装配化施工，提高劳动生产率。随着人们生活水平的提高，居住条件的不断改善，对居住和环境的要求不断提高，各种新型建筑砌体材料应运而生。

6.1 砖

砖是指建筑用的人造小型砌块，外形多为直角六面体，也有各种特形砖。其长度不超过365mm，宽度不超过240mm，高度不超过115mm。

砌墙砖系指以黏土、工业废料或其他地方资源为主要原料，采用不同工艺制造的，用于砌筑承重和非承重墙体的墙用砖。

砌墙砖按制造工艺的不同可分为烧结砖和非烧结砖。烧结砖包括烧结普通砖、烧结多孔砖以及烧结空心砖和空心砌块（简称空心砖）；非烧结砖包括蒸压灰砂砖、粉煤灰砖、炉渣砖和碳化砖等。

6.1.1 烧结砖

1）烧结普通砖

《烧结普通砖》（GB/T 5101—2017）指出：以黏土、页岩、煤矸石、粉煤灰、建筑渣土、淤泥

(江河湖淤泥)、污泥等为主要原料,经焙烧而成主要用于建筑物承重部位的普通砖,称为烧结普通砖。

烧结普通砖的生产工艺为:原料→配料调制→制坯→干燥→焙烧→成品。

原料中主要成分是 Al_2O_3 和 SiO_2,还有少量的 Fe_2O_3、CaO 等。原料和成浆体后,有良好的可塑性,可塑制成各种制品。焙烧时将发生一系列物理化学变化,可发生收缩、烧结与烧熔。焙烧初期,原料中水分蒸发,坯体变干;当温度达 450 ~ 850℃时,原料中有机杂质燃尽,结晶水脱出并逐渐分解,成为多孔性物质,但此时砖的强度较低;再继续升温至950 ~ 1050℃时,原料中易熔成分开始熔化,出现玻璃液状物,流入不熔颗粒的缝隙中,并将其胶结,使坯体孔隙率降低,体积收缩,密实度提高,强度随之增大,这一过程称之为烧结;经烧制后的制品具有良好的强度和耐水性,故烧结砖控制在烧结状态即可。若继续加温,坯体将软化变形,甚至熔融。

焙烧是制砖的关键过程,焙烧时火候要适当、均匀,以免出现欠火砖或过火砖。欠火砖色浅、断面包心(黑心或白心)、敲击声哑、孔隙率大、强度低、耐久性差。过火砖色较深,敲击声脆、较密实、强度高、耐久性好,但容易出现变形砖(酥砖或螺纹砖)。因此国家标准规定不允许有欠火砖、酥砖和螺纹砖。

在焙烧时,若使窑内氧气充足,使砖坯在氧化气氛中焙烧,黏土中的铁元素被氧化成高价的 Fe_2O_3,烧得红砖。若在焙烧的最后阶段使窑内缺氧,则窑内燃烧呈还原气氛,砖中的高价氧化铁(Fe_2O_3)被还原成青灰色的低价氧化铁(FeO),即烧得青砖。一般来说,青砖较红砖耐碱,耐久性较好,但价格较红砖贵。

当采用页岩、煤矸石、粉煤灰为原料烧砖时,因其含有可燃成分,熔烧时可在砖内燃烧,不但节省燃料,还使坯体烧结均匀,提高了砖的质量。常将用可燃性工业废料作为内燃烧制成的砖称为内燃砖。

(1)烧结普通砖的类型

按照使用原料不同,烧结普通砖可分为:黏土砖(N)、页岩砖(Y)、煤矸石砖(M)、粉煤灰砖(F)、建筑渣土砖(Z)、淤泥砖(U)、污泥砖(W)、固体废弃物砖(G)。

按照抗压强度分为 MU30、MU25、MU20、MU15 和 MU10 五个强度等级。采用合格与不合格判定产品质量。

砖的产品标记按照产品名称的英文缩写、类别、强度等级和标准编号顺序编写。例如:烧结普通砖,强度等级 MU15 的黏土砖,其标记为:

FCB N MU15 GB/T 5101

(2)烧结普通砖的技术要求

①外形尺寸与部位名称。

砖的外形为直角六面体(又称矩形体),长240mm,宽115mm,厚53mm,其尺寸偏差不应超过标准规定。因此,在砌筑使用时,包括砂浆缝(10mm)在内,4 块砖长、8 块砖宽、16 块砖厚度都为 1m,512 块砖可砌 $1m^3$ 的砌体。一块砖:240mm × 115mm 的面称为大面,240mm × 53mm 的面称为条面,115mm × 53mm 的面称为顶面。

②尺寸允许偏差。

烧结普通砖的尺寸允许偏差应符合表 6-1 的规定。

③外观质量。

烧结普通砖的外观质量包括两条面高度差、裂纹长度、弯曲、缺棱掉角等项内容。各项内容均应符合表 6-2的规定。

烧结普通砖尺寸允许偏差(单位:mm)　　表 6-1

公称尺寸	指标	
	样本平均偏差	样本极差≤
240	±2.0	6.0
115	±1.5	5.0
53	±1.5	4.0

烧结普通砖的外观质量(单位:mm)　　表 6-2

项目		合格品
两条面高度差≤		2
弯曲≤		2
杂质凸出高度≤		2
缺棱掉角的三个破坏尺寸不得同时大于		5
裂纹长度≤	a. 大面上宽度方向及其延伸至条面的长度	30
	b. 大面上长度方向及其延伸至顶面的长度或条顶面上水平裂纹的长度	50
完整面不得少于		一条面和一顶面

注:1. 为砌筑挂浆而施加的凹凸纹、槽、压花等不算作缺陷。

2. 凡有下列缺陷之一者,不得称为完整面:缺陷在条面或顶面上造成的破坏面尺寸同时大于 10mm × 10mm;条面或顶面上裂纹宽度大于 1mm,其长度超过 30mm;压陷、黏底、焦花在条面或顶面上的凹陷或凸出超过 2mm,区域尺寸同时大于 10mm × 10mm。

④强度。

强度应符合《烧结普通砖》(GB/T 5101—2017)的规定,如表 6-3 所示。

烧结普通砖强度等级(单位:MPa)　　表 6-3

强度等级	抗压强度平均值$\bar{f}$≥	强度标准值f_k≥
MU30	30.0	22.0
MU25	25.0	18.0
MU20	20.0	14.0
MU15	15.0	10.0
MU10	10.0	6.5

测定烧结普通砖的强度依据《砌墙砖试验方法》(GB/T 2542—2012)进行,试样数量为 10 块,加荷速度为 5kN/s ±0.5kN/s。试验后分别按式(6-1)、式(6-2)计算标准差 S 和抗压强度标准值 f_k。

$$S = \sqrt{\frac{1}{9}\sum_{i=1}^{10}(f_i - \bar{f})^2} \quad (6\text{-}1)$$

$$f_k = \bar{f} - 1.83S \quad (6\text{-}2)$$

式中:S——10 块试样的抗压强度标准差,MPa,精确至 0.01MPa;

$\bar{f}$——10 块试样的抗压强度平均值,MPa,精确至 0.01MPa;

f_i——单块试样抗压强度测定值,MPa,精确至 0.01MPa;

f_k——抗压强度标准值，MPa，精确至 0.1MPa。

⑤抗风化性能。

抗风化性能属于烧结砖的耐久性，是用来检验砖的一项主要综合性能，主要包括抗冻性、吸水率和饱和系数，它们是评定砖的抗风化性能的指标。

其中抗冻试验是指吸水饱和的砖在 -15℃ 下经 15 次冻融循环，质量损失不超过 2% 规定，并且不出现裂纹、分层、掉皮、缺棱、掉角等冻坏现象，即为抗冻性合格。而饱和系数是砖在常温下浸水 24h 后的吸水率与 5h 沸煮吸水率之比，满足规定者为合格。

砖的抗风化性能除了与砖本身性质有关外，与所处环境的风化指数也有关。风化指数是指日气温从正温降至负温或负温升至正温的每年平均天数与每年从霜冻之日起至消失霜冻之日止这一期间降雨总量（以 mm 计）的平均值的乘积。根据《烧结普通砖》（GB 5101—2017）规定：风化指数≥12700 者为严重风化区；风化指数 <12700 者为非严重风化区。我国的风化区划见表 6-4。各地若有可靠数据，也可按照计算的风化指数划分本地区的风化区。

风 化 区 划 分 表 6-4

严重风化区		非严重风化区	
1. 黑龙江省	11. 河北省	1. 山东省	11. 福建省
2. 吉林省	12. 北京市	2. 河南省	12. 台湾省
3. 辽宁省	13. 天津市	3. 安徽省	13. 广东省
4. 内蒙古自治区	14. 西藏自治区	4. 江苏省	14. 广西壮族自治区
5. 新疆维吾尔自治区		5. 湖北省	15. 海南省
6. 宁夏回族自治区		6. 江西省	16. 云南省
7. 甘肃省		7. 浙江省	17. 上海市
8. 青海省		8. 四川省	18. 重庆市
9. 陕西省		9. 贵州省	
10. 山西省		10. 湖南省	

属严重风化地区中的 1、2、3、4、5 地区的砖必须进行冻融试验，其他地区砖的抗风化性能符合表 6-5 规定时可不做冻融试验，否则应进行冻融试验。

抗 风 化 性 能 表 6-5

<table>
<tr><th rowspan="4">砖种类</th><th colspan="8">项　目</th></tr>
<tr><th colspan="4">严重风化区</th><th colspan="4">非严重风化区</th></tr>
<tr><th colspan="2">5h 沸煮吸水率（%）≤</th><th colspan="2">饱和系数≤</th><th colspan="2">5h 沸煮吸水率（%）≤</th><th colspan="2">饱和系数≤</th></tr>
<tr><th>平均值</th><th>单块最大值</th><th>平均值</th><th>单块最大值</th><th>平均值</th><th>单块最大值</th><th>平均值</th><th>单块最大值</th></tr>
<tr><td>黏土砖、建筑渣土砖</td><td>18</td><td>20</td><td rowspan="2">0.85</td><td rowspan="2">0.87</td><td>19</td><td>20</td><td rowspan="2">0.88</td><td rowspan="2">0.90</td></tr>
<tr><td>粉煤灰砖</td><td>21</td><td>23</td><td>23</td><td>25</td></tr>
<tr><td>页岩砖</td><td rowspan="2">16</td><td rowspan="2">18</td><td rowspan="2">0.74</td><td rowspan="2">0.77</td><td rowspan="2">18</td><td rowspan="2">20</td><td rowspan="2">0.78</td><td rowspan="2">0.80</td></tr>
<tr><td>煤矸石砖</td></tr>
</table>

注：粉煤灰掺入量（体积比）小于 30% 时，抗风化指标按黏土砖规定。

⑥泛霜。

泛霜也称为起霜，是砖在使用过程中的盐析现象。砖内过量的可溶盐受潮吸水而溶解，随水分蒸发而沉积于砖的表面，形成白色粉状附着物，影响建筑美观。如果溶盐为硫酸盐，当水分蒸发并晶体析出时，产生膨胀，使砖面剥落。

每块砖不允许出现严重泛霜。

⑦石灰爆裂。

石灰爆裂是砖坯中夹杂有石灰石，在焙烧过程中转变成石灰，砖吸水后，由于石灰逐渐熟化而膨胀产生的爆裂现象。

砖的石灰爆裂应符合下列规定：

破坏尺寸大于2mm且小于或等于15mm的爆裂区域，每组砖样不得多于15处，其中大于10mm的不得多于7处；不允许出现最大破坏尺寸大于15mm的爆裂区域；试验后抗压强度损失不得大于5MPa。

⑧产品中不允许有欠火砖、酥砖和螺纹砖。

(3)烧结普通砖的性质与应用

烧结普通砖具有强度高，耐久性和隔热、保温性能好等特点，广泛用于砌筑建筑物的内外墙、柱、烟囱、沟道及其他建筑物。优等品可用于清水墙和墙体装饰；一等品、合格品可用于混水墙，中等泛霜的砖不能用于处于潮湿环境中的工程部位。

烧结普通砖是传统的墙体材料，在我国一般建筑物墙体材料中一直占有很高的比重，其中主要是烧结黏土砖。由于烧结黏土砖多是毁田取土烧制，加上施工效率低，砌体自重大，抗震性能差等缺点，已远远不能适应现代建筑发展的需要。从1997年1月1日起，原建设部规定在框架结构中不允许使用烧结普通黏土砖，并率先在全国14个主要城市中施行。随着墙体材料的发展和推广，在所有建筑物中，烧结普通黏土砖必将被其他轻质墙体材料所取代。

2)烧结多孔砖和多孔砌块

烧结多孔砖和多孔砌块是以黏土、页岩、煤矸石、粉煤灰、淤泥(江河湖淤泥)及其他固体废弃物等为主要原料，经过制坯成型、干燥、焙烧而成的主要用于建筑物承重部位的多孔砖和多孔砌块，如图6-1所示。由于其强度高，保温性好，一般用于砌筑六层以下建筑物的承重墙。烧结多孔砖和多孔砌块按主要原料可分为黏土砖和黏土砌块(N)、页岩砖和页岩砌块(Y)、煤矸石砖和煤矸石砌块(M)、粉煤灰砖和粉煤灰砌块(F)、淤泥砖和淤泥砌块(U)和固体废弃物砖和固体废弃物砌块(G)。

依据《烧结多孔砖和多孔砌块》(GB 13544—2011)，烧结多孔砖和多孔砌块根据抗压强度分为MU30，MU25，MU20，MU15，MU10五个强度等级。砖的密度等级分为1000、1100、1200、1300四个等级；砌块的密度等级分为900、1000、1100、1200四个等级。采用合格与不合格判定产品质量。

砖和砌块的产品标记按产品名称、品种、规格、强度等级、密度等级和标准编号顺序编写。例如：规格尺寸为290mm×140mm×90mm，强度等级MU25，密度1200级的黏土烧结多孔砖，其标记为：

烧结多孔砖 N 290×140×90 MU25 1200 GB 13544—2011。

(1)烧结多孔砖和多孔砌块的主要技术要求

①规格及要求。

砖和砌块的外形尺寸一般为直角六面体，其长度、宽度、高度尺寸应符合下列要求：

砖规格尺寸(单位为mm)为－290、240、190、180、140、115、90。

砌块规格尺寸(单位为mm)为－490、440、390、340、290、240、190、180、140、115、90。

常见烧结多孔砖的规格有M型和P型，其规格尺寸如图6-1所示。

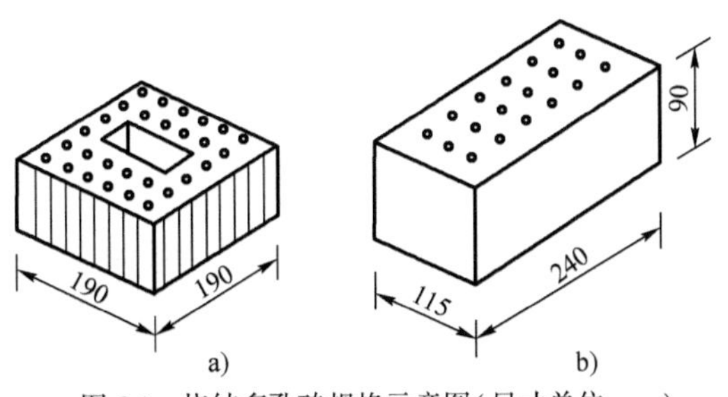

图 6-1　烧结多孔砖规格示意图(尺寸单位:mm)

a) M 型;b) P 型

砖孔形状有矩形长条孔、圆孔等多种,孔数多、孔洞方向垂直于承压面方向。孔洞要求:圆孔直径≤22mm;非圆孔内切圆直径≤15mm;手抓孔(30 ~ 40)mm × (75 ~ 85)mm。

②尺寸允许偏差。

烧结多孔砖和多孔砌块的尺寸允许偏差应符合表 6-6 的规定。

烧结多孔砖和多孔砌块尺寸允许偏差(单位:mm)　　表 6-6

尺　寸	样本平均偏差	样本极差≤
>400	±3.0	10.0
300 ~ 400	±2.5	9.0
200 ~ 300	±2.5	8.0
100 ~ 200	±2.0	7.0
<100	±1.5	6.0

③强度等级。

烧结多孔砖的强度等级应符合《烧结多孔砖和多孔砌块》(GB 13544—2011)的规定,如表 6-7 所示。

烧结多孔砖和多孔砌块强度等级(单位:MPa)　　表 6-7

强度等级	抗压强度平均值 $\bar{f}$≥	强度标准值 f_k≥
MU30	30.0	22.0
MU25	25.0	18.0
MU20	20.0	14.0
MU15	15.0	10.0
MU10	10.0	6.5

④其他性能。

包括冻融、泛霜、石灰爆裂、吸水率等内容。其中抗冻性(15 次)以抗压强度、外观质量和质量损失评价是否合格。

(2)烧结多孔砖的性质与应用

烧结多孔砖孔洞率在 15% 以上,表观密度约为 1400kg/m^3。虽然多孔砖具有一定的孔洞率,使砖受压有效面积减小,但因为制坯时受较大的压力,使砖孔壁致密程度提高,且对原材料要求也较高,补偿了因有效面积减小而造成的强度损失,因而烧结多孔砖的强度仍很高,可用于砌筑六层以下的承重墙及高层框架建筑的填充墙和隔墙。

3) 烧结空心砖

以黏土、页岩、煤矸石、粉煤灰、淤泥(江河湖淤泥)、建筑渣土及其他固体废弃物为主要原料，经制坯成型，干燥焙烧而成的主要用于非承重部位的空心砖，称为烧结空心砖。烧结空心砖孔洞个数少但洞腔大，孔洞率一般在35%以上。孔洞垂直于顶面平行于大面。使用时大面受压，所以这种砖的孔洞与承压面平行，又称为水平孔空心砖或非承重空心砖。

烧结空心砖按主要原料可分为黏土空心砖(N)、页岩空心砖(Y)、煤矸石空心砖(M)、粉煤灰空心砖(F)、淤泥空心砖(U)、建筑渣土空心砖(Z)和其他固体废弃物空心砖(G)。

烧结空心砖根据体积密度分为800级、900级、1000级和1100级四个级别。按抗压强度分为MU10.0、MU7.5、MU5.0、MU3.5等级别。采用合格与不合格判定产品质量。

(1)烧结空心砖的主要技术要求

①规格及要求。

烧结空心砖的外形为直角六面体，如图6-2所示，其长度、宽度、高度尺寸应根据墙体的设计要求从下列数字(单位为mm)中选用：390、290、240、190、180(175)、140、115、90。

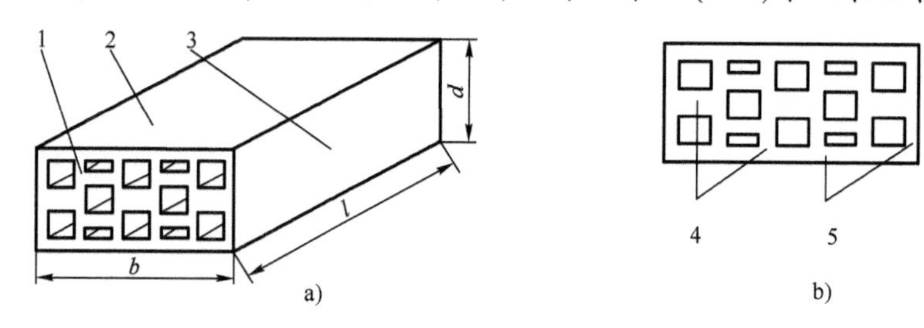

图6-2 烧结空心砖规格示意图

1-顶面；2-大面；3-条面；4-肋；5-壁；l-长度；b-宽度；d-高度

②强度等级。

强度应符合《烧结空心砖和空心砌块》(GB 13545—2014)的规定，如表6-8所示。

烧结空心砖强度等级(单位：MPa)　　表6-8

强度等级	抗压强度平均值$\bar{f}$≥	变异系数δ≤0.21	变异系数δ>0.21
		抗压强度标准值f_k≥	单块最小抗压强度值f_{min}≥
MU10.0	10.0	7.0	8.0
MU7.5	7.5	5.0	5.8
MU5.0	5.0	3.5	4.0
MU3.5	3.5	2.5	2.8

③密度等级。

密度等级应符合表6-9规定。

密度等级(单位：kg/m³)　　表6-9

密度等级	5块砖密度平均值
800	≤800
900	801~900
1000	901~1000
1100	1001~1100

④其他技术性能。

其他技术性能包括泛霜、石灰爆裂、吸水率、冻融等内容。其中抗冻性(15 次)以抗压强度、外观质量和质量损失率评价是否合格。

(2)烧结空心砖的性质与应用

烧结空心砖自重较轻、保温性能好,但强度不高,因而多用于非承重墙、外墙及框架结构的填充墙等。

6.1.2 非烧结砖

以含二氧化硅为主要成分的天然材料或工业废料(粉煤灰、煤渣、矿渣等)配以少量石灰与石膏,经拌制、成型、蒸汽养护而成的砖称为蒸压蒸养砖,又称为硅酸盐砖。

按其工艺和原材料,硅酸盐砖分为蒸压灰砂砖、蒸压粉煤灰砖、蒸养煤渣砖、免烧砖和碳化灰砂砖等。

1)蒸压灰砂砖

蒸压灰砂砖是以砂和石灰为主要原料,加入少量石膏或其他着色剂,经制坯设备压制成型、蒸压养护而成的普通灰砂砖。根据灰砂砖的颜色分为:彩色的(Co)、本色的(N)。蒸压灰砂砖是一种技术成熟、性能优良又节能的新型建筑材料,它适用于多层混合结构建筑的承重墙体,可用来代替黏土烧结实心砖。

根据抗压强度和抗折强度,强度等级分为 MU25、MU20、MU15 和 MU10 四个等级。《蒸压灰砂砖》(GB 11945—1999)规定:根据尺寸偏差和外观质量分为优等品(A)、一等品(B)和合格品(C)三个等级。

蒸压灰砂砖的产品标记采用产品名称(LSB)、颜色、强度级别、产品等级、标准编号的顺序进行编写。例如:LSB Co 20A GB 11945。

(1)蒸压灰砂砖的主要技术要求

①规格及要求。

蒸压灰砂砖的外形为直角六面体,规格尺寸为 240mm × 115mm × 53mm。生产其他规格尺寸产品,由用户与生产厂家协商确定。

②尺寸偏差和外观。

蒸压灰砂砖的尺寸偏差和外观应符合表 6-10 的要求。

蒸压灰砂砖尺寸偏差和外观 表 6-10

<table>
<tr><th colspan="3" rowspan="2">项目</th><th colspan="3">指标</th></tr>
<tr><th>优等品</th><th>一等品</th><th>合格品</th></tr>
<tr><td rowspan="3">尺寸允许偏差
(mm)</td><td>长度</td><td>L</td><td>±2</td><td rowspan="3">±2</td><td rowspan="3">±3</td></tr>
<tr><td>宽度</td><td>B</td><td>±2</td></tr>
<tr><td>高度</td><td>H</td><td>±1</td></tr>
<tr><td rowspan="3">缺棱掉角</td><td colspan="2">个数不多于(个)</td><td>1</td><td>1</td><td>2</td></tr>
<tr><td colspan="2">最大尺寸不得大于(mm)</td><td>10</td><td>15</td><td>20</td></tr>
<tr><td colspan="2">最小尺寸不得大于(mm)</td><td>5</td><td>10</td><td>10</td></tr>
<tr><td colspan="3">对应高度差不得大于(mm)</td><td>1</td><td>2</td><td>3</td></tr>
</table>

续上表

项目		指标		
		优等品	一等品	合格品
裂纹	条数不多于(条)	1	1	2
	大面上宽度方向及其延伸到条面的长度不得大于(mm)	20	50	70
	大面上长度方向及其延伸到顶面上的长度或条、顶面水平裂纹的长度不得大于(mm)	30	70	100

③强度指标。

蒸压灰砂砖的抗压强度和抗折强度应符合表6-11的规定。

蒸压灰砂砖力学性能(单位:MPa)　　表6-11

强度级别	抗压强度		抗折强度	
	平均值不小于	单块值不小于	平均值不小于	单块值不小于
MU25	25.0	20.0	5.0	4.0
MU20	20.0	16.0	4.0	3.2
MU15	15.0	12.0	3.3	2.6
MU10	10.0	8.0	2.5	2.0

注:优等品的强度级别不得小于MU15。

④抗冻性指标。

蒸压灰砂砖的抗冻性指标应符合表6-12的规定。

蒸压灰砂砖抗冻性指标　　表6-12

强度级别	冻后抗压强度平均值不小于(MPa)	单块砖的干质量损失不大于(%)
MU25	20.0	2.0
MU20	16.0	2.0
MU15	12.0	2.0
MU10	8.0	2.0

注:优等品的强度级别不得小于MU15。

(2)蒸压灰砂砖的性质与应用

蒸压灰砂砖是在高压下成型,又经过蒸压养护,砖体组织致密,具有强度高、大气稳定性好、干缩率小、尺寸偏差小、外形光滑平整等特性。

蒸压灰砂砖与其他砖相比,蓄热能力显著,隔声性能十分优越;此外灰砂砖的耐水性良好,但抗流水冲刷的能力较弱,可长期在潮湿、不受冲刷的环境中使用。强度等级在MU15以上的可用于基础及其他建筑部位,MU10的砖仅用于防潮层以上的建筑部位。灰砂砖不得用于长期受热200℃以上,受急冷、急热和有酸性介质侵蚀的建筑部位。

2)蒸压粉煤灰砖

蒸压粉煤灰砖是指以粉煤灰、生石灰为主要原料,可掺加适量石膏等外加剂和其他集料,经坯料制备、压制成型、高压蒸汽养护而制成的砖,产品代号为AFB。

《蒸压粉煤灰砖》(JC/T 239—2014)规定:根据抗压强度和抗折强度,强度等级分为MU30、MU25、MU20、MU15和MU10五个等级。采用合格与不合格判定产品质量。

粉煤灰砖产品标记采用产品代号(AFB)、规格尺寸、强度等级、标准编号的顺序进行。例如规格尺寸为240mm×115mm×53mm,强度等级为MU15的砖标记为:

AFB 240mm×115mm×53mm MU15 JC/T 239

(1)蒸压粉煤灰砖的主要技术要求

①规格尺寸。

砖的外形为直角六面体,规格尺寸为240mm×115mm×53mm。

②强度指标。

抗压强度和抗折强度应符合表6-13的规定。

粉煤灰砖强度指标(单位:MPa)　　表6-13

强度级别	抗压强度		抗折强度	
	平均值≥	单块最小值≥	平均值≥	单块最小值≥
MU10	10.0	8.0	2.5	2.0
MU15	15.0	12.0	3.7	3.0
MU20	20.0	16.0	4.0	3.2
MU25	25.0	20.0	4.5	3.6
MU30	30.0	24.0	4.8	3.8

③抗冻性指标。

粉煤灰砖抗冻性指标应符合表6-14的规定。

粉煤灰砖抗冻性指标　　表6-14

使用地区	抗冻指标	质量损失率(%)≤	抗压强度损失率(%)≤
夏热冬暖地区	D15	5	25
夏热冬冷地区	D25		
寒冷地区	D35		
严寒地区	D50		

④线性干燥收缩值。

粉煤灰砖的线性干燥收缩值应不大于0.50mm/m。

(2)蒸压粉煤灰砖的性质与应用

蒸压粉煤灰砖的抗压强度较高,能经受15次冻融循环的抗冻要求,是一种有潜在活性的水硬性材料,在潮湿环境中能继续产生水化反应而使砖的内部结构更为密实,有利于强度的提高。

对于长期受高于200℃温度作用,或受冷热交替作用,或有酸性侵蚀的建筑部位不得使用粉煤灰砖。在易受冻融和干湿交替作用的建筑部位必须使用一等品。用于易受冻融作用的建筑部位时要进行抗冻性检验,并采取适当措施,以提高建筑耐久性。

用粉煤灰砖砌筑的建筑物,应适当增设圈梁及伸缩缝或采取其他措施,以避免或减少收缩裂缝的产生。所以粉煤灰砖出釜后,应存放一段时间后再用,以减少相对伸缩量。

6.2 砌　块

砌块是用于砌筑的人造板材,外形多为直角六面体,也有各种异形的。外形尺寸比普通砌墙砖大。砌块系列中主规格的长度、宽度或高度有一项或一项以上分别大于365mm、240mm

或115mm,但高度不大于长度或宽度的6倍,长度不超过高度的3倍。由于砌块生产工艺简单,可充分利用废料,砌筑方便、灵活,目前已成为代替黏土砖的最好制品。

砌块的品种很多,其分类方法也很多。按其外形尺寸可分为:小型砌块、中型砌块和大型砌块。

按其材料品种可分为:普通混凝土砌块、轻集料混凝土砌块和硅酸盐混凝土砌块。

按有无孔洞可分为:实心砌块与空心砌块。

按其用途可分为:承重砌块和非承重砌块。

按其使用功能可分为:带饰面的外墙体用砌块、内墙体用砌块、楼板用砌块、围墙砌块和地面用砌块等。

以下主要介绍蒸压加气混凝土砌块和混凝土空心砌块。

6.2.1 蒸压加气混凝土砌块

蒸压加气混凝土砌块是以水泥、石英砂、粉煤灰、矿渣等为原料,经过磨细,并以铝粉为发气剂,按一定比例配合,经过料浆浇筑,再经过发气成型、坯体切割、蒸压养护等工艺制成的一种轻质块体材料。

1)砌块的品种

我国根据采用主要原料的不同将蒸压加气混凝土砌块类型分为三种:一是由水泥、矿渣、砂子等原料制成的砌块;二是由水泥、石灰、砂子等原料制成的砌块;三是由水泥、石灰、粉煤灰等原料制成的轻质砌块。三种生产类型中后两种应用较为广泛。

2)砌块的规格

蒸压加气混凝土砌块的规格尺寸见表6-15。

蒸压加气混凝土砌块的规格尺寸(单位:mm) 表6-15

长 度 L	宽 度 B	高 度 H
600	100 120 125 150 180 200 240 250 300	200 240 250 300

注:如需其他规格,可由供需双方协商解决。

3)砌块等级

《蒸压加气混凝土砌块》(GB 11968—2006)规定:蒸压加气混凝土砌块按抗压强度和干密度进行分级。按抗压强度划分为A1.0、A2.0、A2.5、A3.5、A5.0、A7.5和A10七个级别;按干密度划分为B03、B04、B05、B06、B07和B08六个级别。

砌块按尺寸偏差与外观质量、干密度、抗压强度和抗冻性分为优等品(A)和合格品(B)两个等级。

砌块标记按照产品名称(代号ACB)、强度级别、干密度、规格尺寸、产品等级和标准编号的顺序进行编写。例如,强度级别为A3.5、干密度级别为B05、优等品、规格尺寸为600mm×200mm×250mm的蒸压加气混凝土砌块,其标记为:

ACB A3.5 B05 600×200×250 A GB 11968

4)砌块的主要技术性能要求

(1)尺寸允许偏差和外观质量

蒸压加气混凝土砌块尺寸允许偏差和外观质量应符合表6-16的规定。

蒸压加气混凝土砌块的尺寸允许偏差和外观质量 表6-16

项目			指标	
			优等品(A)	合格品(B)
尺寸允许偏差(mm)	长度	*L*	±3	±4
	宽度	*B*	±1	±2
	高度	*H*	±1	±2
缺棱掉角	最小尺寸不得大于(mm)		0	30
	最大尺寸不得大于(mm)		0	70
	大于以上尺寸的缺棱掉角个数不多于(个)		0	2
裂纹长度	贯穿一棱二面的裂纹长度不得大于裂纹所在面的裂纹方向尺寸总和的		0	1/3
	任一面上的裂纹长度不得大于裂纹方向尺寸的		0	1/2
	大于以上尺寸的裂纹条数不多于(条)		0	2
爆裂、黏模和损坏深度不得大于(mm)			10	30
平面弯曲			不允许	
表面疏松、层裂			不允许	
表面油污			不允许	

(2)强度指标

蒸压加气混凝土砌块的立方体抗压强度应符合表6-17的规定。

蒸压加气混凝土砌块的立方体抗压强度(单位:MPa) 表6-17

强度级别	立方体抗压强度		强度级别	立方体抗压强度	
	平均值不小于	单块最小值不小于		平均值不小于	单块最小值不小于
A1.0	1.0	0.8	A5.0	5.0	4.0
A2.0	2.0	1.6	A7.5	7.5	6.0
A2.5	2.5	2.0	A10.0	10.0	8.0
A3.5	3.5	2.8			

(3)强度级别与干密度

蒸压加气混凝土砌块的强度级别与干密度应符合表6-18的规定。

蒸压加气混凝土砌块的强度级别与干密度 表6-18

干密度级别		B03	B04	B05	B06	B07	B08
强度级别	优等品(A)	A1.0	A2.0	A3.5	A5.0	A7.5	A10.0
	合格品(B)			A2.5	A3.5	A5.0	A7.5
干密度(kg/m^3)	优等品(A)≤	300	400	500	600	700	800
	合格品(B)≤	325	425	525	625	725	825

(4)砌块的干燥收缩、抗冻性和导热系数

蒸压加气混凝土砌块的干燥收缩、抗冻性和导热系数性能指标应符合表6-19的规定。

蒸压加气混凝土砌块的干燥收缩、抗冻性和导热系数 表6-19

<table>
<tr><td colspan="3">干密度级别</td><td>B03</td><td>B04</td><td>B05</td><td>B06</td><td>B07</td><td>B08</td></tr>
<tr><td rowspan="2">干燥收缩值(mm/m)</td><td colspan="2">标准法≤</td><td colspan="6">0.50</td></tr>
<tr><td colspan="2">快速法≤</td><td colspan="6">0.80</td></tr>
<tr><td rowspan="3">抗冻性</td><td colspan="2">质量损失(%)≤</td><td colspan="6">5.0</td></tr>
<tr><td rowspan="2">冻后强度(MPa)≥</td><td>优等品(A)</td><td rowspan="2">0.8</td><td rowspan="2">1.6</td><td>2.8</td><td>4.0</td><td>6.0</td><td>8.0</td></tr>
<tr><td>合格品(B)</td><td>2.0</td><td>2.8</td><td>4.0</td><td>6.0</td></tr>
<tr><td colspan="3">导热系数(干态)[W/(m·K)]≤</td><td>0.10</td><td>0.12</td><td>0.14</td><td>0.16</td><td>0.18</td><td>0.20</td></tr>
</table>

注：规定采用标准法、快速法测定砌块干燥收缩值，若测定结构发生不能判定时，则以标准法测定的结果为准。

5)蒸压加气混凝土砌块的应用

蒸压加气混凝土砌块具有质轻、高强、保温、隔热、吸声、防火、可锯、可刨加工等特点，主要用于框架结构、现浇混凝土结构建筑的外墙填充、内墙隔断，也可用于抗震圈梁构造和多层建筑的外墙或保温隔热复合墙体，有时还用于建筑屋面的保温和隔热。由于蒸压加气混凝土砌块也具有干燥收缩、吸湿膨胀、易出现裂缝等缺点，所以应控制其上墙时的含水率在20%以下。

蒸压加气混凝土砌块不仅具有良好的保温、隔热性能，而且可以利用工业废渣，改善环境，因此是一种很有应用前景的新型墙体材料。

6.2.2 混凝土空心砌块

混凝土空心砌块主要分为：普通混凝土小型空心砌块、轻集料混凝土小型空心砌块、混凝土中型空心砌块三种类型。混凝土空心砌块在世界上的生产和应用已有一百多年历史，成为世界范围内流行的建筑墙体材料。我国始于20世纪20年代，80年代以后，我国水泥产量和建筑规模的迅速扩大为混凝土砌块的发展提供了强大的动力。

1)普通混凝土小型空心砌块

普通混凝土小型砌块是以水泥、矿物掺合料、砂、石、水等为原材料，经搅拌、振动成型、养护等工艺制成的小型砌块，包括空心砌块和实心砌块。空心砌块(代号:H)的空心率应不小于25%；实心砌块(代号:S)的空心率应小于25%。砌块按使用时砌筑墙体的结构和受力情况，分为承重结构用砌块(代号:L，简称承重砌块)和非承重结构用砌块(代号:N，简称非承重砌块)，承重空心砌块的最小外壁厚应不小于30mm，最小肋厚应不小于25mm；非承重空心砌块的最小壁厚和最小肋厚应不小于20mm。混凝土小型空心砌块各部位名称见图6-3。

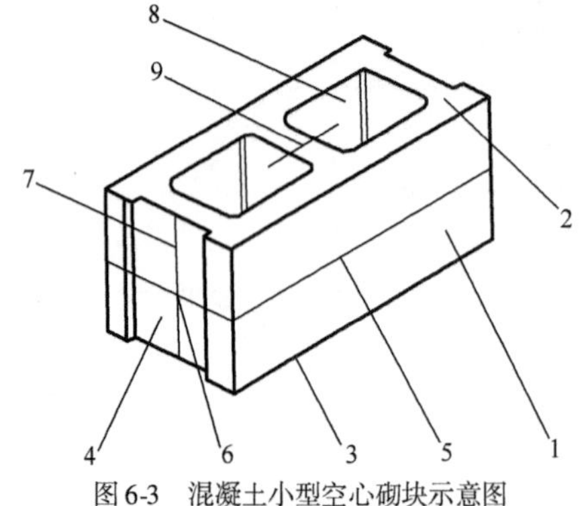

图6-3 混凝土小型空心砌块示意图

1-条面；2-坐浆面；3-铺浆面；4-顶面；5-长度；6-宽度；7-高度；8-壁；9-肋

混凝土小型空心砌块按抗压强度分为：MU5.0、MU7.5、MU10.0、MU15.0、MU20.0、MU25.0六个强度等级。混凝土小型空心砌块按砌块种类、规格尺寸、强度等级、标准代号的顺序进行标记。例如规格尺寸390mm×190mm×190mm、强度等级为MU15.0、

承重结构用实心砌块,应标记为:

LS390 × 190 × 190 MU15.0 GB/T 8239

又如规格尺寸 395mm × 190mm × 194mm、强度等级为 MU5.0、非承重结构用空心砌块,应标记为

NH 395 × 190 × 194 MU5.0 GB/T 8239

(1)普通混凝土小型空心砌块的技术要求

①强度等级。

普通混凝土小型空心砌块的抗压强度应符合《普通混凝土小型砌块》(GB/T 8239—2014)的规定,如表 6-20 所示。

普通混凝土小型空心砌块的强度等级 表 6-20

强度等级	砌块抗压强度(MPa)	
	平均值≥	单块最小值≥
MU5.0	5.0	4.0
MU7.5	7.5	6.0
MU10.0	10.0	8.0
MU15.0	15.0	12.0
MU20.0	20.0	16.0
MU25.0	25.0	20.0

②吸水率。

L 类砌块的吸水率应不大于 10%;N 类砌块的吸水率应不大于 14%。

③线性干燥收缩值。

L 类砌块的线性干燥收缩值应不大于 0.45mm/m;N 类砌块的线性干燥收缩值应不大于 0.65mm/m。

④抗冻性。

普通混凝土小型空心砌块的抗冻性应符合表 6-21 的规定。

普通混凝土小型空心砌块抗冻性 表 6-21

使用条件	抗冻指标	质量损失率	强度损失率
夏热冬暖地区	D15	平均值≤5% 单块最大值≤10%	平均值≤20% 单块最大值≤30%
夏热冬冷地区	D25		
寒冷地区	D35		
严寒地区	D50		

(2)普通混凝土小型空心砌块的应用

普通混凝土小型空心砌块具有强度高、自身质量轻、耐久性好、外形尺寸规整,部分类型的混凝土还具有美观的饰面以及良好的保温隔热性能等特点,适用于建造各种工业、民用建筑(包括高层与大跨度的建筑),以及围墙、挡土墙、桥梁、花坛等市政设施。普通混凝土小型空心砌块可减轻墙体结构质量约 35%,降低基础工程费 20% ~30%,节约砌筑砂浆 30% ~40%,提高主体砌筑工效 30%,增加使用面积 2%,同时,还可以节省农田、节约能源。

2)轻集料混凝土小型空心砌块

用轻粗集料、轻砂(或普通砂)、水泥和水等原材料配制而成的干表观密度不大于 1950kg/m^3 的

混凝土称为轻集料混凝土,用轻集料混凝土制成的小型空心砌块称为轻集料混凝土小型空心砌块。

依据《轻集料混凝土小型空心砌块》(GB/T 15229—2011),按孔的排数分为单排孔、双排孔、三排孔和四排孔等,按其密度等级分为700、800、900、1000、1100、1200、1300、1400八个等级,按其强度等级分为MU2.5、MU3.5、MU5.0、MU7.5、MU10五个等级,采用合格与不合格判定产品质量。

(1)轻集料混凝土小型空心砌块主要技术要求

①规格尺寸。

轻集料混凝土小型空心砌块的主规格尺寸为390mm×190mm×190mm;其他规格尺寸可由供需双方商定。

②强度等级。

轻集料混凝土小型空心砌块的强度等级应符合表6-22的规定。

轻集料混凝土小型空心砌块强度等级 表6-22

强度等级	砌块抗压强度(MPa)		密度等级范围(kg/m^3)
	平均值≥	最小值≥	
MU2.5	2.5	2.0	≤800
MU3.5	3.5	2.8	≤1000
MU5.0	5.0	4.0	≤1200
MU7.5	7.5	6.0	≤1200① ≤1300②
MU10.0	10.0	8.0	≤1200① ≤1400②

注:①除自然煤矸石掺量不小于砌块质量35%以外的其他砌块。

②自然煤矸石掺量不小于砌块质量35%的砌块。

当砌块的抗压强度同时满足2个或2个以上强度等级要求时,应以满足的最高强度等级为准。

③吸水率、干缩率和相对含水率。

轻集料混凝土小型空心砌块的吸水率应不大于18%,干缩收缩率应不大于0.065%。相对含水率[按式(6-3)计算]应符合表6-23的规定。

$$W = \frac{\omega_1}{\omega_2} \times 100 \tag{6-3}$$

式中:W——砌块的相对含水率,%;

ω_1——砌块出厂时的含水率,%;

ω_2——砌块的吸水率,%。

轻集料混凝土小型空心砌块干缩率和相对含水率(单位:%) 表6-23

干缩率	相对含水率≤		
	潮湿	中等	干燥
<0.03	45	40	35
0.03~0.045	40	35	30
0.045~0.065	35	30	25

注:1.相对含水率即砌块出厂含水率与吸水率之比。

2.使用地区的湿度条件:

潮湿——年平均相对湿度大于75%的地区;

中等——年平均相对湿度50%~75%的地区;

干燥——年平均相对湿度小于50%的地区。

④抗冻性。

轻集料混凝土小型空心砌块的抗冻性应符合表6-24的规定。

轻集料混凝土小型空心砌块抗冻性指标　　表6-24

环境条件	抗冻标号	质量损失率(%)	强度损失率(%)
温和与夏热冬暖地区	D15	≤5	≤25
夏热冬冷地区	D25		
寒冷地区	D35		
严寒地区	D50		

⑤碳化系数和软化系数

轻集料混凝土小型空心砌块的碳化系数应不小于0.8,软化系数应不小于0.8。

⑥放射性

掺工业废渣的轻集料混凝土小型空心砌块应符合《建筑材料放射性核素限量》(GB 6566—2010)要求。

(2)轻集料混凝土小型空心砌块的应用

轻集料混凝土小型空心砌块具有质轻、高强、热工性能好、抗震性能好、利废等特点,被广泛应用于建筑结构的内外墙体材料,尤其是热工性能要求较高的围护结构上。

轻集料混凝土小型空心砌块龄期达到28d之前,自身收缩速度较快,其后收缩速度减慢,且强度趋于稳定。为有效控制砌体收缩裂缝和保证砌体强度,规定砌体施工时所用的小砌块龄期不应小于28d。

为提高小砌块与砂浆间的黏结力与施工性能。施工时所用的砂浆,宜选用《混凝土小型空心砌块和混凝土砌筑砂浆》(JC 860—2008)规定的专用砌筑砂浆。小砌块砌筑时,在天气干燥炎热的情况下,可提前浇水湿润。小砌块表面有浮水时,不得施工。

为了提高砌体的耐久性,预防或延缓冻害,以及减轻地下水中有害物质对砌体的侵蚀,底层室内地面以下或防潮层以下的砌体,应采用强度等级不低于C20的混凝土灌实小砌块的孔洞。

6.2.3 混凝土路面砖

以水泥、集料和水为主要原材料,经搅拌、成型、养护等工艺在工厂生产的,未配置钢筋的,主要用于路面和地面铺装的混凝土砖称为混凝土路面砖。其表面可以是有面层(料)的或无面层(料)的,本色的或彩色的。路面砖表面应有必要的防滑功能,以保障行人及车辆的安全。混凝土路面砖的上表面棱宜有倒角。带面层的混凝土路面砖饰面层厚度不宜小于8mm,表面修饰沟槽深度不应超过面层(料)的厚度。混凝土路面砖宜有定位肋。

混凝土路面砖按路面砖形状分为普形路面砖和异形路面砖,普形路面砖代号为N,异形路面砖代号为I;按混凝土路面砖成型材料组成分为带面层混凝土路面砖和通体混凝土路面砖,带面层混凝土路面砖代号为C,通体混凝土路面砖代号为F。

《混凝土路面砖》(GB 28635—2012)规定;混凝土路面砖的抗压强度分为C_C40、C_C50、C_C60三个等级,按抗折强度分为$C_f4.0$、$C_f5.0$、$C_f6.0$三个等级。砖的产品标记按产品形状、成型材料组成、厚度、强度等级和标准编号顺序进行。例如:厚度为60mm,抗压强度等级为C_C40的异形通体混凝土路面砖标记为:

I F 60 C_C40 GB 28635—2012

1)混凝土路面砖的主要技术要求

(1)外观质量

混凝土路面砖的外观质量应符合表6-25的要求。

混凝土路面砖外观质量(单位:mm)　　表6-25

序号	项　　目	要　　求
1	铺装面黏皮或缺损的最大投影尺寸≤	5
2	铺装面缺棱或掉角的最大投影尺寸≤	5
3	铺装面裂纹	不允许
4	色差、杂色	不明显
5	平整度	2.0
6	垂直度	2.0

(2)尺寸允许偏差

混凝土路面砖的尺寸允许偏差应符合表6-26的规定。

混凝土路面砖尺寸允许偏差(单位:mm)　　表6-26

序 号	项　　目	要　　求
1	长度、宽度、厚度	±2.0
2	厚度差≤	2.0

(3)力学性能

根据混凝土路面砖公称长度与公称厚度的比值确定进行抗压强度试验还是抗折强度试验。公称长度与公称厚度比值小于或等于4的,应进行抗压强度试验;公称长度与公称厚度比值大于4的,应进行抗折强度试验。

混凝土路面砖的抗压、抗折强度等级应符合表6-27的规定。

混凝土路面砖力学性能(单位:MPa)　　表6-27

抗 压 强 度			抗 折 强 度		
抗压强度等级	平均值≥	单块最小值≥	抗折强度等级	平均值≥	单块最小值≥
C_C40	40.0	35.0	$C_f4.0$	4.00	3.20
C_C50	50.0	42.0	$C_f5.0$	5.00	4.20
C_C60	60.0	50.0	$C_f6.0$	6.00	5.00

(4)物理性能

混凝土路面砖的物理性能必须符合表6-28的要求。

混凝土路面砖物理性能　　表6-28

序号	项　　目		指　　标
1	耐磨性①	磨坑长度(mm)≤	32.0
		耐磨度≥	1.9
2	抗冻性 严寒地区 D50 寒冷地区 D35 其他地区 D25	外观质量	冻后外观无明显变化,且符合表6-25的规定
		强度损失率(%)≤	20.0

续上表

序号	项　　目	指　　标
3	吸水率(%)≤	6.5
4	防滑性(BPN)≥	60
5	抗盐冻性②(剥落量)(g/m^2)	平均值≤1000,且最大值<1500

注:①磨坑长度与耐磨度任选一项做耐磨性试验。
②不与融雪剂接触的混凝土路面砖不要求此项性能。

2)混凝土路面砖的应用

混凝土路面砖环保、节能、色彩丰富、价格低廉、铺筑方便、施工速度快、承载力高、抗折性能好、防滑、耐磨、抗冻、透水,可以灵活地进行景观设计,同一种砖型配制不同的颜色可以设计出多种图样,可满足不同用户的需求。广泛应用于人行道、车行道、停车场、庭院、公园、广场等。

6.3 墙用板材

我国目前可用于墙体的板材品种较多,各种板材都有其特色。板的形式分为薄板类、条板类和轻型复合板类。

6.3.1 薄板类墙用板材

薄板类墙用板材有纸面石膏板、GRC 平板、蒸压硅酸钙板、水泥刨花板、水泥木屑板等。

1)纸面石膏板

纸面石膏板是以建筑石膏为胶凝材料,并掺入适量添加剂和纤维作为板芯,以特制的护面纸作为面层的一种轻质板材。根据用途不同可分为普通纸面石膏板、防火纸面石膏板和防水纸面石膏板三个品种。根据形状不同,纸面石膏板的板边有矩形(PJ)、45°倒角形(PD)、楔形(PC)、半圆形(PB)和圆形(PY)五种。

普通纸面石膏板适用于建筑物的维护墙、内隔墙和吊顶。在厨房、厕所以及空气相对湿度经常大于70%的潮湿环境使用时,必须采用相应的防潮措施。

防水纸面石膏板纸面经过防水处理,而且石膏芯材也含有防水成分,因而适用于湿度较大的房间墙面。由于它有石膏外墙衬板、耐水石膏衬板两种,可用于卫生间、厨房、浴室等贴瓷砖、金属板、塑料面砖墙的衬板。

耐火纸面石膏板主要用于对防火有较高要求的房屋建筑中。

2)GRC 平板

GRC 平板全名为玻璃纤维增强低碱度水泥轻质板,由耐碱玻璃纤维、低碱度水泥、轻集料与水为主要原料所制成。GRC 平板具有密度低、韧性好、耐水、不燃、隔声、易加工等特点。

GRC 平板分为多孔结构及蜂巢结构,适用于工业与民用建筑非承重结构内隔墙断。主要用于民用建筑及框架结构的非承重内隔墙,如高层框架结构建筑、公共建筑及居住建筑的非承重隔墙、浴室、厨房、阳台、栏板等。

6.3.2 条板类墙用板材

条板类墙用板材是长度为2500～3000mm、宽度为600mm、厚度在50mm以上的一类轻质板材,轻质板材可独立用作隔墙。主要有蒸压加气混凝土条板、轻质陶粒混凝土条板、石膏空心条板等。

蒸压加气混凝土条板是以水泥石灰和硅质材料为基本原料,以铝粉为发气剂,配以钢筋网片,经过配料、搅拌成型和蒸压养护等工艺制成的轻质板材。

蒸压加气混凝土条板具有密度小,防火性和保温性能好,可钉、可锯、容易加工等特点。主要适用于工业与民用建筑的外墙和内隔墙。

6.3.3 轻型复合板类墙用板材

钢丝网架水泥夹芯板是由三维空间焊接的钢丝网骨架和聚苯乙烯泡沫塑料板或半硬质岩棉板构成网架芯板,两面再喷抹水泥砂浆面层后形成的一种复合式墙板。钢丝网架水泥夹芯板在墙体中有三种应用方法:非承重内隔墙、钢筋混凝土框架的围护墙、绝热复合外墙。钢丝网架水泥夹芯板近年来得到了迅速发展,该板具有强度高、质量轻、不碎裂、隔热、隔声、防火、防震、防潮和抗冻等优良性能。

钢丝网架水泥夹芯板有集合式和整体式两种。两种形式均是用联结钢筋把两层钢丝网焊接成一个稳定的、性能优越的空间网架体系。

按照结构形式的不同及所采用保温材料的不同,可将钢丝网架水泥夹芯板分为以下种类:

(1)泰柏板:泛指采用聚苯乙烯泡沫板作为保温芯板的钢丝网架水泥夹芯板。

(2)GY板:GY板是指钢丝网架中起保温作用的芯板是岩棉半硬板。岩棉半硬板具有热导率小、不燃、价格低廉(原材料可采用工业废渣)等许多优点。

【创新漫谈】

新型节能墙体材料的应用与发展

近年来,节能环保理念被不断引入土木行业发展中,现代化建筑新型节能墙体材料是绿色建筑行业发展的必然趋势,是建立资源节约型、环境友好型社会的基本要求。在我国,新型节能墙体材料正朝着现代化、绿色化、生态化、多元化、一体化、全面化的方向发展。

新型节能墙体材料具有较长的使用寿命,可以对施工材料进行二次加工与改造,且与传统建筑墙体材料相比,具有节能、无害、再生的主要特性,因此,新型节能墙体材料具有较高的应用价值与发展优势。节能性是指新型节能墙体材料能够节约能源与资源,能够在具备建筑材料基本特性的基础上,最大程度地降低能源与资源的消耗量,将水泥、固体废料、地方性材料作为生产原材料,采用新技术、新工艺、新方法,生产出所需的墙体材料。无害性是指新型节能墙体材料选用无污染、无毒、无害的建筑材料,防止对施工人员的健康产生危害;再生性是指相对于传统建筑材料使用年限的有限性,新型节能墙体材料可以实现对废弃材料的再生利用。

新型节能墙体材料大体可分为砖类、砌块类、板材类三种类型。

1)砖类

长期以来我国建筑施工以红砖应用为主,这不仅消耗了大量的能源,也给环境带来了较大的污染。在国家节约能源的新形势下,红砖被严禁生产,而以工业废渣(如粉煤灰、煤渣、煤矸石、尾矿渣等)作为原料生产的烧结砖、免烧砖等新型砌墙砖开始出现,并在建筑工程建设中得到广泛应用。目前,建筑施工中黏土砖已被完全取代。这类环保型的建材产品具有非常好的市场发展前景。

2)砌块类

建筑砌块属于人造石块,外形尺寸较大,生产所需设备较为简单,砌筑速度很快。建筑砌块不需烧制,可有效节约烧制过程中的煤炭消耗,同时保温砌块还能够有效节约建筑采暖过程中的能耗,因此,节约了能源,降低了能耗。

以混凝土、工业废料或其他材料为主材的新型节能砌块类墙体材料主要有蒸压加气混凝土砌块、普通混凝土小型空心砌块、轻集料混凝土小型空心砌块、泡沫混凝土砌块、陶粒混凝土砌块(陶粒砖)及复合保温砌块等。蒸压加气混凝土砌块主要用于三层以下的房屋承重墙、多层及高层建筑的分户(隔)墙、框架结构的填充墙。普通混凝土小型空心砌块主要用于中高层承重砌块墙体。轻集料混凝土小型空心砌块既可用于多层建筑的承重墙,又可用于非承重的隔墙和围护墙。泡沫混凝土砌块可用于工业与民用框架结构建筑的承重墙和非承重墙,还常用作屋面保温层。陶粒混凝土砌块(陶粒砖)可用作框架结构填充墙和旧建筑物重新隔间。

由于建筑砌块之间设有连通孔,部分连通孔内会填充轻质隔热或保温材料,有效确保了墙体良好的保温隔热效果。建筑中应用空心砌块与复合保温砌块,不仅有利于增强建筑的抗震性能,同时还可以实现建筑节能、环保、美观和轻质化。利用砌块进行建筑施工,能够减少十几道施工作业程序,不仅降低劳动强度,还可缩短工期。

3)板材类

板材类新型节能墙体材料主要有玻璃纤维增强水泥轻质多孔隔墙条板、石膏板复合墙板、钢丝网架水泥聚苯夹芯板、轻集料混凝土墙板等,质量轻,强度高,具有良好的防水、防潮、隔声和保温性能,应用范围比较广泛。

玻璃纤维增强水泥轻质多孔隔墙条板(GRC板)主要用于多层和高层建筑的非承重外墙,也用于其他保温材料形成的各种墙板。石膏板复合墙板主要以轻型隔墙用于工业和民用建筑物内。钢丝网架水泥聚苯夹芯板主要用于工业与民用建筑的非承重墙,但有时也用作屋面墙、楼板或承重墙,还用作曲面墙、折线墙和装饰墙。超轻隔热夹层板主要用作大、中、小各种楼体的屋面板、外墙板和天棚板,甚至还可用作楼板,超轻隔热夹层板耐寒度高,在寒冷地区建筑物中使用较多。轻集料混凝土墙板保温、隔热、防水、防潮,主要用于非承重内隔墙,尤其对防水、防潮要求较高的卫生间、厨房用得更多。

为加快我国建筑行业的发展,推动我国城市化建设工作,将节能环保理念深入贯彻落实到建筑施工建设的各个发展环节。因此,应充分利用工业废弃物,提高资源与能源的利用率,降低工业污染,大力推广功能性新型墙体材料。

习　题

6-1　烧结普通砖、烧结多孔砖和烧结空心砖各自的强度等级、质量等级是如何划分的？

6-2　多孔砖与空心砖有何异同点？

6-3　蒸压灰砂砖、蒸压粉煤灰砖的主要用途是什么？

6-4　混凝土砌块是如何进行分类的？

6-5　蒸压加气混凝土砌块的品种、规格、等级各有哪些？

6-6　加气混凝土砌块应用于外墙时应注意什么？

6-7　普通混凝土小型空心砌块的用途是什么？

6-8　什么是轻集料混凝土小型空心砌块？其强度影响因素有哪些？

6-9　什么是混凝土路面砖？其强度等级、质量等级是如何划分的？

6-10　什么是纸面石膏板？其特点及用途是什么？

第7章 无机结合料稳定材料

学习指导

本章重点讲述无机结合料稳定材料的分类、技术性质、配合比的设计方法及其质量评定等相关知识。通过学习，要求掌握无机结合料稳定材料的技术性质、配合比设计方法及其质量评定方法等知识点，了解无机结合料稳定材料的强度形成机理。

无机结合料稳定材料是指在被稳定材料中，掺入一定量的无机结合料（水泥、石灰、工业废渣等）和水，经拌和、压实及养生后得到的具有较高后期强度，且整体性和水稳定性均较好的一种建筑材料。其中，被稳定材料主要包括粉碎或原状松散的（包括各种粗粒、中粒、细粒）土，也可以利用工业废渣。工业废渣视其粒径或用途，既可以作为无机结合料，也可以作为被稳定材料应用。

无机结合料稳定土在道路工程上的应用历史久远，在古代的米索布达米亚和埃及，就出现了稳定土材料，希腊和古罗马帝国也曾使用石灰土修筑过道路。随着社会和经济的发展，道路荷载不断加重，人们对全天候通行的要求日益提高，到了20世纪初期，以美国为代表的部分国家开始尝试使用水泥稳定土材料进行路面施工，推动了无机结合料稳定土在道路施工中的应用，也带动了无机结合料稳定土在其他行业的应用与发展。但当时无机结合料稳定土在道路工程中的应用仅局限于水文地质条件不良的地区，直到1935年美国首先运用水泥稳定土成功地修筑了南卡罗来纳州约翰圣维列地区的道路以后，在某些国家才得以积极研究和大面积推广使用。目前无机结合料稳定土的使用已遍及世界各地的多种建筑行业。

无机结合料稳定材料在我国道路工程中应用较晚，我国在20世纪70年代初期的援外工程中涉及水泥稳定土等道路稳定材料的应用问题，于1974年在我国辽宁沈阳至抚顺的公路施工中铺设了约10km的水泥稳定土作为高等级沥青路面的基层，揭开了我国在道路工程建设中大规模使用无机结合料稳定土的历史，从而改善了以泥灰结碎石、级配砾石和手摆片石基层为代表的老一代路面基层水稳性差的缺点。

无机结合料稳定材料具有稳定性好、抗冻性能强、结构本身自成板体等特点，但由于耐磨性较差，目前广泛用于路面结构的基层和底基层。因此，无机结合料稳定材料也俗称为半刚性基层材料。

7.1 无机结合料稳定材料的分类

7.1.1 公路路面基层与底基层的分类

公路路面基层与底基层结构，按结合料类型可分为有机结合料稳定类和无机结合料稳定类;按材料组成可分为有结合料稳定类、无黏结粒料类和再生类;按材料力学性能可分为半刚性类、柔性类和刚性类基层和底基层。其中,无机结合料稳定类路面基层、底基层结构应用最为广泛,按无机结合料的种类又将其分为水泥稳定类、石灰稳定类、石灰工业废渣类(俗称二灰类)和综合稳定类。

公路路面基层与底基层材料分类及常见类型见表 7-1。表 7-1 中,细粒、中粒和粗粒材料分别是指公称最大粒径小于 16mm、公称最大粒径不小于 16mm 且小于 26.5mm、公称最大粒径不小于 26.5mm 的材料。

公路路面基层、底基层材料分类 表 7-1

类别		结合料种类	被稳定(或黏结)材料种类	常见路面基层与底基层材料种类与名称
无机结合料稳定类	水泥稳定材料	水泥	细粒、中粒、粗粒材料(碎石、砾石、土等)	水泥稳定级配碎石(砂砾)、水泥稳定石屑、水泥稳定土、水泥稳定砂等
	石灰稳定材料	石灰	细粒、中粒、粗粒材料(碎石、砾石、土等)	石灰碎石土、石灰砂砾土、石灰土等
	工业废渣稳定材料	石灰或水泥	工业废渣,如煤渣、钢渣、矿渣等;细粒、中粒、粗粒材料(碎石、砾石、土等)	石灰粉煤灰土、石灰粉煤灰稳定级配碎石或砾石、石灰煤渣土、水泥粉煤灰土、水泥粉煤灰稳定级配碎石或砾石等
	综合稳定材料	两种或两种以上结合料,如石灰、水泥、粉煤灰等	细粒、中粒、粗粒材料(碎石、砾石、土等);工业废渣(粉煤灰、煤渣、高炉矿渣、钢渣及其他冶金矿渣、煤矸石等)	水泥石灰稳定级配碎石(砾石)、水泥石灰土、水泥粉煤灰稳定级配碎石(砾石)、水泥粉煤灰土、石灰粉煤灰土等
	贫水泥混凝土	水泥	碎石、砾石、工业废渣等	碾压贫混凝土等
有机结合料稳定类	沥青混合料	沥青、树脂等	碎石、砾石等	沥青稳定碎石(ATB)、排水式沥青碎石(ATPB)、大粒径透水性沥青混合料(LSPM)
粒料类		—	碎石、砾石等	级配碎石(砂砾)、未筛分碎石、填隙碎石等
再生类		乳化沥青、泡沫沥青、再生剂、水泥等	路面废旧再生集料等	乳化沥青再生混合料、泡沫沥青再生混合料、无机结合料冷再生混合料等

7.1.2 无机结合料稳定材料的特点与应用

1) 水泥稳定材料

水泥稳定材料是一种经济实用的筑路材料,具有优良的性能,可用于公路、道路、机场跑道等的基层或底基层。由于以水泥作为主要胶结材料,通过水泥的水化、硬化将集料黏结起来。因此,水泥稳定土具有良好的力学性能和整体稳定性。水泥稳定土的强度随养护龄期的延长而增加,并且早期强度较高,同时其强度可调范围较大(可由几个兆帕到十几个兆帕),水稳定性和抗冻性也较其他稳定材料好。水泥稳定土的缺点在于受温度、湿度变化时,易产生裂缝,影响路面面层的稳定性。尤其当稳定土中细颗粒含量高、水泥用量大时,开裂现象更为严重。

水泥稳定材料不仅广泛用于沥青路面,同样也适用于水泥混凝土路面,尤其水泥稳定级配碎石(砂砾)可适用于各种交通类别道路的基层和底基层,目前在道路工程中应用十分广泛。

但由于水泥稳定细粒材料的抗磨耗性较差，不能用作二级和二级以上高级路面的基层。

2）石灰稳定材料

石灰土在我国道路上的应用已有几十年的历史，在缺乏砂石材料地区，被广泛用作路面的基层和底基层。石灰稳定土具有良好的力学性能、较好的水稳性和一定的抗冻性，但其初期强度较低，后期强度较高，水稳性相对较差。同时，由于石灰稳定土的干缩、温缩系数较大，容易产生裂缝。

石灰稳定土适用于各级公路路面的底基层，也可用作二级和二级以下公路的基层，但不应用作高级路面的基层。而且在冰冻地区的潮湿路段以及其他地区的过分潮湿路段，不宜采用石灰土做基层。当只能采用石灰土时，应采取措施防止水分的浸入。

此外，石灰常与其他结合料（如水泥）一起形成综合稳定土，此时，石灰起着一种活化剂的作用。在加石灰的同时，还可以掺加工业废渣（粉煤灰、煤渣等）或少量的化学添加剂（如$CaCl_2$、NaOH、Na_2CO_3等），以改善石灰和土之间的相互作用，以及石灰稳定土的硬化条件。

3）工业废渣稳定材料

工业废渣稳定材料同样也是一种经济实用的筑路材料，具有较优良的性能，可用于各种道路的基层和底基层。由于以石灰为活性激发剂、石灰工业废渣为主要胶结材料组成的混合料，早期强度较低，但是后期强度与水泥稳定材料基本类似。因此，石灰工业废渣稳定材料具有良好的力学性能和板体性。工业废渣稳定材料在温度、湿度变化时也易产生裂缝，当细颗粒含量较高时开裂更为严重。石灰工业废渣稳定材料的抗水损害能力较水泥稳定同样材料的差，但在温度、湿度变化时，温缩、干缩系数较水泥稳定同样材料的小。

工业废渣稳定材料可适用于各级公路的基层和底基层，但二灰土不能用作高速公路、一级公路沥青路面和水泥混凝土路面的基层，只能用作底基层。为提高工业废渣稳定材料的早期强度，可采用水泥进行综合稳定。

7.2 无机结合料稳定材料的技术性质

无机结合料稳定材料作为路面基层或底基层承受车轮荷载的反复作用，不允许产生过多的残余变形，更不允许产生剪切破坏或疲劳弯拉破坏，因此，无机结合料稳定材料应具有足够的强度、刚度，以抵抗车轮荷载的作用，同时无机结合料稳定材料还应具有良好的温度稳定性及水稳定性，以避免反射裂缝对路面面层的破坏。

7.2.1 无机结合料稳定材料的强度

1）强度形成机理

（1）离子交换作用

所谓离子交换作用是指稳定剂中高价阳离子在一定的条件下替换土中某些低价金属离子（K^+、Na^+等）的作用。通过离子交换，使土粒凝聚而增强了黏聚力，并使其水稳定性提高。能发生离子交换作用的稳定剂有石灰、水泥等。如石灰、水泥稳定土加水拌和后，所形成的Ca^{2+}能与土粒表面的K^+和Na^+等离子进行当量吸附交换。

（2）碳酸化作用

碳酸化指消解石灰或水泥水化产物$Ca(OH)_2$吸附空气中的CO_2气体，生成碳酸钙的过程。其化学反应式如下：

$$Ca(OH)_2 + CO_2 + nH_2O \longrightarrow CaCO_3 + (n+1)H_2O$$

(3)结晶作用

当土中 $Ca(OH)_2$ 浓度达到一定值时，$Ca(OH)_2$ 溶液可由饱和转变为过饱和溶液，形成晶体。其化学反应式如下：

$$Ca(OH)_2 + nH_2O \longrightarrow Ca(OH)_2 \cdot nH_2O$$

(4)凝结硬化反应

此作用主要是水泥水化生成各种胶结性很强的物质，如水化硅酸钙、水化铝酸钙等，这些物质能将松散的颗粒胶结成整体材料。

(5)火山灰反应

火山灰反应指活性 SiO_2 和 Al_2O_3 在 $Ca(OH)_2$ 激发下产生的化学反应，生成类似硅酸盐水泥的水化产物——水化硅酸钙和水化铝酸钙的过程。其化学反应式为：

$$mCa(OH)_2 + SiO_2 + (n-1)H_2O \longrightarrow mCaO \cdot SiO_2 \cdot nH_2O$$

$$mCa(OH)_2 + Al_2O_3 + (n-1)H_2O \longrightarrow mCaO \cdot Al_2O_3 \cdot nH_2O$$

式中，m 表示 1 或 2。

火山灰作用的水化产物 $mCaO \cdot SiO_2 \cdot nH_2O$ 和 $mCaO \cdot Al_2O_3 \cdot nH_2O$ 结晶在土的团粒外围形成一层稳定的保护膜，具有很强的黏结力，同时保护膜的隔离作用阻止水分进入，使土的水稳定性提高。

值得注意的是，某一种稳定土的强度形成可能是上面作用中的一种或几种综合作用的结果。

2)无侧限抗压强度

无机结合料稳定材料的强度通常采用无侧限抗压强度来评定。无侧限抗压强度试验采用静力压实法制备高:直径为1:1的圆柱体试件。根据土颗粒最大粒径的不同，采用不同尺寸的试模。细粒土、中粒土、粗粒土所用试模的直径与高分别为50mm、100mm 和 150mm，制备而成的试件分别称为小试件、中试件和大试件。

(1)试验方法

①制备试件。

对于同一组无机结合料剂量的混合料，每组所需制备的试件数量(平行试验的数量)与土的种类及操作的水平有关。对于无机结合料稳定细粒土、中粒土和粗粒土，每组至少应分别制备6个、9个和13个试件。

试件制备时，首先称取一定量的风干土样，按最佳含水率计算出所需要的加水量，将水均匀地洒在土样中，重复拌和均匀后，放在密闭的容器中浸润备用。在浸润后的试料中，掺入预定剂量的水泥(或石灰)，并充分拌和均匀。对于水泥稳定土要求在1h内制备成试件，否则作废；对于石灰土和水泥石灰综合稳定土可将石灰和土一起拌匀。

将称好的试料按规定方法倒入已放好下压柱的试模中，均匀插实，然后将上压柱放入试模中，在千斤顶上或压力机上加压，直到上、下压柱都压入试模中为止(持荷2min)。解除压力后，取下试模进行脱模。

②强度测试。

试件从试模中脱出并称量后，立即放到密封湿气箱和恒温室中进行保温养生，但大、中试件应先用塑料薄膜包覆。养生时间视需要而定，作为工地控制，通常只需要7d标准养生。整个养生期间,我国《公路工程无机结合料稳定材料试验规程》(JTG E51—2009)规定标准养生条件为:温度20℃ ±2℃,湿度≥95%。在养生期的最后一天,应将试件浸泡在水中进行养护。在养生期间,试件的质量损失应符合下列规定:小试件质量损失不超过1g,中试件质量损失不超过4g,大试件质量损失不超过10g,超过此规定的试件应予以作废。将已浸水一昼夜的试件从水中取出,吸干试件表面的可见自由水,称量试件的质量并测量高度。将试件放在材料强度试验仪上,以1mm/min的变形速度进行加载,记录试件破坏时的最大压力P,并从破坏的试件内部取有代表性的样品测定其含水率。

试件的无侧限抗压强度采用式(7-1)进行计算,精确至0.1MPa。

$$R_c = \frac{P}{A} \tag{7-1}$$

式中:R_c——试件无侧限抗压强度,MPa;

A——试件的截面面积,mm^2;

P——试件破坏时的最大压力,N。

计算试验结果的变异系数C_v,在若干次平行试验中的变异系数应符合表7-2的规定。当变异系数不符合规定时,应增加试件数量并另做新试验。

平行试验的变异系数 表7-2

试件尺寸(mm)	小试件(ϕ50×50)	中试件(ϕ100×100)	大试件(ϕ150×150)
C_v(%)	≤6	≤10	≤15

(2)无侧限抗压强度的技术要求

不同无机结合料稳定材料的无侧限抗压强度的设计要求不同,依据现行《公路路面基层施工技术细则》(JTG/T F20—2015),具体强度标准值如表7-3~表7-6所示。

如果采用碾压贫混凝土作为路面基层材料,则7d无侧限抗压强度应不低于7MPa且不高于10MPa,水泥剂量一般不大于13%。

水泥稳定材料的7d龄期无侧限抗压强度标准值R_d 表7-3

结构层	公路等级	极重、特重交通	重交通	中、轻交通
基层(MPa)	高速公路和一级公路	5.0~7.0	4.0~6.0	3.0~5.0
	二级和二级以下公路	4.0~6.0	3.0~5.0	2.0~4.0
底基层(MPa)	高速公路和一级公路	3.0~5.0	2.5~4.5	2.0~4.0
	二级和二级以下公路	2.5~4.5	2.0~4.0	1.0~3.0

注:1.公路等级高或交通荷载等级高或结构安全性要求高时,推荐取上限强度标准值。
2.表中强度指标是指7d无侧限抗压强度的代表值。

石灰粉煤灰稳定材料的7d龄期无侧限抗压强度标准值R_d 表7-4

结构层	公路等级	极重、特重交通	重交通	中、轻交通
基层(MPa)	高速公路和一级公路	≥1.1	≥1.0	≥0.9
	二级和二级以下公路	≥0.9	≥0.8	≥0.7
底基层(MPa)	高速公路和一级公路	≥0.8	≥0.7	≥0.6
	二级和二级以下公路	≥0.7	≥0.6	≥0.5

注:当不能满足表7-4的要求时,可外加混合料质量1%~2%的水泥。

水泥粉煤灰稳定材料的 7d 龄期无侧限抗压强度标准值 R_d 表 7-5

结构层	公路等级	极重、特重交通	重交通	中、轻交通
基层(MPa)	高速公路和一级公路	4.0～5.0	3.5～4.5	3.0～4.0
	二级和二级以下公路	3.5～4.5	3.0～4.0	2.5～3.5
底基层(MPa)	高速公路和一级公路	2.5～3.5	2.0～3.0	1.5～2.5
	二级和二级以下公路	2.0～3.0	1.5～2.5	1.0～2.0

石灰稳定材料的 7d 龄期无侧限抗压强度标准值 R_d① 表 7-6

结构层	高速公路和一级公路	二级和二级以下公路
基层(MPa)	—	≥0.8②
底基层(MPa)	≥0.8	0.5～0.7③

注:①石灰土强度达不到表 7-6 的要求时,可添加部分水泥或改用另一种土;塑性指数 I_P 过小的土,不宜用石灰稳定,宜改用水泥。

②在低塑性材料(I_P <7)地区,石灰稳定砂砾土和碎石土的 7d 龄期无侧限抗压强度应大于 0.5MPa(100g 平衡锥测液限)。

③低限用于 I_P <7 的黏性土,且低限值宜仅用于二级以下的公路;高限用于 I_P >7 的黏性土。

3)影响强度的因素

(1)环境温度的影响

环境温度越高,无机结合料稳定材料内部的化学反应就越快越强烈,因此其强度也越高。试验证明,无机结合料稳定材料的强度在高温下形成和发展得很快,当温度低于 0～5℃时,无机结合料稳定材料的强度就难以形成。而当温度低于 0℃时,如无机结合料稳定材料遭受反复冻融,其强度还可能下降,在伴随有自由水浸入的情况下,无机结合料稳定材料甚至会遭受破坏。因此,无机结合料稳定材料基层应在温度大于 5℃的条件下进行施工,并在第一次冰冻(－5～3℃)到来之前半个月(水泥稳定材料)到一个月(石灰稳定材料和石灰粉煤灰稳定材料)停止施工。

(2)龄期的影响

无机结合料稳定材料的化学反应要持续一个相当长的时间才能完成,即使是早期强度高的水泥稳定土,在水泥终凝后,水泥混合料的硬结过程也常延续到一至两年以上。因此,在大致相同的环境温度下,无机结合料稳定材料的强度和刚度(回弹模量或弹性模量)都随龄期而不断增长,尤其是具有慢凝性质的石灰粉煤灰稳定材料和石灰稳定材料的硬结过程相当长。一般规定水泥稳定材料设计龄期为 3 个月,石灰或二灰稳定材料设计龄期为 6 个月。

由于材料的强度不仅与材料品种有关,而且与试验和养生条件有关,根据《公路工程无机结合料稳定材料试验规程》(JTG E51—2009)中的规定,材料组成设计要求以 7d 的无侧限抗压强度为准。而路面设计中不仅要求 7d 的无侧限抗压强度,还要求抗压弹性模量、抗拉强度或间接抗拉强度(劈裂强度)、材料在标准条件下的参数及在现场制件条件下的参数、材料强度及模量与时间的变化关系等。

7.2.2 无机结合料稳定材料疲劳性能

由于无机结合料稳定材料的抗拉强度远小于其抗压强度,路面结构在交通荷载重复作用下的破坏类型主要为弯拉破坏,因此路面结构设计主要由材料的抗弯拉疲劳强度控制。

无机结合料稳定材料抗拉强度试验方法主要有直接抗拉试验、劈裂试验和弯拉试验。目前主要采用弯拉试验评价无机结合料稳定材料的疲劳性能。

弯拉试验采用梁式试件，测定其弯拉强度，根据不同的重复应力与极限弯拉强度之比(σ/R_b)由弯拉试验得到疲劳寿命 N_f，通过回归可以得到某种材料的疲劳方程。

无机结合料稳定材料的疲劳寿命主要取决于材料品种以及重复应力与极限强度之比(σ/R_b)。通常认为，当 σ/R_b 小于0.5时，材料可经受无限次重复荷载作用而不会出现疲劳断裂，故一般设定的 σ/R_b 大于0.5。

疲劳性能通常用 σ/R_b 与达到破坏时重复作用次数 N_f 绘制的散点图来说明。σ/R_b 与 N_f 之间的关系可采用半对数疲劳方程 $\lg N_f = a + b\sigma/R_b$ 表示。根据试验，不同的无机结合料稳定材料在不同概率水平下 a、b 的取值见表7-7。

不同稳定材料在不同概率水平下的 a、b 取值 表7-7

稳定材料种类	水泥砂砾		二灰砂砾		石灰土		水泥土		二灰土	
	a	b	a	b	a	b	a	b	a	b
50%概率水平	18.1574	-18.1073	15.5938	-14.369	16.114	-14.1	12.7972	-11.2747	7.1069	-4.493
95%概率水平	16.4642	-18.1073	14.5996	-14.0631	14.254	-14.1	12.2287	-11.2747	6.2052	-4.493

如图7-1所示，通过对几种无机结合料稳定材料的疲劳性能进行比较，可以得出以下结论，在一定的应力条件下材料的疲劳寿命主要取决于：①材料的强度和刚度，强度越大，刚度越小，其疲劳寿命就越长；②由于材料的不均匀性，无机结合料稳定材料的疲劳方程还与材料试验的变异性有关，不同的保证率(达到疲劳寿命时出现破坏的概率)下得出的疲劳方程也不同；③石灰粉煤灰稳定材料的疲劳曲线都位于水泥砂砾疲劳曲线之上，说明石灰粉煤灰稳定材料的抗疲劳性能优于水泥砂砾，或在相同应力水平下，前者能承受更多的荷载反复作用次数；④石灰粉煤灰稳定材料疲劳曲线的斜率略小于水泥砂砾的疲劳曲线的斜率，说明了应力水平的少量变化对石灰粉煤灰稳定材料的疲劳寿命影响更大。

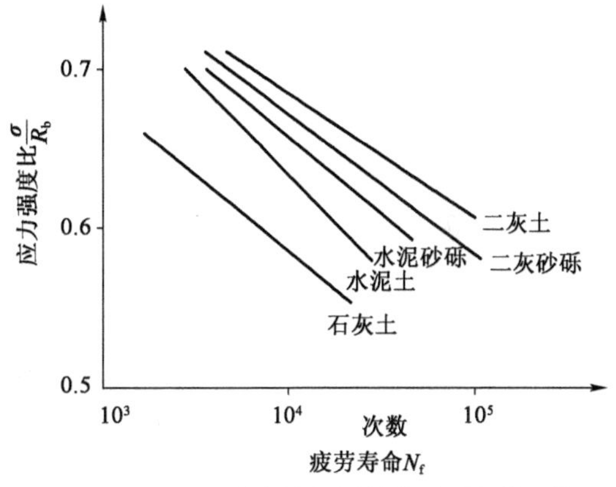

图7-1 几种无机结合料稳定材料的疲劳性能比较

7.2.3 无机结合料稳定材料的变形特性

水泥(石灰或石灰粉煤灰)与各种细粒土(中粒土或粗粒土)和水经拌和、压实后，由于蒸发和混合料内部发生水化作用，混合料的水分不断减少。由于水的减少而发生的毛细管作用、吸附作用、分子间力的作用、材料矿物晶体或凝胶间层间水的作用和碳化收缩作用等会引起无机结合料稳定材料体积收缩。水泥水化作用使混合料水分减少而产生的收缩约占总收缩的17%。无机结合料稳定材料产生体积干缩的程度或干缩性的大小与下列因素有关：结合料的含量、小于0.5mm的细土含量和塑性指数、小于0.002mm的黏粒含量和矿物成分、制作室内试件的含水率和龄期等。

材料的干缩性主要用干缩应变、(平均)干缩系数、干缩量、失水量、失水率等指标来描述。

材料的温缩性主要用温缩应变、(平均)温缩系数、温缩量等指标来描述。

干缩(或温缩)应变是指水分损失(或温度改变)引起试件单位长度的收缩量,可按下式表达:

$$\varepsilon_d = \Delta L/L \quad 或 \quad \varepsilon_t = \Delta L/L \tag{7-2}$$

式中:ε_d(或 ε_t)——无机结合料稳定材料的干缩(或温缩)应变,$\times 10^{-6}$;

ΔL——含水率损失(或温度改变)时小梁试件的整体收缩量,cm;

L——试件的长度,cm。

平均干缩(或温缩)系数是指试件的干缩(或温缩)应变与试件的失水量(或温度改变量)之比,可按下式表达:

$$\bar{\alpha}_d = \varepsilon_d/\Delta w \quad 或 \quad \bar{\alpha}_t = \varepsilon_t/\Delta t \tag{7-3}$$

式中:$\bar{\alpha}_d$(或 $\bar{\alpha}_t$)——平均干缩(或温缩)系数,$\times 10^{-6}$/g(或 $\times 10^{-6}$/℃);

ε_d(或 ε_t)——干缩(或温缩)应变,$\times 10^{-6}$;

Δw——失水量(试件失去水分的质量),g;

Δt——温度改变量,℃。

失水率指试件单位质量的失水量,可按下式表示:

$$\alpha_w = \frac{\Delta w}{W} \times 100 \tag{7-4}$$

式中:α_w——失水率,%;

Δw——失水量,g;

W——试件质量,g。

1)无机结合料稳定材料的干缩特性

干缩性较大的无机结合料稳定类材料基层铺成后,在铺筑沥青面层前如果养生不当,很有可能产生干缩裂缝。例如,石灰土、水泥土或水泥石灰土基层碾压结束后,如果不及时养生或养生结束后未及时铺筑沥青封层或沥青面层,只要暴晒2~3d就可能出现干缩裂缝。而且随暴晒时间的增长,裂缝会越来越严重,将基层表面分割成数平方米大小的小块。即使是用干缩性相对较小的石灰粉煤灰稳定粒料和水泥稳定粒料铺筑的基层,在养生结束后,如暴晒时间过久,也会产生干缩裂缝。

干缩裂缝主要是横向裂缝,大部分间距是3~10m,也有少数纵向裂缝,缝的顶宽为0.5~3mm。这些裂缝会逐渐向上扩展,并引发沥青面层开裂,由这类方式形成的沥青面层的裂缝俗称为反射裂缝。因此,在铺筑沥青面层前,采取措施防止无机结合料稳定材料基层开裂十分重要。

引起无机结合料稳定材料干缩裂缝的主要因素有无机结合料稳定材料的组成及特性、路面面层的厚度及当地降雨量等。

在采用干缩性较大的无机结合料稳定材料作为沥青路面的基层时,如果沥青面层较薄而又处于较干旱地区,即使铺筑的沥青面层并未开裂,在路面使用过程中基层混合料的含水率仍能明显减少并产生干缩裂缝(先于沥青面层开裂),从而促使沥青面层开裂。试验证明,石灰土的干缩性特别严重,当失水量为2.5%左右时其干缩系数达到最大值,且干缩应变高达(1200~1500)$\times 10^{-6}$。在这样大的干缩应变下,石灰土必将开裂。反之,在采用干缩性小的无机结合料稳定材料作为沥青路面的基层时,如果施工碾压时的含水率适当,且能保护基层在铺筑沥青面层前不开裂,则在铺筑较厚沥青面层后,一般情况下基层不会先于沥青面层开裂。

另一方面,在潮湿多雨地区,较厚沥青面层下的无机结合料稳定材料往往能保持其含水率接近施工时的最佳含水率,因此能保持无机结合料稳定材料基层在铺筑沥青面层前不开裂。

就无机结合料稳定材料的干缩性而言,稳定细粒土的干缩系数大于稳定中粒土和稳定粗粒土的干缩系数。在稳定细粒土(如水泥土和石灰土)中,稳定塑性指数大的黏性土的干缩性系数大于稳定塑性指数小的粉性土或砂性土的干缩系数。此外,石灰粉煤灰土的干缩系数小于石灰土和水泥土的干缩系数。在稳定中粒土和粗粒土时,稳定粒料土的干缩系数大于稳定不含细土的粒料的干缩系数,而且细土的含量越多,混合料的干缩系数越大。

2)无机结合料稳定材料的温度收缩特性

无机结合料稳定材料基层内部的温度变化和温差会产生温度应力。在冬季,无机结合料稳定材料基层表面温度低,基层的顶部会产生拉应力;在春季,无机结合料稳定材料基层底部温度低(特别在薄沥青面层的情况下),在基层的底部可能产生拉应力。这种拉应力与行车荷载在基层底部产生的拉应力相结合,会促使基层底面开裂。因此,无机结合料稳定材料基层的温度收缩特性对沥青路面,特别是薄沥青面层的开裂有着重要的影响。

不同无机结合料稳定材料的温度收缩性质(简称温缩性)有很大差异。石灰土、水泥土和石灰粉煤灰土等稳定细粒土的温缩性(包括温缩系数和温缩应变)最大。一般情况下,如养生后能较及时地铺筑沥青面层,在正常温度下不会产生温缩裂缝。因为沥青面层,特别是较厚的沥青面层对无机结合料稳定材料基层有很好的隔温保护作用,使基层顶面受到的温度变化幅度明显小于沥青面层或暴露基层表面所受到的温度变化幅度。研究表明,在面层厚 10cm 的情况下,无机结合料稳定材料基层中的温度梯度可降低 40% 。这些都将明显减小无机结合料稳定材料基层顶部产生的温度拉应力。

此外,基层顶面的温度变化速度也较面层表面的温度变化速度要小,有利于基层材料中温度应力的松弛,但是,无机结合料稳定材料基层,即使是温缩性最小的水泥稳定粒料和石灰粉煤灰稳定粒料基层,较长时期暴露或在其上仅有一薄的沥青封层,会受到常温产生的温度应力的反复作用。此温度应力与基层顶面产生的干缩应力相结合,更容易引起无机结合料稳定材料基层开裂。

冰冻地区,特别在重冰冻地区,暴露的无机结合料稳定材料基层,容易受到负温度作用而开裂,温缩性大的基层材料更是如此。在冬季气温急剧降低时,半刚性基层会产生温度收缩,裂缝张开,很容易将沥青面层拉裂并形成反射裂缝,从而增加沥青面层的裂缝数。无机结合料稳定材料的刚性越大,铺筑无机结合料稳定材料基层时的温度与冬季温度之间的差别越大,无机结合料稳定材料基层就越容易产生温度裂缝,裂缝的间距也就越小,缝的开口也就越宽。此外,在冬季,暴露的温缩性大的无机结合料稳定材料层受到水和温度反复冻融的作用,其上层还容易冻坏变松。基层一旦开裂,在上面铺筑沥青面层后,就容易在沥青表面层内形成反射裂缝或对应裂缝。因此,在基层养生结束后,应迅速铺筑沥青面层。

无机结合料稳定材料基层一般在高温季节开始修建,成型初期基层内部含水率大,且尚未被沥青面层封闭,基层内部的水分必然要蒸发,从而发生由表及里的干燥收缩。同时,环境温度也存在昼夜温度差。所以,修建初期的无机结合料稳定材料基层同时受到干燥收缩和温度收缩的综合效果,但此时以干燥收缩为主。经过一定时期的养生,无机结合料稳定材料基层上铺筑沥青面层后,基层内相对湿度增大,使材料的含水率有所回升且趋于平衡,这时的无机结合料稳定材料基层以温度收缩为主。

7.3 无机结合料稳定混合料的组成材料要求

7.3.1 无机结合料的技术要求

1）水泥与添加剂

可选用强度等级32.5级或42.5级的普通硅酸盐水泥，但水泥的初凝时间应大于3h，终凝时间应大于6h且小于10h。水泥的其他技术指标应满足表4-9的要求。

根据材料情况与施工需要，水泥稳定类材料可以掺加缓凝剂或早强剂，宜达到施工时的技术要求。

2）石灰

石灰可以选用Ⅰ级、Ⅱ级、Ⅲ级生石灰和消石灰，其性能指标应满足表4-4的要求。高速公路和一级公路用石灰应不低于Ⅱ级要求，二级公路用石灰应不低于Ⅲ级要求。高速公路和一级公路基层，宜采用磨细的消石灰，二级以下公路使用等外石灰时，有效氧化钙含量应在20%以上，且混合料强度应满足要求。

3）粉煤灰等工业废渣

用于公路路面基层与底基层的石灰工业废渣稳定材料或综合稳定材料的粉煤灰较为宽泛，低钙与高钙粉煤灰、干排与湿排粉煤灰均可使用。作为路面基层与底基层的结合料，粉煤灰中SiO_2、$A1_2O_3$和Fe_2O_3的总含量应大于70%，烧失量应不超过20%，比表面积宜大于$2500cm^2/g$或$P_{0.3}$和$P_{0.075}$分别不应低于90%和70%。如果采用湿粉煤灰，其含水率不宜超过35%。

利用煤矸石、煤渣、高炉矿渣、钢渣及其他冶金矿渣等工业废渣时，使用前应崩解稳定，且应进行强度、收缩等试验用于评价混合料的性能。

7.3.2 集料的技术要求

1）粗集料

各种硬质岩石加工的碎石、天然砾石均可作为公路路面基层与底基层的粗集料。用作无机结合料稳定材料的粗集料，技术指标应满足表7-8的Ⅰ类规定，用作级配碎石的粗集料应满足表7-8的Ⅱ类规定。

粗集料的技术要求 表7-8

指标	层位	高速公路和一级公路				二级及二级以下公路	
		极重、特重交通		重、中、轻交通			
		Ⅰ类	Ⅱ类	Ⅰ类	Ⅱ类	Ⅰ类	Ⅱ类
压碎值（%）≤	基层	22[①]	22	26	26	35	30
	底基层	30	26	30	26	40	35
针片状颗粒含量（%）≤	基层	18	18	22	18	—	20
	底基层	—	20	—	20	—	20

续上表

指标	层位	高速公路和一级公路				二级及二级以下公路	
		极重、特重交通		重、中、轻交通			
		Ⅰ类	Ⅱ类	Ⅰ类	Ⅱ类	Ⅰ类	Ⅱ类
0.075mm 以下粉尘含量(%)≤	基层	1.2	1.2	2	2	—	—
	底基层	—	—	—	—	—	—
软石含量(%)≤	基层	3	3	5	5	—	—
	底基层	—	—	—	—	—	—

注:①花岗岩压碎值可放宽至25%。

路面基层与底基层用粗集料有11种规格(G1~G11),各规格的级配要求见表7-9。用作高速公路和一级公路极重、特重荷载等级的基层,4.75mm以上粗集料应采用单一粒径规格的集料;用作高速公路和一级公路底基层、二级及二级以下公路基层和底基层的被稳定砂砾应级配稳定、塑性指数不大于9,且应满足表7-8的要求。

粗集料规格要求 表7-9

规格名称	工程粒径(mm)	通过下列筛孔(mm)的质量百分率(%)									公称粒径(mm)
		53	37.5	31.5	26.5	19.0	13.2	9.5	4.75	2.36	
G1	20~40	100	90~100	—	—	0~10	0~5	—	—	—	19~37.5
G2	20~30	—	100	90~100	—	0~10	0~5	—	—	—	19~31.5
G3	20~25	—	—	100	90~100	0~10	0~5	—	—	—	19~26.5
G4	15~25	—	—	100	90~100	—	0~10	0~5	—	—	13.2~26.5
G5	15~20	—	—	—	100	90~100	0~10	0~5	—	—	13.2~19
G6	10~30	—	100	90~100	—	—	—	0~10	0~5	—	9.5~31.5
G7	10~25	—	—	100	90~100	—	—	0~10	0~5	—	9.5~26.5
G8	10~20	—	—	—	100	90~100	—	0~10	0~5	—	9.5~19
G9	10~15	—	—	—	—	100	90~100	0~10	0~5	—	9.5~13.2
G10	5~15	—	—	—	—	100	90~100	40~70	0~10	0~5	4.75~13.2
G11	5~10	—	—	—	—	—	100	90~100	0~10	0~5	4.75~9.5

粗集料的公称最大粒径为4.75~37.5mm。级配碎石或砂砾用作基层时,对于高速公路和一级公路,粗集料的公称最大粒径应不大于26.5mm;二级及二级以下公路,粗集料的公称最大粒径应不大于31.5mm。级配碎石或砂砾用作底基层时,公称最大粒径应不大于37.5mm。

用于级配碎石或砂砾的粗集料必须坚硬、洁净,不含有黏土块和有机质等有害杂质。高速公路基层用碎石,应采用反击破工艺加工。

2)细集料

路面基层与底基层用细集料应洁净、干燥、无风化、无杂质,并有适当的颗粒级配。细集料的技术要求见表7-10。

细集料的技术要求[1]　　表 7-10

指　　标	水泥稳定[2]	石灰稳定	石灰粉煤灰综合稳定	水泥粉煤灰综合稳定
颗粒分析	满足级配要求			
塑性指数[3]	≤17	适宜范围 15～20	适宜范围 12～20	—
有机质含量(%)	<2	≤10	≤10	<2
硫酸盐含量(%)	≤0.25	≤0.8	—	≤0.25

注:①适用于高速公路和一级公路用细集料的技术要求。

②水泥稳定包括含水泥石灰综合稳定。

③应测定 0.075mm 以下材料的塑性指数。

用于路面基层与底基层的细集料有 XG1(3～5mm)、XG2(0～3mm)、XG3(0～5mm)三种规格,各规格的级配要求见表 7-11。其中,XG1 应严格控制小于 2.36mm 的颗粒含量,XG2、XG3 应分别严格控制大于 2.36mm 和大于 4.75mm 的颗粒含量。高速公路和一级公路,细集料中小于 0.075mm 的颗粒含量应不大于 15%;二级及二级以下公路用细集料,小于 0.075mm 的颗粒含量应不大于 20%。

粗集料规格要求　　表 7-11

规格名称	工程粒径(mm)	通过下列筛孔(mm)的质量百分率(%)								公称粒径(mm)
		9.5	4.75	2.36	1.18	0.6	0.3	0.15	0.075	
XG1	3～5	100	90～100	0～15	0～5	—	—	—	—	2.36～4.75
XG2	0～3	—	100	90～100	—	—	—	—	0～15	0～2.36
XG3	0～5	100	90～100	—	—	—	—	—	0～20	0～4.75

水泥稳定煤矸石不宜用于高速公路和一级公路。工业废渣用作集料时,公称最大粒径应不大于 31.5mm,宜有一定的级配且不含杂质。

3)混合料的级配类型与设计要求

(1)级配类型与要求

用作路面基层与底基层的矿质混合料应具有良好的级配及技术性能,以适用不同公路等级与结构层次的技术要求。基层与底基层结构常用的混合料类型有水泥稳定材料、水泥稳定级配碎石(砾石)、石灰粉煤灰稳定级配碎石(砾石)、水泥粉煤灰稳定级配碎石(砾石)、未筛分碎石(砾石)及天然砾石、砾石土等,适宜的级配选取类型见表 7-12。我国目前最多采用的公路结构中,以水泥稳定级配碎石(砾石)作为路面基层与底基层最为普遍,表 7-13 中给出了水泥稳定级配碎石(砾石)的推荐级配。

混合料级配类型选取　　表 7-12

类　　别	公路等级与结构层次			
	高速公路和一级公路的基层	高速公路和一级公路的底基层	二级及二级以下公路的基层	二级及二级以下公路的底基层
水泥稳定材料	—	C-A-1、C-A-2	C-A-1、C-A-3	C-A-4
水泥稳定级配碎石或砾石	C-B-1、C-B-2[1]、C-B-3[2]	C-B-1、C-B-3[2]	C-C-1、C-C-2、C-C-3、C-B-3[3]	C-C-1

续上表

类别		公路等级与结构层次			
		高速公路和一级公路的基层	高速公路和一级公路的底基层	二级及二级以下公路的基层	二级及二级以下公路的底基层
石灰粉煤灰稳定材料	级配碎石	LF-A-2S	LF-A-1S、LF-A-2S③	LF-B-2S	LF-B-1S、LF-B-2S③
	级配砾石	LF-A-2L	LF-A-1L LF-A-2L③	LF-B-2L	LF-B-1L、LF-B-2L③
水泥粉煤灰稳定材料	级配碎石	CF-A-2S	CF-A-1S、CF-A-2S③	CF-B-2S	CF-B-1S、CF-B-2S③
	级配砾石	CF-A-2L	CF-A-1L CF-A-2L③	CF-B-2L	CF-B-1L、CF-B-2L③
级配碎石		G-A-4、G-A-5	G-A-3、G-A-4	G-A-1、G-A-2	G-A-1、G-A-2
未筛分碎石(砾石)		—	—	—	G-B-1、G-B-2
天然砾石、砾石土		—	—	—	+④

注:①贫混凝土级配宜采用 C-B-1、C-B-2。

②当 C-B-3 混合料密实时,也可以用作高速公路的基层或底基层。

③适应于极重、特重交通荷载等级的相应级配类型。

④“+”表示天然砾石、砾石土仅可用于二级及二级以下公路的底基层。

水泥稳定级配碎石或砾石的推荐级配 表 7-13

筛孔尺寸(mm)	高速公路和一级公路			二级及二级以下公路		
	C-B-1	C-B-2	C-B-3	C-C-1	C-C-2	C-C-3
37.5	—	—	—	100	—	—
31.5	—	—	100	100 ~ 90	100	—
26.5	100	—	—	94 ~ 81	100 ~ 90	100
19	86 ~ 82	100	68 ~ 86	83 ~ 67	87 ~ 73	100 ~ 90
16	79 ~ 73	93 ~ 88	—	78 ~ 61	82 ~ 65	92 ~ 79
13.2	72 ~ 65	86 ~ 76	—	73 ~ 54	75 ~ 58	83 ~ 67
9.5	62 ~ 53	72 ~ 59	38 ~ 58	64 ~ 45	66 ~ 47	71 ~ 52
4.75	45 ~ 35	45 ~ 35	22 ~ 32	50 ~ 30	50 ~ 30	50 ~ 30
2.36	31 ~ 22	31 ~ 22	16 ~ 28	36 ~ 19	36 ~ 19	36 ~ 19
1.18	22 ~ 13	22 ~ 13	—	26 ~ 12	26 ~ 12	26 ~ 12
0.6	15 ~ 8	15 ~ 8	8 ~ 15	19 ~ 8	19 ~ 8	19 ~ 8
0.3	10 ~ 5	10 ~ 5	—	14 ~ 5	14 ~ 5	14 ~ 5
0.15	7 ~ 3	7 ~ 3	—	10 ~ 3	10 ~ 3	10 ~ 3
0.075	5 ~ 2	5 ~ 2	0 ~ 3	7 ~ 2	7 ~ 2	7 ~ 2

(2)材料分档与掺配

为使混合料达到良好的级配,无机结合料稳定混合料应按照一定的要求进行材料分档,并采用矿质混合料的组配设计方法进行掺配。用于高速公路和一级公路基层,对于极重、特重交通荷载,可选择不少于5档规格的集料备料,对于重、中、轻交通荷载,可选择不少于4档备料;

用于高速公路和一级公路底基层,对于极重、特重交通荷载,可选择不少于4档备料,对于重、中、轻交通荷载,可选择不少于3档备料。二级及二级以下公路基层和底基层的无机结合料稳定混合料,可选择不少于3档备料;级配碎石或砂砾应采用不少于4种规格的集料掺配。选择掺配的集料规格取决于粗集料的公称最大粒径。

(3)级配曲线设计要求

①应选择不少于4条级配曲线,对混合料组配的目标级配曲线进行优化设计,且宜采用间断级配设计,已达到骨架—密实结构。

②选定目标级配曲线后,应进行筛分确定平均筛分曲线及相应的变异系数,并按2倍标准差确定级配波动范围。

③三个关键控制点:粗集料间断级配宜以级配的公称最大粒径及其通过率、4.7mm及其通过率、0.075mm及其通过率作为关键控制点。

④合成目标级配曲线与性能验证:

a.按确定的目标级配,根据各档材料的平均筛分曲线,确定其使用比例,得到混合料的合成级配;

b.根据合成级配,进行混合料重型击实试验和7d龄期无侧限抗压强度试验,以验证混合料性能;

c.根据已确定的各档材料级配的波动范围,计算实际生产中混合料的级配波动范围,并应针对此波动范围的上下限验证性能。

当采用级配碎石作为路面基层、底基层结构层材料时,级配设计中还应结合CBR强度试验和模量试验,且应选择CBR强度最高的级配作为工程使用的目标级配,并确定相应的最佳含水率。

7.3.3 水的技术要求

与水泥混凝土拌和用水的要求相同,符合《生活饮用水卫生标准》(GB 5749—2006)的水可直接作为基层、底基层材料的拌和用水与养生用水。若采用非饮用水,则应对水质进行检验,水的pH,Cl^-、SO_4^{2-}、碱含量,可溶物含量、不溶物含量及其他杂质均应符合《混凝土用水标准》(JGJ 63—2006)的规定。养生用水可不检验水中的不溶物含量。

7.4 无机结合料稳定材料的配合比设计

7.4.1 无机结合料稳定材料的配合比设计规定

1)配合比设计目标

按照无机结合料稳定材料的设计要求,设计选取技术经济合理的混合料类型和配合比。

2)配合比设计内容

无机结合料稳定材料的组成设计包括四部分内容:原材料检验、混合料的目标配合比设计、生产配合比设计和施工参数确定。

(1)原材料检验

原材料检验包括结合料、被稳定材料及其他相关材料的试验,所有检验指标均应满足相关设计标准或技术文件的要求。

(2)目标配合比设计

选择级配范围,确定结合料类型及掺配比例,验证混合料相关的设计及施工技术指标是无机结合料稳定材料目标配合比设计的主要内容。

(3)生产配合比设计

无机结合料稳定材料的生产配合比设计内容包含四个方面:确定料仓供料比例,确定水泥稳定材料的容许延迟时间,确定结合料剂量的标定曲线,确定混合料的最佳含水率和最大干密度。

(4)施工参数确定

施工参数确定内容有:确定施工中结合料的剂量,确定施工合理含水率及最大干密度,验证混合料强度技术指标。

3)无机结合料剂量

无机结合料剂量是指采用外掺法,其干质量占被稳定材料干质量的百分率。计算与表示方法如下:

水泥(石灰)剂量=水泥(石灰)质量/干被稳定材料质量,以%计。

石灰工业废渣混合料=石灰工业废渣总质量/被稳定材料质量,以%计,表示为石灰:工业废渣:被稳定材料(质量比)。

7.4.2 无机结合料稳定材料的配合比设计步骤

无机结合料稳定材料的配合比设计流程大致包括六个环节:首先根据公路等级、交通荷载等级、结构形式、材料类型等因素确定材料的技术要求,再结合当地的材料特点,选取和确定稳定材料,然后按照设计要求,进行原材料检验、混合料的目标配合比设计、生产配合比设计和施工参数确定。下面以水泥稳定材料的配合比设计为例,介绍配合比设计的主要步骤如下:

1)目标配合比设计

(1)取样。从沿线料场或计划使用的远运料场选取有代表性的试料。

(2)配制混合料。制备同一种试料、不同结合料剂量(一般为5种)的混合料。通常按照经验或规范推荐的方法确定结合料的掺加剂量。水泥剂量范围较宽(一般为3%~16%),可根据水泥稳定材料的种类、路面结构层次和重交通荷载等级,实际调整水泥剂量掺加范围。水泥稳定材料配合比试验推荐水泥剂量见表7-14。

水泥稳定材料配合比试验推荐水泥剂量选用表 表7-14

被稳定材料	条件		石灰(或水泥)剂量(%)
有级配的碎石或砾石	基层	$R_d \geq 5.0MPa$	5、6、7、8、9
		$R_d < 5.0MPa$	3、4、5、6、7
土、砂、石屑等		$I_P < 12$	5、7、9、11、13
		$I_P \geq 12$	8、10、12、14、16
有级配的碎石或砾石	底基层	—	3、4、5、6、7
土、砂、石屑等		$I_P < 12$	6、8、10、12、14
		$I_P \geq 12$	4、6、7、8、9
碾压贫混凝土	基层	—	7、8.5、10、11.5、13

对于石灰稳定材料的配合比设计，确定石灰剂量掺加范围应较水泥剂量适当增大。石灰(或水泥)粉煤灰稳定材料配合比设计中，确定石灰(或水泥)粉煤灰与被稳定材料之间的比例后，还应确定石灰(或水泥)与粉煤灰之间的用量比例。

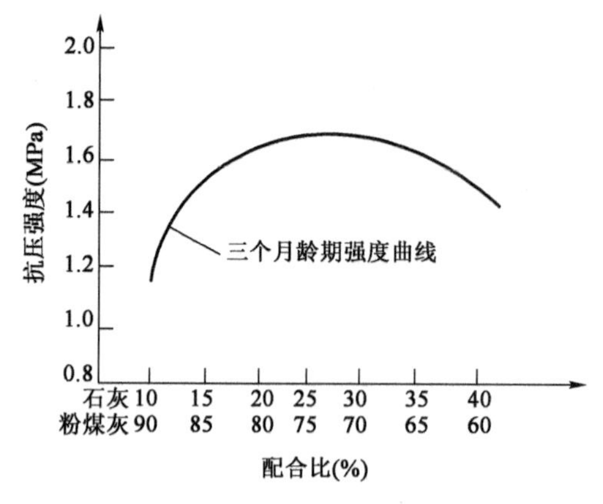

图7-2 石灰粉煤灰配合比对混合料强度的影响

试验研究表明，石灰与粉煤灰的比例在1:2～1:4范围内稳定效果较好。图7-2为三个月龄期的石灰粉煤灰混合料的强度与配合比的关系曲线，由图可以看出，石灰粉煤灰混合料的强度随石灰与粉煤灰配合比的变化具有一定的变化规律，在某一配合比范围内其强度最大，超出这一范围，强度则逐渐减小。石灰与粉煤灰的比例大致在1:2～1:4范围时，石灰粉煤灰混合料的强度最大。试验同时表明，石灰粉煤灰混合料7d的强度与配合比的关系曲线具有相同的性质。考虑到质量和经济因素，石灰与粉煤灰的比例多选用1:3或1:4。

石灰(或水泥)粉煤灰稳定材料常用类型的推荐比例见表7-15。

常用石灰(或水泥)粉煤灰稳定材料配合比试验的推荐比例 表7-15

材料类型	材料名称	使用层位	结合料间比例	结合料:被稳定材料
石灰粉煤灰稳定材料	石灰粉煤灰土	基层或底基层	石灰:粉煤灰 = 1:2～1:4	石灰粉煤灰:细粒材料 = 30:70～10:90
	石灰粉煤灰稳定级配碎石或砂砾	基层	石灰:粉煤灰 = 1:2～1:4	石灰粉煤灰:细粒材料 = 20:80～15:85
水泥粉煤灰稳定材料	水泥粉煤灰土	基层或底基层	水泥:粉煤灰 = 1:3～1:5	水泥粉煤灰:细粒材料 = 30:70～10:90
	水泥粉煤灰稳定级配碎石或砂砾	基层	水泥:粉煤灰 = 1:3～1:5	水泥粉煤灰:细粒材料 = 20:80～15:85

当采用水泥石灰综合稳定时，若水泥用量占结合料总量不小于30%，应按水泥稳定材料进行组成设计，水泥和石灰的比例宜取60:40、50:50、40:60；若水泥用量占结合料总量小于30%，应按石灰稳定材料设计。

(3)采用重型击实(或振动压实)试验，确定各种混合料的最佳含水率和最大干密度。通常至少进行三组不同结合料剂量混合料的击实试验，即最小剂量、中间剂量和最大剂量。其他两种剂量混合料的最佳含水率和最大干密度，用内插法确定。

(4)按最佳含水率和计算所得的干密度(按规定的现场压实度计算)制备试件。制备一个试件所需混合料的质量按式(7-5)计算：

$$m_0 = V\rho_{max}(1 + w_{opt})\gamma \tag{7-5}$$

式中：m_0——单个试件的标准质量，g；

V——试模的体积，cm^3；

ρ_{max}——混合料最大干密度，g/cm^3；

w_{opt}——混合料最佳含水率，%；

γ——混合料压实度标准,%。

试验时,作为平行试验的最少试件数量应符合表7-16的规定。

平行试验的最少试件数量 表7-16

稳定材料类型	试件尺寸(mm)	偏差系数		
		≤6%	≤10%	≤15%
细粒材料	$\phi50\times50$	6	9	—
中粒材料	$\phi100\times100$	6	9	13
粗粒材料	$\phi150\times150$	—	9	13

(5)试件在标准养生(温度20℃±2℃,湿度≥90%)条件下,保湿养生6d,浸水1d,然后进行无侧限抗压强度试验。

(6)根据材料的强度标准,选定合适的结合料剂量。对此剂量的试件,计算室内无侧限抗压强度试验结果的平均值$\overline{R}$,并按式(7-6)计算强度代表值R_d^0。

$$R_d^0 = \overline{R}\cdot(1 - Z_\alpha C_V) \tag{7-6}$$

式中:$\overline{R}$——一组试验的强度平均值,MPa;

C_V——一组试验的强度变异系数;

Z_α——标准正态分布表中,随保证率(或置信度α)而变的系数。对于高速公路和一级公路应取保证率为95%,相应$Z_\alpha=1.645$;二级及二级以下公路,应取保证率为90%,相应$Z_\alpha=1.282$。

(7)强度评定,确定符合强度要求的水泥剂量。计算强度代表值R_d^0应不小于配合比设计选定的强度标准值R_d,即式(7-7)。当$R_d^0<R_d$时,应重新进行配合比试验。

$$R_d^0 \geqslant R_d \tag{7-7}$$

(8)确定合成级配波动范围,并验证合成级配,级配范围上、下限混合料的技术性能(包括7d龄期无侧限抗压强度、90d或180d龄期弯拉强度和抗压回弹模量)。

(9)用于基层的无机结合料稳定材料,应进行冲刷性能与抗裂性能检验。

2)生产配合比设计

(1)对目标配合比确定的集料各档比例,进行拌和设备调试与标定,确定合理的生产参数。

拌和设备调试与标定内容包括料斗称量精度的标定、结合料剂量的标定和拌和设备加水量的控制等,并通过绘制EDTA标准曲线(不少于5个点)标定无机结合料剂量,设定相应的称量装置,调整各料仓进料速度等环节进行质量控制。

(2)按设定好的施工参数进行第一阶段试生产,验证生产级配。不满足要求时,应进一步进行施工参数调整。

(3)对水泥(粉煤灰)稳定材料,应进行不同成型时间条件下的混合料强度试验,绘制相应的延迟时间曲线,并根据设计要求确定容许延迟时间。

(4)应在第一阶段试生产试验的基础上,进行第二阶段试验。对不同结合料剂量、含水率的混合料试拌与试验,通过测定实际含水率,确定施工过程中水流量计的设定范围;通过测量实际结合料剂量,确定施工过程中结合料掺加的相关技术参数;通过击实试验,确定结合料剂量变化、含水率变化对混合料最大干密度的影响;通过无侧限抗压强度的测定,确定材料的实际强度水平和拌和工艺的变异水平。

3)生产参数的确定

确定结合料剂量、含水率、最大干密度等生产参数,应综合考虑无机结合料稳定材料的施工拌和方式、施工气候条件等影响因素,按表7-17进行参数调整。

生产参数的确定与调整要求　　表7-17

<table>
<tr><th>工地实际指标</th><th>调整总则</th><th colspan="2">影响因素</th><th>调整方法</th></tr>
<tr><td rowspan="2">水泥剂量</td><td rowspan="2">应比室内试验确定的剂量多0.5%~1.0%</td><td rowspan="2">施工拌和方式</td><td>集中厂拌法</td><td>可只增加0.5%</td></tr>
<tr><td>路拌法</td><td>宜增加1%</td></tr>
<tr><td rowspan="2">含水率</td><td rowspan="2">应比室内试验确定的最佳含水率增加0.5%~2%</td><td rowspan="2">稳定材料类型</td><td>水泥稳定材料</td><td>可增加0.5%~1.5%</td></tr>
<tr><td>其他稳定材料</td><td>可增加1%~2%</td></tr>
<tr><td>最大干密度</td><td>以最终合成级配击实试验的结果为标准</td><td colspan="2">工地实际含水率</td><td>—</td></tr>
</table>

【例7-1】 水泥稳定碎石混合料配合比设计工程示例

某山区高等级公路采用水泥稳定碎石路面基层,试按现行技术规范所要求的方法进行水泥稳定碎石混合料的配合比设计。

1)设计资料

(1)山区二级公路,路线所经地区属暖温带气候,基层拟采用30cm厚水泥稳定碎石,7d无侧限抗压强度要求值4.0MPa。

(2)水泥要求以P·O42.5级慢凝(要求终凝时间宜在6h以上)普通硅酸盐水泥为宜;碎石集料压碎值不大于26%,碎石集料级配应符合表7-9规定的级配要求。

(3)施工时混合料采用厂拌,铺筑现场采用摊铺机摊铺,分两层碾压成型,下层厚度18cm,上层厚度12cm,压实度指标按98%控制。

2)设计步骤

(1)原材料检验及选定

①水泥。当地可供应P·O 42.5级慢凝水泥,经检验各项技术指标均满足有关规范的要求,可以采用。其主要技术指标试验结果列入表7-18中。

水泥材料试验结果汇总表　　表7-18

<table>
<tr><th colspan="2">检验项目</th><th>规定值</th><th>检验结果</th></tr>
<tr><td colspan="2">细度(m^2/kg)</td><td>>300</td><td>320</td></tr>
<tr><td colspan="2">安定性</td><td>合格</td><td>合格</td></tr>
<tr><td colspan="2">初凝时间(min)</td><td>≥45</td><td>2h 50min</td></tr>
<tr><td colspan="2">终凝时间(h)</td><td>≤10</td><td>6h 46min</td></tr>
<tr><td rowspan="2">抗压强度(MPa)</td><td>3d</td><td>≥17.0</td><td>19.2</td></tr>
<tr><td>28d</td><td>≥42.5</td><td>45.8</td></tr>
<tr><td rowspan="2">抗折强度(MPa)</td><td>3d</td><td>≥3.5</td><td>3.9</td></tr>
<tr><td>28d</td><td>≥6.5</td><td>6.7</td></tr>
</table>

②碎石。当地某石料场可提供10~30mm碎石、5~10mm碎石和小于5mm的石屑,碎石集料压碎值分别为27.0%、25.3%和26.8%。对三种碎石材料进行筛分试验,根据筛分结果通过试算组配混合料,经计算混合料级配满足C-C-2的设计要求,可采用。计算结果见表7-19。

矿质混合料配合比例计算表 表 7-19

筛孔(mm)	集料筛分结果(通过百分率)(%)						合成级配(%)	级配要求值	
	10~30mm 碎石		5~10mm 碎石		<5mm 石屑			中值	范围
	100%	20%	100%	45%	100%	35%			
31.5	100.0	20.0	100.0	45.0	100.0	35.0	100	100	100
19.0	34.8	7.0	100.0	45.0	100.0	35.0	87.0	80	73~87
9.5	1.5	0.3	65.4	29.4	100.0	35.0	64.7	56.5	47~66
4.75	1.1	0.2	5.9	2.7	97.8	34.2	37.1	40	30~50
2.36	0	0	0.7	0.3	78	27.3	27.6	27.5	19~36
0.60	—	—	0	0	32.5	11.4	11.4	13.5	8~19
0.075	—	—	—	—	13.7	4.8	4.8	4.5	2~7

碎石材料的风干含水率实测值为0.42%,在此例计算中碎石的含水率按零计。

(2)确定水泥剂量的掺配范围

水泥稳定级配碎石路面基层,设计要求7d无侧限饱水抗压强度不小于4.0MPa,根据经验水泥剂量按外掺4%、5%、6%、7%四种比例配制混合料。

(3)确定最佳含水率和最大干密度

对四种不同剂量的混合料做标准击实试验,确定出最大干密度和最佳含水率如表7-20所示。

混合料标准击实试验结果表 表 7-20

水泥剂量(%)	4	5	6	7
最佳含水率(%)	5.9	6.0	6.2	6.4
最大干密度(g/cm^3)	2.325	2.330	2.335	2.340

(4)测定7d无侧限抗压强度

①制作试件。

对水泥稳定碎石路面基层混合料强度试件的制备,按现行技术规范规定采用ϕ150mm×150mm的圆柱体试件,每种水泥剂量按13个试件配制,工地压实度按98%控制,现将制备试件所需的基本参数计算如下(以水泥剂量为4%为例):

a.制备一个试件所需要混合料的数量。

$$m_0 = V\rho_{max}(1 + w_{opt})\gamma$$

$$= \frac{\pi \times 15^2}{4} \times 15 \times 2.325 \times (1 + 5.9\%) \times 98\% = 6390.0(g)$$

b.配制一种水泥剂量一个试件所需要的各种原材料数量。

考虑损失,成型一个试件按7000g混合料配制,取水泥和碎石材料的含水率为0,计算水泥剂量为4%的各种材料数量:

$$水泥:7000 \times \frac{4}{100 + 4} = 269.2(g)$$

$$集料:7000 \times \frac{100}{100 + 4} = 6730.8(g)$$

$$需加水量:7000 \times 5.9\% = 413.0(g)$$

c. 用同样的方法对水泥剂量为5%、6%和7%的混合料制件参数进行计算，计算结果列入表7-21。

混合料试件计算结果表　　　　表7-21

水泥剂量(%)			4	5	6	7
试件干密度($\rho_{max}\cdot\gamma$)(g/cm^3)			2.279	2.283	2.288	2.293
一个试件所需要材料数量(g)	水泥		269	333	396	458
	碎石	10~30(20%)	1346	1333	1321	1308
		5~10(45%)	3029	3000	2972	2944
		<5(35%)	2356	2333	2311	2290
	需加水量		413	420	434	448
一个试件混合料数量			6390	6404	6417	6431

②测定无侧限抗压强度。

试件经6d标准养生，1d浸水，按规定方法测得7d饱水无侧限抗压强度结果见表7-22。

无侧限抗压强度试验结果汇总表　　　　表7-22

水泥剂量(%)	4	5	6	7
强度平均值$\overline{R}$(MPa)	3.92	4.13	5.75	6.48
强度标准差S(MPa)	0.410	0.426	0.561	0.728
强度变异系数C_v(%)	10.5	10.6	9.8	11.2
$R_d^0=\overline{R}(1-1.282C_v)$(MPa)	3.39	3.57	5.03	5.55
结果评定：$R_d^0\geq R_d$	否	否	是	是

(5)确定试验室目标配合比

如表7-22所示，通过计算判定，水泥剂量为6%和7%时，强度均能满足指标要求。从工程经济性考虑，6%的水泥剂量为满足强度指标要求的最小水泥剂量，可作为最佳水泥剂量。则试验室配合比为：

水泥：集料=6:100，混合料的最佳含水率为6.2%，最大干密度为2.335g/cm^3，施工时按压实度98%控制。

(6)确定生产配合比及参数

根据施工现场情况，对试验室确定的配合比进行调整，对集中厂拌法施工，水泥剂量要增加0.5%，含水率要较最佳含水率增大0.5%~1.5%。所以经调整后得到的生产配合比为：

水泥：集料=6.5:100，混合料含水率7.0%，最大干密度为2.338g/cm^3，施工时压实度按98%控制。

本例在配合比计算时对集料含水率忽略不计，但在工地施工时集料的含水率不能忽略不计，在施工时可根据具体情况对上述生产配合比进行调整，得出最终的施工配合比。

【创新漫谈】

大粒径沥青混合料柔性基层

目前无机结合料稳定材料作为沥青路面半刚性基层在高速公路中得到广泛应用。从理论上讲它是一种比较理想的结构,不仅具有很高的强度和抗冲刷能力,还可以充分利用当地资源和工业废渣,有利于环保,节省工程造价。我国在修建半刚性基层沥青路面方面已积累了丰富的经验,但是半刚性路面基层也存在有不可忽视的弊病,受水和温度的影响较大,易产生干缩裂缝和温度裂缝,不仅影响路面的外观,而且给水浸入路基提供了通道,从而降低路面的耐久性,这就由此引出了柔性基层。

柔性基层的设计思路来自美国,它与半刚性基层相比,具有结构整体水密性好,不易产生裂缝的优势。柔性基层路面通常有两种典型结构:一类是以级配碎石作为下基层,以沥青混合料作上基层,沥青层的总厚度较厚;另一类是在半刚性基层上先铺筑柔性过渡基层,然后铺筑沥青面层。柔性基层一般采用沥青稳定碎石等黏弹性材料,韧性好,有一定的自愈能力。试验证明,采用沥青稳定基层对反射裂缝有较好的抑制作用,基本不出现结构性车辙问题。通过路面使用周期寿命分析表明,采用沥青稳定基层其经济性优于目前通用的半刚性基层。

1)大粒径沥青混合料

大粒径沥青混合料(Large Stone Asphalt Mixes,简称 LSAM),一般是指含有矿料的最大粒径在25~63mm之间的热拌热铺沥青混合料。

根据国内外研究成果和实践表明,大粒径沥青混凝土具有以下四个方面的优点:

(1)级配良好的 LSAM 可以抵抗较大的塑性和剪切变形,承受重载交通的作用,具有较好的抗车辙能力,提高了沥青路面的高温稳定性;特别对于低速、重车路段,需要的持荷时间较长时,设计良好的 LSAM 与传统沥青混合料相比,显示出十分明显的抗永久变形能力。

(2)大粒径集料的增多和矿粉用量的减少,使得在不减少沥青膜厚度的前提下,减少了沥青总用量,从而降低工程造价。

(3)可一次性摊铺较大的厚度,缩短工期。

(4)沥青层内部储温能力强,热量不易散失,利于寒冷季节施工,延长施工期。

根据大粒径沥青混合料的结构和使用功能不同,目前常用的种类有:大粒径沥青混凝土混合料、大粒径透水式沥青混合料、沥青稳定碎石混合料、沥青碎石混合料。

设计良好的 LSAM 应该是粗骨料间能形成相互嵌挤,并由细集料、矿粉及沥青密实填充。但从现阶段我国的施工水平来看,要想达到完全紧排骨架结构还有一定的难度,但达到松排骨架结构相对要容易一些。如果从能够适用较广的应用范围和易于施工角度出发,为获得综合路用性能良好的沥青混合料,设计一种松排骨架密实结构,使其在发挥骨架作用的同时,也不降低沥青混合料的其他路用性能,是值得深入研究的。

2)大粒径透水性沥青混合料

作为 LSAM 的一种,大粒径透水性沥青混合料通常用作路面结构中的基层。大粒径透水性沥青混合料(Large Stone Porous Asphalt Mixes,简称 LSPM)是指混合料公称最大粒径大于26.5mm,具有一定空隙率,能够将水分自由排出路面结构的沥青混合料。由于大粒径透水性沥青混合料是一种新型的柔性基层材料,从设计理念、级配组成、施工工艺到质量标准均有别于普通沥青混合料,目前尚无系统的方法直接使用。山东省公路局几年前开展了这方面的课题,组织编写了《大粒径透水性沥青混合料柔性基层设计与施工指南》。2001 年自第一条大粒径透水性沥青混合料柔性基层试验路建成通车以来,这种结构已陆续在各地路网改建、高速公路的大修及新建高速公路等多项工程中成功使用。大粒径透水性沥青混合料柔性基层的应用,经历了从认识到研究,从研究到实践的长期应用研究和实践验证的过程,基本上形成了一个相对完整的体系。该结构层的应用,目前已在促进山东道路的健康发展上初见成效。

LSPM 除了大粒径沥青混凝土具有的优点外还有以下优势:

(1)LSPM 具有较高的水稳定性和良好的排水功能,可以兼有路面排水层的功能。

(2)由于 LSPM 有着较大的粒径和较大的空隙,可以有效地减少反射裂缝。

(3)在大修改建工程中,可大大缩短封闭交通时间,社会经济效益显著。

LSPM 的结构特点:

LSPM 是一种骨架型沥青混合料,由较大粒径(25 ~ 62mm)的单粒径集料形成骨架,一定量的细集料形成填充。LSPM 设计可采用半开级配或开级配,有着良好的排水效果,通常为开级配(空隙率为 13% ~18%)。

LSPM 既不同于一般的沥青处治碎石混合料(ATPB)基层,也不同于密级配沥青稳定碎石混合料(ATB)。沥青处治碎石(ATPB)的粗集料形成了骨架嵌挤,但基本上没有细集料的填充,因此空隙率很大,一般大于 18%,具有非常好的透水效果,但由于没有细集料填充,空隙率过大导致混合料耐久性较差。密级配沥青稳定碎石混合料(ATB)也具有良好的骨架结构,空隙率一般在 3% ~6%,因此不具备排水性能。LSPM 级配经过严格设计,形成了单一粒径骨架嵌挤,并且采用少量细集料进行填充,提高了混合料的模量与耐久性,在满足排水要求的前提下适当降低混合料的空隙率,其空隙率一般为 13% ~18%。因此 LSPM 既具有良好的排水性能,又具有较高的模量与耐久性。

LSPM 也具有一定的缺点,即疲劳性能较密级配沥青混合料低,这需要通过良好的混合料设计与结构设计来改善这一性质。

习　题

7-1　无机结合料稳定材料可以分为哪几类?各种类的路用性能有何不同?

7-2　无机结合料稳定材料的强度有何特点?在工程应用中应该注意哪些问题?

7-3　水泥稳定材料与石灰粉煤灰稳定材料干缩的特点有何区别?

7-4　试叙述石灰粉煤灰稳定材料配合比设计的过程。

7-5　试分析水泥稳定材料与石灰粉煤灰稳定材料早期强度的特点?

7-6　某山岭区二级公路路面基层拟采用石灰碎石土,试设计满足要求的石灰土碎石混合料的配合比。

[设计资料]

(1)二级公路路面基层采用 20cm 厚石灰碎石土,设计文件要求 7d 无侧限饱水抗压强度值为 0.8MPa。

(2)可供材料:

①石灰:要求采用Ⅲ级以上的生石灰或Ⅱ级以上消石灰;

②粉煤灰:要求活性氧化物(SiO_2、Al_2O_3 和 Fe_2O_3)的总含量应大于70%,烧失量不应超过20%;

③碎石:最大粒径不应超过31.5mm,其颗粒级配应良好,集料压碎值不大于30%;

④水:要求为人畜饮用水。

(3)试验结果。

试验室选择8%、10%、12%、14%四种石灰剂量进行试验,测得7d无侧限抗压强度值如表7-23所示。

不同剂量的石灰土碎石7d无侧限抗压强度试验结果(单位:MPa)　　表7-23

石灰剂量(%)	试件个数								
	1	2	3	4	5	6	7	8	9
8	0.74	0.77	0.72	0.80	0.78	0.68	0.70	0.72	0.75
10	0.85	0.88	0.85	0.83	0.80	0.78	0.85	0.90	0.92
12	0.98	0.94	1.06	0.98	0.92	0.96	0.97	1.02	0.98
14	1.13	1.14	1.12	1.08	1.16	1.07	1.15	1.17	1.12

(4)施工时混合料采用厂拌,现场平地机整平,20cm厚摊铺碾压一层成型,碾压时压实度按97%控制。

第 8 章　合成高分子材料

学习指导

本章主要讲述了高分子材料的概念、性能特点及主要高分子材料的品种。通过学习，学生应掌握高聚物、塑料、黏结剂的概念、组成和特性等知识点，了解土木工程中常用高分子材料。

高分子科学的概念形成较晚，但高分子材料的出现、发展却几乎伴随了人类文明的全部历史。纵观高分子材料的发展，大体可分为以下四个阶段：

7 千年前至 19 世纪中叶，为人类使用天然高分子材料阶段。这一时期的高分子材料有大漆及其制品、蚕丝及织物、麻、棉、羊皮、羊毛、纸、桐油等。

19 世纪中叶至 20 世纪 20 年代，人类对天然高分子材料进行了化学改性，为研制新材料阶段。这一时期人类首次研制出合成高分子材料（酚醛树脂），继而还研制出了硫化橡胶、赛璐珞（硝化纤维塑料）、人造丝、纤维素黏胶丝、酚醛树脂清漆和电木等。

20 世纪 30 年代至 60 年代，是人类大量研制新合成高分子材料阶段。在这一阶段，诞生了高分子科学的概念，并随着研究力量的投入，出现了大批通用高分子材料，如顺丁、丁苯、丁纳等合成橡胶，尼龙 66、聚酯（PET）、聚丙烯腈等合成纤维，聚氯乙烯、聚乙烯、聚丙烯、聚苯乙烯、聚碳酸酯、聚酰亚胺、有机硅、有机氟、杂环高分子等塑料和树脂等。

从 20 世纪 60 年代至今，是人类对高分子材料极大普及和扩展阶段。这一阶段，聚合物的生产价格更为低廉，从而使高分子材料渗透到了国民经济及人类生活的各个方面，使高分子材料成为人类社会继金属材料、无机材料之后的第三大材料。

目前，常见的合成高分子材料有：塑料、橡胶、合成纤维以及某些黏结剂、涂料等。

8.1　高聚物的基本概念

由许多结构和组成相同的单元通过共价键连接而成的大分子称为高分子化合物，又常简称为高聚物或聚合物。

高分子化合物一般是由一种或几种小分子化合物（称为单体）通过化学聚合反应，以共价键方式组成的。以高分子化合物为主要成分的材料称为高分子材料或聚合物材料。

8.1.1　单体、链节、聚合度

1）单体

高分子聚合物的分子量很大，原子数目较多。但其化学组成却存在着一定的规律性，一般是由一种或几种简单的低分子化合物通过聚合反应，以重复的方式相连而得，因此，它的化学组成并不复杂。通过相互反应生成高分子的化合物称为单体。例如，聚乙烯是通过乙烯分子

的重复连接得到的,其反应过程如下式:

$$n[CH_2=CH_2] \longrightarrow \text{+}CH_2—CH_2\text{+}_n \tag{8-1}$$

2)链节

聚合物大分子链中的重复结构单元称为链节。例如上式中,$\text{+}CH_2—CH_2\text{+}$可看作聚乙烯大分子链中的重复结构单元,则$\text{+}CH_2—CH_2\text{+}$即为聚乙烯分子链的链节。

3)聚合度

聚合物大分子链中链节的重复次数称为聚合度。如式(8-1),聚乙烯$\text{+}CH_2—CH_2\text{+}_n$的$n$表示聚合度。

聚合度越大,链节数越多,分子链越长,聚合度在1.0×10^3以上的聚合物可称为高聚物。

8.1.2 高聚物的形成

1)加聚反应

加聚反应是由一种或一种以上的低分子单体化合物经加成聚合反应生成大分子链的过程,如式(8-1)所示的反应过程。

按参加加聚反应的单体的种类,加聚反应可分为均聚反应和共聚反应两种。

均聚反应是指同一种单体进行的加聚反应,得到的聚合物称为均聚物,其分子链结构一般为线型的,如聚乙烯、聚氯乙烯、聚苯乙烯等。

共聚反应是指两种或两种以上的单体进行的加聚反应,得到的聚合物称为共聚物。共聚物的性能取决于形成共聚物大分子链的两种(或多种)单体的性质、相对数量及其排列方式。聚合物的性质常常可通过引入另一个单体形成共聚物得到改善。如氯乙烯—乙烯乙酸酯无规共聚物、顺丁烯二酸酐—1,2—二苯乙烯交替共聚物、苯乙烯—丁二烯嵌段共聚物(SBS)、天然橡胶接枝苯乙烯共聚物等。

2)缩聚反应

缩聚反应是指具有两种或两个以上的活性官能团的单体,通过缩合聚合反应,常缩去低分子物质(如H_2O、HCl、ROH等),生成的聚合物称为缩聚物。缩聚反应生成物的组成与原始单体完全不同,得到的聚合物可以是线型的或体型的。例如,聚对苯二甲酸乙二酯(涤纶)和聚酰胺(尼龙)为线型聚合物,酚醛树脂和醇酸树脂为体型聚合物。

与加聚反应相似,缩聚反应也可以按照参与反应的单体种类和数量进行分类。通常,可以将同一种单体(含两种或两种以上官能团)之间、两种不同单体之间,或是两种以上含官能团单体之间的缩聚反应,分别称为均缩反应、混缩反应和共缩反应。

8.1.3 高聚物的结构

高聚物按其链节在空间排列的几何形状,可分为线型结构和体型结构。

线型高聚物分子的主链原子常排列成长链状[图8-1a)],或带有支链[图8-1b)],其特点是具有柔顺性,链可以卷曲、缠绕在一起,在外力的作用下,可以拉长,失去外力后,又会恢复原

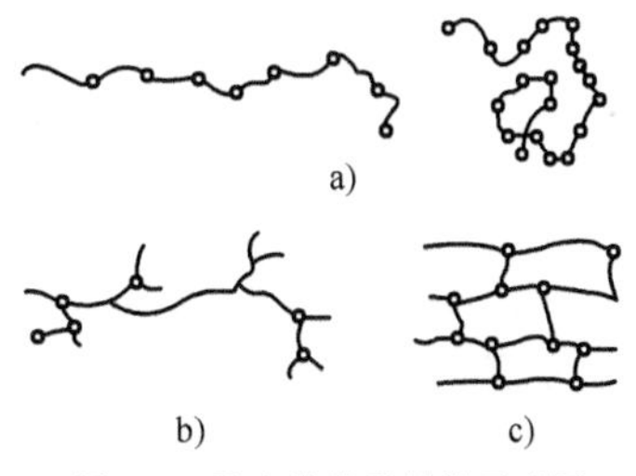

图8-1 聚合物分子结构示意图

来的卷曲形状,使得线型高聚物具有良好的弹韧性。聚乙烯、聚氯乙烯、聚苯乙烯等属于这类结构。这种高聚物可以溶解在一定的溶剂中,可以软化。

体型高聚物的分子长链被许多横跨支链交联成网状,形成二维或三维的空间网状结构[图8-1c)]。由于分子间彼此固定而失去变形能力,因此这类高聚物热稳定性较高,加热不能使分子间形成相对滑移,但温度过高,分子间的联结将断裂破坏。酚醛树脂、环氧树脂、脲醛树脂、不饱和聚酯等属于这类结构。这种高聚物制备成型后再加热时不软化,也不流动。

8.2 塑　　料

塑料是一大类高分子合成材料的总称,它是以合成树脂为基本成分,加上适量的添加剂(如填充剂、增塑剂、染料、润滑剂等),在一定的温度和压力下塑制成型的合成材料。

8.2.1 塑料的组成

1)合成树脂

合成树脂即合成高分子聚合物,因外观与天然树脂相似而得名。它是塑料中最主要的成分,占塑料质量的40%~100%,在塑料中起黏结作用。合成树脂的种类、性质及用量不同,塑料的物理力学性能不同,其使用范围也不同。

2)添加剂

塑料添加剂是指为了改善塑料的某些性质而加入的物质。常用的添加剂有填充剂、增塑剂、稳定剂等。

(1)填充剂

填充剂又称填料,是塑料中的另一种重要组分,占塑料质量的20%~50%。常用填充料一般为粉状或纤维状的无机化合物,如木粉、木屑、滑石粉、硅藻土、石灰石粉、炭黑、铝粉、石棉、玻璃纤维、棉纤维、人造丝料浆、尼龙、云母等。加入填充剂可以增加塑料的强度、硬度、耐热性和耐磨性等,还可以减少聚合物用量以降低塑料的成本,但可能会同时降低塑料的冲击强度和抗拉强度。

(2)增塑剂

在塑料中加入增塑剂是为了提高塑料加工时的可塑性,使其能在较低的温度和压力下成型。掺加增塑剂不仅使塑料成型方便,易于加工,还可以调节其机械性能,具有要求的强度、韧性和柔软性。

增塑剂必须具有相容性和稳定性,以保证与树脂能够均匀溶合,并且在光、热和大气的作用下,不产生破坏、褪色和气味,受水作用时也不发胀和收缩。常用的增塑剂有邻苯二甲酸二丁酯、樟脑、二苯甲酮、氯化石蜡、甘油等。

(3)稳定剂

为了阻止聚合物在加工过程及使用过程中受到热、光和氧气的作用,加入稳定剂能够抑制和削弱热氧化和光氧化反应的发生,提高塑料质量,延长使用寿命。常用的稳定剂有硬脂酸盐、铅化合物和环氧树脂等。常用的光稳定剂有炭黑、二氧化钛、氧化锌、水杨酸酯类等,能够防止聚合物受紫外光照射后性能变差。

(4)其他添加剂

其他添加剂有固化剂、着色剂等。固化剂使塑料在加工时具有热固性,常用固化剂有胺类、酸酐类、过氧化物等化合物。用于装饰的塑料制品常加入着色剂,着色剂不仅能够满足着色要求,而且具有增强附着力和分散性,不与塑料的其他组成成分发生反应的特点。常用的着色剂为无机或有机颜料。还有抑制燃烧反应的阻燃剂,改善表面性能及加工性能的润滑剂,产生泡沫的发泡剂等。

8.2.2 塑料的特性

1)优良的加工性能

可以用各种简便的方法将塑料加工成各种形状的产品,如薄板、薄膜、管材、异形材料等。

2)密度小,比强度高

塑料的密度一般为1000～2000kg/m^3,为天然石材密度的1/3～1/2,为混凝土密度的1/2～2/3,仅为钢材密度的1/8～1/4。

塑料的强度较高,而表观密度低,所以比强度(强度与表观密度之比)远超过传统的土木工程材料,是一种优质的轻质高强材料。

3)功能的可设计性强

可通过改变配方与生产工艺,制成具有各种特殊性能的工程材料,如强度超过钢材的碳纤维复合材料,具有承重、质轻、隔音、保温的复合板材,柔软而富有弹性的密封、防水材料等。

4)耐腐蚀性好

大多数塑料对酸、碱、盐等腐蚀性物质的作用具有较高的稳定性。热塑性塑料可被某些有机溶剂溶解;热固性塑料则不能被溶解,仅可能出现一定的溶胀。

5)电绝缘性好

塑料的导电性低,且热导率低,是良好的电绝缘材料。

6)装饰性好

塑料制品不仅可以着色,而且色彩鲜艳持久。可通过照相制版印刷,模仿天然材料的纹理(如木纹、大理石纹);还可以电镀、热压、烫金制成各种图案和花型,使其表面具有立体感和金属的质感。

7)易燃、易老化、耐热性差

塑料制品易燃、易老化、耐热性差,这是有机高分子材料的一般通病,但近年来随着改性添加剂和加工工艺的不断发展,塑料制品的这些缺点也得到不断改善,如加入阻燃剂可使它成为优于木材的具有自燃性和难燃性的产品。

8.2.3 土木工程常用的塑料

塑料主要分为热塑性树脂和热固性树脂两类。土木工程中常用塑料的特性和用途列于表8-1。

塑料中常用合成树脂的特性和用途　表 8-1

合成树脂名称		英文缩写	特性和用途
热塑性树脂	聚乙烯	PE	强度高、延伸率较大、耐寒性好、电绝缘,但耐热性差。用于制造薄膜、结构材料、配制涂料、油漆等。与沥青的相容性好,是较好的沥青改性剂,可制得优良的改性沥青
	聚丙烯	PP	性能与聚乙烯相近,密度低,强度、耐热性比聚乙烯好,延伸率高,耐寒性好。主要用于生产薄膜、纤维、管道。无规聚丙烯可用作道路和防水沥青的改性剂
	聚氯乙烯	PVC	力学性能较高、化学稳定性好,但变形能力低、耐寒性差。用于制造建筑配件、管道、防水材料及各种日用品等
	聚苯乙烯	PS	质轻、耐水、耐腐蚀,不耐冲击、性脆。用于制作板材和泡沫塑料,一般用于工程的隔热、隔音材料
	聚乙烯—乙酸乙烯酯	EVA	具有优良的韧性、弹性和柔软性,并具有一定的刚度、耐磨性和抗冲击性。用于黏结剂、涂料等,为较常采用的沥青改性剂
	聚甲基丙烯酸甲酯	PMMA	透明度高,低温时具有较高的冲击强度,坚韧,有弹性,但耐磨性差。主要用作生产有机玻璃
热固性树脂	酚醛树脂	PF	耐热,耐化学腐蚀,电绝缘,较脆。对纤维的胶合能力强,可配制涂料、油漆等。但不能单独作为塑料使用
	环氧树脂	EP	具有更优良的强度、耐热性、耐化学腐蚀性,黏结力相当强。常用作黏结剂、制备树脂混凝土和改性沥青混合料,也常用于桥面铺装防水层和桥梁混凝土的修补
	有机硅树脂	SI	耐高温、耐寒、耐腐蚀、电绝缘性好、耐水性好。用于制作高级绝缘材料、防水材料等

8.3　黏　结　剂

黏结剂又称黏合剂、胶黏剂,是靠界面间作用使各种材料牢固地黏结在一起的物质。黏结剂的应用在我国有着悠久的历史,远在秦代就用糯米浆与石灰作为长城基石的黏结剂,至今万里长城依然屹立。随着合成化学工业的发展,1912 年出现了酚醛树脂合成黏结剂,随后各种合成黏结剂不断出现。黏结剂在土木工程中起着越来越重要的作用,这是因为黏结技术与其他连接方法(焊接、螺栓连接等)相比,具有许多优点,不受被黏结物形状、材料的限制,可减轻黏结结构的质量,黏结后具有良好的密封性等,因此,黏结剂具有广阔的发展前景。

8.3.1　组成

黏结剂通常是以具有黏性或弹性的天然或合成高分子化合物为基本原料,加入固化剂、填料、增韧剂、稀释剂、防老剂等添加剂而组成的一种混合物。

1)基料

基料是使黏结剂具有黏结特性的主要且必需的成分,它赋予黏结剂黏结强度、耐久性及其他物理力学性能。用于制备黏结剂的基料有天然树脂、合成树脂和橡胶、无机化合物等。

2)固化剂和固化促进剂

固化剂通过固化反应使基料中的分子链交联成网状或体状结构,以增加黏结剂分子间的作用力和内聚强度,以及黏结剂与被黏物间的黏结力。固化促进剂可以促进固化反应或降低固化反应温度。

3)填料

为了降低黏结剂固化过程中的收缩性,增加稠度和黏度,提高黏结剂的强度和耐热性,需加入活性或惰性粉末填料。常用的有石英粉、滑石粉、石棉粉、金属粉和金属氧化物粉末等。

4)增韧剂

树脂固化后一般较脆,加入增韧剂后可提高冲击韧性。

5)稀释剂

稀释剂的其作用是降低黏度,便于涂布施工,同时起到延长使用寿命的作用。它可分为非活性和活性两类,非活性稀释剂不参与黏结剂的固化反应;活性稀释剂参与固化反应,并成为交联结构的一部分,既可降低黏结剂的黏度,又克服了因溶剂挥发不彻底而使黏结性能下降的缺点,但一般对人体有害。

6)改性剂

为改善某一性能,满足特殊需要,还可加入一些改性剂,例如,提高胶黏强度可加入偶联剂,为促进固化反应可加入促进剂等。

8.3.2 常用黏结剂

1)树脂型黏结剂

(1)热塑性树脂黏结剂

这类胶黏剂使用方便、容易保存、具有柔韧性、耐冲击性,初黏能力良好,但耐溶剂性和耐热性较差,强度和抗蠕变性能低。

①聚醋酸乙烯黏结剂。

聚醋酸乙烯(PVAC)黏结剂是由聚醋酸乙烯乳液聚合而成的。它无毒、无味、黏结强度高,常温下固化速度快,但耐水性和耐热性差。可单独使用,也可与水泥、羧甲基纤维素等复合使用。常用作非结构型黏结剂,黏结各种非金属材料,如木材、塑料壁纸、陶瓷饰面材料等。

②聚乙烯醇和聚乙烯醇缩醛黏结剂。

聚乙烯醇(PVAL)是由聚醋酸乙烯水解而得到的水溶性黏结剂,常用作黏结纸张、织物等。聚乙烯醇缩醛(PVAM)是由聚乙烯醇与醛类反应得到的,常用作黏结塑料壁纸、玻璃布等。

(2)热固性树脂黏结剂

胶层呈现刚性,有很高的黏结强度和硬度,良好的耐热性与耐溶剂性,优良的抗蠕变性能。缺点是起始黏结力较小,固化时容易产生体积收缩和内应力。

①环氧树脂黏结剂。

环氧树脂是指分子结构中至少含有两个环氧基的线性高分子化合物。凡是环氧树脂为基料配置的黏结剂都称为环氧树脂黏结剂。环氧树脂黏结剂与金属、木材、塑料、橡胶、混凝土等均有很高的黏结力,有万能胶之称。它黏结强度高,收缩率小,有较好的稳定性和电绝缘性,能在室温至高温(150~180℃)条件下用不同的固化剂固化,但在固化后脆性大,耐热性和耐紫外线较差,抗冲击强度低,这些缺点可以通过掺加不同的添加剂来改善。

它不仅用作结构黏结剂黏结金属、陶瓷、玻璃、混凝土等多种材料,还可以用作混凝土部件补强、裂缝修补、配置涂料和防水防腐材料等。

②丙烯酸酯树脂黏结剂。

以丙烯酸酯树脂为基料配制而成。该黏结剂为快速固化黏结剂,室温下几分钟甚至几秒钟即可固化,故称瞬干胶。可用于黏结多种金属和非金属材料,特别是对塑料、混凝土、水泥制品与金属间的黏结,能得到比较理想的黏结强度。

2)橡胶黏结剂

橡胶黏结剂是以氯丁、丁腈、丁苯、丁基等合成橡胶或天然橡胶为基料配制成的一类黏结剂。这类黏结剂具有较高的剥离强度和优良的弹性,但其拉伸强度和剪切强度较低,主要适用于柔软的或膨胀系数相差很大的材料黏结。

(1)氯丁橡胶黏结剂

氯丁橡胶黏结剂主要由氯丁橡胶、氧化锌、氧化镁、填料、抗老化剂和抗氧化剂等组成。氯丁橡胶黏结剂对水、油、弱碱、弱酸、脂肪烃和醇类都具有良好的抵抗力,可在 -50 ~ +80℃的温度下工作,但具有徐变性,且易老化。为改善性能常掺入油溶性的酚醛树脂,配成氯丁酚醛胶。

(2)丁腈橡胶黏结剂

丁腈橡胶黏结剂基料为丁腈橡胶。该类黏结剂的突出特点是耐油性好,并有良好的耐化学介质性和耐热性能。丁腈橡胶黏结剂主要用于黏结橡胶制品,以及橡胶制品与金属、织物、木材等的黏结。

8.3.3 黏结剂的选用

1)黏结剂的性能

必须充分把握和了解黏结剂的品种、组成,熟悉其性能,才能做到合理选用。

2)黏结对象

仅就强度指标而言,当橡胶与橡胶或橡胶与其他非金属材料黏结时,主要考虑剥离强度;当橡胶与金属黏结时,不仅要考虑剥离强度,还要考虑均匀扯离强度;当金属与金属黏结时,则主要应考虑剪切强度。

3)使用条件

黏结件的使用环境和要求是选用黏结剂的重要依据。如果用于受力构件的黏结,需选用强度高、韧性好、抗蠕变性能优良的结构型黏结剂;如果用于一般性的黏结、工艺上的定位或机械设备的修补,则可选用非结构型黏结剂;如果用于在特定条件下使用(如耐高温、导热、导电、导磁等)的被黏结件的黏结,则应选用各类特种黏结剂。

8.4 高聚物合金

8.4.1 高聚物合金的组成

随着聚合物工业的发展,不论就其成分还是形状,橡胶与塑料的区别已不是很明显了,它们越来越重叠交叉,性能优化,这就是目前高聚物合金的发展趋势。

高聚物合金是指多组分和多相同时并存于某一共混物体系中的聚合物,通常称作热塑性弹性体。

8.4.2 高聚物合金的品种和应用

1) ABS 工程塑料

ABS 塑料是改性聚苯乙烯塑料,是以丙烯腈(A)、丁二烯(B)和苯乙烯(S)三元接枝的共聚物。ABS 塑料通过共聚兼具了三组分的优点,具有聚丙烯腈的高化学稳定性和硬度、聚丁二烯的高韧性和弹性、聚苯乙烯良好的工艺性质,但主要缺点是耐热性较差,在光、氧作用下容易老化。为了克服这一缺点,将氯化乙烯与苯乙烯和丙烯腈接枝,可制得耐候性的 ACS 树脂。

ABS 塑料为不透明塑料,具有综合机械性能,优级 ABS 抗拉强度可达 40MPa,弯曲强度可达 66MPa。目前,可以制作管材和装饰板材使用,也可开发应用于桥梁结构中代替钢材、木材等结构材料。

2) SBS 嵌段共聚物

SBS 是当前最常使用的热塑性弹性体,为苯乙烯(S)、丁二烯(B)的嵌段共聚物,简称 SBS。它兼具了树脂和橡胶的特性,对沥青的改性优于树脂或橡胶类聚合物,因此,SBS 用作改性沥青混合料路面材料和改性沥青防水材料,是近年来采用较为广泛、效果较好的沥青改性剂。

SBS 具有弹性好、抗拉强度高、低温变形能力强等优点。因此,SBS 改性沥青具有较高的高温使用黏度和高温稳定性,良好的低温变形能力和耐久性。作为高等级路面材料,SBS 改性沥青混合料的高温和低温性能均能显著改善,具有较高的高温抗车辙能力和低温抗裂能力。作为防水材料,SBS 改性沥青防水卷材和 SBS 橡胶沥青涂料具有低温柔性好,冷热地区均适用的特点,可用于道路工程、地下工程和桥梁工程的防水结构。

【创新漫谈】

探寻高分子材料绿色发展之路

高分子材料目前已渗透到国民经济及日常生活的各个领域,而且用量与日俱增,与此同时,大量废弃的高分子材料也给环境带来了巨大污染。人类对于高分子材料的依赖是不可割舍的,那么如何才能既让高分子材料充分为我们服务,又能减少对环境的影响呢?将绿色高分子作为高分子科学新的发展方向势在必行。

据不完全统计,目前我国已有 100 多家单位从事降解塑料的研究,但在高分子绿色化方面深入开展研究的却为数不多,这对于高分子材料领域的研究人员而言,是机遇也是挑战。

绿色高分子材料源自绿色化学与技术,包括高分子的绿色合成和绿色高分子材料的合成与应用两个方面,前者是指高分子合成的无害化及其对环境的友好,后者是指可降解高分子材料的合成与使用及其环境稳定高分子材料的回收与循环使用。

在通常的高分子合成过程中,需要大量使用溶剂、催化剂等对环境产生危害的物质,这些物质一般难以除尽,常常会残留在高分子产品中对环境造成长期危害。另外,聚合需要的压力高、时间长,同时会产生大量的热量,为保证反应的顺利进行,就需要大量的水和能源,而高分子的绿色合成则正是要规避这些缺陷。

对高分子进行绿色合成有几点要求:一是合成中不产生毒副产物或者有毒副产物的无害化处理;二是采用高效无毒化的催化剂,提高催化效率,缩短聚合时间,减少反应所需的能量;三是溶剂实现无毒化,可循环利用并降低在产品中的残留率;四是聚合反应的工艺条件应对环境友好;五是反应原料应选择自外界中含量丰富的物质,而且对环境无害,避免使用自然界中的稀缺资源。当前,高分子绿色合成的主要方法有三种,即改变聚合反应中传统的能量交换方式、改变催化剂和改变反应条件。

作为绿色高分子的又一研究内容,绿色高分子材料的合成与应用也很重要。绿色高分子之所谓绿色,通常是指高分子材料的可降解性。根据可降解高分子的降解机理对其作出明确的定义,再经分子和材料设计合成高分子,并进行加工制备降解塑料,然后对它作出评价。根据评价结果,修正分子、材料的设计,再加上新的降解塑料,如此循环往复,最终得到理想的降解材料。

习　题

8-1　试解释下列基本概念:单体、链节、聚合度、高聚物。

8-2　简述聚合物材料的基本特性。

8-3　塑料的主要组成材料有哪些?它们在塑料中各起什么作用?

8-4　常用建筑塑料有哪几种?其特性和用途是什么?

8-5　简述黏结剂的组成。

8-6　简述高聚物合金的概念,并举例说明它在土木工程中的应用现状。

第9章 沥青材料

学习指导

本章重点介绍了石油沥青的组成结构、技术性质和技术标准,以及其他沥青的组成和技术性质。要求学生必须掌握石油沥青的化学组分、胶体结构、技术性质和技术标准、基本性能的评价方法等知识点。同时,了解其他沥青的技术性质。

沥青材料是由一些极其复杂的高分子的碳氢化合物和这些碳氢化合物的非金属(氧、硫、氮)的衍生物所组成的混合物。在常温下,沥青呈黑色或黑褐色的固态、半固态或液态。

远在公元前3800年到2500年间,人类就开始使用沥青。大约在公元前1600年,就有人在约旦河流域的上游开发沥青矿并一直延续到现在。大约在公元前50年,人们将沥青溶解于橄榄油中,制造沥青油漆涂料。公元200~300年,沥青开始被人们用于农业,用沥青和油的混合物涂于树木受伤的地方。1835年在巴黎首先用沥青铺筑路面,约20年后,巴黎又出现了碾压沥青铺筑的路面。自从沥青用作铺路以后,需求量迅速增加。为了提高沥青的性能,1866年有人采用硫化的方法生产出匹兹堡沥青,1894年用吹空气氧化的办法生产出柏尔来沥青,1910年发明了稀释沥青,随后乳化沥青问世。由于乳化沥青优良的性能备受人们喜爱,因而逐渐地取代了稀释沥青。

目前对于沥青材料的命名和分类,世界各国尚未统一。我国通用的命名和分类方法按照沥青的产源不同划分见表9-1。

沥青分类 表9-1

沥青	地沥青	天然沥青:石油在自然条件下,长时间经受地球物理因素作用形成的产物
		石油沥青:石油经各种炼制工艺加工而得的沥青产品
	焦油沥青	煤沥青:煤经干馏所得的煤焦油,经再加工后得到煤沥青
		页岩沥青:页岩炼油工业的副产品

沥青材料属于有机胶凝材料,具有良好的黏结性、塑性、憎水性和耐腐蚀性,因此,在土木工程中广泛用作路面、屋面、防水、耐腐蚀等工程材料。土木工程建筑主要应用石油沥青,其次也使用少量的煤沥青和天然沥青。

9.1 石油沥青

9.1.1 石油沥青的生产工艺概述

石油沥青以石油为原料,经各种工艺炼制而成。石油沥青的生产工艺流程如图9-1所示,简述如下。

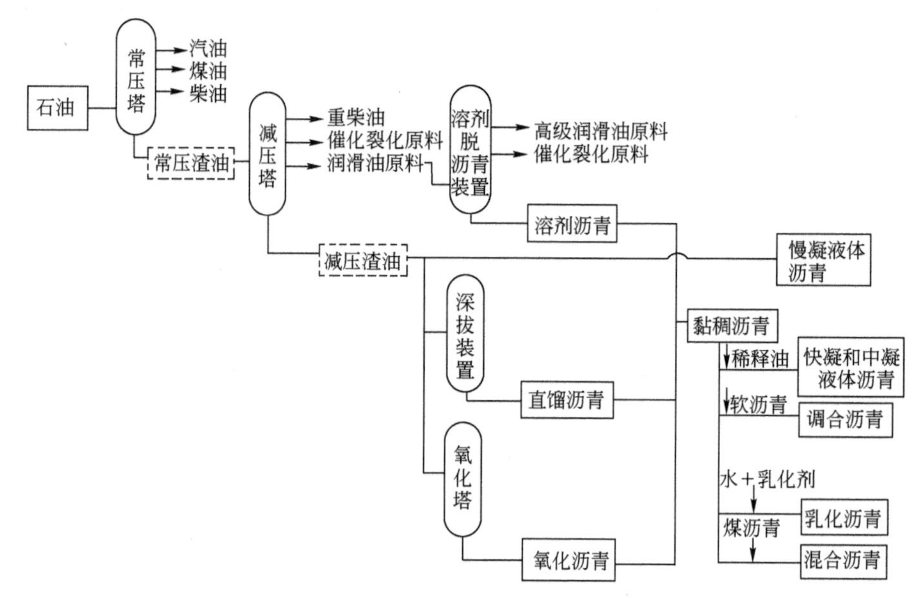

图 9-1　石油沥青的生产工艺流程图

原油经常压蒸馏后得到常压渣油,再经减压蒸馏后,得到减压渣油。这些渣油都属于低标号的慢凝液体沥青。为提高沥青的稠度,以慢凝液体沥青为原料,采用不同的加工工艺可以得到各种黏稠沥青。采用蒸馏法,渣油经过再减蒸工艺,进一步深拔,可得到不同稠度的直馏沥青;采用氧化法,渣油经不同深度的氧化后,可以得到不同稠度的氧化沥青或半氧化沥青;采用溶剂法,渣油经不同程度地溶剂脱沥青,可得到溶剂沥青。除轻度蒸馏和轻度氧化的沥青属于高标号慢凝沥青外,这些沥青都属于黏稠沥青。

黏稠沥青可以直接用于土木工程建筑,也可以进一步加工成具有不同性能的多种沥青使用。为满足施工需求,可以在黏稠沥青中掺加煤油或汽油等挥发速度较快的稀释溶剂,获得中凝液体沥青或快凝液体沥青。这种沥青在常温条件下具有较大的施工流动性,在施工完成后短时间内又能凝固而具有高的黏结性。

为得到不同稠度的沥青,可以采用两种或两种以上不同稠度的沥青,通常采用硬的沥青与软的沥青(黏稠沥青或慢凝液体沥青)以适当比例调配得到调配沥青。按照比例不同所得成品可以是黏稠沥青,亦可以是慢凝液体沥青。

快凝液体沥青需要耗费高价的有机稀释剂,组配成沥青混合料时又必须要求干燥石料。为节约溶剂和扩大使用范围,可以将黏稠沥青制备成乳化沥青用于工程施工。乳化沥青是将沥青分散于有乳化剂的水中而形成的一种沥青乳液。

为更好地发挥石油沥青和煤沥青的优点,可以选择适当比例的煤沥青与石油沥青混合而成一种稳定的胶体,这种胶体称为混合沥青。

9.1.2　石油沥青的组成和结构

石油沥青是由多种碳氢化合物及其非金属(氧、硫、氮)的衍生物组成的混合物。所以它的组成主要是碳(80% ~87%)、氢(10% ~15%),其次是非烃元素,如氧、硫、氮等(<3%)。此外,还含有一些微量的金属元素,如镍、钒、铁、锰、钙、镁、钠等。

由于沥青的分子量大、组成和结构十分复杂,长期以来,虽然经过了大量的研究,但是到目前为止,还是不能直接得到沥青元素含量与其工程性能之间的关系,而对沥青的化学组分和结构的研究已取得一定的进展。

1)化学组分

石油沥青是由多种化合物所组成的混合物,由于结构十分复杂,目前的分析技术还不能将其分离为纯粹的化合物单体,因此提出了沥青化学组分的概念。化学组分分析方法是将沥青分离为化学性质相近,而且与其工程性质有一定联系的几个组,这些组就称为组分。

关于石油沥青的化学组分的分析方法,早年[德]J·马尔库松(Marcusson)就提出将石油沥青分离为:沥青酸、沥青酸酐、油分、树脂、沥青质、沥青碳和似碳物等组分的方法。后来经过许多研究者的进一步研究加以改进,[美]L·R·哈巴尔德(Hubbard)和K·E·斯坦费尔德(Stanfield)完善为三组分分析法。再后[美]L·W·科尔贝特(Corbett)又提出四组分分析法。此外,还有五组分分析法和多组分分析法等。化学组分分析方法还在不断地修正和发展中。《公路工程沥青及沥青混合料试验规程》(JTG E20—2011)规定有三组分和四组分两种分析法。

(1)三组分分析法

石油沥青的三组分分析法是将石油沥青分离为三个组分:油分、树脂和沥青质。因我国富产石蜡基或中间基沥青,在油分中往往含有蜡,故在分析时还应进一步将油蜡分离。

由于三组分分析方法兼用了选择性溶解和选择性吸附的方法,因此又称为溶解—吸附法。该分析方法是用正庚烷溶解沥青,沉淀沥青质,再用硅胶吸附溶于正庚烷中的可溶分,装于抽提仪中抽提油蜡,再用苯-乙醇抽出树脂。最后采用丁酮-苯作为脱蜡溶剂,在-20℃的条件下,将抽出的油蜡冷冻过滤分离出油、蜡。按三组分分析法所得各组分的性状见表9-2。

石油沥青三组分分析法的各组分性状 表9-2

组分	性状				
	外观特征	平均分子量	碳氢比(原子比)	含量(%)	物化特征
油分	淡黄透明液体	200~700	0.5~0.7	45~60	几乎可溶于大部分有机溶剂,具有光学活性,常发现有荧光,相对密度约0.910~0.925
胶质	红褐色黏稠半固体	800~3000	0.7~0.8	15~30	温度敏感性高,溶点低于100℃,相对密度大于1.000
沥青质	深褐色固体微粒	1000~5000	0.8~1.0	5~30	加热不熔化,分解为硬焦炭,使沥青呈黑色,相对密度1.100~1.500

脱蜡后的油分主要起柔软和润滑的作用,是优质沥青不可缺少的组分。油分含量的多少直接影响沥青的柔软性、抗裂性和施工难度。油分在一定条件下可以转化为树脂甚至沥青质。

树脂又分为中性树脂和酸性树脂,中性树脂使沥青具有一定的塑性、可流动性和黏结性,其含量增加,沥青的黏结力和延展性增强。酸性树脂即沥青酸和沥青酸酐,含量较少,为树脂状黑褐色黏稠物质,是沥青中活性最大的组分,能改善沥青对矿质材料的润湿性,特别是可以提高沥青与碳酸盐类岩石的黏附性,还能够增加沥青的可乳化性。

沥青质为黑褐色到黑色易碎的粉末状固体,决定着沥青的黏结力和温度稳定性,沥青质含量增加时,沥青的黏度、软化点和硬度都随之提高。

溶解—吸附法的优点是组分界限很明确,组分含量能在一定程度上说明沥青的工程性质,但是它的主要缺点是分析流程复杂,分析时间很长。

(2)四组分分析法

石油沥青的四组分分析法是将石油沥青分离为:饱和分、芳香分、胶质和沥青质。我国现行四组分分析法是将沥青试样先用正庚烷沉淀沥青质,再将可溶分吸附于氧化铝谱柱上,依次用正庚烷冲洗,所得的组分称为饱和分,继而用甲苯冲洗,所得的组分称为芳香分,最后用甲苯—乙醇、甲苯、乙醇冲洗,所得组分称为胶质。对于含蜡沥青,可将所分离得的饱和分与芳香分,以丁酮—苯为脱蜡溶剂,在 -20℃下冷冻分离,确定含蜡量。石油沥青按四组分分析法所得各组分的性状见表 9-3。

石油沥青四组分分析法的各组分性状 表 9-3

组分	性状			
	外观特征	平均相对密度	平均分子量	主要化学结构
饱和分	无色液体	0.89	625	烷烃、环烷烃
芳香分	黄色至红色液体	0.99	730	芳香烃、含 S 衍生物
胶质	棕色黏稠液体	1.09	970	多环结构,含 S、O、N 衍生物
沥青质	深棕色至黑色固态	1.15	3400	缩合环结构,含 S、O、N 衍生物

按照四组分分析法,各组分对沥青性质的影响为:饱和分含量增加,可使沥青稠度降低(针入度增大);胶质含量增大,可使沥青的延性增加;在有饱和分存在的条件下,沥青质含量增加,可使沥青获得低的感温性;胶质和沥青质的含量增加,可使沥青的黏度提高。

不论采用三组分分析法,还是四组分分析法,均可以从液态成分中分离出蜡。蜡组分的存在对沥青性能的影响是沥青性能研究的一个重要课题。蜡对沥青性能的影响,现有研究认为:沥青中蜡的存在,在高温时会使沥青容易发软,若铺筑沥青路面,可导致其高温稳定性降低,出现车辙;同样,在低温时会使沥青变得脆硬,导致路面低温抗裂性降低,出现裂缝。此外,蜡还会影响沥青与石料的黏附性、沥青路面的水稳定性和抗滑性。

2)胶体结构

沥青的工程性质,不仅取决于它的化学组分,而且与其胶体结构类型有着密切的联系。沥青中各组分的化学组成和相对含量不同,可以形成三种不同的胶体结构:溶胶型结构、溶—凝胶型结构和凝胶型结构。

(1)溶胶型结构

当沥青中沥青质分子量较低,并且含量很少,同时又有一定数量的胶质,这样使胶团能够完全胶溶而分散在芳香分和饱和分的介质中,形成溶胶型沥青,如图 9-2a)所示。在此情况下,胶团相距较远,它们之间吸引力很小,甚至没有吸引力,胶团可以在分散介质黏度许可范围之内自由运动。

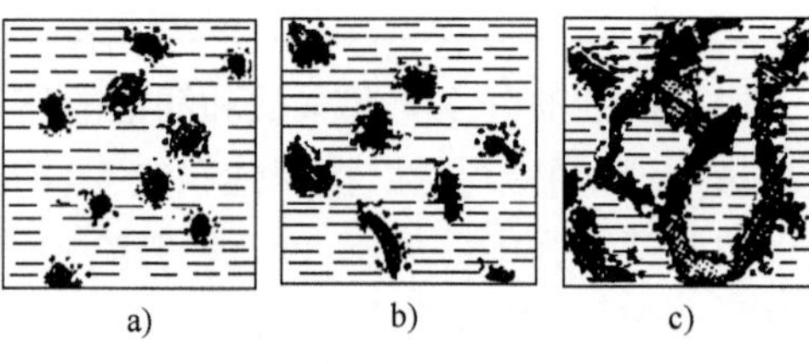

图 9-2 沥青胶体结构示意图

a)溶胶型结构;b)溶—凝胶型结构;c)凝胶型结构

通常大部分直馏沥青都属于溶胶型沥青。这类沥青具有较好的自愈性和低温变形能力,但黏性小、流动性大,温度稳定性较差。

(2)溶—凝胶型结构

沥青中沥青质含量适当,一般在 15% ~25% 之间,并有较多的胶质,这样形成的胶团数量增多,使它们之间有一定的吸引力,形成溶—凝胶型沥青,如图9-2b)所示。

通常环烷基稠油的直馏沥青、半氧化沥青,以及按要求组分重组的溶剂沥青等,往往能符合溶—凝胶型结构。这类结构介于溶胶型结构与凝胶型结构之间,具有较好的温度稳定性和低温变形能力。

(3)凝胶型结构

当沥青中沥青质含量很高,并有相当数量的胶质,以使形成的胶团浓度大大增加,它们之间的吸引力增强,彼此很近,形成空间网络结构,这种沥青称为凝胶型沥青,如图9-2c)所示。

通常深度氧化的沥青多属于这类结构,其黏结性较好、温度稳定性较高,但塑性较差。

9.1.3 石油沥青的技术性质

公路工程用道路石油沥青的试验方法依据《公路工程沥青及沥青混合料试验规程》(JTG E20—2011),用于各种土木工程建筑的石油沥青应具备下列主要的技术性质。

1)物理常数

(1)密度

沥青密度是在规定温度条件下单位体积的质量,单位为 kg/m^3 或 g/cm^3。我国现行试验方法规定测定沥青密度的温度为15℃。沥青的密度与其化学组成有着密切的关系,测定沥青的密度,可以概略地了解沥青的化学组成。

(2)相对密度

相对密度是指在规定温度下,沥青质量与同体积水质量之比。我国现行试验方法规定沥青与水的相对密度是指25℃相同温度下的相对密度。

沥青15℃密度与25℃相对密度之间可由下式换算:

$$\text{沥青与水的相对密度}(25℃/25℃) = \text{沥青的密度}(15℃) \times 0.996 \tag{9-1}$$

通常黏稠沥青的相对密度波动在0.96~1.04范围。我国富产石蜡基沥青,其特征为含硫量低、含蜡量高、沥青质含量少,所以相对密度常在1.00以下。

2)黏滞性

沥青的黏滞性是反映沥青材料内部阻碍沥青粒子产生相对流动的能力,简称为黏性,以绝对黏度表示。沥青的黏度是沥青首要考虑的技术指标之一。

沥青的绝对黏度有动力黏度和运动黏度两种表达方式,可以采用毛细管法、真空减压毛细管法等多种方法测定,但由于这些测定方法精密度要求高,操作复杂,不适于作为工程试验,因此工程中通常用条件黏度反映沥青的黏性。我国目前主要采用的条件黏度有针入度和黏度两种。

(1)针入度

针入度试验是国际上经常用来测定黏稠沥青稠度的一种方法。针入度是在规定温度条件下,以规定质量的标准针经过规定的时间贯入沥青试样的深度,单位:0.1mm(图9-3)。通常采用的试验条件为:规定温度为25℃,标准针质量为100g,贯入时间为5s。针入度的表示符号为 $P_{(25℃,100g,5s)}$。

沥青的针入度值越大,表示沥青的黏度越小。针入度是目前我国黏稠石油沥青的分级指标。

(2)液体沥青的黏度

我国目前采用标准黏度计法测定液体沥青的黏度,标准黏度计如图9-4所示。液体状态

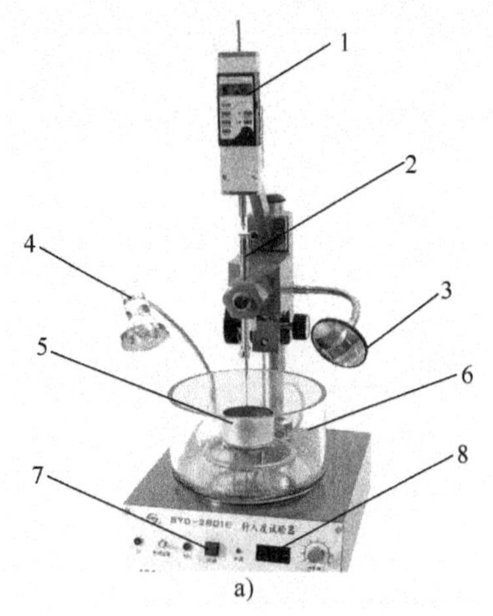

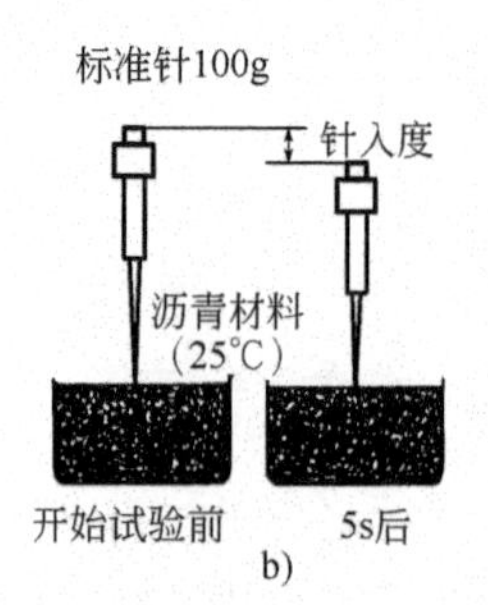

图 9-3　针入度仪及测定黏稠沥青针入度示意图

a)针入度仪;b)测定沥青针入度示意图

1-针入度数字显示屏;2-标准针;3-反光镜;4-照明灯;5-针入度试模;6-水槽;7-启动钮;8-温度显示屏

的沥青材料在标准黏度计中,于规定的温度条件下,通过规定的流孔直径,流出 50mL 体积所需要的时间,以 s 为单位。试验温度和流孔直径应根据液体状态沥青的黏度选择,常用的流孔有 3mm、4mm、5mm 和 10mm 等,规定的温度有 25℃、60℃等。黏度的表示符号为 $C_{(T,d)}$,其中,T 为温度,d 为流孔孔径。同流孔条件下,沥青流出时间越长,表示沥青黏度越大。

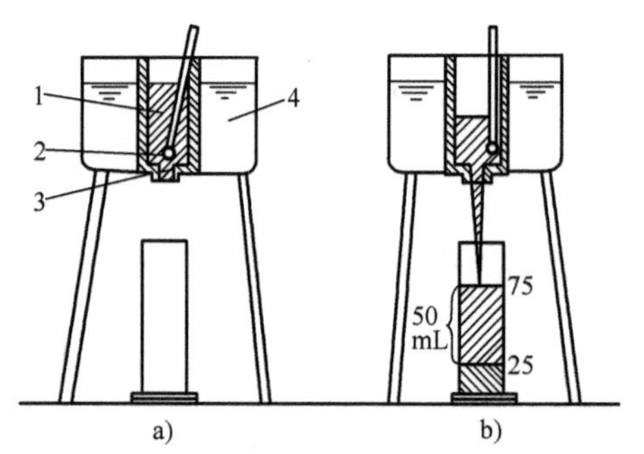

图 9-4　黏度计测定液体沥青黏度示意图

1-沥青试样;2-活动球杆;3-流孔;4-水

3)延性

沥青的延性是当沥青材料受到外力拉伸作用时,所能承受的塑性变形的总能力,以延度作为条件延性的表征指标。沥青的延度是将沥青试样制成 8 字形标准试件,采用延度仪在规定拉伸速度和规定温度下拉断时的长度,以 cm 为单位。沥青延度测定如图 9-5 所示,规定条件为:试验温度常用 5℃、10℃、15℃三种;拉伸速度有 1cm/min、5cm/min 两种。延度的表示符号为 $D_{(T,v)}$,其中,T 为试验温度,v 为拉伸速度。

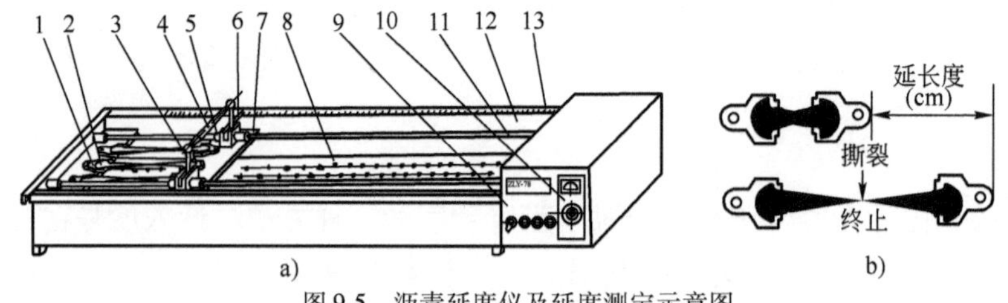

图 9-5　沥青延度仪及延度测定示意图

a)延度仪;b)沥青延度测定示意图

1-试模;2-试件;3-操纵杆;4-手柄;5-滑板架;6-指针;7-滑板;8-底盘;9-控制箱;10-控温仪;11-丝杆;12-水浴槽;13-标尺

沥青的延度与沥青的流变特性、胶体结构和化学组分等有着密切的关系。研究表明:沥青胶体结构发育成熟度的提高、含蜡量的增加,以及饱和蜡和芳香蜡的比例增大等,都会使沥青的延度值相对降低。

4）温度敏感性

（1）软化点

沥青材料是一种非晶质高分子的混合材料，没有固定的熔点。沥青材料在由固态转变为液态的温度阶段是一种黏滞流动状态，在工程施工和使用中为保证沥青不至于由温度升高而产生流动的状态，常常采用软化点来表示沥青的温度敏感性。

图9-6　软化点仪及测定沥青软化点示意图

a）软化点仪；b）测定沥青软化点示意图

1-感温探头；2-试件环；3-烧杯；4-启动钮；5-软化点数字显示屏

软化点的测定方法不同，数值大小亦不同。我国规定采用环与球法软化点，如图9-6所示。该法是将沥青试样注于规定内径的铜环中，环上置一质量为3.5g的钢球，在规定的加热速度（5℃/min）下，沥青试样逐渐软化，直至在钢球荷重作用下滴落到下层金属板时的温度，称为软化点，表示为$T_{R\&B}$。根据研究认为：针入度是在规定温度下测定沥青的条件黏度，而软化点则是沥青达到规定条件黏度时的温度。因此，软化点既是反映沥青材料温度稳定性的一项指标，又是沥青黏度的一种量度。

（2）针入度指数

沥青的针入度指数是评价沥青技术性质的一个重要指标，与沥青的温度和黏度有着密切的关系。针入度指数既可以反映沥青的感温性，又可以划分沥青的胶体结构。

针入度指数（Penetration Index，简称PI）是P·Ph·普费（Pfeifer）和F·M·范·杜尔马尔（Van Doormaal）等提出的一种评价沥青感温性的指标。其研究观点为：沥青针入度值的对数（$\lg P$）与温度（T）具有线性关系，表达式为式（9-2）：

$$\lg P = AT + K \tag{9-2}$$

式中：A——直线斜率，称为针入度—温度感应性系数，$A=\frac{\mathrm{d}(\lg P)}{\mathrm{d}T}$，表示沥青针入度随温度的变化率；

K——截距（常数）。

根据已知的针入度值$P_{(25℃,100g,5s)}$和软化点$T_{R\&B}$，并假设沥青达到软化点时的针入度值为800（0.1mm），可绘出针入度—温度感应性系数关系图，如图9-7所示，并建立针入度—温度感应性系数A的基本公式（9-3）：

$$A = \frac{\lg 800 - \lg P_{(25℃,100g,5s)}}{T_{R\&B} - 25} \tag{9-3}$$

式中：$\lg P_{(25℃,100g,5s)}$——在25℃、100g、5s条件下测定的针入度值的对数；

$T_{R\&B}$——环与球法测定的软化点，℃。

按式（9-3）计算得到的A值均为小数，为使用方便起见，普费等作了一些处理，改用针入度指数PI作为评价指标，并采用经验公式（9-4）计算：

$$\mathrm{PI} = \frac{30}{1+50A} - 10 \tag{9-4}$$

针入度指数 PI 值可以采用公式法计算，也可以采用诺谟图法获得。沥青针入度指数 PI 诺谟图见图 9-8，该图同时还可以确定沥青的当量软化点 T_{800}［采用针入度为 800（0.1mm）时的温度作为当量软化点］和当量脆点 $T_{1.2}$［采用针入度为 1.2（0.1mm）时的温度作为当量脆点，代替弗拉斯脆点温度］。

将三个或三个以上不同温度（一般取 15℃、25℃、30℃或 5℃）条件下测试的针入度值绘于图 9-8 中，按最小二乘法法则绘制回归直线，将直线向两端延长，分别与针入度为 800（0.1mm）及 1.2（0.1mm）的温度水平线相交，交点的温度即为当量软化点 T_{800} 和当量脆点 $T_{1.2}$。以图中 O 点为原点，绘制回归直线的平行线，与 PI 线相交，读取交点处的 PI 值即为该沥青的针入度指数。

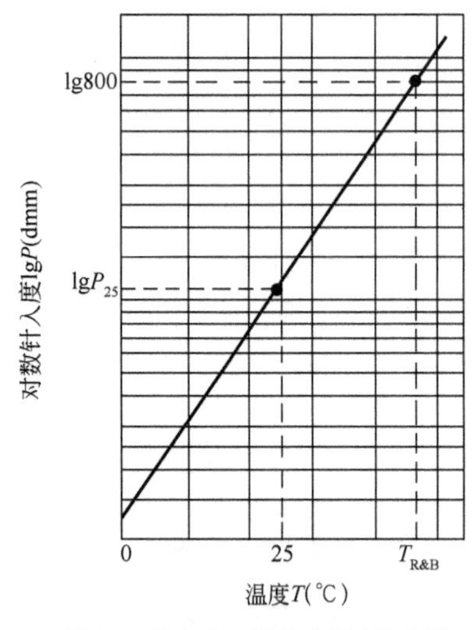

图 9-7　针入度—温度感应性关系图

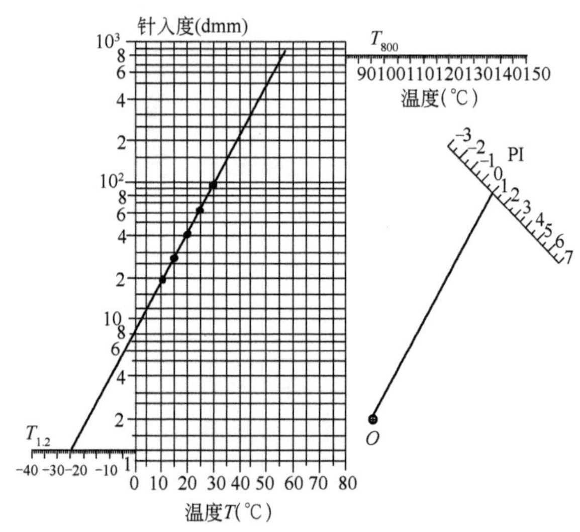

图 9-8　确定沥青 PI、T_{800}、$T_{1,2}$的针入度—温度关系诺谟图

针入度指数越大，表示沥青对温度的敏感性越低。

沥青的针入度指数还可以用来划分沥青的胶体结构，当 PI < −2 者，属溶胶型沥青；PI 在 −2 ~ +2之间者，属溶—凝胶型沥青；PI > +2 者，属凝胶型沥青。

以上所论及的针入度、延度和软化点是评价黏稠石油沥青技术性质最常用的经验指标，所以通称为沥青的三大指标。

（3）脆点

沥青材料在低温下受到瞬时荷载时常表现为脆性破坏，沥青脆性的测定极为复杂，我国目前主要采用弗拉斯（Fraass）脆点作为条件脆性指标。

弗拉斯脆点试验原理是，将沥青试样在一个标准的金属薄片上摊成薄层，将其置于脆点仪内并使其稍稍弯曲。当以 1℃/min 的速度降温时，沥青薄膜的温度随之逐渐降低，当降至某一温度时，沥青薄膜在规定弯曲条件下会出现一个或多个裂缝，此时的温度即为沥青的脆点。

目前世界各国采用的沥青材料低温性能指标并未统一，我国目前虽然采用弗拉斯脆点指标表征沥青的低温性能，但实践表明，脆点与沥青（特别是含蜡沥青）的低温抗裂性还未能获得理想的相关性。

5）抗老化性

沥青材料在施工时需要加热，工程完成投入使用过程中又要长期经受大气、日照、降水、气温变化等自然因素的作用，这些因素都会对沥青的耐久性能产生很大的影响。因此，用于土木工程建筑的沥青应具备很好的耐久性，才能保证具有很长的耐用周期。

沥青在上述因素的综合作用下会产生不可逆的化学变化，而导致工程性能逐渐劣化，这种变化过程称为老化。我国目前主要通过蒸发损失试验和薄膜加热试验评价沥青的老化性能，即沥青试样在160℃条件下，加热蒸发5h，采用蒸发损失率、蒸发后针入度比和延度作为评价指标。

沥青的蒸发损失率和蒸发后针入度比可以分别按式(9-5)、式(9-6)计算：

$$\text{蒸发损失百分率} = \frac{\text{蒸发前沥青质量} - \text{蒸发后残留物质量}}{\text{蒸发前沥青质量}} \times 100\% \tag{9-5}$$

$$\text{蒸发后针入度比} = \frac{\text{蒸发后残留物针入度}}{\text{蒸发前沥青试样针入度}} \times 100\% \tag{9-6}$$

6）安全性

沥青使用时必须加热，由于沥青在加热过程中挥发出的油会与周围的空气组成混合气体，当遇到火焰会发生闪火，此时的温度称为闪点。若继续加热，挥发的油分饱和度增加，与空气组成的混合气体遇火极易燃烧，燃烧时的温度称为燃点。闪点和燃点是保证沥青安全加热和施工的一项重要指标，通常采用克利夫兰开口杯法（简称COC法）测定。

7）其他性质

为综合评价沥青的技术性能，还应全面地了解沥青的其他性质，如溶解度、含蜡量、黏附性等。

溶解度是指沥青在有机溶剂（三氯乙烯、四氯化碳、苯等）中可溶物的百分含量。溶解度可以反映沥青中起黏结作用的有效成分的含量。

蜡性脆，易裂缝，对沥青的生产和使用都有重要的影响。对我国采用石蜡基原油炼制的沥青尤为重要，含蜡量将直接影响沥青产品的质量，因此，用于高等级路面的道路石油沥青，应严格控制其含蜡量。

当沥青用于路面工程建设时，对沥青与集料的黏附性还要提出一定的要求。因为黏附性的大小直接影响到沥青路面的使用质量和耐久性，因此，黏附性是评价沥青技术性能的一项重要指标。沥青裹覆集料后的抗水性不仅与沥青的性质有关，而且与集料的性质也有密切的关系。研究表明，沥青与碱性石料的黏附性较与酸性石料的黏附性强，沥青混合料在选择石料时，应优先考虑碱性石料。

9.1.4 石油沥青的技术标准

1）道路石油沥青的技术标准

按照《公路沥青路面施工技术规范》（JTG F40—2004）的规定，道路石油沥青按针入度的大小划分为160号、130号、110号、90号、70号、50号、30号七个牌号，每个牌号的沥青又按其评价指标的高低划分为A、B、C三种不同的质量等级。道路石油沥青的应用应考虑公路适宜的气候条件，我国沥青路面的气候分区见表9-4～表9-8。道路石油沥青的质量标准和沥青结合料各个等级的适用范围分别列于表9-9和表9-10。

(1)沥青路面气候分区

气候分区指标的选择分为高温、低温和雨量指标。

①高温分区。

气候分区的高温指标是采用最近 30 年内年最热月的平均日最高气温的平均值作为反映高温和重载条件下出现车辙等流动变形的气候因子,并作为气候区划的一级指标。全年高于 30℃的积温及连续高温的持续时间可作为辅助参考值。按照设计高温分区指标,一级区划分为 3 个区,见表 9-4。

按照设计高温分区表 表 9-4

高温气候区	1	2	3
气候区名称	夏炎热区	夏热区	夏凉区
最热月平均最高气温(℃)	>30	20~30	<20

②低温分区。

气候分区的低温指标是采用最近 30 年内的极端最低气温作为反映路面温缩裂缝的气候因子,并作为气候区划的二级指标。温降速率、冰冻指数可作为辅助参考值。按照设计低温分区指标,二级区划分为 4 个区,见表 9-5。

按照设计低温分区表 表 9-5

低温气候区	1	2	3	4
气候区名称	冬严寒区	冬寒区	冬冷区	冬温区
极端最低气温(℃)	< -37.0	-37.0 ~ -21.5	-21.5 ~ -9.0	> -9.0

③雨量分区。

按照设计雨量分区指标,三级区划分为 4 个区,见表 9-6。

按照设计雨量分区表 表 9-6

雨量气候区	1	2	3	4
气候区名称	潮湿区	湿润区	半干区	干旱区
年降雨量(mm)	>1000	1000~500	500~250	<250

沥青路面温度分区由高温和低温组合而成,第一个数字代表高温分区,第二个数字代表低温分区,数字越小表示气候因素越严重。沥青路面温度分区见表 9-7。

沥青路面温度分区表 表 9-7

<table>
<tr><th colspan="2">气 候 区 名</th><th>最热月平均最高气温(℃)</th><th>年极端最低气温(℃)</th><th>备 注</th></tr>
<tr><td>1-1</td><td>夏炎热冬严寒</td><td rowspan="4">>30</td><td>< -37.0</td><td></td></tr>
<tr><td>1-2</td><td>夏炎热冬寒</td><td>-37.0 ~ -21.5</td><td></td></tr>
<tr><td>1-3</td><td>夏炎热冬冷</td><td>-21.5 ~ -9.0</td><td></td></tr>
<tr><td>1-4</td><td>夏炎热冬温</td><td>> -9.0</td><td></td></tr>
<tr><td>2-1</td><td>夏热冬严寒</td><td rowspan="4">20~30</td><td>< -37.0</td><td></td></tr>
<tr><td>2-2</td><td>夏热冬寒</td><td>-37.0 ~ -21.5</td><td></td></tr>
<tr><td>2-3</td><td>夏热冬冷</td><td>-21.5 ~ -9.0</td><td></td></tr>
<tr><td>2-4</td><td>夏热冬温</td><td>> -9.0</td><td></td></tr>
</table>

续上表

气候区名		最热月平均最高气温(℃)	年极端最低气温(℃)	备注
3-1	夏凉冬严寒	<20	< -37.0	不存在
3-2	夏凉冬寒		-37.0 ~ -21.5	
3-3	夏凉冬冷		-21.5 ~ -9.0	不存在
3-4	夏凉冬温		> -9.0	不存在

沥青路面的气候分区由温度和雨量组成,见表9-8,气候分区的第3个数字代表雨量区。

沥青路面气候分区表 表9-8

气候区名		最热月平均最高气温(℃)	年极端最低气温(℃)	年降雨量(mm)
1-1-4	夏炎热冬严寒干旱	>30	< -37.0	<250
1-2-2	夏炎热冬寒湿润		-37.0 ~ -21.5	1000 ~ 500
1-2-3	夏炎热冬寒半干		-37.0 ~ -21.5	500 ~ 250
1-2-4	夏炎热冬寒干旱		-37.0 ~ -21.5	<250
1-3-1	夏炎热冬冷潮湿		-21.5 ~ -9.0	>1000
1-3-2	夏炎热冬冷湿润		-21.5 ~ -9.0	1000 ~ 500
1-3-3	夏炎热冬冷半干		-21.5 ~ -9.0	500 ~ 250
1-3-4	夏炎热冬冷干旱		-21.5 ~ -9.0	<250
1-4-1	夏炎热冬温潮湿		> -9.0	>1000
1-4-2	夏炎热冬温湿润		> -9.0	1000 ~ 500
2-1-2	夏热冬严寒湿润	20 ~ 30	< -37.0	1000 ~ 500
2-1-3	夏热冬严寒半干		< -37.0	500 ~ 250
2-1-4	夏热冬严寒干旱		< -37.0	<250
2-2-1	夏热冬寒潮湿		-37.0 ~ -21.5	>1000
2-2-2	夏热冬寒湿润		-37.0 ~ -21.5	1000 ~ 500
2-2-3	夏热冬寒半干		-37.0 ~ -21.5	500 ~ 250
2-2-4	夏热冬寒干旱		-37.0 ~ -21.5	<250
2-3-1	夏热冬冷潮湿		-21.5 ~ -9.0	>1000
2-3-2	夏热冬冷湿润		-21.5 ~ -9.0	1000 ~ 500
2-3-3	夏热冬冷半干		-21.5 ~ -9.0	500 ~ 250
2-3-4	夏热冬冷干旱		-21.5 ~ -9.0	<250
2-4-1	夏热冬温潮湿		> -9.0	>1000
2-4-2	夏热冬温湿润		> -9.0	1000 ~ 500
2-4-3	夏热冬温半干		> -9.0	500 ~ 250
3-2-1	夏凉冬寒潮湿	<20	-37.0 ~ -21.5	>1000
3-2-2	夏凉冬寒湿润		-37.0 ~ -21.5	1000 ~ 500

(2)道路石油沥青的质量标准(表9-9)

道路石油沥青技术标准 表 9-9

<table>
<tr><th rowspan="2">指　标</th><th rowspan="2">单位</th><th rowspan="2">等级</th><th colspan="17">沥青标号</th></tr>
<tr><th>160 号</th><th>130 号</th><th colspan="3">110 号</th><th colspan="5">90 号</th><th colspan="5">70 号</th><th>50 号</th><th>30 号</th></tr>
<tr><td>针入度(25℃,5s,100g)</td><td>0.1mm</td><td></td><td>140 ~ 200</td><td>120 ~ 140</td><td colspan="3">100 ~ 120</td><td colspan="5">80 ~ 100</td><td colspan="5">60 ~ 80</td><td>40 ~ 60</td><td>20 ~ 40</td></tr>
<tr><td>适用的气候分区</td><td></td><td></td><td>注</td><td>注</td><td>2-1</td><td>2-2</td><td>3-2</td><td>1-1</td><td>1-2</td><td>1-3</td><td>2-2</td><td>2-3</td><td>1-3</td><td>1-4</td><td>2-2</td><td>2-3</td><td>2-4</td><td>1-4</td><td>注</td></tr>
<tr><td rowspan="2">针入度指数 PI</td><td rowspan="2"></td><td>A</td><td colspan="17">-1.5 ~ +1.0</td></tr>
<tr><td>B</td><td colspan="17">-1.8 ~ +1.0</td></tr>
<tr><td rowspan="3">软化点($T_{R\&B}$)　不小于</td><td rowspan="3">℃</td><td>A</td><td>38</td><td>40</td><td colspan="3">43</td><td colspan="3">45</td><td colspan="2">44</td><td colspan="2">46</td><td colspan="3">45</td><td>49</td><td>55</td></tr>
<tr><td>B</td><td>36</td><td>39</td><td colspan="3">42</td><td colspan="3">43</td><td colspan="2">42</td><td colspan="2">44</td><td colspan="3">43</td><td>46</td><td>53</td></tr>
<tr><td>C</td><td>35</td><td>37</td><td colspan="3">41</td><td colspan="5">42</td><td colspan="5">43</td><td>45</td><td>50</td></tr>
<tr><td>60℃动力黏度　不小于</td><td>Pa·s</td><td>A</td><td>—</td><td>60</td><td colspan="3">120</td><td colspan="3">160</td><td colspan="2">140</td><td colspan="2">180</td><td colspan="3">160</td><td>200</td><td>260</td></tr>
<tr><td rowspan="2">10℃延度　不小于</td><td rowspan="2">cm</td><td>A</td><td>50</td><td>50</td><td colspan="3">40</td><td>45</td><td>30</td><td>20</td><td>30</td><td>20</td><td>20</td><td>15</td><td>25</td><td>20</td><td>15</td><td>15</td><td>10</td></tr>
<tr><td>B</td><td>30</td><td>30</td><td colspan="3">30</td><td>30</td><td>20</td><td>15</td><td>20</td><td>15</td><td>15</td><td>10</td><td>20</td><td>15</td><td>10</td><td>10</td><td>8</td></tr>
<tr><td rowspan="2">15℃延度　不小于</td><td rowspan="2">cm</td><td>A、B</td><td colspan="15">100</td><td>80</td><td>50</td></tr>
<tr><td>C</td><td>80</td><td>80</td><td colspan="3">60</td><td colspan="5">50</td><td colspan="5">40</td><td>30</td><td>20</td></tr>
<tr><td rowspan="3">含蜡量(蒸馏法)　不大于</td><td rowspan="3">%</td><td>A</td><td colspan="17">2.2</td></tr>
<tr><td>B</td><td colspan="17">3.0</td></tr>
<tr><td>C</td><td colspan="17">4.5</td></tr>
</table>

续上表

指标	单位	等级	沥青标号						
			160号	130号	110号	90号	70号	50号	30号
闪点　不小于	℃		230			245	260		
溶解度　不小于	%		99.5						
密度(15℃)	g/cm^3		实测记录						
TFOT(或RTFOT)后									
质量变化　不大于	%		±0.8						
残留针入度比(25℃)　不小于	%	A	48	54	55	57	61	63	65
		B	45	50	52	54	58	60	62
		C	40	45	48	50	54	58	60
残留延度(10℃)　不小于	cm	A	12	12	10	8	6	4	—
		B	10	10	8	6	4	2	—
残留延度(15℃)　不小于	cm	C	40	35	30	20	15	10	—

注:经建设单位同意,沥青的PI值、60℃动力黏度、10℃延度可作为选择性指标。

(3)各级沥青的适用范围

道路石油沥青各个等级的适用范围见表9-10。

道路石油沥青的适用范围　　表9-10

沥青等级	适用范围
A级沥青	各个等级的公路,适用于任何场合和层次
B级沥青	(1)高速公路、一级公路沥青下面层及以下的层次,二级及二级以下公路的各个层次; (2)用作改性沥青、乳化沥青、改性乳化沥青、稀释沥青的基质沥青
C级沥青	三级及三级以下公路的各个层次

2)建筑石油沥青的技术标准

建筑石油沥青和道路石油沥青一样都是按针入度指标来划分牌号的。在同一品种石油沥青材料中,牌号越小,沥青越硬;牌号越大,沥青越软,同时随着牌号增加,针入度增加,沥青的黏性减小;延度增大,塑性增加;软化点降低,温度敏感性增大。

建筑石油沥青黏性较大,耐热性较好,但塑性较小,主要用作制造油毡、油纸、防水涂料和沥青胶。它们绝大部分用于屋面及地下防水、沟槽防水、防腐蚀及管道防腐等工程。

对于屋面防水工程,应注意防止过分软化。据高温季节测试,沥青屋面达到的表面温度比当地最高气温高25~30℃,为避免夏季流淌,屋面用沥青材料的软化点应比当地气温下屋面可能达到的最高温度高20℃以上。

建筑石油沥青的技术性能应符合《建筑石油沥青》(GB/T 494—2010)的规定,见表9-11。

建筑石油沥青技术标准　　表9-11

项目		质量标准		
		10号	30号	40号
针入度(25℃,100g,5s)(0.1mm)		10~25	26~35	36~50
针入度(46℃,100g,5s)(0.1mm)		实测值	实测值	实测值
针入度(0℃,200g,5s)(0.1mm)		3	6	6
延度(25℃,5cm/min)(cm)≥		1.5	2.5	3.5
软化点(环球法)(℃)≥		95	75	60
溶解度(三氯乙烯)(%)≥		99.0		
蒸发后残留物(163℃,5h)	蒸发损失(%)≤	1		
	蒸发后针入度比(%)≥	65		
闪点(开口)(℃)≥		260		

9.2 其他沥青

9.2.1 煤沥青

煤沥青是由煤干馏得到煤焦油,再经加工而获得。根据煤干馏的温度不同可分为高温煤焦油(700℃以上)和低温煤焦油(450~700℃)两类。以高温煤焦油为原料,可获得数量较多且质量较佳的煤沥青。而低温煤焦油则相反,获得的煤沥青数量较少,且质量往往不稳定。

1) 化学组成和组分

煤沥青的组成主要是芳香族碳氢化合物及其氧、硫、碳的衍生物的混合物。煤沥青化学组分的分析方法与石油沥青的方法相似,也是采用选择性溶解将煤沥青分离为几个化学性质相近,且与工程性能有一定联系的组。目前最常采用 E·J·狄金松(Dickinson)法将煤沥青分离为:油分、树脂 A、树脂 B、游离碳 C_1 和游离碳 C_2 五种组分。

游离碳,又称为自由碳,固态,加热不熔,但高温分解。煤沥青的游离碳含量增加,可提高黏度和温度稳定性,但同时也增大其低温脆性。

树脂分为硬树脂和软树脂两类。硬树脂类似石油沥青中的沥青质;软树脂为赤褐色黏—塑性物质,类似石油沥青中的树脂。

油分是液态碳氢化合物,与其他组分相比,为最简单结构的物质,但煤沥青的油分中还含有萘、蒽和酚等成分。萘和蒽能溶解于油分中,在含量较高或低温时能呈固态晶状析出,影响煤沥青的低温变形能力。常温下,萘易挥发、升华,加速煤沥青老化,且挥发的气体有毒。酚能溶于水,形成的酚水溶物有毒,污染环境,且酚易被氧化。煤沥青中酚、萘和水均为有害物质,对其含量必须加以限制。

2) 技术性质

煤沥青与石油沥青相比,在技术性质上有下列差异:

(1)温度稳定性较差。煤沥青是一种较粗的分散系,同时树脂的可溶性较高,所以表现为温度稳定性较差。夏季易软化,冬季易脆裂。

(2)气候稳定性较差。煤沥青化学组成中有较高含量的不饱和芳香烃,在空气中的氧、日光的温度和紫外线以及大气降水的作用下,易促进黏度增加、塑性降低,老化进程较快。

(3)与矿质集料的黏附性较好。在煤沥青组成中含有较多数量的极性物质,赋予煤沥青高的表面活性,使其与矿质集料具有较好的黏附性。

3) 煤沥青的应用

煤沥青的渗透性极好,常用于半刚性基层上洒透层油。但由于煤沥青是国际上明确的强致癌物质,所以严禁用于热拌热铺的沥青混合料。

9.2.2 乳化沥青

乳化沥青是将黏稠沥青热融,经过机械的作用,以细小的微滴(粒径为 2~5μm)状态分散于含有乳化—稳定剂的水溶液中,形成水包油状的沥青乳液。常温下黏度很低、流动性很好,可以常温使用,也可以与常温、潮湿的石料混合使用。

1) 乳化沥青的优点

乳化沥青具有许多优越性,主要优点如下:

(1)常温施工、节约能源。乳化沥青可以在常温下施工,现场无需加热设备和能源消耗,扣除制备乳化沥青所消耗的能源后,仍然可以节约大量能源。

(2)便于施工、节约沥青。由于乳化沥青黏度低、和易性好,施工方便。而且乳化沥青可以均匀地分布在集料表面,产生较好的黏附性;且在集料表面形成的沥青膜较薄,可以节约沥青用量。

(3)保护环境、保障健康。乳化沥青施工不需加热,不污染环境;同时,避免了操作人员受沥青挥发物的毒害,保障人体健康。

乳化沥青与改性乳化沥青的技术标准

表 9-12

试验项目		乳化沥青										改性乳化沥青	
		阳离子				阴离子				非离子		—	—
		喷洒用	喷洒用	喷洒用	拌和用	喷洒用	喷洒用	喷洒用	拌和用	喷洒用	喷洒用	喷洒用	拌和用
		PC-1	PC-2	PC-3	BC-1	PA-1	PA-2	PA-3	BA-1	PN-2	BN-1	PCR	BCR
破乳速度		快裂	慢裂	快裂或中裂	慢裂或中裂	快裂	慢裂	快裂或中裂	慢裂或中裂	慢裂	慢裂	快裂或中裂	慢裂
粒子电荷		阳离子(+)				阴离子(-)				非离子		阳离子(+)	阳离子(+)
筛上残留物(1.18mm 筛)(%)≤		0.1				0.1				0.1		0.1	0.1
黏度	恩氏黏度计 E_{25}	2~10	1~6	1~6	2~30	2~10	1~6	1~6	2~30	1~6	2~30	1~10	3~30
	道路标准黏度计 $C_{25,3}$	10~25	8~20	8~20	10~60	10~25	8~20	8~20	10~60	8~20	10~60	8~25	12~60
蒸发残留物	残留分含量(%)≥	50	50	50	55	50	50	50	55	50	55	50	60
	溶解度(三氯乙烯)(%)≥	97.5				97.5				97.5		97.5	97.5
	针入度(15℃)[1](0.1mm)	50~200	50~300	45~150		50~200	50~300	45~150		50~300	60~300	40~120	40~100
	软化点(℃)≥	—				—				—		50	53
	延度(25℃)(cm)≥	40				40				40		20	20
与粗集料的黏附性,裹覆面积 ≥		2/3			—	2/3			—	2/3	—	2/3	—
与粗、细粒式集料拌和试验		—			均匀	—			均匀	—	—		
水泥拌和试验的筛上剩余(%)≤		—				—				—	3	—	
常温储存稳定性(%):1d≤ 5d≤		1 5				1 5				1 5		1 5	1 5

注:①对于改性乳化沥青的蒸发残留物,应为5℃延度指标。

聚合物改性沥青的技术标准

表 9-13

指标		SBS 类(Ⅰ)				SBR 类(Ⅱ)			EVA、PE 类(Ⅲ)			
		Ⅰ-A	Ⅰ-B	Ⅰ-C	Ⅰ-D	Ⅱ-A	Ⅱ-B	Ⅱ-C	Ⅲ-A	Ⅲ-B	Ⅲ-C	Ⅲ-D
针入度(25℃,100g,5s)(0.1mm)		>100	80~100	60~80	30~60	>100	80~100	60~80	>80	60~80	40~60	30~40
针入度指数 PI ≥		-1.2	-0.8	-0.4	0	-1.0	-0.8	-0.6	-1.0	-0.8	-0.6	-0.4
延度(5℃,5cm/min)(cm) ≥		50	40	30	20	60	50	40	—			
软化点($T_{R\&B}$)(℃) ≥		45	50	55	60	45	48	50	48	52	56	60
135℃运动黏度(Pa·s) ≤		3										
闪点(℃) ≥		230				230			230			
溶解度(%) ≥		99				99			—			
25℃弹性恢复(%) ≥		55	60	65	75	—			—			
黏韧性(N·m) ≥		—				5			—			
韧性(N·m) ≥		—				2.5			—			
储存稳定性离析,48h 软化点差(℃) ≤		2.5				—			无改性剂明显析出、凝聚			
TFOT 或 RTFOT 后残留物	质量变化(%) ≤	±1.0										
	25℃针入度比(%) ≥	50	55	60	65	50	55	60	50	55	58	60
	5℃延度(cm) ≥	30	25	20	15	30	20	10	—			

（4）路面粗糙，减少事故。乳化沥青所筑路面有一定的粗糙度，可以避免道路过于光滑产生事故。

2）乳化沥青的应用

几乎各种等级的沥青均可以用来制备乳化沥青。一般，针入度为10～30（0.1mm）的石油沥青多用来制备建筑防水用乳化沥青；针入度为100～300（0.1mm）的石油沥青多用来制备路用乳化沥青。加入一定量的改性剂（如SBR丁苯胶乳改性剂等）可以生产改性乳化沥青。乳化沥青可以分为阳离子、阴离子和非离子三种类型，可以用于沥青表面处治、沥青贯入式和冷拌沥青混合料路面，也可以修补裂缝，用作喷洒透层、黏层与封层油等。道路乳化沥青与改性乳化沥青的技术要求见表9-12。

目前，道路工程中以阳离子乳化沥青为主，可以用于路面的保护层结构、修补路面，也可以用作路面抗滑表层。因乳化沥青施工工艺避免了高温操作、沥青加热和有害物的排放，比热沥青更为安全、节能和环保，因此，近几年阳离子乳化沥青的发展很快。

9.2.3 改性沥青

随着现代土木工程的发展，对沥青的综合性能提出了更高的要求。建筑沥青要求在低温条件下具备良好的弹性和塑性；在高温条件下具备足够的强度和稳定性；在加工和使用过程中具有一定的抗老化能力和耐久性能。面对高等级公路交通日益增长所造成的沥青路面高温出现车辙、低温产生裂缝、抗滑性能很快衰降、使用年限不长等破坏现象，要求道路沥青应具有较高的流变性能、与集料的黏附性、较长的沥青使用耐久性等多方面的技术性质。

改性沥青是通过在沥青中加入不同的改性剂，实现改善沥青多种性能的目的。目前，道路沥青可以采用热塑橡胶、热塑聚合物和热固树脂三种改性剂改善其使用性能。其中，热塑橡胶弹性体改性剂使用最为普遍，如苯乙烯—丁二烯—苯乙烯（SBS）和丁苯橡胶（SBR）在道路改性沥青中都具有良好的使用效果。聚合物改性沥青的技术标准见表9-13。

建筑工程中常用的高聚物改性沥青防水卷材有：弹性SBS防水卷材、塑性APP改性沥青防水卷材、聚氯乙烯改性焦油沥青防水卷材、再生胶改性沥青防水卷材等。

【创新漫谈】

沥青再生剂（ERA-C）

长期以来，公路养护采取的是路面出现损坏后，再去维修的被动性养护理念和方式，对于路面还处于良好状态下进行预防性养护的意义则认识不足。

沥青再生剂（ERA-C）是一种适用于沥青路面早、中期公路养护的新型材料。它是一种棕色液体，有良好的流动性能，当喷洒或涂刷到沥青面层后，会迅速渗入沥青面层达3～4cm，与老化沥青起化学反应，使沥青的针入度、软化点、延度恢复，同时形成新的保护层，防止水的侵入。处理后的路面会由原来灰白干燥变成黑色油润，改变了沥青原有的性能，具有良好的防水性、流动性、黏结性和渗透性。

沥青再生剂主要用于沥青路面早、中期出现的病害，如微裂缝、龟裂、网裂、松散、麻面、渗水、轻微翻浆、施工后的材料离析，沥青与粒料的黏结力不足出现的沥青剥落，沥青路面空隙率过大等病害，对沥青路面后期严重病害，如坑槽、壅包、啃边、沉陷等，效果不理想。

ERA-C 具有良好的防水性能，能够保证雨季后道路的正常使用，不至于使道路遭雨水的侵蚀损坏。这种方法修补裂缝与传统的贴缝、灌缝方法相比，具有明显的优势，主要表现在：

(1)施工方法较简便，用原液或稀释液直接灌注于裂缝处，较大裂缝用原液与中粗砂混合后拍实到裂缝处即可。

(2)施工成本低廉，裂缝宽度在 5mm 以下，直接用原液修补，每延米单价为 0.3～0.4 元；裂缝宽度在 5mm 以上，每延米单价为 1～15 元，成本低廉。贴缝胶带，每延米单价为 12～24 元，灌缝胶每延米 13～15 元，价格较昂贵。

(3)修补效果显著，沥青再生剂的作用机理是通过妥尔油树脂渗透沥青表层、结合层，使修复后的裂缝能够与旧沥青路面较好地衔接，达到封水的目的，而且恢复了沥青的原有性能，在冬季严寒天气下不脆裂。

(4)采用 ERA-C 养护路面与采用热拌沥青混凝土必须在高温季节修补路面相比，ERA-C 使用时间的选择范围大，在养护工作量一定的条件下，养护者安排养护工作就显得较轻松。

习　题

9-1　石油沥青化学组分分析方法可将石油沥青分离为哪几个组分？各化学组分有什么特点？

9-2　试述石油沥青的胶体结构及划分方法。

9-3　石油沥青三大指标表征沥青的哪些技术性质？

9-4　试述针入度指数的含意及其意义。

9-5　何谓石油沥青的老化？主要的评价方法有哪些？

9-6　建筑石油沥青与道路石油沥青相比有何特点？

9-7　试比较不同级别道路石油沥青技术标准的差别，并阐明原因。

9-8　试比较煤沥青与石油沥青在工程性能上的差异。

9-9　试述乳化沥青的特点。

9-10　请查阅资料，谈谈何谓改性沥青？目前主要的改性途径有哪些？

第 10 章　沥青混合料

学习指导

本章重点阐述热拌沥青混合料的类型、组成结构、强度形成原理、技术性质、组成材料和设计方法，简要介绍其他类型沥青混合料。通过学习，学生应掌握沥青混合料的组成结构、强度形成原理、技术性质和技术要求、配合组成设计方法等知识点；能按现行方法设计沥青混合料的配合比，并对其性能进行评价。同时，要求学生了解其他各类沥青混合料。

据考古资料记载，沥青混合料作为路面材料已有相当长的应用历史了，早在 15 世纪印加帝国就开始采用天然沥青修筑沥青碎石路。1832～1838 年间，英国人采用煤沥青在格洛斯特郡修筑了第一段煤沥青碎石路；19 世纪 50 年代，法国人在巴黎采用天然岩沥青修筑了第一条沥青碎石道路。到了 20 世纪，石油沥青已成为使用量最大的铺路材料。20 世纪 20 年代，在我国的上海开始铺设沥青路面。新中国成立以后，随着中国自产路用沥青材料工业的发展，沥青路面已广泛应用于城市道路和公路干线，成为目前我国铺筑面积最多的一种路面形式，沥青混合料也成为沥青路面的主体材料。

随着高速公路的飞速发展，高等级沥青路面的施工技术和路面质量有了很大的提高，同时也诞生了许多新型的沥青路面材料，如改性沥青混凝土、纤维沥青混凝土、多碎石沥青混凝土（SAC）、沥青玛蹄脂碎石混合料（SMA）、大粒径沥青混合料（LSAM）等，这些材料的路用性能较传统的沥青混凝土混合料和沥青碎石混合料的性能有了较大改善。

10.1　沥青混合料概述

沥青混合料作为现代沥青路面的主要材料，按照沥青路面施工工艺的要求，沥青与矿料可以组成不同类型的沥青混合料修建成各种结构的沥青路面。最常用的沥青路面包括：沥青表面处理、沥青贯入式、沥青碎石和沥青混凝土四种类型，随着高等级沥青路面的发展，沥青玛蹄脂碎石路面得以广泛应用。本章重点介绍沥青混凝土混合料和沥青碎石混合料。

按照《公路沥青路面施工技术规范》（JTG F40—2004）的有关规定，沥青混合料的类型及分类综述如下。

10.1.1　沥青混合料的类型

沥青混合料是由矿料与沥青结合料拌和而成的混合料的总称。最常采用的沥青混合料的类型有沥青混凝土混合料、沥青碎石混合料和沥青玛蹄脂碎石混合料等。

1）沥青混凝土混合料

沥青混凝土混合料（Asphalt Concrete Mixture，简称 AC），是按密级配原理设计组成的各种粒径颗粒的矿料与沥青结合料拌和而成的、设计空隙率较小的密实式沥青混合料。

2）沥青碎石混合料

沥青碎石混合料是沥青稳定碎石混合料的简称，由矿料和沥青组成的具有一定级配要求的混合料。按空隙率、集料最大粒径、添加矿粉数量的多少，分为密级配沥青稳定碎石混合料（以 ATB 表示）、开级配沥青碎石混合料（开级配排水式沥青磨耗层 OGFC 及大粒径排水式沥青碎石基层 ATPB）和半开级配沥青碎石混合料（以 AM 表示）。

3）沥青玛蹄脂碎石混合料

沥青玛蹄脂碎石混合料（Stone Matrix Asphalt，简称 SMA），是由沥青结合料与少量的纤维稳定剂、细集料以及较多量的填料（矿粉）组成的沥青玛蹄脂，填充于间断级配粗集料骨架间隙而组成一体的沥青混合料。

10.1.2　沥青混合料的分类

1）按结合料分类

按使用的结合料不同，沥青混合料可分为石油沥青混合料和煤沥青混合料。其中，石油沥青混合料又包括黏稠石油沥青、乳化石油沥青及液体石油沥青混合料。

2）按矿料的级配类型划分

（1）连续级配沥青混合料

沥青混合料中的矿料是按连续级配原则设计，即从大到小各级粒径都有，按比例相互搭配组成的混合料，称为连续级配沥青混合料。

（2）间断级配沥青混合料

连续级配沥青混合料矿料中缺少一个或几个档次粒径而组成的沥青混合料，称为间断级配沥青混合料。

3）按矿料级配组成及空隙率大小划分

（1）密级配沥青混合料

按照密级配原理设计（可采用连续级配或间断级配）组成的沥青混合料，依据马歇尔试验的技术标准，设计空隙率为 3%～6%。对于不同交通量、气候情况及路面结构层位，空隙率可做适当调整，因此，密级配沥青混合料可分为密级配沥青混凝土混合料（AC）和密级配沥青稳定碎石混合料（ATB）。按关键性筛孔通过率的不同又可分为细型、粗型密级配沥青混合料等。沥青玛蹄酯碎石混合料（SMA）也属于密级配沥青混合料，其设计空隙率为 3%～4%。

（2）半开级配沥青混合料

半开级配沥青混合料是由适当比例的粗集料、细集料及少量填料（或不加填料）与沥青结合料拌和而成，经马歇尔标准击实成型试件的剩余空隙率在 6%～12% 的半开式沥青碎石混合料，以 AM 表示。

（3）开级配沥青混合料

开级配沥青混合料矿料级配主要由粗集料嵌挤组成，细集料及填料较少，设计空隙率为

18%的混合料，如排水式沥青磨耗层(OGFC)及排水式沥青碎石基层(ATPB)。

4)按矿料公称最大粒径划分

(1)特粗式沥青混合料:集料公称最大粒径等于或大于37.5mm的沥青混合料。

(2)粗粒式沥青混合料:集料公称最大粒径等于或大于26.5mm或31.5mm的沥青混合料。

(3)中粒式沥青混合料:集料公称最大粒径为16mm或19mm的沥青混合料。

(4)细粒式沥青混合料:集料公称最大粒径为9.5mm或13.2mm的沥青混合料。

(5)砂粒式沥青混合料:集料公称最大粒径小于4.75mm的沥青混合料。

5)按制造工艺划分

(1)热拌热铺沥青混合料

热拌热铺沥青混合料简称热拌沥青混合料，指沥青与矿料在热态拌和、热态铺筑的沥青混合料。

(2)冷拌沥青混合料

冷拌沥青混合料，是以乳化沥青或稀释沥青与矿料在常温状态下拌制、铺筑的沥青混合料。

(3)再生沥青混合料

再生沥青混合料指将需翻修或废弃的旧沥青路面，经翻挖、回收、破碎、筛分，与再生剂、新集料、新沥青材料等按一定比例重新拌和，形成具有一定路用性能的再生沥青混合料。

10.2 热拌沥青混合料

热拌沥青混合料(Hot Mix Asphalt，简称HMA)，是经人工组配的矿质混合料与黏稠沥青在专门设备中加热拌和而成，用保温运输工具运送至施工现场，并在热态下进行摊铺和压实的混合料。热拌沥青混合料是目前沥青路面主要采用的沥青混合料类型。

10.2.1 热拌沥青混合料的组成结构和强度理论

沥青混合料由粗集料、细集料、填料和沥青经配合组成设计拌和而成。受组配材料的质量、矿质混合料的级配类型、选用的沥青用量等因素的影响，沥青混合料可以形成不同的组成结构，并表现出不同的力学性能。

1)沥青混合料的组成结构

(1)组成结构理论

沥青混合料是由粗集料、细集料、填料与沥青以及外加剂所组成的一种复合材料。对于沥青混合料组成结构的研究，目前存在着以下两种相互对立的理论。

①表面理论。

按传统理解，沥青混合料是由粗集料、细集料和填料组成密实的矿质骨架，沥青结合料分布其表面，从而将它们胶结成一个具有强度的整体。该理论较为突出矿质骨料的骨架作用，认为强度的关键是矿质骨料的强度和密实度。

②胶浆理论。

胶浆理论是近代研究理论，把沥青混合料看作是一种多级空间网状结构的分散系，主要分为粗分散系、细分散系和微分散系三级分散。

粗分散系是以粗集料为分散相,分散在沥青砂浆的介质中;细分散系是以细集料为分散相,分散在沥青胶浆的介质中;微分散系是以矿粉填料为分散相,分散在高稠度的沥青介质中。

该理论认为,三级分散系中以沥青胶浆最为重要,它的组成结构决定沥青混合料的高温稳定性和低温变形能力。目前这一理论较为热门的研究主要为:填料的矿物成分、级配,沥青与填料内表面的交互作用等因素对沥青混合料性能的影响,以及采用高稠度、大用量沥青和间断级配矿质混合料的研究等。

(2)沥青混合料的组成结构

沥青混合料的组成结构通常按其矿质混合料的组成分为三种结构类型。

①悬浮—密实结构。

当采用连续型密级配矿质混合料时,由于细集料较多,粗集料较少,沥青混合料可以获得很大的密实度,但是各级集料均为次级集料所隔开,不能直接靠拢而形成骨架,以悬浮状态存在于次级集料及沥青胶浆之间,形成悬浮—密实结构,其结构组成如图 10-1a)所示。这种结构的沥青混合料虽然密实度较高,并且可以获得较高的黏聚力,但内摩擦角较小,高温稳定性较差。按照连续型密级配原理设计的沥青混凝土属于典型的悬浮—密实结构。

②骨架—空隙结构。

当采用连续型开级配矿质混合料时,由于组成矿质混合料递减系数较大,粗集料所占的比例较高,细集料很少,甚至没有。这种组成形式的沥青混合料,粗集料可以互相靠拢形成骨架,但由于细料数量过少,不能充分填满粗集料之间的空隙,因而形成骨架—空隙结构,如图 10-1b)所示。这种结构的沥青混合料,内摩擦角较高,黏聚力较低,高温稳定性较好。沥青碎石混合料(AM)及排水式沥青磨耗层混合料(OGFC)属于典型的骨架—空隙结构。

③密实—骨架结构。

当采用间断型密级配矿质混合料时,由于这种矿质混合料断去了中间尺寸粒径的集料,既有较多数量的粗集料可形成空间骨架,同时又有相当数量的细集料可以填密骨架空隙,从而形成密实—骨架结构,如图 10-1c)所示。这种结构的沥青混合料不仅具有较高的密实度、黏聚力和内摩擦角,同时具有较好的高温稳定性。

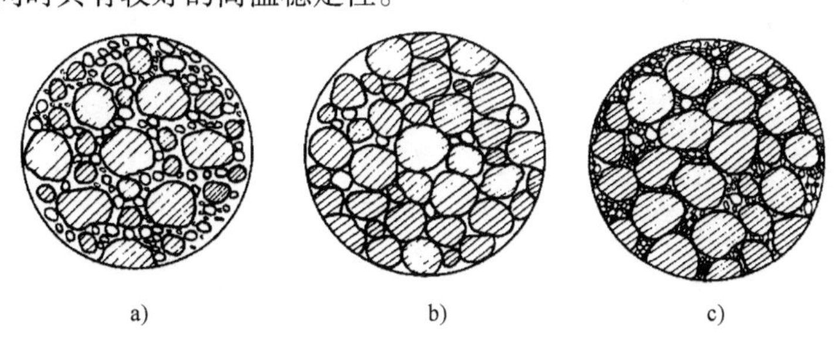

图 10-1 沥青混合料组成结构示意图

a)悬浮—密实结构;b)骨架—空隙结构;c)密实—骨架结构

我国传统的沥青混凝土的组成结构类型主要为悬浮—密实结构,这种结构类型的沥青混合料密水性较好,但抗车辙能力较差。为改善这种沥青混凝土的路用性能,适用高等级沥青路面的要求,密实—骨架结构沥青混合料是一种发展趋势,目前推广使用的 SMA 沥青玛蹄脂碎石混合料即密实—骨架型结构。

2）沥青混合料的强度理论

沥青路面的主要破坏形式是高温产生车辙和低温出现裂缝。高温破坏的主要原因为，在高温时由于抗剪强度不足或塑性变形过大而产生推挤等现象；低温破坏的主要原因是，由于低温时抗拉强度不足或变形能力较差而产生裂缝现象。目前沥青混合料强度和稳定性理论，主要是要求沥青混合料在高温时必须具有一定的抗剪强度和抵抗变形的能力。

（1）沥青混合料的强度形成原理

通过沥青混合料三轴试验，采用库仑理论分析方法可知：沥青混合料的抗剪强度主要取决于黏聚力和内摩擦角两个参数，即

$$\tau = f(c,\varphi) \tag{10-1}$$

式中：τ——沥青混合料的抗剪强度，kPa；

c——沥青混合料的黏聚力，kPa；

φ——沥青混合料的内摩擦角，（°）。

（2）影响沥青混合料抗剪强度的因素

影响沥青混合料抗剪强度的因素有内因和外因两种，内因主要指其内部组成材料的影响，而外因主要指温度和变形速率的影响。

①影响内因。

a. 沥青黏度的影响。

沥青混合料抗剪强度与沥青的黏度有着密切的关系。在其他因素一定的条件下，沥青混合料的黏聚力随着沥青黏度的提高而增加，而同时内摩擦角亦稍有提高，因此，沥青混合料具有较高的抗剪强度。

b. 沥青与矿料化学性质的影响。

在沥青混合料中，沥青与矿粉交互作用后，沥青在矿粉表面产生化学组分的重新排列，在矿粉表面形成一层厚度为 δ_0 的扩散溶剂化膜，如图 10-2 所示。我们将在此膜厚度以内的沥青称为结构沥青，在此膜厚度以外的沥青称为自由沥青。

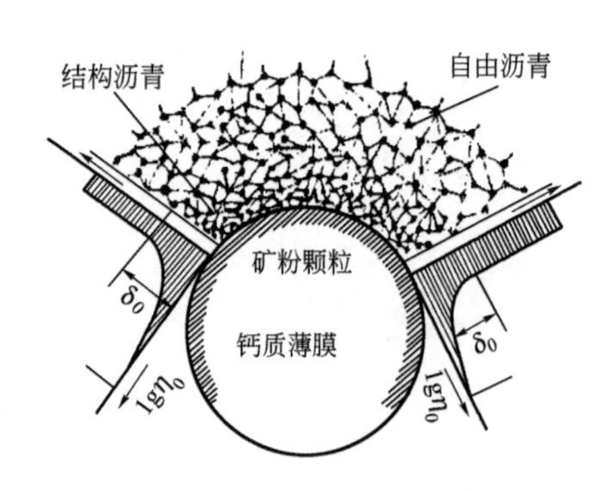

图 10-2　沥青在矿粉表面重排结构示意图

如果矿粉颗粒之间接触处是由结构沥青膜所联结，这样促成沥青具有更高的黏度和更大的扩散溶剂化膜的接触面积，因而可以获得更大的黏聚力。反之，如果颗粒之间接触处是以自由沥青所联结，则具有较小的黏聚力。

沥青与矿料相互作用不仅与沥青的化学性质有关，而且与矿料的化学性质也有关。研究认为，石油沥青与碱性石料的黏附性较与酸性石料的黏附性强，是由于在不同性质矿料表面形成不同组成结构和厚度的吸附溶剂化膜。如图 10-3 所示，在石灰石矿粉表面形成较为发育的吸附溶剂化膜，而在石英石矿粉表面则形成发育较差的吸附溶剂化膜。所以在沥青混合料中，当采用石灰石矿粉时，矿粉之间更有可能通过结构沥青来联结，因而具有较高的黏聚力。

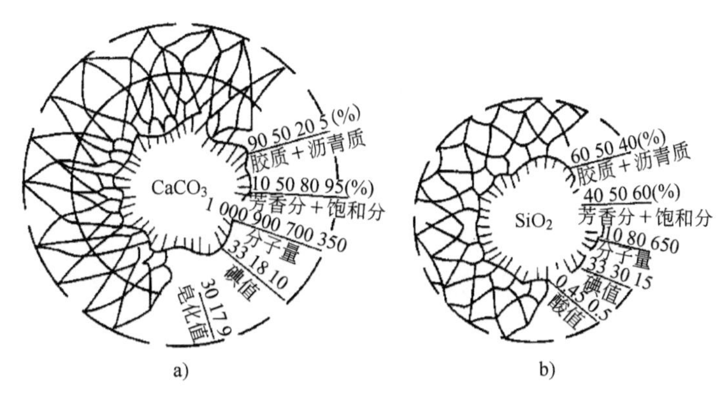

图 10-3 不同矿粉的吸附溶剂化膜结构图

a)石灰石矿粉;b)石英石矿粉

c. 沥青用量的影响。

沥青用量是影响沥青混合料抗剪强度的重要因素,不同沥青用量的沥青混合料结构如图 10-4所示。当沥青用量很少时,还不足以形成结构沥青的薄膜来黏结矿料颗粒,此时,沥青混合料的黏聚力小,内摩擦角大。随着沥青用量的增加,逐渐形成结构沥青,沥青与矿料间的黏附力随着沥青的用量增加而增加。当沥青用量足以形成薄膜并充分黏附矿粉颗粒表面时,具有最大的黏聚力。随着沥青用量的继续增加,过多的沥青形成了自由沥青,使沥青胶浆的黏聚力随着自由沥青的增加而降低。沥青用量不仅影响沥青混合料的黏聚力,同时也影响沥青混合料的内摩擦角。

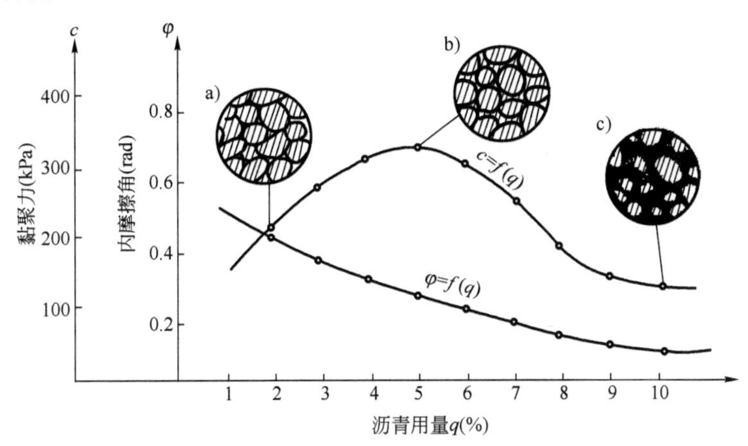

图 10-4 不同沥青用量时的沥青混合料结构和 c、φ 值变化示意图

a)沥青用量不足;b)沥青用量适中;c)沥青用量过量

d. 矿料比表面积的影响。

在相同的沥青用量条件下,矿料的比表面积越大,与沥青产生交互作用所形成的沥青膜越薄,则在沥青中结构沥青所占的比率越大,因而沥青混合料的黏聚力越高。

通常在工程应用中,以单位质量集料的总表面积来表示表面积的大小,称为比表面积(简称比面)。一般沥青混合料中矿粉用量大约只占 7%,但其表面积却占矿质混合料总表面积的 80% 以上,所以,矿粉的性质和用量对沥青混合料的抗剪强度影响很大。提高矿粉的细度可以增加矿粉比面,选用矿粉时,一般小于 0.075mm 粒径的含量不要过少,但是小于 0.005mm 部分的含量不宜过多,否则沥青混合料易结团,不易施工。

e.矿质集料的级配类型、粒度、表面性质的影响。

矿质混合料采用密级配、开级配和间断级配等不同级配类型,沥青混合料的抗剪强度亦不相同。在沥青混合料中,矿质集料的粗度、形状和表面粗糙度对沥青混合料的抗剪强度都具有极为明显的影响。

试验证明,要使矿质混合料获得较大的内摩擦角,必须采用粗大、均匀的颗粒。在其他条件一定下,矿质集料颗粒越粗,所配制成的沥青混合料的内摩擦角越高。相同粒径组成的集料,卵石的内摩擦角较碎石的低。

②影响沥青混合料抗剪强度的外因。

a.温度的影响。

沥青混合料是一种热塑性材料,它的抗剪强度随着温度的升高而降低。在材料参数中,黏聚力值随温度升高而显著降低,但是内摩擦角受温度变化的影响较少。

b.形变速率的影响。

沥青混合料是一种黏—弹性材料,它的抗剪强度与形变速率有密切关系。在其他条件相同的情况下,黏聚力值随变形速率的增加而显著提高,而变形速率对沥青混合料的内摩擦角影响较小。

10.2.2　沥青混合料的技术性质和技术标准

1)沥青混合料的技术性质

沥青混合料是现代高等级道路应用的主要材料,具有许多其他建筑材料无法比拟的优越性,其特点如下:

沥青混合料是一种黏—弹性材料,具有良好的力学性质,铺筑的路面平整无接缝,振动小,噪声低,行车舒适;路面平整,具有一定的粗糙度,耐磨性好,无强烈反光,有利于行车安全;施工方便,不需养护,能及时开放交通;维修简单,旧沥青混合料可再生利用。

但是,沥青混合料路面目前还存在着易老化、温度稳定性差等缺点。沥青路面在使用中要承受行驶车辆荷载的反复作用,以及环境因素的长期影响,要使沥青路面获得良好的使用性能,沥青混合料首先应具备多方面的技术性质。

(1)高温稳定性

沥青混合料高温稳定性是指沥青混合料在夏季高温(通常为60℃)条件下,经车辆荷载长期重复作用后,不产生车辙和波浪等病害的性能。

评价沥青混合料高温稳定性的方法有多种,目前我国实际工作中,按现行规范要求采用马歇尔稳定度试验和车辙试验方法进行测定与评价。

①马歇尔试验。

马歇尔稳定度试验方法最早由美国密西西比州公路局布鲁斯·马歇尔(Bruce Marshall)提出,迄今已经历了半个多世纪。沥青混合料高温稳定性试验方法的不断研究表明,马歇尔试验在评价沥青混合料的性能方面并不完善,但因设备简单、操作方便、经验数据较为成熟,仍被世界上许多国家所采用,也是目前我国评价沥青混合料高温性能的基本试验之一。

马歇尔试验用于测定沥青混合料试件的破坏荷载和抗变形能力,是将沥青混合料制成直径为101.6mm、高为63.5mm的圆柱体试件,在高温(60℃)的条件下,保温30~40min,然后将试件放置于马歇尔稳定度仪上,如图10-5所示,以50mm/min±5mm/min的形变速度加荷,直至试件破坏,测定稳定度(MS)、流值(FL)、马歇尔模数(T)三项指标。马歇尔稳定度与流值关系见图10-6。

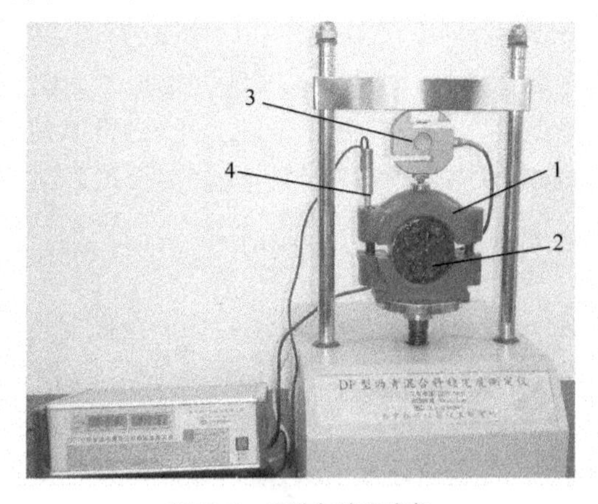

图10-5 马歇尔稳定度仪

1-试件夹具;2-马歇尔试件;3-应力传感器;4-位移传感器

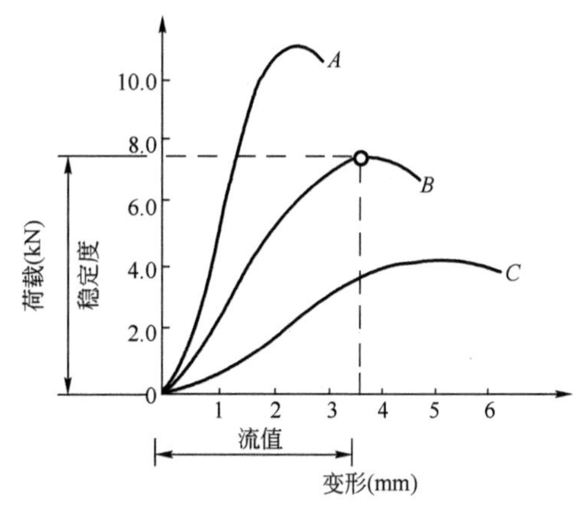

图10-6 马歇尔稳定度与流值关系图

稳定度是指标准尺寸试件在规定温度和加荷速度下,在马歇尔仪中最大的破坏荷载。流值是达到最大破坏荷载时试件的垂直变形。马歇尔模数是由稳定度和流值计算得到,为稳定度除以流值的商,按下式计算:

$$T = \frac{\mathrm{MS}}{\mathrm{FL}} \tag{10-2}$$

式中:T——马歇尔模数,kN/mm;

MS——稳定度,kN;

FL——流值,mm。

有学者研究认为:马歇尔模数与车辙深度有一定的相关性,马歇尔模数越大,车辙深度越小。因此,马歇尔模数可以间接地反映沥青混合料的抗车辙能力。

②车辙试验。

目前车辙试验是采用标准成型的方法,将沥青混合料制成尺寸为300mm×300mm×50mm的标准试件,在60℃的温度条件下,以一定荷载的轮子(轮压0.7MPa),在同一轨迹上做一定时间的反复行走,形成一定的车辙深度,然后计算试件变形1mm所需试验车轮行走的次数,即为动稳定度,按下式计算:

$$\mathrm{DS} = \frac{42(t_2 - t_1)}{d_2 - d_1} \cdot c_1 \cdot c_2 \tag{10-3}$$

式中:DS——沥青混合料动稳定度,次/mm;

d_1、d_2——时间 t_1 和 t_2 的变形量(一般 $t_1 = 45\mathrm{min}$、$t_2 = 60\mathrm{min}$),mm;

42——每分钟试验轮的行走次数,次/min;

c_1——试验机修正系数,曲柄连杆驱动变速行走方式为1.0,链驱动试验轮等速方式为1.5;

c_2——试件修正系数,试验室制备宽300mm的试件为1.0,从路面切割的宽150mm的试件为0.8。

影响沥青混合料高温稳定性的主要因素有沥青的用量、黏度和矿料的级配、尺寸、形状等。沥青用量过大,不仅降低沥青混合料的内摩阻力,而且在夏季容易产生泛油现象,因此,适当减少沥青的用量，可使矿料颗粒更多地以结构沥青的形式相联结，增加沥青混合料的黏聚力和内摩阻力。沥青的高温黏度越大，与集料的黏附性越好，相应的沥青混合料的抗高温变形能力就越强。采用合理级配的矿料，混合料可形成密实—骨架结构，使黏聚力和内摩阻力都较大。采用表面粗糙、多棱角、颗粒接近立方体的碎石集料，经压实后集料颗粒间能够形成紧密的嵌锁作用，增大沥青混合料的内摩擦角，有利于增强沥青混合料的高温稳定性。另外，可以使用合适的外加剂，来改善沥青混合料的性能。以上措施均可提高沥青混合料的抗剪强度和减少塑性变形，从而增强其高温稳定性。

（2）低温抗裂性

沥青混合料不仅应具备高温的稳定性，同时还要具有低温的抗裂性，以保证路面在冬季低温时不产生裂缝。

一般认为，沥青混合料路面的低温收缩开裂主要有两种形式：一种形式是由于气温骤降造成材料低温收缩，在有约束的沥青混合料面层内产生温度应力超过沥青混合料在相应温度下的抗拉强度时就会造成开裂；另一种形式是低温收缩疲劳裂缝，这是由于在沥青混合料经受长期多次的温度循环后，沥青混合料的极限拉伸应变变小，应力松弛性能降低，这样，就会在温度应力小于其相应温度原始抗拉强度时产生开裂，即经受长期多次的降温循环后材料的抗拉强度降低，变成温度疲劳强度，在温度应力超过此温度疲劳强度时就会产生开裂，这种裂缝主要发生在温度变化频繁的温和地区。

沥青混合料低温抗裂性目前仍处于研究阶段，目前世界上采用的评价方法主要有：测定沥青混合料在低温时的纯拉劲度、温度收缩系数、抗拉强度、极限应变等参数，并作为沥青混合料在低温时的特征参数，用温度应力与抗拉强度对比的方法来预估沥青混合料的断裂温度。

我国现行规范建议采用低温线收缩系数试验、低温弯曲试验及低温劈裂试验评价沥青混合料的低温抗裂性能。《公路沥青路面施工技术规范》（JTG F40—2004）规定，沥青混合料配合比设计的低温抗裂性能检验采用低温弯曲试验，是将轮碾成型后切制的尺寸为250mm×30mm×35mm棱柱体小梁试件，跨径200mm，在－10℃°条件下按50mm/min的加载速度在跨中施加集中荷载至断裂破坏。由破坏时的最大荷载求得试件的抗弯强度，由破坏时的跨中挠度求得沥青混合料的破坏弯拉应变，两者之比值为破坏时的弯曲劲度模量。

沥青混合料低温抗裂性能与其低温劲度模量成反比，而影响沥青混合料低温劲度的最主要因素是沥青的黏度和温度敏感性。试验表明：针入度较大、温度敏感性较高的沥青低温劲度较小，抗裂能力较强。所以在寒冷地区，可采用稠度较低、劲度较小的沥青，或选择松弛性能较好的橡胶类改性沥青来提高沥青混合料的低温抗裂性。

（3）耐久性

沥青混合料路面在使用中由于长期受到自然因素和车辆荷载的反复作用，为保证路面具有较长的使用年限，沥青混合料必须具有良好的耐久性。沥青混合料的耐久性有多方面的含义，其中较为重要的性质有水稳定性、耐老化性和耐疲劳性。

沥青混合料的老化除由施工中对沥青的反复加热引起外，主要是铺筑好的沥青路面长期受到空气中的氧、水和紫外线等因素的作用，使沥青变硬发脆，变形能力下降，最终产生老化，导致路面产生裂纹和裂缝等病害。水稳定性的影响，是由于水的作用促使沥青从矿料表面剥离，从而降低沥青混合料的黏结强度，造成沥青混合料松散，当松散粒料被车轮带走后便形成了大小不等的坑槽等水损害现象。在沥青路面的破坏中，往往上述因素综合作用，这样更加剧了沥青路面的破坏，缩短路面的使用寿命。

除沥青的化学性质、矿料的矿物成分等因素的影响外,沥青混合料的空隙率是从混合料组成结构方面分析的一个重要因素。空隙率的大小取决于矿料的级配、沥青的用量及压实程度等多个方面。从耐久性方面考虑,希望沥青混合料的空隙率尽量减小,以防止水的渗入和减少日光紫外线等成分介入的机会,但沥青混合料中还必须残留一部分空隙,以备夏季沥青材料的膨胀变形之用。另外,沥青用量的多少也是影响沥青混合料耐久性的重要因素。沥青用量的大小决定了沥青混合料内部沥青膜分布的厚度,特别薄的沥青膜容易老化、变脆,耐老化性较低,同时,还增大了渗水率,造成水损害。

我国现行规范采用空隙率、沥青饱和度、矿料间隙率和残留稳定度等指标表征沥青混合料的耐久性。主要的体积参数如下:

①沥青混合料试件的毛体积相对密度。

沥青混合料试件的毛体积密度是指沥青混合料单位毛体积(等于沥青混合料实体体积、不吸水的闭口孔隙和吸收水分的开口孔隙的体积之和)的干质量。

对吸水率较小(一般为0.5%～2%)的试件,采用表干法测定压实沥青混合料试件的毛体积相对密度,按式(10-4)计算,毛体积密度按式(10-5)计算,计算结果均取三位小数。

$$\gamma_f = \frac{m_a}{m_f - m_w} \tag{10-4}$$

$$\rho_f = \frac{m_a}{m_f - m_w} \times \rho_w \tag{10-5}$$

式中:γ_f——试件的毛体积相对密度,无量纲;

ρ_f——试件的毛体积密度,g/cm^3;

m_a——干燥试件的空中质量,g;

m_w——试件的水中质量,g;

m_f——试件的表干质量,g;

ρ_w——试验温度下水的密度,通常取$1g/cm^3$。

试件的吸水率是指试件吸水体积占沥青混合料毛体积的百分率,计算公式如下,取一位小数。

$$S_a = \frac{m_f - m_a}{m_f - m_w} \times 100 \tag{10-6}$$

式中: S_a——试件的吸水率,%;

m_a、m_f、m_w——意义同前。

对吸水率大于2%的试件,宜改用蜡封法测定毛体积相对密度。对吸水率小于0.5%的特别致密的沥青混合料,在施工质量检验时,允许采用水中重法测定其表观相对密度作为标准密度,钻孔试件也采用相同方法。但配合比设计时不得采用水中重法。

②沥青混合料的理论最大相对密度。

沥青混合料的最大理论密度是指压实沥青混合料试件全部为矿料和沥青所组成,即空隙率为零的最大密度。目前可以采用真空法测定沥青混合料的最大理论相对密度,也可按下式计算,计算结果取三位小数。

$$\gamma_{ti} = \frac{100 + P_{ai}}{\frac{100}{\gamma_{se}} + \frac{P_{ai}}{\gamma_b}} \tag{10-7}$$

或

$$\gamma_{ti} = \frac{100}{\frac{P_{si}}{\gamma_{se}} + \frac{P_{bi}}{\gamma_b}} \tag{10-8}$$

式中:γ_{ti}——相对于计算油石比 P_{ai}(油石比是指沥青占矿质混合料的百分率)或沥青用量 P_{bi}(沥青用量是指沥青占沥青混合料的百分率)时,沥青混合料的最大理论相对密度,无量纲;

P_{bi}——所计算的沥青混合料的沥青用量,$P_{bi} = P_{ai}/(1 + P_{ai})$,%;

P_{si}——所计算的沥青混合料的矿料含量,$P_{si} = 100 - P_{bi}$,%;

γ_b——沥青的相对密度(25℃/25℃),无量纲;

γ_{se}——合成矿料的有效相对密度,计算公式如下:

$$\gamma_{se} = \frac{100 - P_b}{\frac{100}{\gamma_t} - \frac{P_b}{\gamma_b}} \tag{10-9}$$

式中:γ_t——试验沥青用量条件下实测得到的最大相对密度,无量纲;

P_b——试验时沥青用量,%。

③沥青混合料试件的空隙率。

沥青混合料试件的空隙率是指压实状态下沥青混合料内矿料与沥青以外的空隙(不包括矿料自身内部的孔隙)的体积占试件总体积的百分率。按式(10-10)计算,计算结果取一位小数。

$$VV = \left(1 - \frac{\gamma_f}{\gamma_t}\right) \times 100 \tag{10-10}$$

式中:VV——试件的空隙率,%;

γ_t、γ_f——意义同前。

④沥青混合料试件的矿料间隙率。

矿料间隙率是指压实沥青混合料试件中全部矿料部分以外的体积占试件总体积的百分率,等于试件空隙率与沥青体积百分率之和,按式(10-11)计算,计算结果取一位小数。

$$VMA = \left(1 - \frac{\gamma_f}{\gamma_{sb}} \times \frac{p_s}{100}\right) \times 100 \tag{10-11}$$

式中:VMA——试件的矿料间隙率,%;

γ_f、p_s——意义同前;

γ_{sb}——矿质混合料的合成毛体积相对密度,按下式计算:

$$\gamma_{sb} = \frac{100}{\frac{P_1}{\gamma_1} + \frac{P_2}{\gamma_2} + \cdots + \frac{P_n}{\gamma_n}} \tag{10-12}$$

式中：P_1、P_2、…、P_n——各种组配矿料的配合比，其和为100，%；

γ_1、γ_2、…、γ_n——各种矿料相应的毛体积相对密度。

⑤沥青混合料试件的有效沥青饱和度。

有效沥青饱和度是指压实沥青混合料试件矿料间隙中，扣除被集料吸收的沥青以外的有效沥青结合料部分的体积在矿料间隙率中所占的百分率。按式(10-13)计算，计算结果取一位小数。

$$\mathrm{VFA} = \frac{\mathrm{VMA} - \mathrm{VV}}{\mathrm{VMA}} \times 100 \tag{10-13}$$

式中：VFA——试件的有效沥青饱和度，%；

VV、VMA——意义同前。

⑥沥青混合料的残留稳定度。

我国现行规范采用浸水马歇尔试验和冻融劈裂试验检验沥青混合料的水稳定性。残留稳定度是指浸水马歇尔试验通过测定浸水48h马歇尔试件的稳定度与常规测定的马歇尔试件的稳定度之比值，作为评价水稳性的指标，计算公式如下：

$$\mathrm{MS_0} = \frac{\mathrm{MS_1}}{\mathrm{MS}} \times 100 \tag{10-14}$$

式中：$\mathrm{MS_0}$——试件的残留稳定度，%；

$\mathrm{MS_1}$——试件浸水48h（或真空饱水后浸水48h）后的稳定度，kN；

MS——意义同前。

残留稳定度越大，沥青混合料的水稳性越高。冻融劈裂试验是以沥青混合料试件受水冻融循环作用后的劈裂破坏强度与试件受冻前的劈裂破坏强度的比值，称为残留强度比，作为水稳定性的评价指标。其值越大，沥青混合料在水冻融循环作用下的水稳性越高。

实际上，沥青混合料的耐疲劳性作为评价沥青混合料耐久性的一个方面，已越来越引起国内外专家的重视。疲劳是指材料在荷载重复作用下产生不可恢复的强度衰减积累所引起的一种现象。显然，荷载的重复作用次数越多，强度的降低也就越剧烈，它所能承受的应力或应变值就越小。通常把沥青混合料出现疲劳破坏的重复应力值称作疲劳强度，相应的应力重复作用次数称为疲劳寿命。沥青混合料的耐疲劳性即是指混合料在反复荷载作用下抵抗这种疲劳破坏的能力。

沥青混合料疲劳试验方法主要有：实际路面在真实汽车荷载作用下的疲劳破坏试验；足尺路面结构在模拟汽车荷载作用下的疲劳试验（包括大型环道试验和加速加载试验）；试板试验；试验室小型试件的疲劳试验（包括简单弯曲试验、间接拉伸试验等）。目前周期短、费用较少的试验室小型试件疲劳试验被较多采用。

影响沥青混合料疲劳寿命的因素很多，诸如荷载作用时间、加载速率、施加应力或应变波谱的形式、荷载间歇时间、试验的方法和试件成型、混合料劲度、混合料的沥青用量、混合料的空隙率、集料的表面性状、温度、湿度等。在相同荷载数量重复作用下，疲劳强度下降幅度小的沥青混合料，或疲劳强度变化率小的沥青混合料，其耐疲劳性好，从使用寿命看，其路面的耐久性高。

(4)抗滑性

沥青路面的抗滑性是保证道路交通安全的一个重要因素，特别是高速公路，保证沥青路面的抗滑性尤为重要。我国现行规范在对沥青混合料的技术要求中没有规定抗滑性指标，但沥青混合料的抗滑性一般通过矿质集料的微表面性质、混合料的级配组成、沥青的质量和用量以及沥青路面的抗滑性等方面进行控制。

为提高沥青路面的抗滑能力，配料时应选择表面粗糙、坚硬、耐磨、抗冲击性好、耐磨光性高的粗集料。坚硬耐磨的集料多为酸性石料，通常，采用在软质集料中掺加一部分硬质集料和掺加抗剥剂或采用石灰水处理集料表面等措施，提高粗集料的耐磨性，以及与沥青的黏附性。对高速公路、一级公路表面层的粗集料，我国现行规范提出了磨光值的技术要求。

沥青用量对抗滑性的影响非常敏感，若沥青用量超过最佳用量的0.5%，就会使沥青路面的抗滑系数明显降低。含蜡量对沥青混合料的抗滑性也有明显影响，我国现行交通行业标准对道路石油沥青的含蜡量指标做出了明确限制。

(5)施工和易性

沥青混合料应具备良好的施工和易性，保证混合料易于拌和、摊铺和碾压。影响沥青混合料施工和易性的因素很多，诸如沥青混合料组成材料的技术品质、用量比例，以及施工条件等。

从混合料的性质来看，矿料的级配和沥青用量是主要的影响因素。如采用开级配或间断级配的矿料，粗细集料的颗粒尺寸相距过大，或缺乏中间尺寸，沥青混合料容易离析。如细集料太少，沥青层就不易均匀地分布在粗颗粒表面；细集料过多，则使拌和困难。当沥青用量过少，或矿粉用量过多时，沥青混合料容易疏松而不易压实；若沥青用量过多，或矿粉质量不好，则容易使混合料黏结成团，不易摊铺。

施工条件是另一项影响沥青混合料和易性的重要因素。如对施工温度的控制，当温度不够，沥青混合料则难以拌和充分，不易达到规定的压实度；但温度过高，则会引起沥青老化，严重影响沥青混合料的使用性能。

目前，尚无成熟的评价沥青混合料施工和易性的方法和指标，生产上大都凭目力鉴定其和易性能，根据经验进行调控。

2)沥青混合料的技术标准

《公路沥青路面施工技术规范》(JTG F40—2004)对热拌沥青混合料的主要技术指标规定如下，并且要求应有良好的施工性能。

(1)密级配沥青混凝土混合料马歇尔试验技术标准

密级配沥青混凝土混合料马歇尔试验的技术标准列于表10-1，适用于公称最大粒径不大于26.5mm的密级配沥青混凝土。

(2)沥青混合料高温稳定性车辙试验的技术标准

对用于高速公路和一级公路的公称最大粒径等于或小于19mm的密级配沥青混合料，以及SMA、OGFC混合料，按规定方法进行车辙试验，动稳定度应符合表10-2的要求。二级公路可参照此要求执行。

(3)沥青混合料水稳定性检验的技术标准

按规定的试验方法进行浸水马歇尔试验和冻融劈裂试验，残留稳定度及残留强度比均必须符合表10-3的规定。达不到要求时必须采取抗剥落措施，调整最佳沥青用量后再次试验。

密级配沥青混凝土混合料马歇尔试验技术标准 表 10-1

试验指标		单位	高速公路、一级公路				其他等级公路	行人道路
			夏炎热区(1-1、1-2、1-3、1-4 区)		夏热区及夏凉区(2-1、2-2、2-3、2-4、3-2 区)			
			中轻交通	重载交通	中轻交通	重载交通		
击实次数(双面)		次	75				50	50
试件尺寸		mm	ϕ101.6×63.5					
空隙率 VV	深约 90mm 以内	%	3~5	4~6	2~4	3~5	3~6	2~4
	深约 90mm 以下	%	3~6		2~4	3~6	3~6	—
稳定度 MS 不小于		kN	8				5	3
流值 FL		mm	2~4	1.5~4	2~4.5	2~4	2~4.5	2~5
矿料间隙率 VMA 不小于	设计空隙率	%	相应于以下公称最大粒径(mm)的最小 VMA 及 VFA 技术要求					
			26.5	19	16	13.2	9.5	4.75
	2		10	11	11.5	12	13	15
	3		11	12	12.5	13	14	16
	4		12	13	13.5	14	15	17
	5		13	14	14.5	15	16	18
	6		14	15	15.5	16	17	19
沥青饱和度 VFA		%	55~70	65~75			70~85	

注:1. 重载交通是指设计交通量在 1000 万辆以上的路段,长大坡度的路段按重载交通路段考虑。

2. 对空隙率大于 5% 的夏炎热区重载交通路段,施工时应至少提高压实度 1%。

3. 当设计的空隙率不是整数时,由内插法确定要求的 VMA 最小值。

4. 对改性沥青混合料,马歇尔试验的流值可适当放宽。

沥青混合料车辙试验动稳定度技术标准 表 10-2

气候条件与技术指标		相应于下列气候分区所要求的动稳定度(次/mm)								
七月平均最高气温(℃)及气候分区		>30				20~30				<20
		1. 夏炎热区				2. 夏热区				3. 夏凉区
		1-1	1-2	1-3	1-4	2-1	2-2	2-3	2-4	3-2
普通沥青混合料 不小于		800		1000		600	800			600
改性沥青混合料 不小于		2400		2800		2000	2400			1800
SMA 混合料	非改性	1500								
	改性	3000								
OGFC		1500(一般交通路段)、3000(重交通路段)								

注:对公称最大粒径等于和大于 26.5mm 的沥青混合料进行车辙试验,可适当增加试件的厚度,但不宜作为评定合格与否的依据。

沥青混合料水稳定性检验技术标准 表 10-3

气候条件与技术指标		相应于下列气候分区的技术要求			
年降雨量(mm)及气候分区		>1000	500~1000	250~500	<250
		1. 潮湿区	2. 湿润区	3. 半干区	4. 干旱区
浸水马歇尔试验残留稳定度(%) 不小于					
普通沥青混合料		80		75	
改性沥青混合料		85		80	
SMA 混合料	普通沥青	75			
	改性沥青	80			
冻融劈裂试验的残留强度比(%) 不小于					
普通沥青混合料		75		70	
改性沥青混合料		80		75	
SMA 混合料	普通沥青	75			
	改性沥青	80			

(4)沥青混合料低温抗裂性能检验技术标准

宜对密级配沥青混合料在温度 -10℃、加载速率 50mm/min 的条件下进行弯曲试验,测定破坏强度、破坏应变、破坏劲度模量,并根据应力—应变曲线的形状,综合评价沥青混合料的低温抗裂性能。沥青混合料的破坏应变宜不小于表 10-4 的要求。

沥青混合料低温弯曲试验破坏应变技术标准 表 10-4

气候条件与技术指标	相应于下列气候分区所要求的破坏应变(με)								
年极端最低气温(℃)及气候分区	< -37.0		-21.5 ~ -37.0			-9.0 ~ -21.5		> -9.0	
	1. 冬严寒区		2. 冬寒区			3. 冬冷区		4. 冬温区	
	1-1	2-1	1-2	2-2	3-2	1-3	2-3	1-4	2-4
普通沥青混合料 不小于	2600		2300			2000			
改性沥青混合料 不小于	3000		2800			2500			

(5)沥青混合料渗水系数检验技术标准

利用轮碾机成型的车辙试件进行渗水试验检验的渗水系数宜符合表 10-5 的要求。

沥青混合料试件渗水系数技术标准 表 10-5

级 配 类 型		渗水系数要求(mL/min)
密级配沥青混凝土	不大于	120
SMA 混合料	不大于	80
OGFC 混合料	不小于	实测

10.2.3 热拌沥青混合料的组成材料

沥青混合料的技术性质决定于组成材料的性质、组成配合的比例和混合料的制备工艺等因素。为保证沥青混合料的技术性质,首先应根据沥青混合料各组成材料的技术要求,正确选择符合质量要求的材料。

沥青混合料组成材料的选用和检验是保证沥青混合料配合比设计的关键。沥青路面使用的各种材料运至现场后必须取样进行质量检验,经评定合格后方可使用。

1）道路石油沥青

沥青是沥青混合料中最重要的组成材料，其性能优劣直接影响沥青混合料的技术性质。通常，为使沥青混合料获得较高的力学强度和较好的耐久性，沥青路面所用的沥青等级，宜按照公路等级、气候条件、交通性质、路面类型、在结构层中的层位及受力特点、施工方法等因素，结合当地的使用经验确定。对高速公路、一级公路，夏季温度高、高温持续时间长、重载交通、山区及丘陵区上坡路段、服务区、停车场等行车速度慢的路段，尤其是汽车荷载剪应力大的层次，宜采用稠度大的沥青，也可提高高温气候分区的温度水平选用沥青等级；对冬季寒冷的地区或交通量小的公路、旅游公路宜选用稠度小、低温延度大的沥青；对日温差、年温差大的地区宜选用针入度指数大的沥青。当高温要求与低温要求发生矛盾时应优先考虑高温性能的要求。

考虑以上因素，应选用适当标号的沥青，并经检验质量必须符合表9-9规定的道路石油沥青的各项技术指标的要求。

当缺乏所需标号的沥青时，可采用不同标号沥青掺配的调和沥青，其掺配比例应由试验决定。掺配后的沥青技术指标亦应符合表9-9道路石油沥青的技术要求。

道路石油沥青在储存时，必须按品种、标号分开存放。沥青在储罐中的储存温度宜在130～170℃的范围内。沥青在储运、使用和存放过程中应有良好的防水措施。

2）粗集料

沥青混合料用粗集料可选用碎石、破碎砾石、筛选砾石、钢渣、矿渣等，但高速公路和一级公路不得使用筛选砾石和矿渣。

粗集料应该具备一定的力学性质，且洁净、干燥、表面粗糙，质量应符合表10-6的规定。对受热易变质的集料，宜采用经拌和机烘干后的集料进行检验。

沥青混合料用粗集料的技术要求 表10-6

技术指标		单位	高速公路及一级公路		其他等级公路		试验方法
			表面层	其他层次	表面层	其他层次	
石料压碎值	不大于	%	26	28	30		T 0316
洛杉矶磨耗损失	不大于	%	28	30	35		T 0317
表观相对密度	不小于	—	2.60	2.50	2.45		T 0304
吸水率	不大于	%	2.0	3.0	3.0		T 0304
坚固性	不大于	%	12	12	—		T 0314
针片状颗粒含量（混合料）	不大于	%	15	18	20		T 0312
其中粒径大于9.5mm	不大于	%	12	15	—		
其中粒径小于9.5mm	不大于	%	18	20	—		
水洗法<0.075mm颗粒含量	不大于	%	1	1	1		T 0310
软石含量	不大于	%	3	5	5		T 0320
破碎砾石的破碎面不小于	1个破碎面	%	100	90	80	70	T 0346
	≥2个破碎面		90	80	60	50	

注：1. 坚固性试验根据需要进行。

2. 用于高速公路、一级公路时，多孔玄武岩的视密度可放宽至2.45t/m³，吸水率可放宽至3%，但必须得到建设单位的批准，且不得用于SMA路面。

3. 对S14即3～5mm规格的粗集料，针片状颗粒含量可不予要求，<0.075mm含量可放宽到3%。

沥青混合料用粗集料的粒径规格应符合表10-7的规定，当单一规格的集料级配不合格，但不同粒径规格的集料按级配组成的矿质混合料指标能符合规范要求时，允许使用。

沥青混合料用粗集料粒径规格 表10-7

规格名称	公称粒径(mm)	通过下列筛孔(mm)的质量百分率(%)												
		106	75	63	53	37.5	31.5	26.5	19.0	13.2	9.5	4.75	2.36	0.6
S1	40~75	100	90~100	—	—	0~15	—	0~5						
S2	40~60		100	90~100	—	0~15	—	0~5						
S3	30~60		100	90~100	—	—	0~15	—	0~5					
S4	25~50			100	90~100	—	—	0~15	—	0~5				
S5	20~40				100	90~100	—	—	0~15	—	0~5			
S6	15~30					100	90~100	—	—	0~15	—	0~5		
S7	10~30					100	90~100	—	—	—	0~15	0~5		
S8	10~25						100	90~100	—	0~15	—	0~5		
S9	10~20							100	90~100	—	0~15	0~5		
S10	10~15								100	90~100	0~15	0~5		
S11	5~15								100	90~100	40~70	0~15	0~5	
S12	5~10									100	90~100	0~15	0~5	
S13	3~10									100	90~100	40~70	0~20	0~5
S14	3~5										100	90~100	0~15	0~3

高速公路、一级公路沥青路面表面层(或磨耗层)的粗集料磨光值应符合表10-8的要求。除SMA、OGFC路面外，允许在硬质粗集料中掺加部分较小粒径的磨光值达不到要求的粗集料，其最大掺加比例由磨光值试验确定。

粗集料与沥青的黏附性、磨光值的技术要求 表10-8

雨量气候区	1(潮湿区)	2(湿润区)	3(半干区)	4(干旱区)	试验方法
年降雨量(mm)	>1000	1000~500	500~250	<250	
粗集料的磨光值PSV 不小于 高速公路、一级公路表面层	42	40	38	36	T 0321
粗集料与沥青的黏附性 不小于 高速公路、一级公路表面层	5	4	4	3	T 0616
高速公路、一级公路的其他层次 及其他等级公路的各个层次	4	4	3	3	T 0663

粗集料与沥青的黏附性应符合表10-8的要求，当使用不符合要求的粗集料时，宜掺加消石灰、水泥或用饱和石灰水处理后使用，必要时可同时在沥青中掺加耐热、耐水、长期性能好的抗剥落剂，也可采用改性沥青的措施，使沥青混合料的水稳定性检验达到要求。

3)细集料

沥青路面选用的细集料，可采用天然砂、机制砂和石屑。细集料应洁净、干燥、无风化、无杂质，并有适当的颗粒级配，其质量应符合表10-9的规定。细集料的洁净程度，天然砂以小于0.075mm颗粒含量的百分数表示；石屑和机制砂以砂当量(适用于0~4.75mm)或亚甲蓝值(适用于0~2.36mm或0~0.15mm)表示。

沥青混合料用细集料质量要求 表 10-9

项　　目		单位	高速公路、一级公路	其他等级公路	试 验 方 法
表观相对密度	不小于	—	2.50	2.45	T 0328
坚固性（>0.3mm 部分）	不大于	%	12	—	T 0340
含泥量（小于 0.075mm 的颗粒含量）	不大于	%	3	5	T 0333
砂当量	不小于	%	60	50	T 0334
亚甲蓝值	不大于	g/kg	25	—	T 0349
棱角性（流动时间）	不小于	s	30	—	T 0345

注：坚固性试验可根据需要进行。

天然砂可采用河砂或海砂，通常宜采用粗砂和中砂，其规格应符合表 10-10 的规定。热拌密级配沥青混合料中天然砂的用量通常不宜超过集料总量的 20%，SMA 和 OGFC 混合料不宜使用天然砂。

沥青混合料用天然砂规格 表 10-10

筛孔尺寸（mm）	通过各筛孔的质量百分率（%）		
	粗砂	中砂	细砂
9.5	100	100	100
4.75	90~100	90~100	90~100
2.36	65~95	75~90	85~100
1.18	35~65	50~90	75~100
0.6	15~30	30~60	60~84
0.3	5~20	8~30	15~45
0.15	0~10	0~10	0~10
0.075	0~5	0~5	0~5

石屑是采石场破碎石料时通过 4.75mm 或 2.36mm 的筛下部分，其规格应符合表 10-11 的要求。机制砂是由制砂机生产的细集料，其级配应符合 S16 的要求。高速公路和一级公路的沥青混合料，宜将 S14 与 S16 组合使用，S15 可用于沥青稳定碎石基层或其他等级公路。

沥青混合料用机制砂或石屑规格 表 10-11

规格	公称粒径（mm）	水洗法通过各筛孔的质量百分率（%）							
		9.5	4.75	2.36	1.18	0.6	0.3	0.15	0.075
S15	0~5	100	90~100	60~90	40~75	20~55	7~40	2~20	0~10
S16	0~3	—	100	80~100	50~80	25~60	8~45	0~25	0~15

4）填料

填料在沥青混合料中的作用非常重要，沥青混合料主要依靠沥青与矿粉的交互作用形成具有较高黏结力的沥青胶浆，将粗细集料结合成一个整体。沥青混合料所用矿粉最好采用石灰岩或岩浆岩中的强基性岩石等憎水性石料经磨细得到的矿粉，原石料中的泥土杂质应除净。矿粉应干燥、洁净，能自由地从矿粉仓流出，其质量应符合表 10-12 的要求。

沥青混合料用矿粉质量技术要求 表10-12

指 标		单位	高速公路、一级公路	其他等级公路	试验方法
表观密度	不小于	t/m^3	2.50	2.45	T 0352
含水率	不大于	%	1	1	T 0103 烘干法
粒度范围：<0.6mm <0.15mm <0.075mm		% % %	100 90~100 75~100	100 90~100 70~100	T 0351
外观		—	无团粒结块		—
亲水系数		—	<1		T 0353
塑性指数		—	<4		T 0354
加热安定性		—	实测记录		T 0355

拌和机的粉尘也可作为矿粉的一部分回收使用。回收粉尘的用量不得超过填料总量的25%，掺有粉尘填料的塑性指数不得大于4%。

粉煤灰作为填料使用时，其用量不得超过填料总量的50%，烧失量应小于12%，与矿粉混合后的塑性指数应小于4%。高速公路、一级公路的沥青面层不宜采用粉煤灰做填料。

10.2.4 热拌沥青混合料配合比设计方法

热拌沥青混合料配合比设计包括：试验室配合比设计（目标配合比）、生产配合比设计和生产配合比验证（试验路试铺调整）三个阶段。只有通过三个阶段的配合比设计，才能真正提出适合工程实际使用的沥青混合料配合比。由于后两个设计阶段是在目标配合比的基础上进行的，因此，这里着重介绍试验室配合比设计。

1）试验室配合比设计

试验室配合比设计采用马歇尔试验配合比设计方法，主要通过沥青混合料的稳定度、流值、空隙率、沥青饱和度和矿料间隙率等控制指标，确定沥青混合料的配合比。现行马歇尔试验配合比设计方法主要针对密级配普通沥青混合料制定开发的。采用马歇尔试验配合比设计方法，密级配沥青混合料的目标配合比的设计流程如图10-7所示。

（1）矿质混合料配合组成设计

①选择热拌沥青混合料种类。

热拌沥青混合料适用于各种等级公路的沥青路面，其种类应考虑集料公称最大粒径、矿料级配、空隙率等因素选择，分类见表10-13。

各层沥青混合料应满足所在层位的功能性要求，便于施工，不容易离析。各层应连续施工并联结成为一个整体。当发现混合料结构组合及级配类型的设计不合理时，应进行修改、调整，以确保沥青路面的使用性能。

沥青面层粗集料最大粒径的确定宜遵照从上至下逐渐增大，并应与压实层厚度相匹配的原则。对热拌密级配沥青混合料，沥青层一层的压实厚度不宜小于集料公称最大粒径的2.5~3倍，对SMA和OGFC等嵌挤型混合料不宜小于公称最大粒径的2~2.5倍，以减少离析，便于压实。

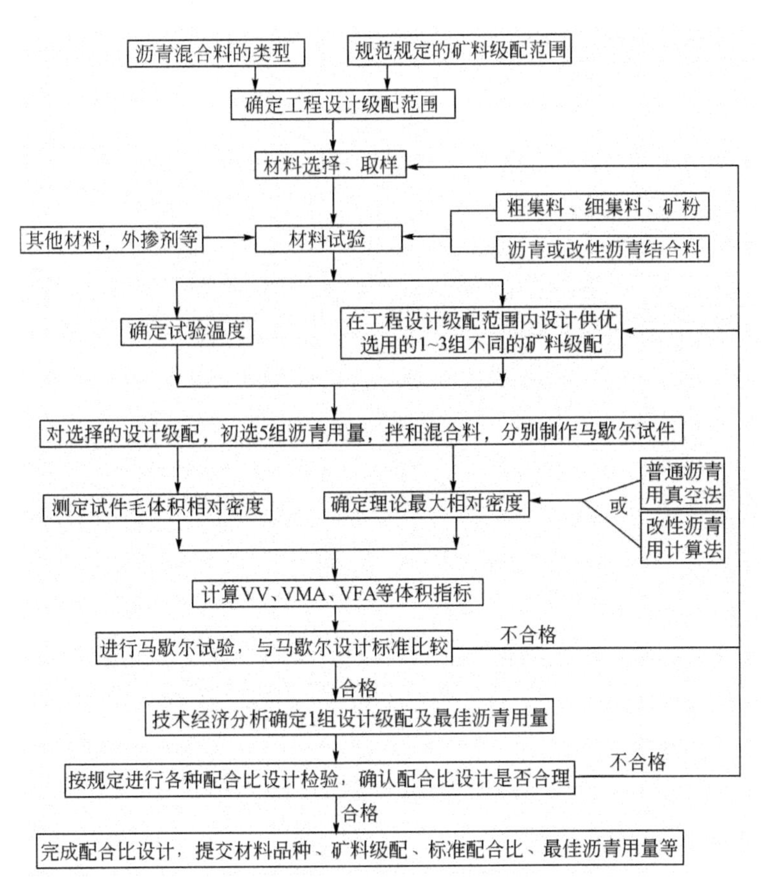

图 10-7 密级配沥青混合料的目标配合比设计流程图

热拌沥青混合料种类 表 10-13

混合料类型	密级配			开级配		半开级配	公称最大粒径（mm）	最大粒径（mm）
	连续级配		间断级配	间断级配				
	沥青混凝土	沥青稳定碎石	沥青玛蹄脂碎石	排水式沥青磨耗层	排水式沥青碎石基层	沥青碎石		
特粗式	—	ATB-40	—	—	ATPB-40	—	37.5	53.0
粗粒式	—	ATB-30	—	—	ATPB-30	—	31.5	37.5
	AC-25	ATB-25	—	—	ATPB-25	—	26.5	31.5
中粒式	AC-20	—	SMA-20	—	—	AM-20	19.0	26.5
	AC-16	—	SMA-16	OGFC-16	—	AM-16	16.0	19.0
细粒式	AC-13	—	SMA-13	OGFC-13	—	AM-13	13.2	16.0
	AC-10	—	SMA-10	OGFC-10	—	AM-10	9.5	13.2
砂粒式	AC-5	—	—	—	—	AM-5	4.75	9.5
设计空隙率（%）	3 ~ 5	3 ~ 6	3 ~ 4	>18	>18	6 ~ 12	—	—

注：设计空隙率可按配合比设计要求适当调整。

②确定工程设计级配范围。

沥青路面工程的混合料设计级配范围由工程设计文件或招标文件规定，密级配沥青混合料的设计级配宜根据公路等级、气候及交通条件按表 10-14 选择采用粗型(C 型)或细型(F 型)混合料,并在表 10-15 规定的范围内确定工程设计级配范围。通常情况下,工程设计级配范围不宜超出表 10-15 的要求。若根据公路等级、工程性质、气候条件、交通条件、材料品种等因素,通过对条件大体相当的工程使用情况进行调查研究后调整确定,必要时允许超出规范级配范围。经确定的工程设计级配范围是配合比设计的依据,不得随意变更。

粗型和细型密级配沥青混凝土的关键性筛孔通过率 表 10-14

混合料类型	公称最大粒径(mm)	用以分类的关键性筛孔(mm)	粗型密级配		细型密级配	
			名称	关键性筛孔通过率(%)	名称	关键性筛孔通过率(%)
AC-25	26.5	4.75	AC-25C	<40	AC-25F	>40
AC-20	19.0	4.75	AC-20C	<45	AC-20F	>45
AC-16	16.0	2.36	AC-16C	<38	AC-16F	>38
AC-13	13.2	2.36	AC-13C	<40	AC-13F	>40
AC-10	9.5	2.36	AC-10C	<45	AC-10F	>45

密级配沥青混凝土混合料矿料级配范围 表 10-15

级配类型		通过下列筛孔(mm)的质量百分率(%)												
		31.5	26.5	19	16	13.2	9.5	4.75	2.36	1.18	0.6	0.3	0.15	0.075
粗粒式	AC-25	100	90~100	75~90	65~83	57~76	45~65	24~52	16~42	12~33	8~24	5~17	4~13	3~7
中粒式	AC-20		100	90~100	78~92	62~80	50~72	26~56	16~44	12~33	8~24	5~17	4~13	3~7
	AC-16			100	90~100	76~92	60~80	34~62	20~48	13~36	9~26	7~18	5~14	4~8
细粒式	AC-13				100	90~100	68~85	38~68	24~50	15~38	10~28	7~20	5~15	4~8
	AC-10					100	90~100	45~75	30~58	20~44	13~32	9~23	6~16	4~8
砂粒式	AC-5						100	90~100	55~75	35~55	20~40	12~28	7~18	5~10

调整工程设计级配范围宜遵循下列原则:

a. 首先按表 10-14 确定采用粗型(C 型)或细型(F 型)的混合料。对夏季温度高、高温持续时间长及重载交通多的路段,宜选用粗型密级配沥青混合料(AC-C 型),并取较高的设计空隙率。对冬季温度低,且低温持续时间长的地区,或者重载交通较少的路段,宜选用细型密级配沥青混合料(AC-F 型),并取较低的设计空隙率。

b. 为确保高温抗车辙能力,同时兼顾低温抗裂性能的需要。配合比设计时宜适当减少公称最大粒径附近的粗集料用量,减少 0.6mm 以下部分细粉的用量,使中等粒径集料较多,形成 S 形级配曲线,并取中等或偏高水平的设计空隙率。

c. 确定各层的工程设计级配范围时应考虑不同层位的功能需要,经组合设计的沥青路面应能满足耐久、稳定、密水、抗滑等要求。

d. 根据公路等级和施工设备的控制水平,确定的工程设计级配范围应比规范级配范围窄,其中 4.75mm 和 2.36mm 通过率的上下限差值宜小于 12%。

e. 沥青混合料的配合比设计应充分考虑施工性能,使沥青混合料容易摊铺和压实,避免造成严重的离析。

③矿质混合料配合比设计计算。

a. 材料选择与准备。

用于配合比设计的各种矿料必须符合气候和交通条件的需要，并应按《公路工程集料试验规程》（JTG E20—2011）规定的方法，从工程实际使用的材料中取代表性样品，经过质量检验应符合10.2.3中介绍的相应的技术要求。记录各种材料的筛分试验结果，以供配合比设计计算使用。

b. 矿料配合比设计。

高速公路和一级公路沥青路面矿料配合比设计宜借助电子计算机的电子表格，用试配法或电算软件（图解法）进行。

c. 对高速公路和一级公路，宜在工程设计级配范围内计算1～3组粗细不同的配合比，绘制设计级配曲线，分别位于工程设计级配范围的上方、中值及下方。设计合成级配不得有太多的锯齿形交错，且在0.3～0.6mm范围内不出现"驼峰"。当反复调整不能满意时，宜更换材料设计。

（2）确定最佳沥青用量

现行规范采用马歇尔试验确定沥青混合料的最佳沥青用量，以OAC表示。确定最佳沥青用量，首先应根据当地的实践经验选择适宜的沥青用量，分别制作几组级配的马歇尔试件，测定VMA，初选一组满足或接近设计要求的级配作为设计级配。初选确定设计级配，再进行马歇尔试验确定最佳沥青用量。

①制备马歇尔试件。

a. 预估油石比或沥青用量。

制备马歇尔试件，首先应根据矿质混合料的合成毛体积相对密度和合成表观密度等物理常数，按下式预估沥青混合料适宜的沥青掺量。

$$P_a = \frac{P_{a1} \times \gamma_{sb1}}{\gamma_{sb}} \tag{10-15}$$

$$P_b = \frac{P_a}{100 + \gamma_{sb}} \times 100 \tag{10-16}$$

以上式中：P_a——预估的最佳油石比，%；

P_b——预估的最佳沥青用量，$P_b = P_a/(1 + P_a)$，%；

P_{a1}——已建类似工程沥青混合料的标准油石比，%；

γ_{sb}——集料的合成毛体积相对密度；

γ_{sb1}——已建类似工程集料的合成毛体积相对密度。

以预估的油石比为中值，按一定间隔（对密级配沥青混合料通常为0.5%，对沥青碎石混合料可适当缩小间隔为0.3%～0.4%，等间距）向两侧扩展，取5个或5个以上不同的油石比分别成型马歇尔试件。每一组试件的个数按《公路工程沥青及沥青混合料试验规程》（JTG E20—2011）的要求确定（通常为4～6块试件/组），对粒径较大的沥青混合料，宜增加试件数量。当缺少可参考的预估沥青用量时，可以考虑以5.0%的油石比作为基准。

b. 按已确定的矿质混合料的配合比计算，并称取各组马歇尔试件的矿料用量。

c. 按马歇尔试验规定的击实方法成型试件。

②测定计算物理指标。

通过试验测定沥青混合料试件的最大理论相对密度和毛体积相对密度，并计算沥青混合料试件的空隙率、矿料间隙率、有效沥青饱和度等体积指标。

③测定力学指标。

采用马歇尔试验仪，测定马歇尔稳定度及流值，计算马歇尔模数。

④确定最佳沥青用量。

a. 绘制沥青用量与物理、力学指标关系图。

按图 10-8 的方法，以沥青用量为横坐标，以马歇尔试验的各项指标为纵坐标，将试验结果绘制成圆滑的曲线，确定均符合热拌沥青混合料技术标准的沥青用量范围 $OAC_{min} \sim OAC_{max}$。选择的沥青用量范围必须涵盖设计空隙率的全部范围，并尽可能涵盖沥青饱和度的要求范围，并使密度及稳定度曲线出现峰值。如果没有涵盖设计空隙率的全部范围，试验必须扩大沥青用量范围重新进行。

b. 根据试验曲线，确定沥青混合料的最佳沥青用量 OAC_1。

在关系曲线图 10-8 上求取相应于密度最大值、稳定度最大值、目标空隙率（或空隙率范围中值）、沥青饱和度范围中值的沥青用量 a_1、a_2、a_3、a_4，按式（10-17）取平均值作为 OAC_1。

$$OAC_1 = (a_1 + a_2 + a_3 + a_4)/4 \tag{10-17}$$

如果所选择的沥青用量范围未能涵盖沥青饱和度的要求范围，则按式（10-18）求取其他三项的平均值作为 OAC_1。

$$OAC_1 = (a_1 + a_2 + a_3)/3 \tag{10-18}$$

对所选择试验的沥青用量范围，密度或稳定度没有出现峰值（最大值经常在曲线的两端）时，可直接以目标空隙率所对应的沥青用量作为 OAC_1，但 OAC_1 必须介于 $OAC_{min} \sim OAC_{max}$ 的范围内，否则应重新进行配合比设计。

c. 确定沥青混合料的最佳沥青用量 OAC_2。

以各项指标均符合技术标准（不含 VMA）的沥青用量范围 $OAC_{min} \sim OAC_{max}$ 的中值作为 OAC_2。

$$OAC_2 = (OAC_{min} + OAC_{max})/2 \tag{10-19}$$

d. 确定最佳沥青用量 OAC。

通常情况下，取 OAC_1 及 OAC_2 的中值作为计算的最佳沥青用量 OAC。

$$OAC = (OAC_1 + OAC_2)/2 \tag{10-20}$$

计算得到的最佳沥青用量 OAC，从图 10-8 中得出所对应的空隙率值 VV 和矿料间隙率 VMA 值，检验是否能满足热拌沥青混合料规定的最小 VMA 值的要求，OAC 宜位于 VMA 凹形曲线最小值的贫油一侧。当空隙率不是整数时，最小 VMA 按内插法确定，并将其画入图 10-8 中。检查图 10-8 中相应于此 OAC 的各项指标是否均符合马歇尔试验技术标准。

e. 根据实践经验和公路等级、气候条件、交通情况，调整确定最佳沥青用量 OAC。

调查与当地各项条件相接近工程的沥青用量及使用效果，论证适宜的最佳沥青用量。检查计算得到的最佳沥青用量是否相近，如相差甚远，应查明原因，必要时重新调整级配，进行配合比设计。

对炎热地区公路以及高速公路、一级公路的重载交通路段，山区公路的长大坡度路段，预计有可能产生较大车辙时，宜在空隙率符合要求的范围内将计算的最佳沥青用量减小

0.1% ~0.5%作为设计沥青用量。此时,除空隙率外的其他指标可能会超出马歇尔试验配合比设计技术标准,配合比设计报告或设计文件必须予以说明,但配合比设计报告必须要求采用重型轮胎压路机和振动压路机组合等方式加强碾压,以使施工后路面的空隙率达到未调整前的原最佳沥青用量时的水平,且渗水系数符合要求。如果试验段试拌试铺达不到此要求时,宜调整所减小的沥青用量的幅度。

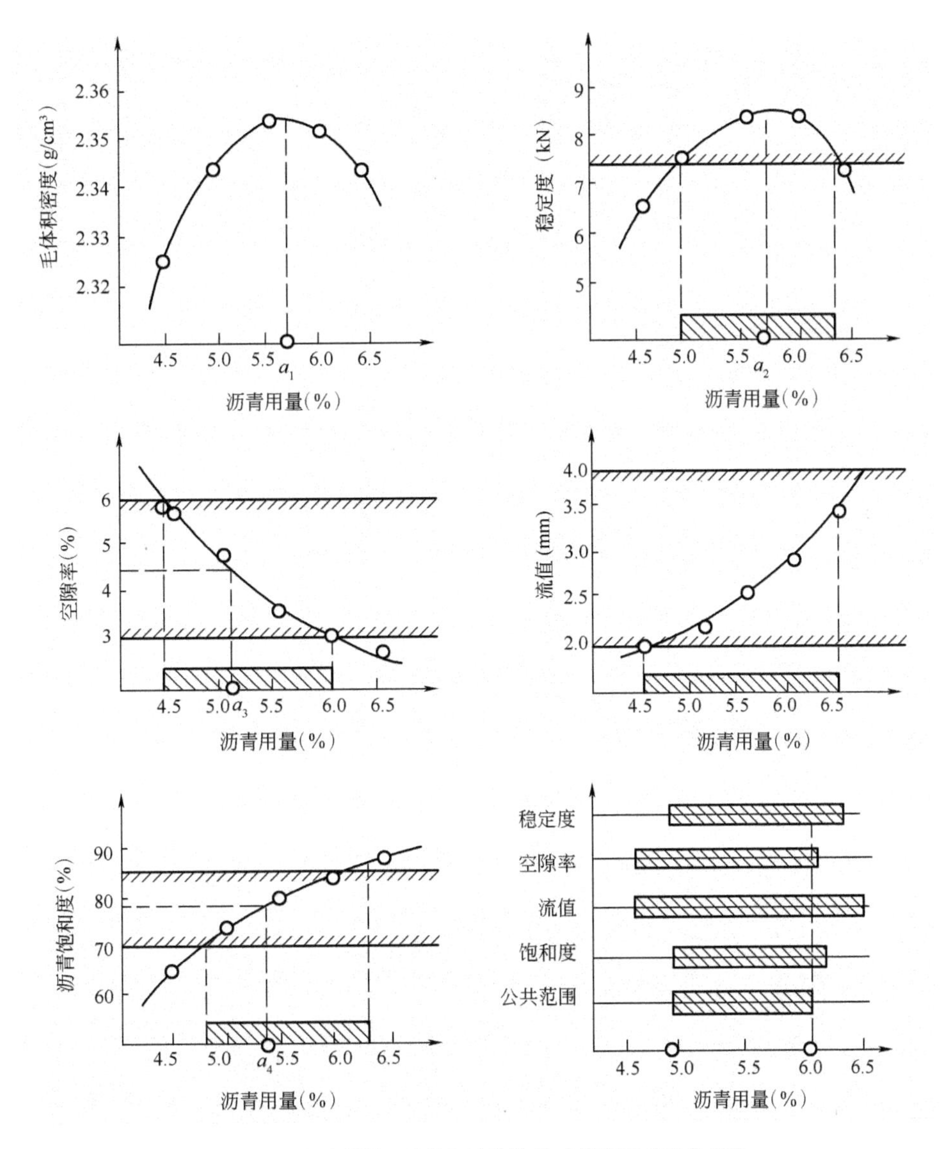

图 10-8 沥青用量—马歇尔试验物理、力学指标关系曲线图

对寒区公路、旅游公路、交通量很少的公路,最佳沥青用量可以在 OAC 的基础上增加0.1% ~0.3%,以适当减小设计空隙率,但不得降低压实度要求。

以上设计计算中,沥青掺量可以采用沥青用量表示,也可以采用油石比表示。

⑤检验最佳沥青用量时的粉胶比和有效沥青膜厚度。

a. 计算沥青结合料被集料吸收的比例及有效沥青含量。

沥青结合料被集料吸收的比例及有效沥青含量按式(10-21)、式(10-22)计算。

$$P_{ba} = \frac{\gamma_{se} - \gamma_{sb}}{\gamma_{se} \times \gamma_{sb}} \times \gamma_b \times 100 \tag{10-21}$$

$$P_{be} = P_b - \frac{P_{ba}}{100} \times P_s \tag{10-22}$$

式中： P_{ba}——沥青混合料中被集料吸收的沥青结合料比例，%；

P_{be}——沥青混合料中的有效沥青用量，%；

P_b、P_s、γ_{se}、γ_{sb}、γ_b——意义同前。

b. 计算最佳沥青用量时的粉胶比和有效沥青膜厚度。

沥青混合料的粉胶比是指沥青混合料的矿料中0.075mm通过率与有效沥青含量的比值。按式(10-23)计算。沥青混合料的粉胶比宜符合0.6～1.6的要求。对常用的公称最大粒径为13.2～19mm的密级配沥青混合料，粉胶比宜控制在0.8～1.2的范围内。

$$FB = \frac{P_{0.075}}{P_{be}} \tag{10-23}$$

式中：FB——粉胶比，无量纲；

$P_{0.075}$——矿料级配中0.075mm的通过率(水洗法)，%；

P_{be}——有效沥青含量，%。

集料比表面的计算和沥青混合料的沥青膜有效厚度的估算分别按式(10-24)和式(10-25)计算。各种集料粒径的表面积系数按表10-16采用。

$$SA = \sum_i (P_i \times FA_i) \tag{10-24}$$

$$DA = \frac{P_{be}}{\gamma_b \times SA} \times 10 \tag{10-25}$$

式中：SA——集料的比表面积，m^2/kg；

P_i——各种粒径的通过百分率，%；

FA_i——相应于各种粒径的集料的表面积系数，如表10-16所示；

DA——沥青膜有效厚度，μm；

P_{be}、γ_b——意义同前。

集料的表面积系数计算示例 表10-16

筛孔尺寸(mm)	19	16	13.2	9.5	4.75	2.36	1.18	0.6	0.3	0.15	0.075	集料比表面总和SA (m^2/kg)
表面积系数FA_i	0.0041	—	—	—	0.0041	0.0082	0.0164	0.0287	0.0614	0.1229	0.3277	
通过百分率P_i(%)	100	92	85	76	60	42	32	23	16	12	6	
比表面$FA_i \times P_i$ (m^2/kg)	0.41	—	—	—	0.25	0.34	0.52	0.66	0.98	1.47	1.97	6.60

注：各种公称最大粒径混合料中大于4.75mm尺寸集料的表面积系数FA_i均取0.0041，且只计算一次，4.75mm以下部分的FA_i如表所示。

⑥配合比设计检验。

对用于高速公路和一级公路的密级配沥青混合料，需按现行规范要求对已确定的最佳沥青用量OAC进行各种使用性能的检验，不符合要求的沥青混合料，必须更换材料或重新进行配合比设计。

配合比检验项目包括：

a. 高温稳定性检验：按规定方法进行车辙试验，动稳定度应符合表 10-2 的要求。

b. 水稳定性检验：按规定的试验方法进行浸水马歇尔试验和冻融劈裂试验，残留稳定度及残留强度比应符合表 10-3 的规定。

c. 低温抗裂性能检验：按规定方法进行低温弯曲试验，其破坏应变宜符合表 10-4 的要求。

d. 渗水系数检验：利用轮碾机成型的车辙试件进行渗水试验，渗水系数宜符合表 10-5 的要求。

2）生产配合比设计阶段

目标配合比确定之后，应进入第二个设计阶段——生产配合比设计阶段。应用实际施工拌和机进行试拌，以确定施工配合比。在试验前，应首先根据级配类型选择振动筛筛号，使几个热料仓的材料不致相差太多，最大筛孔应保证使超粒径粒料排出，各级粒径筛孔通过量要符合设计级配范围要求。试验时，按试验室配合比设计的冷料比例上料、烘干、筛分，然后从二次筛分后进入各热料仓的材料取样进行筛分，与试验室配合比设计一样进行矿料级配计算，得出不同料仓及矿粉用量比例，并按该比例进行马歇尔试验。现行规范规定试验油石比可取试验室配合比得出的最佳油石比及其 ±0.3% 三档试验，通过室内试验及从拌和机取样试验综合确定生产配合比的最佳油石比，供试拌试铺使用。由此确定的最佳油石比与目标配合比设计的结果差值不宜大于 ±0.2%。

3）生产配合比验证阶段

生产配合比验证阶段，即试拌试铺阶段。首先按照生产配合比结果进行试拌、观察，然后在试验段上试铺，进一步观察摊铺、碾压过程和成型混合料的表面状况，判断混合料的级配和油石比。如不满意应适当调整，重新试拌试铺，直至满意为止。同时，试验室要密切配合现场指挥，在拌和厂或摊铺机房采集沥青混合料试样进行马歇尔试验，检验是否符合标准要求。同时还应进行车辙试验及浸水马歇尔试验，进行高温稳定性及水稳定性验证。在试铺试验时，试验室还应在现场取样进行抽提试验，再次检验实际级配和油石比是否合格，并且在试验路上钻取芯样观察空隙率的大小，由此确定生产用的标准配合比，进入正常生产阶段。

标准配合比应作为生产上控制的依据和质量检验的标准，在施工过程中不得随意变更。生产过程中应加强跟踪检测，严格控制进场材料的质量，如遇材料发生变化并经检测沥青混合料的矿料级配、马歇尔技术指标不符合要求时，应及时调整配合比，使沥青混合料的质量符合要求并保持相对稳定，必要时应重新进行配合比设计。

【例 10-1】 沥青混合料配合比设计工程示例

试设计某高速公路沥青混凝土路面用沥青混合料的配合组成。

1）原始资料

（1）道路等级：高速公路。

（2）路面类型：沥青混凝土。

（3）结构层位：三层式沥青混凝土的上面层。

（4）气候条件：最高月平均气温为 32℃，最低月平均气温 -8℃。

（5）材料性能。

①沥青材料：可供 A 级 70 号道路石油沥青，25℃相对密度为 1.020，各项技术指标均符合要求。

②矿质材料。

a. 石灰岩碎石和石屑：抗压强度 120MPa，洛杉矶磨耗率 12%，黏附性 5 级，视密度 2.70g/cm³。

b. 砂：黄砂，细度模数属中砂，含泥量及泥块含量均小于 1%，视密度 2.65g/cm³。

c. 矿粉：石灰石磨细石粉，粒度范围符合技术要求，无团粒结块，视密度2.58g/cm³。

2）设计要求

（1）根据道路等级、路面类型和结构层位，确定沥青混凝土类型，并选择矿质混合料的级配范围。根据现有各种矿质材料的筛析结果，采用图解法确定各种矿料的配合比，并依据题意对高速公路要求组配的矿质混合料的级配进行调整。

（2）通过马歇尔试验，确定最佳油石比。

（3）按最佳油石比进行水稳定性和抗车辙能力检验。

3）设计步骤

（1）矿质混合料配合组成设计

①确定沥青混合料类型。

由题意，为使上面层具有较好的抗滑性，选用细粒式 AC-13C 型沥青混凝土混合料，关键性筛孔 2.36mm 的通过率应控制小于 40%。

②确定矿质混合料级配范围。

按表 10-15 查出细粒式 AC-13 型沥青混凝土的矿质混合料级配范围作为设计工程级配范围，见表 10-17。

矿质混合料要求级配范围（单位：%）　　表 10-17

级配类型	筛孔尺寸（mm）									
	16.0	13.2	9.5	4.75	2.36	1.18	0.6	0.3	0.15	0.075
AC-13 沥青混凝土工程级配范围	100	90	68	38	24	15	10	7	5	4
	100	100	85	68	50	38	28	20	15	8

③矿质混合料配合比设计。

a. 矿质集料筛分试验。

现场取样进行筛分试验，10～15mm、5～10mm、3～5mm 碎石、石屑、黄砂和矿粉六种矿质集料的筛析结果列于表 10-18。

组成矿料筛析试验结果　　表 10-18

材料名称		筛孔尺寸（mm）									
		16.0	13.2	9.5	4.75	2.36	1.18	0.6	0.3	0.15	0.075
		通过百分率（%）									
碎石	10～15mm	100	88.6	16.6	0.4	0					
	5～10mm	100	100	99.7	8.7	0.7	0				
	3～5mm	100	100	100	94.7	3.7	0.5	0.5	0		
石屑		100	100	100	100	97.2	67.8	40.5	30.2	20.6	4.2
黄砂		100	100	100	100	87.9	62.2	46.4	3.7	3.1	1.9
矿粉		100	100	100	100	100	100	100	99.8	96.2	84.7

b. 组成材料配合比设计计算。

采用图解法计算组成材料配合比,如图 10-9 所示。由图解法确定各种材料用量为 10 ~ 15mm 碎石:5 ~ 10mm 碎石:3 ~ 5mm 碎石:石屑:黄砂:矿粉 = 34.5%:24%:10.5%:11.5%:13%: 6.5%。

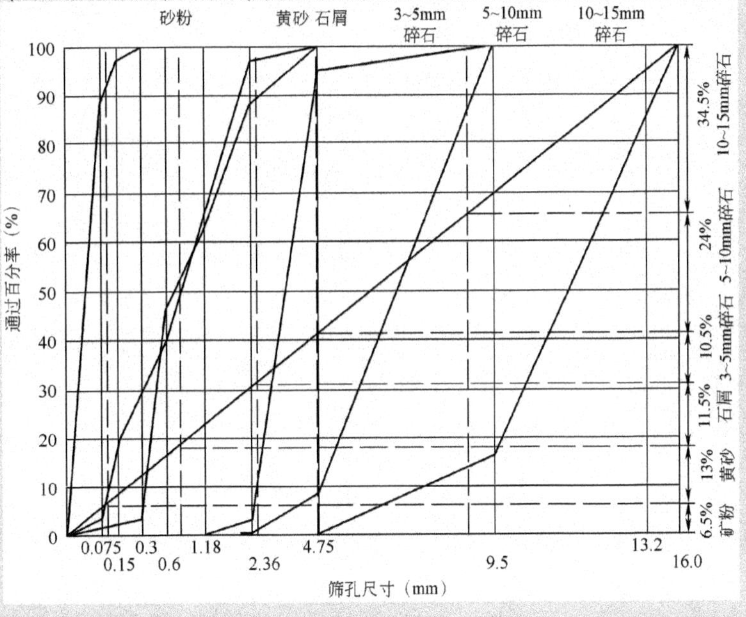

图 10-9 矿质混合料配合比计算图

c. 调整配合比。

绘制级配曲线,可以看出计算的合成级配曲线接近级配范围中值。由于高速公路交通量大、轴载重,为使沥青混合料具有较高的高温稳定性,为此,将合成级配曲线调至偏向级配曲线范围的下限。

经调整,各种材料用量为 10 ~ 15mm 碎石: 5 ~ 10mm 碎石: 3 ~ 5mm 碎石: 石屑: 黄砂: 矿粉 = 27%: 35%: 14%: 9%: 10%: 5%。按此结果重新计算合成级配,计算结果绘于图 10-10 中,可见调整后的合成级配曲线光滑、平顺,且接近级配曲线的下限。

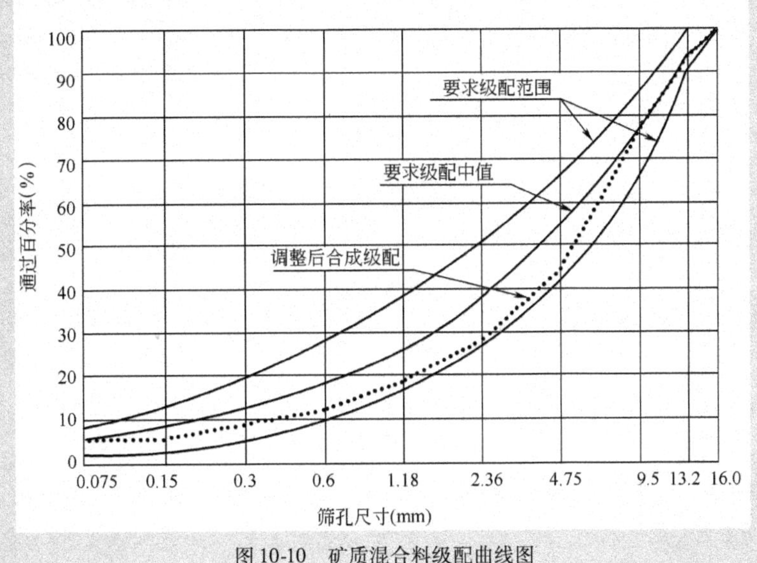

图 10-10 矿质混合料级配曲线图

(2)马歇尔试验结果分析

①绘制油石比与马歇尔试件物理、力学指标关系图。

根据表10-19马歇尔试验结果汇总表,绘制油石比与马歇尔试件毛体积密度、空隙率、沥青饱和度、矿料间隙率、稳定度、流值的关系曲线,如图10-11所示。

马歇尔试验结果汇总表 表10-19

试件组号	油石比(%)	技术指标					
		毛体积密度 ρ_f (g/cm³)	空隙率VV (%)	矿料间隙率VMA (%)	沥青饱和度VFA (%)	稳定性MS (kN)	流值FL (mm)
1	4.0	2.328	5.8	17.9	62.5	8.7	2.1
2	4.5	2.346	4.7	17.6	69.8	9.7	2.3
3	5.0	2.354	3.6	17.4	77.5	10.3	2.5
4	5.5	2.353	2.9	17.7	80.2	10.2	2.8
5	6.0	2.348	2.5	18.4	83.5	9.8	3.7
技术标准		—	3~6	不小于14	65~75	≥8	1.5~4

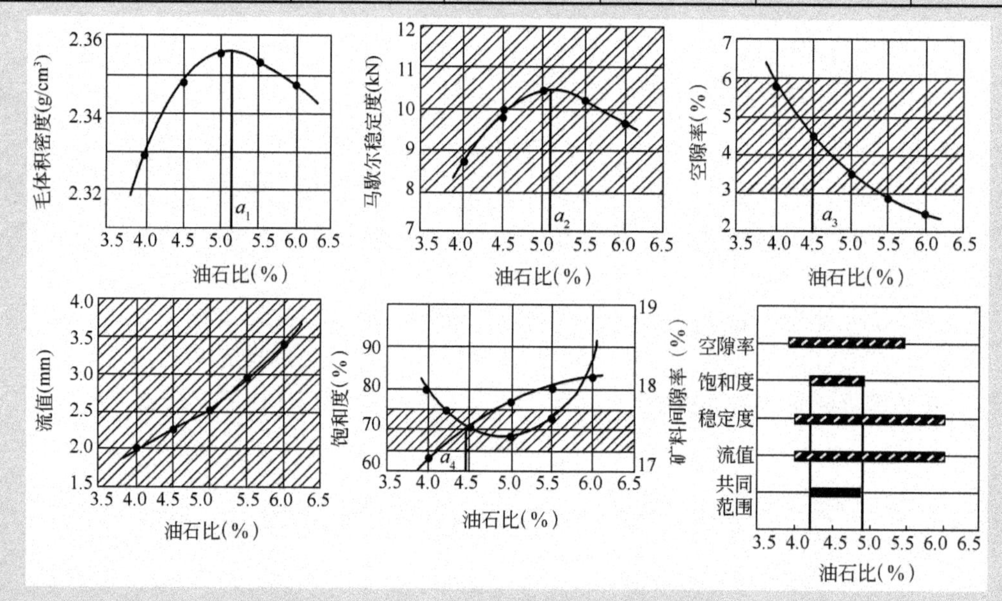

图10-11 油石比—马歇尔试验各项指标关系曲线图

②确定最佳油石比初始值(OAC_1)。

从图10-11得出:相应于密度最大值的油石比 a_1 =5.15%,相应于稳定度最大值的油石比 a_2 =5.10%,相应于规定空隙率范围中值的油石比 a_3 =4.50%,相应于规定饱和度范围中值的油石比 a_4 =4.45%。

$$OAC_1 = (5.15\% + 5.10\% + 4.50\% + 4.45\%)/4 = 4.80\%$$

③确定最佳油石比初始值(OAC_2)。

由图10-11可知,各项指标均符合表10-19中沥青混合料技术指标要求的油石比范围为:

$OAC_{min} \sim OAC_{max} = 4.20\% \sim 4.80\%$，则

$$OAC_2 = (4.20\% + 4.80\%)/2 = 4.50\%$$

④综合确定最佳油石比(OAC)。

$OAC = (OAC_1 + OAC_2)/2 = 4.7\%$，按最佳油石比初始值 OAC = 4.7% 检查 VMA 及其他各项指标，均符合要求，取 OAC = 4.7%。

(3)粉胶比分析

最佳油石比时粉胶比的计算见表 10-20，经计算粉胶比 FB = 1.1，符合 0.8 ~ 1.2 的控制范围要求。

粉胶比结果分析表 表 10-20

油石比 P_a(%)	沥青用量 P_b(%)	矿料合成毛体积相对密度 γ_{sb}	矿料有效相对密度 γ_{se}	集料吸收的沥青用量 P_{ba}(%)	有效沥青用量 P_{be}(%)	$P_{0.075}$ (%)	FB
4.7	4.5	2.682	2.722	0.24	4.27	4.8	1.1

(4)最佳油石比(OAC)检验

①水稳定性检验。

采用油石比为 4.7% 制备马歇尔试件，测定标准马歇尔稳定度及在浸水 48h 后的马歇尔稳定度值，试验结果列于表 10-21。

沥青混合料水稳定性试验结果 表 10-21

油石比 OAC(%)	马歇尔稳定度 (kN)	浸水马歇尔稳定度 (kN)	浸水残留稳定度 (%)	规范规定残留稳定度 (%)≥
4.7	8.3	7.6	92	75

从表 10-21 试验结果可知：OAC = 4.7% 符合水稳性标准要求。

②抗车辙能力检验。

以油石比为 4.7% 制备沥青混合料标准试件，进行抗车辙试验，试验结果见表 10-22。

沥青混合料抗车辙试验结果 表 10-22

油石比 OAC(%)	试验温度 T(℃)	试验轮压 (MPa)	试验条件	动稳定度 (次/mm)	规范规定动稳定度 (次/mm)≥
4.7	60	0.7	不浸水	1112	1000

由表 10-22 试验结果可知：OAC = 4.7% 的沥青混合料动稳定度大于 1000 次/mm，符合高速公路抗车辙能力的规定。

根据以上试验结果，参考以往工程实践经验，结合考虑经济因素，综合决定采用最佳油石比为 4.7%。

10.3 其他沥青混合料

10.3.1 冷拌沥青混合料

冷拌沥青混合料的结合料可以采用液体沥青、乳化沥青或改性乳化沥青，与矿质混合料在常温状态下拌和、铺筑的沥青混合料，又称作常温沥青混合料，具有施工方便、节约能

源、保护环境等优点。我国常以乳化沥青作为结合料，拌制乳化沥青混合料和沥青稀浆封层混合料。

1)乳化沥青混合料

乳化沥青混合料按矿料的级配类型分为乳化沥青混凝土混合料和乳化沥青碎石混合料。目前我国经常采用的常温沥青混合料，以乳化沥青碎石混合料为主。

(1)强度的形成过程

乳化沥青混合料的成型过程与热拌沥青混合料明显不同，由于乳液是沥青与水的混合物，其中的沥青必须经过乳液与集料的黏附、分解破乳、排水、蒸干等过程才能完全恢复其原有的黏结性能。最初摊铺和碾压的乳化沥青混合料，由于分散在混合料中的水分不能立即排尽，水的“润滑”作用大大降低了集料间的内摩阻力，使沥青混合料的强度和稳定性下降。因此，要成型并达到一定的强度，所需时间要比热拌沥青混合料长得多。随着行车压实，混合料中的水分继续分离蒸发，粗、细集料的位置进一步调整，密实度逐步增加，强度也将不断增长。

(2)乳化沥青碎石混合料的类型选择

乳化沥青混合料的类型，按其结构层位决定，宜采用密级配乳化沥青混合料，半开级配的乳化沥青碎石混合料应铺筑上封层。通常路面的面层采用双层式结构时，粗粒式乳化沥青碎石 ATB-30 或特粗式乳化沥青碎石 ATB-40 宜用于下面层；细粒式乳化沥青碎石 AM-10、AM-13 或中粒式乳化沥青碎石 AM-16 宜用于上面层。

(3)乳化沥青碎石混合料的配合组成设计

乳化沥青混合料可采用的乳化沥青类型主要有：拌和型阳离子乳化沥青 BC-1、阴离子乳化沥青 BA-1 和非离子乳化沥青 BN-1 等。矿料的选择、要求和级配组成设计与热拌沥青混合料的基本相同。

乳化沥青碎石混合料的乳液用量，应根据当地实践经验以及交通量、气候、集料情况、沥青标号、施工机械等条件确定，也可按热拌沥青混合料的沥青用量折算，乳液的沥青残留物数量可较同规格的热拌沥青混合料的沥青用量减少 10% ~20%。

(4)施工工艺

①拌和。

乳化沥青混合料的拌和应在乳液破乳前结束，在保证乳液与骨料拌和均匀的前提下，拌和时间宜短不宜长。最佳拌和时间应根据施工现场使用的骨料级配情况、拌和机械性能、施工时的气候等条件通过试拌确定。此外，当采用阳离子乳化沥青拌和时，宜先用水使集料湿润，以便乳液能均布其表面，若仍拌和困难，可采用破乳速度更慢的乳液，或用 1% ~3% 浓度的氯化钙水溶液代替水润湿集料表面，以保持良好的施工和易性。

②摊铺、压实。

由于乳化沥青混合料有一个乳液破乳、水分蒸发过程，故摊铺必须在破乳前完成，而压实则不能在水分蒸发前完成，开始必须用轻碾碾压，使其初步压实，待水分蒸发后再做复碾。在完全压实之前，不能开放交通。

(5)乳化沥青混合料的应用

乳化沥青混合料适用于三级及三级以下公路的沥青面层、二级公路的罩面层，各级公路沥青路面的基层、联结层或整平层，以及沥青路面的坑槽冷补。

2）沥青稀浆封层混合料

沥青稀浆封层混合料是由适当级配的石屑或砂、填料（水泥、石灰、粉煤灰、石粉等）与乳化沥青、外掺剂和水，按一定比例拌和而成的具有流动状态的沥青混合料，简称稀浆封层混合料。将其均匀地摊铺在路面上形成的沥青封层，称为稀浆封层。当采用聚合物改性乳化沥青作为结合料时，沥青稀浆封层混合料形成的沥青封层，则称为微表处。

（1）沥青稀浆封层的作用

①防水作用。

稀浆封层混合料的集料粒径较小，具有一定的级配，铺筑成型后，能与原路面牢固地黏附在一起，可形成一层密实的表层，防止雨水或雪水通过裂缝渗入路面基层，保持基层和土基的稳定。

②防滑作用。

稀浆封层混合料摊铺厚度薄，沥青在粗、细集料中分布均匀，沥青用量适当，无多余沥青，路面不产生泛油现象，且具有良好的粗糙面，使路面的摩擦系数明显增加，抗滑性能显著提高。

③填充作用。

稀浆封层混合料中有较多的水分，拌和后成稀浆状态，具有良好的流动性，可封闭沥青路面上的细微裂缝，填补原路面由于松散脱粒或机械性破坏等原因造成的不平，改善路面的平整度。

④耐磨作用。

乳化沥青对酸、碱性矿料都有着较好的黏附力，所以稀浆混合料可选用坚硬的优质抗磨矿料，以铺筑具有很强耐磨性能的沥青路面面层，延长路面的使用寿命。

⑤恢复路面外观形象。

对使用年久，表面磨损发白、老化干涩，或经养护修补，表面状态很不一致的旧沥青路面，可用稀浆混合料进行罩面，遮盖破损与修补部位，形成一个新的沥青面层，使旧沥青路面外观焕然一新。

值得注意的是，稀浆封层具有一定的使用局限性，它只能作为表面保护层和磨耗层使用，而不起承重性的结构作用，不具备结构补强能力。

（2）材料组成

①乳化沥青。

常采用阳离子慢凝乳液，为提高稀浆封层的效果，可采用聚合物改性乳化沥青，如丁苯橡胶改性沥青、氯丁胶乳改性沥青等。

②集料。

采用级配石屑或砂组成矿质混合料，集料应坚硬、粗糙、耐磨、洁净，各项性能应符合热拌沥青混合料的集料技术要求。其中，通过4.75mm的合成矿料的砂当量要求不得低于：稀浆封层为50%、微表处为65%。细集料宜采用碱性石料生产的机制砂或洁净的石屑。集料中的超粒径颗粒必须筛除。

矿料级配应根据铺筑厚度、处治目的、公路等级等条件，按照表10-23选用。

③填料。

为提高集料的密实度，需掺加水泥、石灰、粉煤灰、石粉等填料。掺入的填料应干燥、无结团、不含杂质。

稀浆封层的矿料级配　　表 10-23

筛孔尺寸（mm）	不同类型通过各筛孔的百分率（%）				
	微表处		稀浆封层		
	MS-2 型	MS-3 型	ES-1 型	ES-2 型	ES-3 型
9.5	100	100	—	100	100
4.75	95～100	70～90	100	95～100	70～90
2.36	65～90	45～70	90～100	65～90	45～70
1.18	45～70	28～50	60～90	45～70	28～50
0.6	30～50	19～34	40～65	30～50	19～34
0.3	18～30	12～25	25～42	18～30	12～25
0.15	10～21	7～18	15～30	10～21	7～18
0.075	5～15	5～15	10～20	5～15	5～15
一层的适宜厚度（mm）	4～7	8～10	2.5～3	4～7	8～10

④水。

为湿润集料，使稀浆混合料具有要求的流动度，需掺加适量的水。水应采用饮用水，一般可采用自来水。

⑤外掺剂。

为调节稀浆混合料的和易性和凝结时间，需添加各种助剂，如氯化铵、氯化钠、硫酸铝等。

（3）沥青稀浆封层混合料的配合比设计

①根据选择的级配类型，按表 10-23 确定矿料的级配范围，计算矿料的配合比例。

②根据以往的经验初选乳化沥青、填料、水和外加剂的用量，进行拌和试验和黏聚力试验。

③根据试验结果和稀浆混合料的外观状态，选择 1～3 个认为合理的混合料配方，按表 10-24规定试验稀浆混合料的性能，如不符合要求，适当调整各种材料的配合比再试验，直至符合要求为止。

稀浆封层混合料技术要求　　表 10-24

项　目	单　位	微 表 处	稀 浆 封 层	试 验 方 法
可拌和时间	s	>120		手工拌和
稠度	cm	—	2～3	T 0751
黏聚力试验： 30min（初凝时间） 60min（开放交通时间）	 N·m N·m	 ≥1.2 ≥2.0	（仅适用于快开放交通的稀浆封层） ≥1.2 ≥2.0	T 0754
负荷轮碾压试验（LWT）： 黏附砂量 轮迹宽度变化率	 g/m^2 %	 <450 <5	（仅适用于重交通道路表层时） <450 —	T 0755
湿轮磨耗试验的磨耗值（WTAT）： 浸水 1h 浸水 6d	 g/m^2 g/m^2	 <540 <800	 <800 —	T 0752

注：负荷轮碾压试验（LWT）的宽度变化率适用于需要修补车辙的情况。

④当经验不足时，可将初选的 1 ~3 个混合料配料方案分别变化不同的沥青用量（沥青用量一般在6.0% ~8.5%之间），按照表 10-24 的要求重复试验，并分别将不同沥青用量的 1h 湿轮磨耗值及砂的黏附量绘制成图 10-12 的关系曲线。以磨耗值接近表 10-24 要求的沥青用量作为最小沥青用量 P_{bmin}，黏附砂量接近表 10-24 要求的沥青用量作为最大沥青用量 P_{bmax}，得出沥青用量的可选择范围 P_{bmin} ~ P_{bmax}。

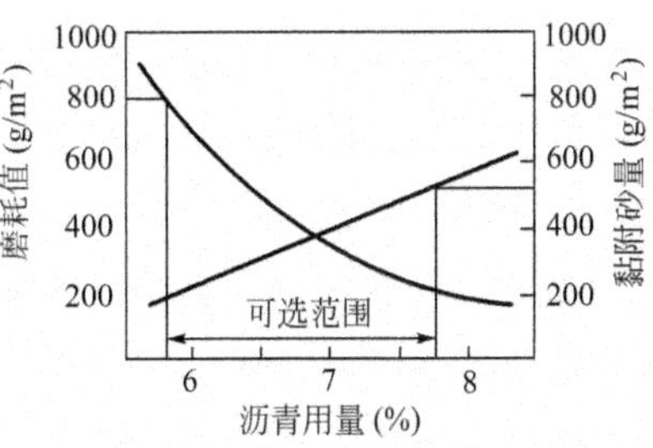

图 10-12　确定稀浆封层混合料最佳沥青用量曲线

⑤根据经验在沥青用量的可选范围内选择适宜的沥青用量。对微表处混合料，以所选择的沥青用量检验混合料浸水 6d 的湿轮磨耗指标，用于车辙填充的，增加检验负荷车轮试验的宽度变化率指标，不符合要求时调整沥青用量重新试验，直至符合要求为止。

⑥根据以往经验和配合比设计试验结果，在充分考虑气候及交通特点的基础上综合确定混合料配方。

（4）沥青稀浆封层混合料的类型及应用

稀浆封层一般用于二级及二级以下公路的预防性养护，也适用于新建公路的下封层。微表处主要用于高速公路、一级公路的预防性养护以及填补轻度车辙，也适用于新建公路的抗滑磨耗层。

沥青稀浆封层混合料按其用途和适应性分为以下三种类型。

①ES-1 型：为细粒式封层混合料，沥青用量较高（一般为 8%），具有较好渗透性，有利于治愈裂缝。适用于大裂缝的封缝，或中轻交通的一般道路薄层处理。

②ES-2 型：为中粒式封层混合料（MS-2 型为中粒式微表处），是最常用级配，可形成中等粗糙度，用于一般道路路面的磨耗层，也适用于旧高等级路面的修复罩面。

③ES-3 型：为粗粒式封层混合料（MS-3 型为粗粒式微表处），表面粗糙，适用作抗滑层；也可作二次抗滑处理，可用于高等级路面。

沥青稀浆封层混合料可以用于旧路面的养护维修，也可作为路面加铺抗滑层、磨耗层。由于这种混合料施工方便，投资费用少，对路况有明显改观，所以得到广泛应用。

10.3.2　桥面铺装材料

桥面铺装分为水泥混凝土桥面铺装和钢桥面铺装，其作用是保护桥面板，防止车轮或履带直接磨耗桥面，并借以分散车轮的集中荷载。

对于大中型钢筋水泥混凝土桥面常采用沥青混凝土铺装，要求沥青铺装层与水泥混凝土桥面应有较高地黏结、防止渗水、抗滑，以及抵抗振动变形的能力。

桥面沥青铺装构造一般分为下列层次。

1）垫层

为使桥面横坡能形成路拱的形状，先用贫混凝土（C15 或 C20）作三角垫拱和整平层（厚度不小于 6cm）。在做垫层前应将桥面整平并喷洒透层油，以防止水渗入桥面，并加强桥面与垫层黏结。

2）防水层

对立交桥、防水要求较高或桥面板位于结构受拉区而可能出现裂缝的桥面，为了提高桥面的使用年限、减少维修养护，应在桥面上铺设防水层。桥面防水层一般厚度为1.0～1.5mm，类型有沥青涂胶类防水层、高聚物涂胶类防水层及沥青卷材防水层等。

3）保护层

为了保护防水层免遭损坏，在它上面应加铺保护层。一般采用AC-10或AC-5型沥青混凝土（或沥青石屑、单层表面处治），厚度约1.0cm。

4）面层

面层分承重层和抗滑层。承重层宜采用高温稳定性好的AC-16或AC-20型中粒式热拌沥青混凝土，厚度4～6cm。抗滑层，宜采用抗滑表层结构，厚度为2.0～2.5cm。为提高桥面铺装的高温稳定性，承重层和抗滑层宜采用改性沥青。

钢桥面铺装主要采用沥青混凝土、环氧沥青混凝土及沥青玛蹄脂碎石混合料（SMA），要求铺装层与钢板紧密结合为整体，变形协调一致，且具有足够的抗水平剪切重复荷载及蠕变变形的能力；防水性能良好，防止钢桥面生锈；具有足够的耐久性和较小的温度敏感性，以满足使用条件下的高温抗流动变形能力、低温抗裂能力、水稳定性、抗疲劳性和表面抗滑性的要求。

钢桥面铺装结构通常由防锈层、防水黏结层、沥青面层等组成。防水黏结层必须紧跟防锈层后涂刷，防水黏结层宜采用高黏度的改性沥青、环氧沥青、防水卷材等。当采用浇筑式沥青混凝土铺装时，可不设防水黏结层。钢桥面铺装过程必须保持桥面整洁，且应在干燥状态下施工。

【创新漫谈】

开级配排水式沥青耐磨层——海绵城市建设之魂

开级配排水式沥青耐磨层（Open Graded Friction Course，简称OGFC）起源于欧洲，1960年在德国首次建设。近年来我国城市开始修筑降噪排水路面，以提高城市道路的使用功能、减少城市交通噪声。尤其在2015年，针对我国传统城市道路设计中常常出现“小雨小淹，大雨大淹”的灾涝现状，为打造安全、舒适、健康的城市出行环境，国家首批16个海绵城市建设试点正式拉开序幕。随之，众多建设项目应运而生，从排水技术、新型材料和结构改造等多个方面展开研究，并建设了多项示范工程，其中OGFC（包括彩色沥青OGFC）成为公路与城市道路、景观道路、人行道、广场、花园等场所的主体材料之一，应用十分广泛。

OGFC是一种嵌挤型大空隙的热拌沥青混合料，设计空隙率大于18%，具有较强的结构排水能力。OGFC路面结构层不仅能迅速从其内部排走路表雨水，而且还具有抗滑、抗车辙、吸热及降噪等多种功能，非常适用于多雨地区铺筑沥青路面的表层或磨耗层。既满足沥青路面强度高、高低温性能好和平整度密实等路用功能，又实现了城市道路排水、降噪、美观和环保功能。

1）OGFC混合料的优点

（1）减少水雾和眩光

由于OGFC路面上没有残留水，几乎可以消除水雾。雨天在OGFC路面上开车，驾驶人员的安全大大提高；还能够减少在潮湿状态下前灯的眩光，减少驾驶疲劳。

(2)降低噪声

铺筑 OGFC 也许是一种代替防音墙,缓减交通噪声的合理方案。据欧洲报道:与密级配热拌沥青混合料路面(HMA)相比,OGFC 能降低噪声 3dB(A);与水泥混凝土路面(PCC)相比,降低 7dB(A)。用于城郊公路附近的防音墙通常能降低 3dB(A)左右的噪音。当噪声改变 3dB(A)时,相当于交通量减少了一半,或者防音墙距公路的距离增加 1 倍。可见,OGFC 可以明显改善路面的降噪性能。

(3)防水漂

由于雨水透过 OGFC 层,在路表无连续的水膜,故 OGFC 可防水漂。即使长时间下雨可能使 OGFC 饱和,但由于其多孔结构,使得车辆与轮胎间不会产生水压,因此不会发生水漂现象。

(4)改善路面标志的可见度

由于表面不积水,雨天行车不会出现水雾和眩光,OGFC 表面层标志线的可见度高,尤其是潮湿天气,这有利于安全行车。

(5)提高潮湿路面的抗滑性

宾夕法尼亚州运输部在 4 条道路上进行了抗滑性和速度梯度的测试,对 OGFC 和密级配 HMA 的性能作了对比研究。速度梯度表示速度改变值与相应抗滑性能降低值的比值,速度梯度低为理想状态,即能够保证在高速(如 90 ~ 110km/h)时仍然具有较高的抗滑能力。测试结果表明:OGFC 具有较高的抗滑能力和较低的速度梯度,雨天交通事故明显减少。美国、加拿大和欧洲国家的研究均表明,与 HMA 和 PCC 路面相比,OGFC 具有优良的潮湿抗滑性,雨天交通事故大大减少。

2)OGFC 混合料的缺点

(1)早期松散

OGFC 由于设计不当等原因易产生早期松散,松散的主要原因被认为是沥青膜厚度不足,结合料的过度老化和冻融状态下沥青—集料黏附性丧失。防止措施主要有:采用黏度较好的改性沥青,或特制的高黏沥青;使用纤维等外加剂,尽量增加沥青膜的厚度;选择适宜的集料,保证集料和结合料的黏附性;严格控制拌和工艺,准确控制结合料和集料的加热温度,避免结合料的过度老化。

(2)空隙的堵塞

OGFC 优良的路用性能主要来自其较大的空隙率。随着交通和自然环境的作用,其空隙率会逐年下降,或者空隙被堵塞,则其优越性无法体现。多孔沥青混凝土不宜用于重交通低速道路,一般 3 年后,由于表层空隙被堵塞,排水、降噪的效果会全部丧失。相反,高速时,水压会将灰尘从路面孔隙中冲出来,减少堵塞。

(3)较低的强度

大的空隙率造成集料与集料之间的接触面积减少,势必引起材料强度的降低。有研究表明:多孔沥青混凝土的结构承载贡献约为密实沥青混凝土的 50%。因此,路面结构设计时,通常不考虑该层材料对结构强度的贡献。

(4)较短的寿命

大的空隙率使得结合料和空气、阳光的接触面积增加,因而,结合料随时间的老化速度比一般的密级配材料要快，耐久性相对较低，寿命较短，平均寿命在10年左右。改善措施有：采用改性沥青，提高结合料的抗老化能力；材料设计时，要求沥青膜厚度较大，一般要达到14μm，例如掺入一定量的纤维以提高沥青用量，增大集料表面裹覆的沥青膜厚度。

(5)与下卧层HMA间的分离

透水性沥青混合料通常设置在耐磨层，根据路面结构设计不同，其下层混合料可采用透水型也可以采用密实型。因受层间黏结面积小，黏层油用量不足，施工周期拖长铺筑表层不及时等因素影响，均会降低层间黏结力，造成透水性沥青混合料表面层与下卧层的分离。在行车荷载的作用下，使路表面出现拥包、推移等损坏现象，影响行车安全。因此应完善的结构设计，确定足够的防水黏层油用量，充分发挥路面的排水功能，合理安排施工进度。

(6)不能用于交叉路口等特殊路段

OGFC应用具有局限性，不能用于交叉路口等特殊路段。由于交叉路口存在转向车辆交通，产生较大的水平力以及扭力，大空隙的透水沥青混合料的强度较低，在这些路段很容易出现松散现象。

习　题

10-1　试述沥青混合料的定义。沥青混凝土混合料与沥青碎石混合料有何区别？

10-2　简述沥青混合料的分类及其作用。

10-3　沥青混合料的结构类型有哪几种？各种结构类型的沥青混合料各有什么特点？

10-4　配制沥青混合料时，各种原材料的选用要求是什么？

10-5　试述沥青混合料强度形成原理，并分析其影响因素。

10-6　试述沥青混合料应具备的主要技术性质，以及主要的评定方法。

10-7　简述我国热拌沥青混合料马歇尔试验的技术标准，并说明各项指标的含义。

10-8　论述目前采用马歇尔试验法确定沥青最佳用量的优缺点。

10-9　试述我国热拌沥青混合料配合组成的设计方法。矿质混合料的配合组成和最佳沥青用量是如何确定的？

10-10　矿质混合料合成级配的调整要求是什么？

10-11　高速公路沥青混合料配合比设计时，确定最佳沥青用量应该考虑哪些因素？

10-12　采用马歇尔试验法设计沥青混凝土配合比，为什么需要进行浸水稳定度试验和车辙试验？

10-13　简述冷拌沥青混合料的定义、种类及其应用。

10-14　试设计高速公路沥青路面面层用细粒式沥青混凝土的配合组成。

1)原始材料

(1)道路等级：一级公路。

(2)路面类型：AC-13型沥青混凝土。

(3)结构层次：三层式沥青混凝土的上面层。

(4)气候条件：最高月平均气温为30℃；最低月平均气温：−5℃。

(5)材料性能：

①沥青材料：可供应A级70号和90号沥青，经检验各项指标符合要求。

②碎石和石屑：1级石灰岩轧制的碎石，饱水抗压强度150MPa，洛杉矶磨耗率10%，黏附性(水煮法)5级，视密度2.720g/cm^3。

③细集料：洁净河砂，粗度属中砂，含泥量小于1%，视密度2.680g/cm^3。

④矿粉：石灰石粉，粒度范围符合要求，无团粒结块，视密度2.580g/cm^3。

矿质集料的筛分试验结果如表10-25所示。

各种组成材料筛分结果 表10-25

材料名称	筛孔尺寸(mm)									
	16	13.2	9.5	4.75	2.36	1.18	0.6	0.3	0.15	0.075
	通过百分率(%)									
碎石	100	96	20	2	0	0	0	0	0	0
石屑	100	100	100	80	45	18	3	0	0	0
砂	100	100	100	100	91	80	71	36	18	2
矿粉	100	100	100	100	100	100	100	100	100	85

2)试验结果

AC-13型沥青混凝土马歇尔试验结果汇总于表10-26，供学生分析确定最佳沥青用量使用。

马歇尔试验结果汇总表 表10-26

试件组号	油石比(%)	技术指标					
		毛体积密度ρ_f(g/cm^3)	空隙率VV(%)	矿料间隙率VMA(%)	沥青饱和度VFA(%)	稳定性MS(kN)	流值FL(mm)
1	3.8	2.362	6.1	16.4	66.7	9.3	2.0
2	4.3	2.379	4.6	16.1	75.4	10.8	2.3
3	4.8	2.394	3.5	14.9	81.2	10.6	2.8
4	5.3	2.380	2.8	16.3	84.3	8.9	3.6
5	5.8	2.378	2.4	17.0	85.7	7.3	4.2

3)设计要求

(1)根据道路等级、路面类型和结构层次，确定沥青混凝土的类型和矿质混合料的级配范围。

(2)根据现有各种矿质材料的筛析结果，用图解法确定各种矿质混合料的配合比。并根据一级公路路面对沥青混合料的要求，对矿质混合料的级配进行调整。

(3)根据预估最佳油石比选择3.8%~5.8%的掺量范围，通过马歇尔试验的物理和力学指标，确定最佳沥青用量。

第11章　建筑功能材料

学习指导

本章重点讲述了常用建筑功能材料的特点与应用。通过学习,学生应掌握吸声材料、保温材料、防水材料、装饰材料的概念、分类及主要的性能、用途等知识点。

随着人们对建筑物的质量要求不断提高,建筑功能材料应运而生。功能材料是以材料的力学性能以外的功能为特征的材料,赋予建筑物防水、防火、绝热、采光、防腐等功能,从而大大改善建筑物的使用功能,优化人们的生活和工作环境。目前,建筑中常用的功能材料有:吸声材料、保温材料、防水材料、装饰材料等。

11.1　吸 声 材 料

11.1.1　吸声材料的概念

声音起源于物体的振动,声源的振动使得相近的空气跟着振动而形成声波,并在空气中向四周传播。声音在传播的过程中,一部分由于声能随着距离的增大而扩散,另一部分则因为空气分子的吸收而减弱。

当声波入射到材料的表面时,一部分声能被反射,另一部分则穿透材料,其余的部分传递给材料,在材料的空隙中引起空气分子与孔壁的摩擦而转变成热能被材料吸收。这些被吸收的能量(E)与原先传递给材料的全部能量(E_0)的比值,称为吸声系数,用式(11-1)表示。

$$\alpha = \frac{E}{E_0} \times 100\% \tag{11-1}$$

一般材料的吸声系数介于0和1之间,吸声系数越大,材料的吸声效果越好。如在音乐厅、剧院、礼堂等公共场所,在其内部的墙面、顶棚等部位,适当采用吸声材料,能抑制噪声,保持良好的音响效果。

材料的吸声系数除与声波的方向有关外,还与声波的频率有关。通常采用125Hz、250Hz、500Hz、1000Hz、2000Hz、4000Hz这六个频率的吸声系数来表示材料的吸声特性,测量时分别测量材料在六个频率下的吸声系数,然后计算平均值,作为材料的吸声系数。凡是上述六个频率的吸声系数平均值大于0.2的材料,称为吸声材料。

11.1.2　吸声材料的种类

1)多孔吸声材料

多孔材料具有大量内外连通的气孔,通气性良好。当声波入射到材料表面时,声波很快顺着气孔进入到材料内部，空气分子受到摩擦和黏滞阻力，使空气产生振动，从而使声能转化为机械能，最后因摩擦而转化为热能被吸收。这类多孔材料的吸声系数，一般从低频到高频逐渐增大，所以这类材料对中频和高频的声音吸收效果较好。

2）柔性材料

柔性材料是具有密闭气孔和一定弹性的材料，如泡沫塑料。表面仍为多孔材料，因为具有密闭气孔，声波引起的空气的振动不易直接传递到材料内部，只能相应地产生振动，在振动过程中，由于克服材料内部的摩擦而消耗了声能，引起声波衰减。这种材料的吸收特性是在一定的频率范围内出现一个或多个吸收频率。

3）帘幕吸声体

帘幕吸声体是用具有通气性能的纺织品，安装在离墙面或窗洞一定距离处，背后设置空气层。这种吸声体对中、高频声波都有一定的吸声效果。

4）悬挂空间吸声体

悬挂于空间的吸声体，由于声波与吸声材料的两个或两个以上的表面接触，增加了吸声面积，加上声波的衍射作用，大大提高了吸声效果。在实际使用时，空间吸声体可设计成多种形式悬挂在顶棚下。

5）薄板振动吸声结构

建筑中常用胶合板、薄木板、硬质纤维板、石膏板、石棉水泥板或金属板等，把它们周边固定在墙或顶棚的龙骨上，并在背后留有空气层，即成薄板振动吸声结构。

薄板振动吸声结构是在声波作用下发生振动，板振动时由于板内部和龙骨间出现摩擦损耗，使声能转变成机械振动，而起吸声作用。由于低频声波比高频声波容易激起薄板振动，所以具有低频吸声特性。

6）共振吸声结构

共振吸声结构具有封闭的空腔和较小的开口，像个瓶子。当瓶腔内空气受到外力振荡，会按一定的频率振动，这就是共振吸声器。每个单独的共振器都有一个共振频率，在其共振频率附近，由于颈部空气分子在声波的作用下像活塞一样进行往复运动，因摩擦而消耗声能。

7）穿孔板组合共振吸声结构

穿孔板组合共振吸声结构可看作是多个单独共振器并联而成。这种吸声结构由穿孔的胶合板、硬质纤维板、石膏板、石棉板、石棉水泥板、铝合板、薄钢板等，将周边固定在龙骨上，并在背后设置空气层而构成。适合中频的吸声特性，在建筑中常使用。

11.1.3 常用吸声材料

多孔吸声材料是应用最广的基本吸声材料，建筑上常用的吸声材料及其性能见表11-1。

常用吸声材料的吸声系数 表11-1

材　　料	厚度（cm）	各种频率（Hz）下的吸声系数						装置情况
		125	250	500	1000	2000	4000	
1. 无机材料								
吸声砖	6.5	0.05	0.07	0.10	0.12	0.16	—	

续上表

材　　料	厚度(cm)	各种频率(Hz)下的吸声系数						装置情况	
		125	250	500	1000	2000	4000		
石膏板(有花纹)	—	0.03	0.05	0.06	0.09	0.04	0.06	贴实	
水泥蛭石板	4.0	—	0.14	0.46	0.78	0.50	0.60	贴实	
石膏砂浆(掺水泥、玻璃纤维)	2.2	0.24	0.12	0.09	0.30	0.32	0.83	墙面粉刷	
水泥膨胀珍珠岩板	5	0.16	0.46	0.64	0.48	0.56	0.56		
水泥砂浆	1.7	0.21	0.16	0.25	0.40	0.42	0.48		
砖(清水墙面)	—	0.02	0.03	0.04	0.04	0.05	0.05		
2. 木质材料									
软木板	2.5	0.05	0.11	0.25	0.63	0.70	0.70	钉在龙骨上	贴实
木丝板	3.0	0.10	0.36	0.62	0.53	0.71	0.90		后留10cm空气层
三夹板	0.3	0.21	0.73	0.21	0.19	0.08	0.12		后留5cm空气层
穿孔五夹板	0.5	0.01	0.25	0.55	0.30	0.16	0.19		后留5~15cm空气层
木质纤维板	1.1	0.06	0.15	0.28	0.30	0.33	0.31		后留5cm空气层
3. 泡沫材料									
泡沫玻璃	4.4	0.11	0.32	0.52	0.44	0.52	0.33	贴实	
脲醛泡沫塑料	5.0	0.22	0.29	0.40	0.68	0.95	0.94	贴实	
泡沫水泥(外面粉刷)	2.0	0.18	0.05	0.22	0.48	0.22	0.32	紧贴墙面	
吸声蜂窝板	—	0.27	0.12	0.42	0.86	0.48	0.30		
泡沫塑料	1.0	0.03	0.06	0.12	0.41	0.85	0.67		
4. 纤维材料									
矿棉板	3.13	0.10	0.21	0.60	0.95	0.85	0.72	贴实	
玻璃板	5.0	0.06	0.08	0.18	0.44	0.72	0.82	贴实	
酚醛玻璃纤维板	8.0	0.25	0.55	0.80	0.92	0.98	0.95	贴实	
工业毛毡	3.0	0.10	0.28	0.55	0.60	0.60	0.56	紧贴墙面	

11.2　保温材料

11.2.1　保温材料概述

当前世界正面临着能源危机，能源在许多地区已成为制约经济发展的主要因素。因为能源是社会发展的重要物质基础，所以开发和充分利用各种能源已成为当今世界的潮流。目前，各国政府都把节能工程列为石油、煤炭、天然气和水电之后的第五大常规能源。在节能工程中，最为重要的就是减少或消除热能的浪费，所能采取的最有效的手段就是通过加强各种建筑物和设备的保温，充分利用热能，防止热量散失。因此，在各种工程中，保温材料具有十分重要的地位。

1）保温材料的基本原理

保温材料是指防止室内热量散失的材料。传热是热量从高温区向低温区的自发流动，是一种由于温差而引起的能量转移。传热的方式有三种：传导、对流和热辐射。传导是依靠物体内各部分直接接触的物质质点作热运动而引起的热能传递过程；对流是指热的液体或气体因遇热而密度减小从而上升，冷的液体或气体就补充过来，形成分子的循环流动；热辐射是一种具有热效应波长的电磁波在空间的传播。对于固体材料，对流与辐射所占的比例极小，可以不予考虑，仅考虑热的传导问题。在建筑材料中，热量传导的性质用导热系数（λ）表示，导热系数越小，其保温性能越好。

试验表明，材料传导的热量与导热系数、传导面积、传热时间及两表面的温度差成正比，而与材料的厚度成反比，关系表达公式见式（1-15）。

2）影响导热系数的因素

（1）物质组成

金属材料导热系数最大，无机非金属材料次之，有机材料导热系数最小。

（2）微观结构

相同化学组成的材料，结晶结构的导热系数最大，微晶结构的次之，玻璃体结构的导热系数最小。

（3）孔隙构造

由于固体的导热系数比空气的导热系数大得多，故一般来说，材料孔隙率越大，导热系数越小。在孔隙率相近的情况下，孔径越大，孔隙相通使材料导热系数有所提高，这是由于孔内空气流通与对流的结果。对于纤维状材料，还与压实程度有关系，当压实达某一表观密度时，其导热系数最小，称该密度为最佳表观密度，当小于最佳表观密度时，材料内孔隙过大，由于空气对流作用会使导热系数有所提高。

（4）湿度

因为固体导热最好、液体次之、气体最差，因此，材料受潮会使导热系数增大。对于保温材料，应注意防潮。

（5）温度

材料的导热系数随温度升高而增大，因此，保温材料在低温下使用的效果更好。

（6）对流方向

对于木材等纤维状材料，热流方向与纤维排列方向垂直时材料的导热系数要小于平行时的导热系数。

11.2.2 常用的保温材料

工程中常用的保温材料有很多，目前使用较多的有玻璃棉、矿物棉、泡沫塑料、泡沫混凝土、加气混凝土、膨胀珍珠岩及其制品、膨胀蛭石以及多孔炉渣等。

1）玻璃棉

玻璃棉是玻璃纤维的特例，它是利用玻璃液吹制或甩制成的絮状短粗纤维，各单丝纤维间相互缠绕、立体交叉，形成整体状态下的均匀多孔材料。它是一种密度很小的保温、隔声和吸声材料。

玻璃棉主要应用于要求保温、隔声和吸声效果较好的天棚、隔墙、电器设备的隔声吸音。

使用中应注意对皮肤的伤害，也应该注意其脆性。

2）矿物棉

矿物棉是以无机矿物为主要原料，经高温熔融为液体，再经高速离心或喷吹等工艺制成的棉丝状无机纤维。以工业废料矿渣为主要原料生产的矿物棉称为矿渣棉（简称矿棉），其纤维直径较粗，单丝长度较短，融化温度也较低。以玄武岩或辉绿岩等天然岩石为主要原料生产的矿物棉称为岩棉。相对矿棉来说，岩棉的纤维直径较细，单丝长度也较长，熔化温度较高，化学稳定性也较好。因此，岩棉的绝热性好、手感也好些、耐高温性更好、抵抗化学侵蚀的性能和力学性能都较好。

为适合于不同的用途与使用环境，可将矿物棉制成絮状、颗粒状、毡状、板状、带状、管状或其他形状的制品。矿物棉大量应用于建筑墙体和屋面的隔热与吸声、设备与管道的隔热或在高温下对设备起支垫缓冲作用的场合。

值得注意的是，矿物棉类保温材料易于吸水，并且吸水后保温性能急剧下降。为克服这一缺点，常在其外面进行防水处理，如外覆防水卷材或涂防水涂料，也可直接对保温材料本身进行憎水性处理，如利用有机硅溶液（或乳液）、沥青乳液、高温油、石蜡等进行处理，这些已经处理过的保温材料在使用中节能保温效果可靠。

矿物棉在建筑工程中主要用于：现场复合保温墙体的施工；在已有建筑物墙外粘贴保温层；工厂生产复合保温墙板；屋面保温层；房门保温；管道保温等。

3）泡沫塑料

泡沫塑料是以各种有机树脂为主要原料生产的超轻质高级保温材料，根据所采用的树脂不同，工程中较常使用的主要有：聚苯乙烯、聚氨酯、聚氯乙烯、聚乙烯、脲醛等泡沫类塑料。

泡沫塑料保温材料的特点是：密度小（多为 20～50kg/m^3）、绝热性好、耐低温性好、有一定的吸音效果、吸水率小、可加工性好，但是，泡沫塑料的使用温度不高，多在 70～120℃以下，其强度也较低。

泡沫塑料在建筑工程中主要用于充填墙体等围护结构、保温板材或管材的夹心层、水泥泡沫塑料颗粒复合板材或保温砖中。

4）加气混凝土

加气混凝土是以粉煤灰或细砂、石灰、水泥、引气剂及其他辅助材料生产的多孔材料，是纯无机多孔材料。它自重轻，表观密度一般为 300～500kg/m^3；保温性好，适合于大多数情况下的各种保温施工；施工加工性能方便，可据、可钉、可刨、易黏结。此外，加气混凝土的原料来源广泛，成本低，在建筑墙体与屋面保温施工中应用广泛。

加气混凝土的强度较低，通常为 2.5～7.0MPa，5.0MPa 以下的加气混凝土只能作为填充墙体使用，不能用作支撑楼板、大梁等。加气混凝土的抗高温能力和抵抗冻融的能力较好，适合在室内外各种环境中使用。值得注意的是其表面装饰抹灰时容易出现空鼓、脱落或开裂等缺陷，施工中多进行专门的表面处理和加强。使用时还应该注意其含水量对施工质量的影响。

建筑工程中使用的加气混凝土产品有各种砌块、墙板、屋面板等。其主要质量指标有强度、表观密度、含水率、外观状态等。它主要用于砌筑有保温性要求的墙体、墙体保温填充或黏结，也可以用作屋面保温板或屋面保温块，还可以用作管道保温或设备保温等。

5)膨胀珍珠岩

膨胀珍珠岩是以天然珍珠岩颗粒为原料、经高温加热后使其自身膨胀而形成的多孔轻质颗粒。膨胀珍珠岩十分轻,堆积密度通常为70~250kg/m³,其颗粒结构为蜂窝泡沫状,它保温性能好、化学稳定性好、不燃烧、耐腐蚀、施工方便,是良好的保温、吸音与防火材料。其缺点是容易吸水,而且吸水后的保温性能明显变差,因此施工中应注意防止浸水,并做好防水封闭层的施工。

除了在屋面保温工程中使用散粒状膨胀珍珠岩外,在墙体、管道及设备的保温施工中可以使用膨胀珍珠岩制品。它是利用各种黏结剂将散粒状的膨胀珍珠岩黏结成板、砖、管瓦等产品,它可方便地直接在工程中使用。此外,在墙体及抹面施工中,膨胀珍珠岩可以代替集料拌制保温混凝土或保温砂浆,可起加强保温的作用。

6)膨胀蛭石

天然蛭石是含水的矿物,经过晾干、破碎、筛选和煅烧可以产生5~10倍的膨胀,从而形成蜂窝状的内部结构。膨胀蛭石的堆积密度也很低,一般为80~200kg/m³;其保温性能好,耐火性也较好;膨胀蛭石耐碱但不耐酸,电绝缘性不好,吸水性较强。在屋面施工中常使用散粒状膨胀蛭石,在施工中应注意上述特点。

在墙体、楼板与地面保温施工中常采用水泥或水玻璃黏结的各种膨胀蛭石制品,特别是膨胀蛭石轻集料混凝土墙板等轻质构件在工程中已得到广泛的应用。

11.3 防 水 材 料

防水材料具有防止雨水、地下水与其他水分浸入建筑物的功能,是建筑工程中的重要建筑材料之一,同时也应用于公路桥梁、水利工程等。防水材料质量的优劣与建筑物的使用寿命紧密相连。国内外使用沥青为防水材料已有很久的历史,近年来,正在向改性沥青防水材料和合成高分子防水材料发展。防水设计由多层向单层防水发展,由单一材料向复合型多功能材料发展,施工方法由热熔法向冷贴法或自贴法发展。

11.3.1 防水卷材

防水卷材是防水材料的重要品种之一,是具有一定宽度和厚度并可卷曲的片状防水材料,广泛用于各类建筑物屋面、墙面、地面等的防水工程中,主要包括沥青防水卷材、高聚物改性沥青防水卷材、合成高分子防水卷材。其中,沥青防水卷材作为传统的防水材料,成本低,应用广泛,但温度稳定性较差,拉伸强度和延伸率低,特别是用于室外暴露部位时,高温易于脆裂变形,使用期短,维修费用高。随着科技的发展,高聚物改性沥青防水卷材、合成高分子防水卷材等新型防水材料逐渐被广泛应用。

1)防水卷材的性能

(1)耐水性

防水卷材的耐水性,即在水的作用下和被水湿润后其性能基本不变,在水的压力下具有不透水性。

(2)温度稳定性

防水卷材的温度稳定性,即在高温下不流淌、不起泡、不滑动,低温下不脆裂的性能。亦可认为是在一定温度变化下保护原有性能的能力。

(3)机械强度、延伸性和抗断裂性

防水卷材的机械强度、延伸性和抗断裂性,即在承受建筑结构允许范围内荷载应力和变形条件下不断裂的性能。

(4)柔韧性

对于防水材料特别要求具有低温柔韧性,保证易于施工、不脆裂。

(5)大气稳定性

防水卷材的大气稳定性,即在阳光、热、氧气及其他化学侵蚀介质、微生物侵蚀介质等因素的长期综合作用下抵抗老化、抵抗侵蚀的能力。

2)防水卷材的分类

(1)沥青防水卷材

沥青防水卷材俗称油毡,是用原纸、纤维织物、纤维毡等胎体浸涂沥青,表面撒布粉状、粒状或片状材料制成。常用的有石油沥青纸胎油毡、石油沥青玻璃布油毡、石油沥青玻纤胎油毡、石油沥青麻布胎油毡等。

石油沥青纸胎油毡是用低软化点的石油沥青浸渍原纸,然后用高软化点的石油沥青涂盖油纸的两面,再涂撒隔离材料制成的一种防水材料。按《石油沥青纸胎油毡》(GB 326—2007)的规定:油毡按卷重和物理性能分为Ⅰ型、Ⅱ型和Ⅲ型三种型号。其中,Ⅰ型、Ⅱ型油毡适用于辅助防水、保温隔离层、临时性建筑防水、防潮及包装等,Ⅲ型油毡适用于屋面工程的多层防水。

为了克服纸胎的抗拉能力低、易腐烂、耐久性差的缺点,通过改进胎体材料来改善沥青防水卷材的性能,开发出玻璃布沥青油毡、玻纤沥青油毡、黄麻织物沥青油毡、铝箔胎沥青油毡等一系列沥青防水卷材。

(2)高聚物改性沥青防水卷材

高聚物改性沥青防水卷材是以合成高分子聚合物改性沥青为涂盖层,纤维织物或纤维毡为胎体,粉状、粒状、片状或薄膜材料为覆面材料制成的可卷曲片状防水材料。

高聚物改性沥青防水卷材克服了传统沥青防水卷材温度稳定性差、拉伸强度和延伸率低的不足,具有高温不流淌、低温不脆裂、拉伸强度高、延伸率较大等优点。常见的有 SBS 改性沥青防水卷材、APP 改性沥青防水卷材、PVC 改性焦油沥青防水卷材、再生胶改性沥青防水卷材等。此类防水卷材一般单层铺设,也可复层使用,根据不同卷材可采用热熔法、冷黏法、自黏法施工。

(3)合成高分子防水卷材

合成高分子防水卷材是以合成橡胶、合成树脂或两者的共混体为基料,加入适量的化学助剂和填充料等,经混炼、压延或挤出等工序加工而制成的可卷曲的片状防水材料。

合成高分子防水卷材具有抗拉强度和抗撕裂强度高,断裂伸长率大,耐热性和低温柔性好,耐腐蚀,抗老化等一系列优异的性能,是新型高档防水材料。

①三元乙丙(EPDM)橡胶防水卷材。

三元乙丙橡胶防水卷材是以三元乙丙橡胶为主体,掺入适量的硫化剂、促进剂、软化剂和补强剂等,经过配料、密炼、拉片、过滤、压延或挤出成型、硫化、检验和分卷包装等工序加工制成的一种高弹性防水材料。

三元乙丙橡胶防水卷材重量轻、使用温度范围宽、抗拉强度高、延伸率大、对基层变形适应性强、耐酸碱腐蚀、耐老化性能比其他类型卷材优越，且使用寿命长，广泛适用于防水要求高、使用年限长的工业与民用建筑防水工程。

②聚氯乙烯(PVC)防水卷材。

聚氯乙烯防水卷材是以聚氯乙烯树脂为主要原料，掺加填充料及适量的改性剂、增塑剂、抗氧化剂和紫外线吸收剂，经过混炼、压延、冷却、分卷包装等工序制成的防水卷材。

聚氯乙烯防水卷材的尺寸稳定性、耐热性、耐腐蚀性、耐细菌性均较好，适用于各类建筑的房屋防水工程和水池、堤坝等防水抗渗工程。

③氯化聚乙烯—橡胶共混防水卷材。

氯化聚乙烯—橡胶共混防水卷材是以氯化聚乙烯树脂和橡胶共混的方式制成的一种高分子卷材。

这种共混卷材具有氯化聚乙烯特有的高强度和优异的耐候性，同时还表现出橡胶的高弹性、高延伸率及良好的耐低温性能，适用于寒冷地区或变形较大的建筑防水工程。

11.3.2 防水涂料

防水涂料是一种流态或半流态物质，可用刷、喷等工艺涂布在基层表面，经溶剂或水分挥发或各组分间的化学反应，形成具有一定弹性和一定厚度的连续薄膜，使基层表面与水隔绝，起到防水、防潮作用。主要用于建筑物某些可能受到水侵蚀的结构部位或结构构件，例如屋面、地下室、厕所、浴室、水塔、水池、储水罐等结构的防水、防潮和防渗等。与防水卷材相比，防水涂料施工简单方便，尤其对于形状不规则的复杂基层，也能够形成致密、无接缝的连续涂膜。

1）防水涂料的特点

(1)防水涂料在固化前呈黏稠状液态，因此，施工时不仅能在水平面，而且能在立面、阴阳角及各种复杂表面，形成无接缝的完整的防水膜。

(2)防水涂料大多采用冷施工，既减少了环境污染，又便于操作，能改善工作环境。

(3)形成的防水层自重小，特别适用于轻型屋面等防水。

(4)形成的防水膜有较大的延伸性、耐水性和耐候性，能适应基层裂缝的微小变化。

(5)涂布的防水涂料，既是防水层的主体材料，又是黏结剂，故黏结质量容易保证，维修也比较简便。尤其是对于基层裂缝、施工缝、雨水斗及贯穿管周围等一些容易造成渗漏的部位，极易进行增强涂刷、贴布等作业。

(6)施工时必须采用刷子、刮板等逐层涂刷或涂刮，故防水膜的厚度很难做到像防水卷材那样均一，防水膜的质量易受施工条件影响。因此，选用防水涂料时，须认真了解材料的性质和特征，使用方法，最低单位面积用量和重复涂、刮的必要性，并必须认真考虑防水层各个细部的增强处理。

2）防水涂料的分类

防水涂料按液态类型分为溶剂型、水乳型、反应型三种类型。按主要成膜物质分为沥青基防水涂料、高聚物改性沥青防水涂料、合成高分子防水涂料三种类型。

(1)沥青基防水涂料

沥青基防水涂料的成膜物质就是石油沥青，又分为溶剂型和水乳型两类。溶剂型石油沥青防水涂料是将石油沥青直接溶于汽油等有机溶剂中；水乳型石油沥青防水涂料是将石油沥青分散于水中，成为稳定的水分散体。

这类涂料对沥青基本没有改性或改性作用不大，主要适用于Ⅲ级和Ⅳ级防水等级的工业与民用建筑屋面、混凝土地下室和卫生间防水等。

(2)高聚物改性沥青防水涂料

高聚物改性沥青防水涂料是指以沥青为基料，用合成高分子聚合物进行改性，制成溶剂型或水乳型防水涂料，又分为橡胶改性沥青防水涂料和树脂改性沥青防水涂料两类。

这类涂料在柔韧性、抗裂性、抗拉强度、耐高低温性能、使用寿命等方面都比沥青基涂料有很大的改善，适用于Ⅱ、Ⅲ、Ⅳ级防水等级的屋面、地面、混凝土地下室和卫生间等的防水工程。

(3)合成高分子防水涂料

合成高分子防水涂料是指合成橡胶或合成树脂为主要成膜物质制成的单组分或多组分的防水材料，又分为橡胶类和树脂类。

这类涂料具有高弹性、高耐久性和耐高低温性能，适用于Ⅰ、Ⅱ、Ⅲ级防水等级的屋面、地下室、水池及卫生间等的防水工程。

11.3.3 密封材料

密封材料是嵌入建筑物缝隙中，能承受位移且能达到气密、水密的目的的材料，又称嵌缝材料。

1)密封材料的性质

(1)非渗透性。

(2)优良的黏结性、施工性、抗下垂性。

(3)良好的伸缩性，能经受建筑物及构件因温度、风力、地震、振动等作用引起的接缝变形的反复变化。

(4)具有耐候、耐寒、耐热、耐水等性能。

2)常用的密封材料

(1)非定形密封材料(密封膏)

又称密封胶、剂，是黏稠状的密封材料。目前，常用的非定形密封材料有：沥青嵌缝油膏、丙烯酸酯密封膏、聚氨酯密封膏、聚硫密封膏、硅酮密封膏。

①沥青嵌缝油膏。

沥青嵌缝油膏是以石油沥青为基料，加入改性材料(废橡胶粉和硫化鱼油等)、稀释剂(松焦油、松节重油和机油等)和填充料(石棉绒和滑石粉等)混合制成的密封膏。沥青嵌缝油膏主要作为屋面、墙面、沟槽的防水嵌缝材料。

②丙烯酸酯密封膏。

丙烯酸酯密封膏是以丙烯酸乳液为胶黏剂，掺入少量表面活性剂、增塑剂、改性剂及颜料、填料等配制而成的单组分水乳型建筑密封膏。这种密封膏具有优良的耐紫外线性能和耐油性、黏结性、延伸性、耐低温性、耐热性和耐老化性能，并且以水为稀释剂，黏度较小，无污染、无毒、不燃，安全可靠，价格适中，可配成各种颜色，操作方便，干燥速度快，保存期长，但固化后有15%～20%的收缩率，应用时应予事先考虑。该密封膏应用范围广泛，可用于钢、铝、混凝土、玻璃和陶瓷等材料的嵌缝防水以及用作钢窗、铝合金窗的玻璃腻子等。还可用于各种预制墙板、屋面板、门窗、卫生间等的接缝密封防水及裂缝修补。

③聚氨酯密封膏。

聚氨酯密封膏是由多异氰酸酯与聚醚通过加聚反应制成预聚体后，加入固化剂、助剂等在常温下交联固化成的高弹性建筑用密封膏。这类密封膏分单、双组分两种规格。这类密封膏弹性高、延伸率大、黏结力强、耐油、耐磨、耐酸碱、抗疲劳性和低温柔性好，使用年限长。适用于各种装配式建筑的屋面板、楼地板、墙板、阳台、门窗框、卫生间等部位的接缝及施工密封，也可用于储水池、引水渠等工程的接缝密封、伸缩缝的密封、混凝土修补等。

④聚硫密封膏。

聚硫密封膏是以液态聚硫橡胶为主体和金属过氧化物等硫化剂反应，在常温下形成的弹性体，有单组分和双组分两类。这类密封膏具有优良的耐候性、耐油性、耐水性和低温柔性，能适应基层较大的伸缩变形，施工适用期可调整，垂直使用不流淌，水平使用时有自流平性，属于高档密封材料。除适用于标准较高的建筑密封防水外，还用于高层建筑的接缝及窗框周边防水、防尘密封，中空玻璃、耐热玻璃周边密封，游泳池、储水槽、上下管道、冷库等接缝密封。

⑤硅酮密封膏。

硅酮密封膏是以聚硅氧烷为主要成分的单组分或双组分室温固化剂密封材料。单组分型硅酮密封膏以聚硅氧烷为主体，加入硫化剂、硫化促进剂、填料等制成。目前多为单组分型。

硅酮密封膏属于高档密封膏。它具有优良的耐热性、耐寒性和优良的耐候性，并且黏结性能好，耐油性、耐水性和低温柔性优良，能适应基层较大的变形，外观装饰效果好。

(2)定形密封材料

定形密封材料是将密封材料按密封工程部位的不同要求制成带、条、垫片等形状。包括密封条带和止水带，如铝合金门窗橡胶密封条、丁腈胶—PVC 门窗密封条、自黏性橡胶、水膨胀橡胶、橡胶止水带、塑料止水带等。

11.3.4 瓦

1)黏土瓦

黏土瓦是以黏土、页岩为主要原料，经成型、干燥、焙烧而成。其产品分类如下。

(1)黏土瓦按生产工艺分类

压制瓦：经过模压成型后焙烧而成的平瓦、脊瓦，称为压制平瓦、压制脊瓦。

挤出瓦：经过挤出成型后焙烧而成的平瓦、脊瓦，称为挤出平瓦、挤出脊瓦。

手工脊瓦：用手工方法成型后焙烧而成的脊瓦，称为手工脊瓦。

(2)按用途分类

黏土平瓦：用于屋面作为防水覆盖材料的瓦，包括压制平瓦和挤出平瓦(简称平瓦)。

黏土脊瓦：用于房屋屋脊作为防水覆盖材料的瓦，包括压制脊瓦、挤出脊瓦和手工脊瓦(简称脊瓦)。

2)混凝土瓦

混凝土瓦是以水泥、砂或无机的硬质骨料为主要原料，经配料混合、加水搅拌、机械滚压或人工揉压成型养护而制成的，用于坡屋面及其配合使用的配件瓦。混凝土瓦可以是本色的、着色的或表面经过处理的。

根据用途不同可将混凝土瓦分为以下几类。

(1)混凝土屋面瓦：由混凝土制成的，铺设于屋顶坡屋面完成瓦屋面功能的建筑构件。

(2)有筋槽屋面瓦：瓦的正面和背面搭接的侧边带有嵌合边筋和凹槽，可以有，也可以没有顶部的嵌合搭接。

(3)无筋槽屋面瓦：一般是平的、横的或纵向成拱形的屋面瓦，带有规则或不规则的前沿。

(4)混凝土配件瓦：由混凝土制成的，铺设于屋顶特定部位，满足屋顶瓦特殊功能的，配合屋面瓦完成瓦屋面功能的建筑构件，包括脊瓦、封头瓦、排水沟瓦、檐口瓦和弯角瓦、三向脊顶瓦、四向脊顶瓦等。

3)石棉水泥波瓦及脊瓦

石棉水泥波瓦及脊瓦是用温石棉和水泥为基本原料制成的屋面和墙面材料，包括覆盖屋面和装覆墙壁用的石棉水泥大、中、小波形瓦及覆盖屋脊的“人”字形脊瓦。石棉水泥瓦的特点是单张面积大，有效利用面积大，还具有防火、防潮、防腐、耐热、耐寒、质轻等特性，而且施工简便，造价低，适用于仓库、敞棚、厂房等跨度较大的建筑和临时设施的屋面，也可用于围护墙。

4)钢丝网石棉水泥波瓦

钢丝网石棉水泥波瓦(简称加筋石棉瓦)是用短石棉纤维与水泥为原料，经制坯，在两层石棉水泥片中间嵌入一定规格的钢丝网片，再经加压成型。目前生产的有中波、小波两种瓦型。加筋石棉网瓦是高强轻质型的屋面及墙体材料。它具有抗断裂、抗冲击和耐热性能好的优点，承载能力高于普通石棉水泥波形瓦，瓦受弯时呈现开裂到折断的二阶段破坏特征，不像普通石棉水泥波形瓦那样骤然脆断，因此施工维修安全、简便、速度快、损耗小。可广泛应用于冶金、玻璃、造纸、纺织、矿山、电力、化工等行业以及有耐气体腐蚀和防爆等特殊要求的大中型工业建筑，还适用于火车月台和与钢架相配套的体育场的顶棚等民用公共建筑。

5)玻璃纤维氯氧镁水泥波瓦及其脊瓦

由菱苦土和氯化镁溶液制成氯氧镁水泥，加入玻璃纤维增强制成，可作一般厂房、仓库、礼堂和工棚等建筑设施的覆盖材料，不宜用于高温、长期有水汽与腐蚀性气体的场所。

6)聚氯乙烯塑料波形瓦

聚氯乙烯塑料波形瓦(塑料瓦楞板)，是以聚氯乙烯树脂为主体，加入其他配合剂，经过塑化、挤出或压延，通过压波成型而得到屋面建筑材料，具有质轻、防水、耐化学腐蚀、耐晒、强度高、透光率高、色彩鲜艳等特点，适用于凉棚、果棚、遮阳板以及简易建筑物等屋面。

7)普通玻璃钢波形瓦

普通玻璃钢波形瓦是采用不饱和聚酯树脂和玻璃纤维为原料，用手糊法制成，具有质量轻、强度高、耐冲击、耐高温、耐腐蚀、介电性能好、不反射雷达波、透光率高、色彩鲜艳等特点，是简易性的良好建筑材料，适用于简易建筑的屋面、遮阳、工业厂房的采光带，以及凉棚等，但不能用于接触明火的场合。厚度在1mm以下的波形瓦只可用于凉棚遮阳等临时性建筑。

8）油毡瓦

油毡瓦是以玻璃纤维为胎基，经浸涂石油沥青后，一面覆盖彩色矿物粒料，另一面撒以隔离材料所制成的瓦状屋面防水片材，适用于坡屋面的多层防水层和单层防水层的面层。

9）聚碳酸酯双层透明板

聚碳酸酯双层透明板是以合成高分子材料聚碳酸酯经挤出成型而成的双层中空板材，适用于火车站、飞机场、码头、公交车站的通道顶棚，农用温室、养鱼棚、厂房仓库的天棚等需要天然采光、隔绝风雨、保持室温的场所，且不须加热即可弯曲，以适应曲面安装使用要求。

10）彩色钢板和波形钢板

彩色钢板是以冷轧钢板、镀锌板经涂涂料而成，波形板则经冷轧成波而成。按表面状态分为涂层板、印花板两种；按涂料种类分为外用丙烯酸、内用丙烯酸、外用聚酯、硅改性聚酯、聚氯乙烯有机溶胶和聚氯乙烯塑料溶胶七种，可用作屋面、墙板、阳台、面板、百叶窗、汽车库门、屋顶构件、天沟等，也可用于电梯内墙板、通风道、门框、门、自动扶梯和屏风等。

11.4 装饰材料

11.4.1 装饰石材

装饰石材包括天然石材和人造石材两类。天然石材是一种有悠久历史的建筑材料，河北赵州桥和江苏洪泽湖的洪湖大桥均为著名的古代石材建筑结构。天然石材作为结构材料来说，具有较高的强度、硬度和耐磨、耐久等优良性能；而且，天然石材经表面处理可以获得优良的装饰性，对建筑物起保护和装饰作用。从结构与装饰两方面来说，天然石材作为装饰材料的发展前景更好。近年来发展起来的人造石材无论在材料加工生产、装饰效果和产品价格等方面都显示了其优越性，成为一种有发展前途的建筑装饰材料。

1）天然石材

天然岩石经加工或未经加工得到的材料统称为天然石材，常用的天然石材有花岗岩和大理石等。

（1）花岗岩

花岗岩以石英、长石和云母为主要成分。其中石英含量大于65%，属于酸性岩石，为全晶质等粒结构，块状构造。其颜色决定于所含成分的种类和数量。

花岗岩的表观密度为2.50～2.80g/cm^3，抗压强度为120～300MPa，孔隙率低，吸水率为0.1%～0.7%，摩氏硬度为6～7，耐磨性好，抗风化及耐久性好，耐酸性好，但不耐火。是一种优良的建筑石材，它常用于基础、桥墩、台阶、路面，也可用于砌筑房屋、围墙，尤其适用于修建有纪念性的建筑物，天安门前的人民英雄纪念碑就是由一整块100t的花岗岩琢磨而成的。在我国各大城市的大型建筑中，曾广泛采用花岗岩作为建筑物立面的主要材料。也可用于室内地面和立柱装饰，耐磨性要求高的台面和台阶踏步等。由于修琢和铺贴费工，因此是一种价格较高的装饰材料。某些花岗岩含有微量放射性元素，这类花岗石应避免用于室内。

（2）大理石

天然装饰石材中应用最多的是大理石，它因云南大理盛产而得名。大理石是由石灰岩或白云岩在高温、高压下矿物重新结晶变质而成。主要矿物成分由方解石组成，具有等粒变晶结构，块状构造。纯大理石为白色，称汉白玉，如在变质过程中混进其他杂质，就会出现不同的颜色与花纹、斑点。如含碳，呈黑色；含氧化铁，呈玫瑰色、橘红色；含氧化亚铁、铜、镍，呈绿色；含锰，呈紫色等。

天然大理石质地致密，表观密度为 2.50 ~ 2.70g/cm^3，抗压强度为 50 ~ 190MPa，摩氏硬度为 3 ~4，容易加工、雕琢和磨平、抛光等。大理石抛光后光洁细腻，纹理自然流畅，有很高的装饰性。此外由于大理石的耐磨性相对较差，故在人流较大的场所不宜作为地面装饰材料。因为大理石的主要成分为碳酸钙，空气和雨中所含酸性物质及盐类对它有腐蚀作用。除个别品种（如汉白玉、艾叶青等）外，它一般只用于室内。

2）人造石材

人造石材一般是指人造大理石和人造花岗岩，以人造大理石的应用较为广泛。由于天然石材的加工成本高，现代建筑装饰业常采用人造石材。它具有质量轻、强度高、装饰性强、耐腐蚀、耐污染、生产工艺简单以及施工方便等优点，因而得到了广泛应用。

人造大理石在国外已有 40 年历史，意大利 1948 年即已生产水泥基人造大理石花砖，德国、日本、苏联等国在人造大理石的研究、生产和应用方面也取得了较大成绩。由于人造大理石生产工艺与设备简单，很多发展中国家已生产人造大理石。我国在 20 世纪 70 年代末期才开始由国外引进人造大理石技术与设备，但发展极其迅速，质量、产量与花色品种上升很快。

人造石材按照使用的原材料分为四类：水泥型人造石材、树脂型人造石材、复合型人造石材及烧结型人造石材。

（1）水泥型人造石材

它是以水泥为黏结剂，砂为细集料，碎大理石、花岗岩、工业废渣等为粗集料，经配料、搅拌、成型、加压蒸养、磨光、抛光等工序而制成。这种人造石材具有表面光泽度高，花纹耐久、抗风化、耐火性、防潮性都优于一般人造大理石的优点。

（2）树脂型人造石材

这种人造石材多是以不饱和聚酯为黏结剂，与石英砂、大理石、方解石粉等搅拌混合，浇筑成型，经固化、脱模、烘干、抛光等工序制成。这种人造石材其产品光泽性好，颜色鲜亮，可以调节。

（3）复合型人造石材

这种石材的黏结剂中既有无机胶凝材料（如水泥），又有有机高分子材料（如树脂）。先将无机填料用无机胶凝材料胶结成型，养护后，再将坯体浸渍于有机单体中，使其在一定条件下聚合。

（4）烧结型人造石材

这种类型人造石材的生产工艺与陶瓷的生产工艺相似，是将斜长石、石英、辉石、石粉及赤铁矿粉和高岭土等混合，一般用 40% 的黏土和 60% 的矿粉制成泥浆后，采用注浆法制成坯料，再用半干压法成型，经 1000℃ 左右的高温焙烧而成。

11.4.2 装饰陶瓷

在建筑装饰工程中，陶瓷是最古老的装饰材料之一。随着现代科学技术的发展，陶瓷在花色、品种、性能等方面都有了巨大的变化，为现代建筑装饰装修工程带来了越来越多兼具实用性、装饰性的材料。在建筑工程中应用十分普遍。

1）陶瓷的基本概念

传统上，陶瓷的概念是指以黏土及其天然矿物为原料，经过粉碎混炼、成型、焙烧等工艺过程所制得的各种制品，亦称为“普通陶瓷”。

广义的陶瓷概念是用陶瓷生产方法制造的无机非金属固体材料和制品的统称。

陶瓷是陶器和瓷器的总称。陶器以陶土为原料，所含杂质较多，烧成温度较低，断面粗糙无光，不透明，吸水率高，可施釉或不施釉；瓷器以纯的高岭土为原料，焙烧温度较高，胚体致密，几乎不透水，半透明，通常施釉；介于陶器与瓷器之间，称为炻器，也称为半瓷。炻器与陶器的区别在于陶器坯体是多孔的，而炻器坯体孔隙率很低，而它与瓷器的主要区别是炻器断面多数带有颜色且无半透明性，吸水率也高于瓷器。陶瓷制品的分类见表11-2。

陶瓷制品的分类 表11-2

名称		特点		主要制品
		颜色	吸水率（%）	
粗陶器		带色	>10	日用缸器、砖、瓦
精陶器	石灰质	白色	18～22	日用器皿、彩陶
	长石质	白色	9～12	日用器皿、卫生陶瓷、装饰釉砖面
炻器	粗炻器	带色	4～8	缸器、建筑外墙砖、锦砖、地砖
	细炻器	白或带色	<1	日用器皿、化工及电器工业用品、瓷质砖
瓷器	长石瓷	白色	<0.5	日用餐茶具、陈设瓷、高低压电瓷
	绢云母瓷	白色	<0.5	日用餐茶具、美术用品
	滑石瓷	白色	<0.5	日用餐茶具、美术用品
	骨灰瓷	白色	<0.5	日用餐茶具、美术用品

釉是指覆盖在陶瓷坯体表面上的一层连续的薄薄的玻璃态物质。釉的作用在于改善陶瓷制品的表面性能，其次可以提高制品的机械强度、电光性能、化学稳定性和热稳定性。釉还对坯体起装饰作用。

2）常用的装饰陶瓷

（1）陶瓷面砖

①外墙面砖。

铺贴于建筑外表面的陶瓷材料称为外墙面砖，按表面是否施釉分为彩釉砖和无釉砖两大类。

②内墙面砖。

内墙面砖又称为釉面砖，是用于内墙装饰的薄片精陶建筑制品。它不能用于室外，否则经日晒、雨淋、风吹、冰冻，将导致破裂损坏。内墙面砖不仅品种多，而且颜色丰富，多用于厨房、卫生间、浴室、内墙裙等处的装修及大型公共场所的墙面装饰。

③地砖。

地砖包括锦砖（马赛克）、梯沿砖、铺路砖和大地砖等。有上釉的也有不上釉的，形状有正方形、六角形、八角形、叶片形等。地砖表面平整，质地坚硬，耐磨、耐压、耐酸碱、吸水率小；可擦洗，不脱色，不变形；色釉丰富，色调均匀，可拼出各种图案。

陶瓷锦砖也称马赛克或纸皮砖，是由有多种颜色和多种形状的小块砖按一定图案反贴在牛皮纸上而成。它具有抗腐蚀、耐磨、耐火、吸水率小、抗压强度高、易清洗和永不褪色等优点，而且质地坚硬、色泽多样，加之规格小，不易踩碎，因而是建筑装饰中常用的一种材料。

(2)卫生陶瓷

是以磨细的石英粉、长石粉和黏土为主要原料，注浆成型后一次烧制，然后表面施乳浊釉的卫生洁具。它具有结构致密、气孔率小、强度大、吸水率小、抗无机酸腐蚀(氢氟酸除外)、热稳定性好等特点。主要用于洗面器、浴缸、大小便器等。

(3)大型陶瓷饰面板

大型陶瓷饰面板是一种大面积的装饰陶瓷制品，它克服了釉面砖及墙地砖面积小，施工中拼接麻烦的缺点，装饰更逼真，施工效率更高，是一种有发展前途的新型装饰陶瓷。

(4)陶瓷劈离砖

陶瓷劈离砖是以黏土为原料，经配料、真空挤压成型、烘干、焙烧、劈离(将一块双联砖分为两块砖)等工序制成。产品独特，富有个性，古朴高雅，适用于墙面装饰。

(5)装饰琉璃制品

装饰琉璃制品是用难熔黏土做原料，经配料、成型、干燥、素烧，表面涂以玻璃釉后，再经烧制而成。釉的颜色有黄、绿、黑、蓝、紫等色，富丽堂皇，经久耐用。品种分为瓦类、脊类、饰物类。装饰琉璃制品多用于民族色彩的宫殿式大屋顶建筑中，除用于屋面外，通过造型设计，已制成的有花窗、栏杆等琉璃制品，广泛用于庭院装饰中。

11.4.3 建筑玻璃

玻璃是以石英砂、纯碱、石灰石等无机氧化物为主要原料，与某些辅助性原料经高温熔融，成型后经过冷却而成的一种无定形非晶态硅酸盐固体。它具有一般材料难于具备的透明性，具有优良的机械力学性能和热工性质。而且，随着现代建筑发展的需要，不断向多功能方向发展。玻璃的深加工制品能具有控制光线、调节温度、防止噪声和提高建筑艺术装饰等功能。玻璃已不再只是采光材料，而且是现代建筑的一种结构材料和装饰材料。

1)玻璃的原料及性质

(1)原料

玻璃由酸性氧化物(SiO_2、B_2O_3、P_2O_5 等)、碱性氧化物(K_2O、Na_2O 等)、碱土金属和二价金属氧化物(CaO、MgO、BaO 等)、中性氧化物(Al_2O_3、TiO、ZnO 等)组合而成。

玻璃原料比较复杂，但按其作用可分为主要原料与辅助原料。主要原料构成玻璃的主体并决定了玻璃的主要物理化学性质，辅助原料赋予玻璃特殊性质并给制作工艺带来方便。

①主要原料。

a. 硅砂或硼砂。

硅砂或硼砂引入玻璃的主要成分是氧化硅或氧化硼，它们在燃烧中能单独熔融成玻璃主体，决定了玻璃的主要性质，相应地称为硅酸盐玻璃或硼酸盐玻璃。

b. 苏打或芒硝。

苏打和芒硝引入玻璃的主要成分是氧化钠，它们在煅烧中能与硅砂等酸性氧化物形成易熔的复盐，起助熔作用，使玻璃易于成型，但如含量过多，将使玻璃热膨胀率增大，抗拉度下降。

c. 石灰石、白云石、长石等。

石灰石引入玻璃的主要成分是氧化钙，增强玻璃化学稳定性和机械强度；白云石作为引入氧化镁的原料，能提高玻璃的透明度、减少热膨胀及提高耐水性；长石作为引入氧化铝的原料，它可以控制熔化温度，同时也可提高耐久性。此外，长石还可提供氧化钾成分，提高玻璃的热膨胀性能。

d. 碎玻璃。

一般来说，制造玻璃时不是全部用新原料，而是掺入15% ~30%的碎玻璃。

②辅助原料。

a. 脱色剂。

原料中的杂质如铁的氧化物会给玻璃带来色泽，常用纯碱、碳酸钠、氧化钴、氧化镍等作脱色剂，它们在玻璃中呈现与原来颜色的补色，使玻璃变成无色。此外，还有与着色杂质能形成浅色化合物的减色剂，如碳酸钠能与氧化铁氧化成三氧化二铁，使玻璃由绿色变黄色。

b. 着色剂。

某些金属氧化物能直接溶于玻璃溶液中使玻璃着色，如氧化铁使玻璃呈现黄色或绿色，氧化锰能呈现紫色，氧化钴能呈现蓝色，氧化镍能呈现棕色，氧化铜和氧化铬能呈现绿色等。

c. 澄清剂。

澄清剂能降低玻璃溶液的黏度，使化学反应所产生的气泡，易于逸出而澄清。常用的澄清剂有白砒、硫酸钠、硝酸钠、铵盐、二氧化锰等。

d. 乳浊剂。

乳浊剂能使玻璃变成乳白色半透明体。常用乳浊剂有冰晶石、氟硅酸钠、磷化锡等。它们能形成0.1 ~1.0μm的颗粒，悬浮于玻璃中，使玻璃乳浊化。

(2)性质

①物理性质。

玻璃的密度为2.45 ~2.55g/cm^3，孔隙率接近零。玻璃没有固定的熔点，液态有极大的黏性，冷却后形成非晶体。

②力学性质。

玻璃的抗压强度为600 ~1200MPa，抗拉强度一般为40 ~80MPa，脆性指数为1300 ~1500(橡胶为0.4 ~0.6，钢为400 ~460，混凝土为4200 ~9350)。

③光学性质。

光线照射到玻璃表面可以产生透射、反射和吸收三种情况。2 ~6mm的普通玻璃中光的透射率为80% ~82%，随玻璃厚度增加而减少，玻璃中光的反射对光的波长没有选择性，玻璃中光的吸收对光的波长有选择性，可以在玻璃中加入少量着色剂，使其选择吸收某些波长的光。

④化学性质。

玻璃具有较高的化学稳定性，通常情况下，对酸(除氢氟酸外)、碱、化学试剂或气体都有较强的抵抗力。

2)常用的建筑玻璃

(1)平板玻璃

平板玻璃包括普通平板玻璃和浮法玻璃。浮法玻璃比普通平板玻璃具有更好的性能。普通平板玻璃大部分用于建筑上，部分用于深加工玻璃的原材料；浮法玻璃主要用作汽车、火车、船舶的门窗风挡玻璃，建筑物的门窗玻璃，制镜玻璃以及玻璃深加工原片。

(2)钢化玻璃

钢化玻璃是平板玻璃的二次加工产品,钢化玻璃的加工可分为物理钢化法和化学钢化法。物理钢化玻璃又称为淬火钢化玻璃。它是将普通平板玻璃在加热炉中加热到接近玻璃的软化温度(600℃)时,通过自身的形变消除内部应力,然后将玻璃移出加热炉,再用多头喷嘴将高压冷空气吹向玻璃的两面,使其迅速且均匀地冷却至室温,即可制得钢化玻璃。

玻璃经处理表面产生了均匀的压应力,它的强度是经过良好退火处理的玻璃的3~10倍,抗冲击性能也大大提高。钢化玻璃破碎时出现网状裂纹,或产生细小碎粒,不会伤人,故又称安全玻璃。钢化玻璃的耐热冲击性能很好,最大的安全工作温度为287.78℃,并能承受204.44℃的温差,故可用来制造高温炉门上的观测窗、辐射式气体加热器和干燥器等。

由于钢化玻璃具有较好的性能,所以,它在汽车工业、建筑工程以及军工领域等行业得到了广泛应用,常用作高层建筑的门、窗、幕墙、屏蔽、军舰与轮船舷窗以及桌面玻璃等。

(3)夹层玻璃

夹层玻璃是用两片或多片平板玻璃之间嵌夹透明塑料薄片,经加热、加压,黏合而成的平面或弯曲的复合玻璃制品。夹层玻璃的抗冲击性比普通平板玻璃高出几倍。玻璃破碎时不裂成碎块,仅产生辐射状裂纹和少量玻璃碎屑,而且碎片仍粘贴在膜片上,不致伤人。因此夹层玻璃也属于安全玻璃。

主要用作汽车和飞机的挡风玻璃、防弹玻璃以及有特殊安全要求的建筑物的门窗、隔墙、工业厂房的天窗和某些水下工程。

(4)中空玻璃

中空玻璃是由两片或多片玻璃以有效支撑均匀隔开并周边黏结密封,使玻璃层间形成有干燥气体空间的制品,主要功能是隔热隔声,所以,又称为绝缘玻璃。广泛应用住宅、饭店、宾馆、办公楼、学校、医院、商店等需要室内空调的场合,也可以用于汽车、火车、轮船的门窗等处。

(5)热反射玻璃

热反射玻璃是将平板玻璃经过深加工处理得到的一种新型玻璃制品。它既具有较高的热反射能力,又保持了平板玻璃的透光性,具有良好的遮光性和隔热性能。它用于建筑的门窗及隔墙等处。

热反射玻璃对太阳辐射的反射率高达30%左右,而普通玻璃仅为7%~8%,因此,热反射玻璃在日晒时能保证室内温度的稳定,并使光线柔和,改变建筑物内的色调,避免眩光,改善室内的环境。镀金属膜的热反射玻璃还有单向透视作用,故可用作建筑的幕墙或门窗,使整个建筑变成一座闪闪发光的玻璃宫殿,映出周围景物的变幻,可谓千姿百态,美妙非凡。

(6)吸热玻璃

既能保持较高的可见光透过率,又能吸收大量红外辐射的玻璃称为吸热玻璃。

吸热玻璃的生产是在普通钠—钙硅酸盐玻璃中加入有着色作用的氧化物,如氧化铁、氧化镍、氧化钴以及氧化硒等,或在玻璃表面喷涂氧化锡、氧化钴、氧化铁等有色氧化物薄膜,使玻璃带色,并具有较高的吸热性能。

吸热玻璃广泛用于建筑工程的门窗或外墙以及车船的风挡玻璃等,起到采光、隔热、防眩作用。

(7)玻璃马赛克

玻璃马赛克又称玻璃锦砖,是小规格的玻璃制品,以玻璃为基料并含有微小晶体的乳浊制品,能制成红、黄、蓝、白、黑等几十种颜色,有透明的、半透明的、不透明的,还有带金色、银色斑点或条纹的,是一种十分理想、经济、美观的外墙装饰材料。

(8)其他品种玻璃

磨砂玻璃,将平板玻璃的表面经机械喷砂、手工研磨或用氢氟酸溶蚀等方法处理成均匀毛面而成,只能透光而不能透视。常用于浴室、卫生间和办公室的门窗等。

压花玻璃,又称为滚花玻璃,是在平板玻璃硬化前用带有花样图案的滚筒压制而成的。可将集中光线分散,使室内光线柔和,且有一定的装饰效果。常用于办公室、会议室、浴室及公共场所的门窗和各种室内隔断。

夹丝玻璃,将编织好的钢丝网压入已软化的玻璃。这种玻璃的抗折强度高,抗冲击能力和耐温度剧变的性能比普通玻璃好。破碎时其碎片附着在钢丝上,不致飞出伤人。适用于公共建筑的走廊、防火门、楼梯、厂房天窗及各种采光屋顶等。

镭射玻璃,是国际上十分流行的一种新型建筑装饰材料。镭射玻璃大体上可分为两类:一类是以普通平板玻璃为基材制成的,主要用于墙面、窗户和顶棚等部位的装饰;另一类是以钢化玻璃为基材制成的,主要用于地面装饰。

玻璃砖,又称为特厚玻璃,分为实心砖和空心砖两种。实心玻璃砖是用机械压制方法成型。空心玻璃砖是由箱式模具压制成箱形玻璃元件,再将两块箱形玻璃加热熔接成整体的空心砖。可用于建造透光隔墙、淋浴隔断、楼梯间、门厅、通道等。

11.4.4 木材

由于木材有许多优良的性能,所以在现代装饰工程中备受青睐。木材具有材质轻,强度高,较佳的弹性和韧性,导热性低,易于加工和表面涂饰,对电、热和声音都有高度的绝缘性,有美丽的自然纹理,装饰性好特点,这些都是其他材料无法替代的。

1)木材的树种和分类

木材按树种分为针叶树和阔叶树两大类。

针叶树纹理直、木质较软、易加工、变形小。阔叶树树叶宽大,叶脉成网状,大部分为落叶树,材质较坚硬,故称硬材,大部分阔叶树质密、加工较难、易翘裂、纹理美观,适用于室内装修。

木材按材质分为原条、原木、板方材、枕木,其主要用途见表11-3。

木材的树种和分类 表11-3

分类标准	分类名称	说明	主要用途
按树种分类	针叶树	树叶细长如针,多为常绿树,材质一般较软,有的含树脂,故又称软材,如:红松、落叶松、云杉、冷杉、杉木、柏木等,都属此类	建筑工程,木制包装,桥梁,家具,造船,电杆,坑木,枕木,桩木,机械模型等
	阔叶树	树叶宽大,叶脉成网状,大部分为落叶树,材质较坚硬,故称硬材,如:樟木、水曲柳、青冈、柚木、山毛榉、色木等,都属此类。也有少数质地稍软的,如桦木、椴木、山杨、青杨等,都属此类	建筑工程,木材包装,机械制造,造船,车辆,桥梁,枕木,家具,坑木及胶合板等
按材质分类	原条	系指已经除去皮、根、树梢的木料,但尚未按一定尺寸加工成规定的材类	建筑工程的脚手架,建筑用材,家具装潢等
	原木	系指已经除去皮、根、树梢的木料,并已按一定尺寸加工成规定直径和长度的木料	(1)直接使用的原木:用于建筑工程(如屋梁、檩、椽等)、桩木、电杆、坑木等; (2)加工原木:用于胶合板、造船、车辆、机械模型及一般加工用材等

续上表

分类标准	分类名称	说明	主要用途
按材质分类	板方材	系指已经加工锯解成材的木料,凡宽度为厚度的三倍或三倍以上的,称为板材,不足三倍的称为方材	建筑工程、桥梁、木制包装、家具、装饰等
	枕木	系指按枕木断面和长度加工而成的成材	铁道工程

2)木材的性质

(1)木材强度

质地不均匀,各方面强度不一致是木材的重要特点,也是其缺点。木材沿树干方向(习惯称为顺纹)的强度较垂直树干的横向(横纹)强度大得多。木材无缺陷时,其各种强度的关系见表11-4。

木材各种强度的大小关系(单位:MPa)　　表11-4

抗压		抗拉		抗弯	抗剪	
顺纹	横纹	顺纹	横纹		顺纹	横纹
100	10~30	200~300	5~30	150~200	15~30	50~100

(2)木材含水率变化对强度、干缩的影响

木材的另一个特性是含水率直接影响到木材强度和体积,木材含水率即木材所含水分之重量占木材干重的百分比。含水率与木材强度的关系见图11-1。

木材细胞壁内吸附水的变化而引起木材的变形,即湿胀干缩。图11-2表示了木材含水率与胀缩变形的关系。

(3)木材密度

所有木材的密度基本相同,为$(1.44\sim1.57)\times10^3kg/m^3$,平均值为$1.54\times10^3kg/m^3$,其表观密度因树种不同也会呈现较大差异,例如,广西的枧木表观密度可达$1128kg/m^3$,而台湾的轻木体积密度仅为$186kg/m^3$。

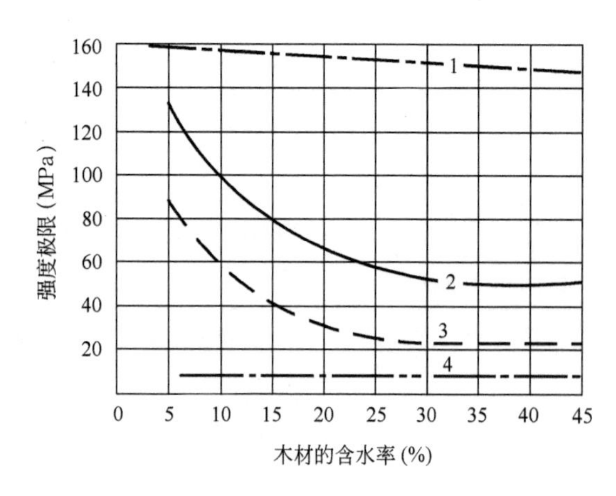

图11-1　木材含水率对强度的影响

1-顺纹抗拉;2-抗弯;3-顺纹抗压;4-顺纹抗剪

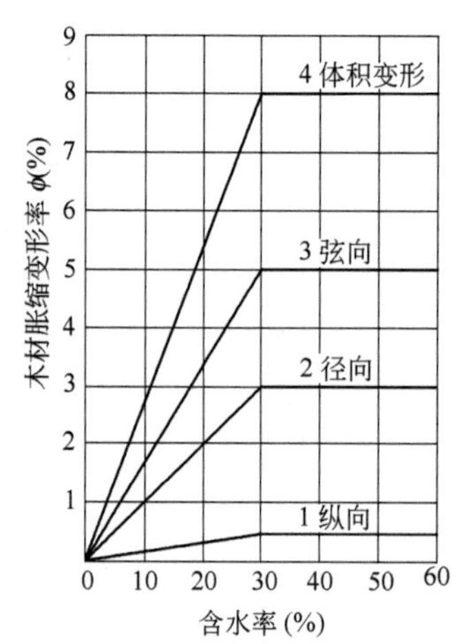

图11-2　木材含水率与胀缩变形的关系

3) 木材的缺陷

(1)节子

包含在树干或主枝木材中产枝条部分称为节子。节子破坏木材构造的均匀性和完整性,不仅影响木材表面的美观和加工性质,更重要的是降低木材的某些强度,不利于木材的有效利用。特别是承重结构所用木材,与节子尺寸的大小和数量有密切关系。

(2)变色

凡木材正常颜色发生改变的,即叫作变色,有化学变色和变色菌变色两种。化学变色对木材物理、力学性质没有影响,严重时仅损害装饰材的外观。变色菌的变色,一般不影响木材的物理力学性质,但严重时,会使木材抗冲击强度降低,增大其吸水率,损害木材外观。

(3)腐朽

木材由于木腐菌的侵入,逐渐改变其颜色和结构,使细胞壁受到破坏,物理、力学性质随之发生变化,最后变得松软易碎,呈筛孔状或粉末状等形态,这种状态即称为腐朽。

(4)虫害

因各种昆虫害而造成的缺陷称为木材虫害。表面虫害和虫沟常可随板皮一起锯除,故对木材的利用基本上没有什么影响;分散的小虫眼影响也不大,但深度在10mm以上的大虫眼和深而密集的小虫眼,能破坏木材的完整性,并降低其力学性质,而且虫眼也是引起边材变色和腐朽的重要通道。

【创新漫谈】

新型生态功能壁材——“呼吸屋”

环保已渐渐成为过去,生态正悄然兴起。随着人们健康意识的增强,符合健康要求的生态家装产品越来越受到消费者的青睐。近来,一种新型生态功能壁材——“呼吸屋”正式进入中国市场。

“呼吸屋”是应用日本专利技术,以千万年前的海底古生物化石为原料的高档、生态、功能性涂料和壁纸。超群的物理特性,为其强大的呼吸功能提供了物质基础。用“呼吸屋”壁材装修,相当于给房间加了个吐故纳新的“肺”,可净化空气,去除甲醛等装修污染;调节室内湿度,防止过敏;吸收分解二氧化碳。

日本检测机构和国内权威机构的检测数据显示,使用“呼吸屋”系列壁材的居室,甲醛去除率96%,氨气去除率92%,二氧化碳去除率95%。另外,每平方米“呼吸屋”壁材可吸湿223g,放湿94g,可调节居室内的相对湿度并常年使湿度保持至对人体健康最有利且感觉最为舒适的38%~68%之间,并能有效抑菌、改善室内空气质量,减少过敏性鼻炎、哮喘、湿疹、过敏性皮炎等疾病的发生概率。

在日本、韩国、欧美等发达国家,“呼吸屋”壁材被广泛用于住宅、办公室、宾馆,以及空气容易污染的医院、养老院、健身房、KTV、餐馆等场所,更是关注家居生态质量的高端客户和过敏人群的首选。

转自:中国混凝土与水泥制品网。

节约资源型新型装饰材料

目前我国森林覆盖率只有14%,远远低于世界25%的平均水平。为了保护国家森林资源、维护生态环境，国家已经禁止在一些地区开采森林，开发节木、代木饰材已成为发展方向。建材业内有关人士认为，今后一个时期，各种新型装饰材料，尤其是节约资源的材料将大量涌现，装饰材料正面临一场大变革。这主要表现在如下几大变化。

(1)外墙材料变革

近年来，在建筑中使用陶瓷、石材等硬面材料蔚然成风，占外墙装饰的85%以上，软性材料仅占15%左右，而发达国家软性外墙材料比例约占一半。因此，开发软性材料前景十分广阔。

(2)门窗材料的变化

住宅产业化推动了化学建材的发展，也引发了门窗材料的革命。塑料门窗具有防潮、防腐、保温、隔音等特性，并且在生产能耗和建筑使用功能方面比其他材料节能效果显著，是较理想的推广使用产品。

(3)管道材料的变化

如塑复铜管是传统镀锌管的升级换代产品，也是当今世界上流行的新一代管道材料，具有不易生锈和结垢、对人体无毒无害的特点。目前，我国使用率不到3%，是推广应用的发展方向。此外，PVC管材、HOBAS管材也将得到广泛推广。

(4)填充材料的变化

由国外引进的聚氨酯发泡填充剂，是一种高新化学建材，适用于多种建筑物的结构部位起保温、填充、黏结、固定、绝缘作用，还可作防水材料，也是无毒、无污染、不含氟利昂的绿色环保材料，它的使用，将使传统的填充材料“失业”。

习　题

11-1　什么是吸声系数？吸声材料的基本特征有哪些？

11-2　常用保温材料的种类有哪些？

11-3　绝热材料的基本原理是什么？

11-4　防水涂料有何特点？

11-5　试述玻璃的主要原料及其性质。

11-6　常见木材有哪些缺陷？

第12章　土木工程材料基本试验

学习指导

本章重点介绍土木工程建筑中常用建筑材料的主要试验项目。要求学生掌握各项试验的试验目的、试验方法、试验数据处理方法和试验结果评定方法等知识点。

12.1　钢筋试验

12.1.1　钢筋拉伸试验

1)钢筋取样和制样方法

钢筋批量为:由同一厂别、同一炉号、同一规格、同一交货状态、同一进场时间为一验收批。钢筋混凝土用热轧带肋钢筋、热轧光圆钢筋、低碳钢热轧圆盘条、余热处理钢筋每批数量不大于60t,取一组试样。冷轧带肋钢筋,每批数量不大于50t,取一组试样。各类钢筋每组试样数量参见表12-1,试件截取长度为:

拉伸试件:$L \geqslant 10d + 200mm$。

冷弯试件:$L \geqslant 5d + 150mm$。

各类钢筋每组试件数量　　表12-1

钢筋类型	每组试件数量		钢筋种类	每组试件数量	
	拉伸试验	弯曲试验		拉伸试验	弯曲试验
热轧带肋钢筋	2根	2根	余热处理钢筋	2根	2根
热轧光圆钢筋	2根	2根	冷轧带肋钢筋	逐盘1个	每批2个
低碳钢热轧圆盘条	1根	2根			

凡表12-1中规定取两个试件的,均应从两根(或两盘)中分别切取,每根钢筋上切取一个拉伸试件、一个冷弯试件。低碳钢热轧圆盘条,冷弯试件应取自同盘的两端。试件切取时,应在钢筋或盘条的任意一端截去500mm后切取。

2)仪器设备

(1)试验机:各种类型试验机均可使用。试验机测力示值误差应不大于±1%;在规定负荷下停止施荷时,试验机操作应能精确到测力度盘上的一个最小分格负荷示值至少能保持30s;试验机应具有调速指示装置,能在标准规定的速度范围内灵活调节,且加卸荷平稳;试验机还应备有记录装置,能满足标准用绘图法测定强度特性的要求。

(2)引伸计:各种类型的引伸计均可用于测定试样的伸长。一般使用引伸计应不劣于1

级,测定具有较大伸长率的材料性能时,引伸计也不应劣于2级。

(3)试样尺寸测量仪器:可根据试样尺寸测量精度的要求,选用相应精度的任一种量具或仪器,如游标卡尺、螺旋千分尺等。

3)试验方法

(1)试验准备

首先测量试样标距两端和中间这三个截面处的尺寸,对于圆试样,在每一横截面内沿互相垂直的两个直径方向各测量一次,取其平均值。用测得的三个平均值中最小的值计算试样的原始横截面面积A。

(2)上屈服强度和下屈服强度的测定

图解方法:试验时记录力—延伸曲线(图2-2)或力—位移曲线。从曲线图读取力首次下降前的最大力和不计初始瞬时效应时屈服阶段中的最小力或屈服平台的恒定力。将其分别除以试样原始横截面积,得到上屈服强度和下屈服强度。仲裁试验采用图解方法。

指针方法:试验时,读取测力度盘指针首次回转前指示的最大力和不计初时瞬时效应时屈服阶段中指示的最小力和首次停止转动时指示的恒定力,将其分别除以试样原始横截面面积,得到上屈服强度和下屈服强度σ_s,可按式(12-1)计算。

$$\sigma_s = \frac{F_s}{A} \tag{12-1}$$

式中:σ_s——屈服点,MPa;

F_s——屈服点荷载,N;

A——试件的公称横截面面积,mm^2。

可以使用自动装置(如微处理机等)或自动测试系统测定上屈服强度和下屈服强度,可以不绘制拉伸曲线图。

(3)抗拉强度测定

抗拉强度可以采用图解法或指针法测定。

对于呈现明显屈服(不连续屈服)现象的金属材料,从记录的力—延伸或力—位移曲线,或从测力度盘,读取越过了屈服阶段之后的最大力;对于呈现无明显屈服(连续屈服)现象的金属材料,从记录的力—延伸或力—位移曲线图,或从测力度盘,读取试验过程中的最大力。最大力除以试样原始横截面积得到抗拉强度σ_b,可按式(12-2)计算。

$$\sigma_b = \frac{F_b}{A} \tag{12-2}$$

式中:σ_b——抗拉强度,MPa;

F_b——最大荷载,N;

A——试件的公称横截面面积,mm^2。

(4)断后伸长率的测定

为了测定断后伸长率,应将试样断裂的部分仔细地配接在一起使其轴线处于同一直线上,并采取特别措施确保试样断裂部分适当接触后测量试样断后标距。对于小横截面试样和低伸长率试样更应注意这一点。伸长率可按式(12-3)计算。

$$\delta = \frac{L_1 - L_0}{L_0} \times 100 \tag{12-3}$$

式中:δ——伸长率,%;

L_0——试件原标距,mm;

L_1——试件拉断后标距部分的长度,mm。

(5)断面收缩率的测定

测量时,将试样断裂部分仔细地配接在一起,使其轴线处于同一直线上。对于圆形横截面试样,在缩颈最小处相互垂直方向测量直径,取其算术平均值计算最小横截面面积;对于矩形横截面试样,测量缩颈处的最小宽度和最小厚度,两者之乘积为断后最小横截面面积。断裂后最小横截面面积的测定应准确到 ±2%。

原始横截面面积 A_0 与断后最小横截面面积 A_1 之差除以原始横截面面积的百分率得到断面收缩率 ψ,可按式(12-4)计算。

$$\psi = \frac{A_0 - A_1}{A_0} \times 100 \tag{12-4}$$

式中:ψ——断面收缩率,%;

A_0——试件原始横截面面积,mm^2;

A_1——试件拉断后颈缩处的截面面积,mm^2。

12.1.2 钢筋冷弯试验

冷弯是桥梁钢材的重要工艺性能,用以检验钢材在常温下承受规定弯曲程度的弯曲变形能力,并显示其缺陷。工程中经常需对钢材进行冷弯加工,冷弯试验就是模拟钢材弯曲加工而确定的。通过冷弯试验不仅能检验钢材适应冷加工的能力和显示钢材内部缺陷(如起层,非金属夹渣等)状况,而且由于冷弯时试件中部受弯部位受到冲头挤压以及弯曲和剪切的复杂作用,因此也是考察钢材在复杂应力状态下发展塑性变形能力的一项指标。所以,冷弯试验对钢材质量是一种较严格的检验。

1)试样

试样的横截面为圆形、方形、长方形或多边形。样坯的切取位置和方向应按照相关产品标准的要求。试样应通过机加工去除由于剪切或火焰切割等影响了材料性能的部分。

试样表面不得有划痕和损伤。方形、长方形和多边形横截面试样的棱边应倒圆,倒圆半径不超过试样厚度的 1/10。棱边倒圆时不应形成影响试验结果的横向毛刺、伤痕或刻痕。

试样的长度应根据试样厚度和所使用的试验设备确定。当采用支辊式、V 形模具式、虎钳式、翻板式等弯曲装置时,可以按式(12-5)确定。

$$L = 0.5\pi(d + a) + 140\text{mm} \tag{12-5}$$

式中:L——试样的长度,mm;

d——弯曲压头或弯心直径,mm;

a——试样厚度或直径或多边形横截面内切圆直径,mm。

2)试验设备

冷弯试验可在压力机或万能试验机上进行。压力机或万能试验机上应配备弯曲装置。常用弯曲装置有支辊式、V 形模具式、虎钳式、翻板式四种。上述四种弯曲装置的弯曲压头(或弯心)应具有足够的硬度,支辊式的支辊和翻板式的滑块也应具有足够的硬度。

3)试验步骤

以采用支辊式弯曲装置为例,介绍试验步骤与要求。

(1)试样放置于两个支点上,将一定直径的弯心压头在试样两个支点中间施加压力,使试样弯曲到规定的角度,或出现裂缝、断裂为止。

(2)试样在两个支点上按一定弯心直径弯曲至两臂平行时,可一次完成试验,也可以先弯曲至90°,然后放置在试验机平板之间继续施加压力,压至试样两臂平行。

(3)试验时应在平稳压力作用下,缓慢施加试验力。

(4)弯心直径必须符合相关产品标准中的规定,弯心宽度必须大于试样的宽度或直径,两支辊间距离为 $L=(d+30)\pm0.50$mm,并且在试验过程中不允许有变化。

(5)试验应在10~35℃下进行,在控制条件下,试验在23℃±2℃下进行。

(6)卸除试验力以后,按有关规定进行检查并进行结果评定。

12.2 石料试验

12.2.1 岩石密度试验(密度瓶法)

1)试验目的

测定岩石的密度,为选择建筑材料、研究岩石风化、评价地基基础工程岩体稳定性及确定围岩压力等提供必要的依据。

2)主要仪具

(1)密度瓶:短颈量瓶,容积100mL。

(2)天平:感量0.001g。

(3)轧石机、球磨机、瓷研钵、玛瑙研钵、磁铁块和孔径为0.315mm(0.3mm)的筛子。

(4)砂浴、恒温水槽(灵敏度±1℃)及真空抽气设备。

(5)烘箱:能使温度控制在105~110℃。

(6)干燥器:内装氯化钙或硅胶等干燥剂。

(7)锥形玻璃漏斗和瓷皿、滴管、中骨匙和温度计等。

3)试验方法

(1)取代表性的岩石试样在小型轧石机上初碎(或手工用钢锤捣碎),再置于球磨机中进一步磨碎,然后用研钵研细,使之全部粉碎成能通过0.315mm筛孔的岩粉。

(2)将制备好的岩粉放在瓷皿中,置于温度为105~110℃的烘箱中烘至恒重,烘干时间一般为6~12h,然后再置于干燥器中冷却至室温(20℃±2℃)备用。

(3)用四分法取两份岩粉,每份试样从中称取15g(m_1),精确至0.001g(本试验称量精度皆同),用漏斗灌入洗净烘干的密度瓶中,并注入试液至瓶的一半处,摇动密度瓶使岩粉分散。

(4)当使用洁净水作试液时,可采用沸煮法或真空抽气法排除气体。当使用煤油作试液时,应采用真空抽气法排除气体。采用沸煮法排除气体时,沸煮时间自悬液沸腾时算起不得少于1h;采用真空抽气法排除气体时,真空压力表读数宜为100kPa,抽气时间维持1~2h,直至无气泡逸出为止。

(5)将经过排除气体的密度瓶取出擦干,冷却至室温,再向密度瓶中注入排除气体且同温条件件的试液,使接近满瓶,然后置于恒温水槽(20℃±2℃)内。待密度瓶内温度稳定,上部悬液澄清后，塞好瓶塞，使多余试液溢出。从恒温水槽内取出密度瓶，擦干瓶外水分，立即称其质量(m_3)。

(6)倾出悬液，洗净密度瓶，注入经排除气体并与试验同温度的试液至密度瓶，再置于恒温水槽内。待瓶内试液的温度稳定后，塞好瓶塞，将逸出瓶外试液擦干，立即称其质量(m_2)。

4)结果计算及精度要求

按式(12-6)计算岩石密度值，精确至0.01g/cm³。

$$\rho_t = \frac{m_1}{m_1 + m_2 - m_3} \times \rho_{wt} \tag{12-6}$$

式中：ρ_t——岩石的密度，g/cm³；

m_1——岩粉的质量，g；

m_2——密度瓶与试液的合质量，g；

m_3——密度瓶、试液与岩粉的总质量，g；

ρ_{wt}——与试验同温度试液的密度，g/cm³，洁净水的密度由表12-2查得。

洁净水的密度(单位：g/cm³)　　表12-2

温度(℃)	0.0	0.1	0.2	0.3	0.4	0.5	0.6	0.7	0.8	0.9
5	0.9999919	0.9999902	0.9999883	0.9999864	0.9999842	0.9999819	0.9999795	0.9999769	0.9999741	0.9999712
6	9681	9649	9616	9581	9544	9506	9467	9426	9384	9340
7	9295	9248	9200	9150	9099	9046	8992	8936	8879	8821
8	8762	8701	8638	8574	8509	8442	8374	8305	8234	8162
9	8088	8013	7936	7859	7780	7699	7617	7534	7450	7364
10	7277	7189	7099	7008	6915	6820	6724	6627	6529	6428
11	6328	6225	6121	6017	5911	5803	5694	5585	5473	5361
12	5247	5132	5016	4898	4780	4660	4538	4415	4291	4166
13	4040	3913	3784	3655	3524	3391	3258	3123	2987	2850
14	2712	2572	2432	2290	2147	2003	1858	1711	1564	1415
15	1265	1113	0961	0608	0653	0497	0340	0182	0023	0.9989862
16	0.9989701	0.9989538	0.9989374	0.9989209	0.9989043	0.9988876	0.9988707	0.9988538	0.9988367	8195
17	8022	7849	7673	7497	7319	7141	6961	6781	6599	6416
18	6232	6046	5861	5673	5485	5295	5105	4913	4720	4326
19	4331	4136	3938	3740	3541	3341	3140	2937	2733	2529
20	2323	2117	1909	1701	1490	1280	1068	0695	0641	0426
21	0210	0.9979993	0.9979775	0.9979556	0.9979335	0.9979114	0.9978892	0.9978869	0.9978444	0.9978219
22	0.9977993	7765	7537	7308	7077	6846	6613	6380	6145	5918
23	5674	5437	5198	4959	4718	4477	4435	3991	3717	3502
24	3256	3009	2760	2511	2261	2010	1758	1505	1250	0995
25	0739	0432	0225	0.9969966	0.9969706	0.9969445	0.9969184	0.9968921	0.9968657	0.9968393

续上表

温度(℃)	0.0	0.1	0.2	0.3	0.4	0.5	0.6	0.7	0.8	0.9
26	0.9968128	0.9967861	0.9967594	7326	7057	6736	6515	6243	5970	5696
27	5241	5146	4869	4591	4313	4033	3753	3472	3190	2907
28	2623	2338	2052	1766	1478	1190	0901	0610	0319	0027
29	0.9959735	0.9959440	0.9959146	0.9958850	0.9958554	0.9958257	0.9957958	0.9957659	0.9957359	0.9957059
30	6756	6454	6151	5846	5541	5235	4928	4620	4312	4002
31	3692	3380	3068	2755	2442	2127	1812	1495	1178	0861
32	0542	0222	0.9949901	0.9949580	0.9949258	0.9948935	0.9948612	0.9948286	0.9947961	0.9947635
33	0.9947308	0.9946980	6651	6321	5991	5660	5328	4995	4661	4327
34	3991	3655	3319	2981	2643	2303	1963	1622	1280	0938
35	0594	0251	0.9939906	0.9939560	0.9939214	0.9938867	0.9938518	0.9938170	0.9937820	0.9937470

以两次试验结果的算术平均值作为测定值，如两次试验结果之差大于0.02g/cm³时，应重新取样进行试验。

12.2.2 石料单轴抗压强度试验

1）试验目的

测定岩石在饱水状态下的单轴抗压强度，主要用于岩石的强度分级和岩性描述。

2）试验仪具

（1）压力试验机或万能试验机：加载范围为300～2000kN。

（2）切石机、钻石机、磨石机等岩石试件加工设备。

（3）烘箱、干燥器、游标卡尺、角尺及水池等。

3）试验方法

（1）建筑地基的岩石试验，采用圆柱体作为标准试件，直径为50mm±2mm、高径比为2∶1，每组试件共六个。桥梁工程用的石料试验，应采用立方体试件，边长为70mm±2mm，每组试件共六个。路面工程用的石料试验，采用圆柱体或立方体试件，其直径或边长和高均为50mm±2mm，每组试件共六个。有显著层理的岩石，分别沿平行和垂直层理方向各取试件六个。试件上、下端面应平行和磨平，试件端面的平面度公差应小于0.05mm，端面对于试件轴线垂直度偏差不应超过0.25°。对于非标准圆柱体试件，试验后抗压强度试验值按式（12-7）进行换算。

$$R_e = \frac{8R}{7 + 2D/H} \tag{12-7}$$

（2）用游标卡尺量取试件尺寸（精确至0.1mm），对于立方体试件在顶面和底面上各量取其边长，并以各个面上相互平行的两个边长的算术平均值计算其承压面积；对于圆柱体试体在顶面和底面分别量取两个相互正交的直径，以其各自的算术平均值分别计算顶面和底面的面积，取其顶面和底面面积的算术平均值作为计算抗压强度所用的截面面积。

（3）试件的含水状态可根据需要选择烘干状态、天然状态、饱和状态、冻融循环后状态。试件烘干和饱和状态应符合吸水性试验相关的规定，试件冻融循环后状态应符合耐久性试验相关的规定。

(4)按岩石强度性质，选择合适的压力机。将试件置于压力机的承压板中央，对正上、下承压板，不得偏心。

(5)以0.5～1.0MPa/s的速率进行加荷直至破坏，记录破坏荷载及加载过程中出现的现象。抗压试件试验的最大荷载记录以N为单位，精度1%。

4)结果计算及精度要求

岩石的抗压强度按式(12-8)计算：

$$R = \frac{P}{A} \tag{12-8}$$

式中：R——岩石的抗压强度，MPa；

P——试件破坏时的荷载，N；

A——试件的截面面积，mm^2。

单轴抗压强度试验结果应同时列出每个试件的试验值及同组岩石单轴抗压强度的平均值；有显著层理的岩石，分别报告垂直与平行层理方向的试件强度的平均值。计算值精确至0.1MPa。

12.3 集料试验

12.3.1 粗集料试验

1)粗集料密度试验(网篮法)

(1)试验目的

测定粗集料的密度用以评定集料的工程性质，粗集料的密度亦为水泥混凝土及沥青混合料的组成设计提供必要的技术数据，同时也是计算粗集料空隙率的重要依据。

(2)试验仪具

①天平或浸水天平(静水密度天平)：可悬挂吊篮测定集料的水中质量，称量应满足试样数量称量要求，感量不大于最大称量的0.05%。静水密度天平结构示意如图12-1所示。

②吊篮：耐锈蚀材料制成，直径和高度为150mm左右，四周及底部用1～2mm的筛网编制或具有密集的孔眼。

③溢流水槽：在称量水中质量时能保持水面高度一定。

④烘箱：能使温度控制在105℃±5℃。

⑤毛巾：纯棉制，洁净，也可用纯棉的汗衫布代替。

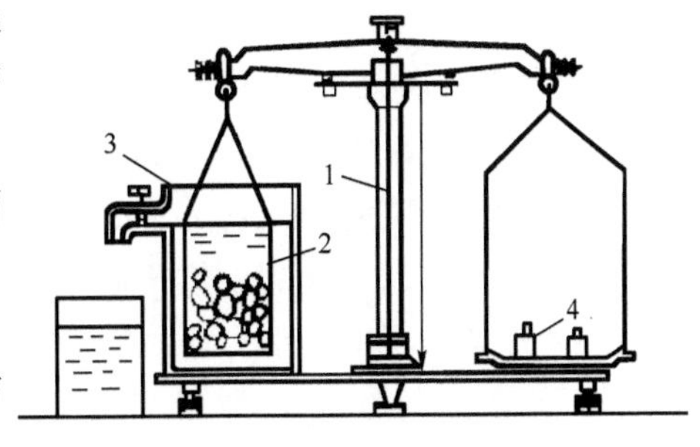

图12-1 静水密度天平示意图
1-天平；2-吊篮；3-盛水容器；4-砝码

⑥标准筛。

⑦盛水容器(如搪瓷盘)。

⑧其他：刷子、温度计等。

(3)试验方法

①将试样用标准筛过筛除去其中的细集料，对较粗的粗集料可用4.75mm筛过筛，对

2.36～4.75mm集料，或者混在4.75mm以下石屑中的粗集料，则用2.36mm标准筛过筛，用四分法或分料器法缩分至要求的质量，分两份备用。对沥青路面用粗集料，应对不同规格的集料分别测定，不得混杂，所取的每一份集料试样应基本上保持原有的级配。在测定2.36～4.75mm的粗集料时，试验过程应特别小心，不得丢失集料。经缩分后供测定密度和吸水率的粗集料质量应符合表12-3的规定。

测定密度所需要的试样最小质量 表12-3

公称最大粒径(mm)	4.75	9.5	16	19	26.5	31.5	37.5	63	75
每一份试样的最小质量(kg)	0.8	1	1	1	1.5	1.5	2	3	3

②将每一份集料试样分别浸泡在水中，并适当搅动，仔细洗去附在集料表面的尘土和石粉，经多次漂洗干净至水完全清澈为止。清洗过程中不得散失集料颗粒。

③取试样一份装入干净的搪瓷盘中，注入洁净的水，水面至少应高出试样20mm，轻轻搅动石料，使附着石料上的气泡完全逸出。在室温下保持浸水24h。

④将吊篮挂在天平的吊钩上，浸入溢流水槽中，向溢流水槽中注水，水面高度至水槽的溢流孔为止，将天平调零。吊篮的筛网应保证集料不会通过筛孔流失，对2.36～4.75mm的粗集料应更换小孔筛网，或在网篮中加放入一个浅盘。

⑤调节水温在15～25℃的范围内。将试样移入吊篮中，溢流水槽中的水面高度由水槽的溢流孔控制，维持不变。称取集料的水中质量(m_w)。

⑥提起吊篮，稍稍滴水后，较粗的粗集料可以直接倒在拧干的湿毛巾上。将较细的粗集料(2.36～4.75mm)连同浅盘一起取出，稍稍倾斜搪瓷盘，仔细倒出余水，将粗集料倒在拧干的湿毛巾上，用毛巾吸走从集料中漏出的自由水。此步骤需特别注意不得有颗粒丢失，或有小颗粒附在吊篮上。再用拧干的毛巾轻轻擦干集料颗粒的表面水，至表面看不到发亮的水迹，即为饱和面干状态。当粗集料尺寸较大时，宜逐颗擦干。注意对于较粗的粗集料，拧湿毛巾时不要太用力，防止拧得太干；对较细的含水较多的粗集料，毛巾可拧得稍干些。擦颗粒表面的水时，既要将表面水擦掉，又千万不能将颗粒内部的水吸出。整个过程不得有集料丢失，且已擦干的集料不得继续在空气中放置，以防止集料干燥。

注：对2.36～4.75mm集料，用毛巾擦拭时容易黏附细颗粒集料从而造成集料损失，此时宜改用洁净的纯棉汗衫布擦拭至表干状态。

⑦立即在保持表干状态下，称取集料的表干质量(m_f)。

⑧将集料置于浅盘中，放入105℃±5℃的烘箱中烘干至恒量。取出浅盘，放在带盖的容器中冷却至室温，称取集料的烘干质量(m_a)。

注：烘干至恒量是指相邻两次称量间隔时间大于3h的情况下，其前后两次称量之差小于该项试验所要求的精密度，即0.1%。一般在烘箱中烘烤的时间不得少于4～6h。

⑨对同一规格的粗集料应平行试验两次，取平均值作为试验结果。

(4)结果计算及精度要求

粗集料的表观相对密度、表干相对密度、毛体积相对密度分别按式(12-9)、式(12-10)和式(12-11)计算，准确至小数点后三位。

$$\gamma_a = \frac{m_a}{m_a - m_w} \tag{12-9}$$

$$\gamma_s = \frac{m_f}{m_f - m_w} \tag{12-10}$$

$$\gamma_b = \frac{m_a}{m_f - m_w} \tag{12-11}$$

以上式中：γ_a——粗集料的表观相对密度，无量纲；

γ_s——粗集料的表干相对密度，无量纲；

γ_b——粗集料的毛体积相对密度，无量纲；

m_a——粗集料的烘干质量，g；

m_w——粗集料的水中质量，g；

m_f——粗集料的表干质量，g。

粗集料的表观密度、表干密度、毛体积密度按式(12-12)、式(12-13)、式(12-14)计算，准确至小数点后三位。不同水温条件下测量的粗集料表观密度需要进行水温修正，不同试验温度下水的密度 ρ_T 及水的温度修正系数 α_T 按表 12-4 选用。

$$\rho_a = \gamma_a \times \rho_T \quad 或 \quad \rho_a = (\gamma_a - \alpha_T) \times \rho_w \tag{12-12}$$

$$\rho_s = \gamma_s \times \rho_T \quad 或 \quad \rho_s = (\gamma_s - \alpha_T) \times \rho_w \tag{12-13}$$

$$\rho_b = \gamma_b \times \rho_T \quad 或 \quad \rho_b = (\gamma_b - \alpha_T) \times \rho_w \tag{12-14}$$

以上式中：ρ_a——粗集料的表观密度，g/cm^3；

ρ_s——粗集料的表干密度，g/cm^3；

ρ_b——粗集料的毛体积密度，g/cm^3；

ρ_T——试验温度 T 时水的密度，g/cm^3，按表 12-4 取用；

α_T——试验温度 T 时水的温度修正系数，按表 12-4 取用；

ρ_w——水在 4℃时的密度（1.000g/cm^3）。

不同水温时水的密度 ρ_T 及水温修正系数 α_T 表 12-4

水温(℃)	15	16	17	18	19	20
水的密度 ρ_T(g/cm^3)	0.99913	0.99897	0.99880	0.99862	0.99843	0.99822
修正系数 α_T	0.002	0.003	0.003	0.004	0.004	0.005
水温(℃)	21	22	23	24	25	
水的密度 ρ_T(g/cm^3)	0.99802	0.99779	0.99756	0.99733	0.99702	
修正系数 α_T	0.005	0.006	0.006	0.007	0.007	

重复性试验的精密度要求两次试验结果之差不得超过 0.02。

2）粗集料压碎值试验

（1）试验目的

压碎值是指粗集料在连续加载的情况下，抵抗压碎的能力，以压碎试验后小于规定粒径的石料质量百分率表示，是用以评定粗集料强度的一项指标，以评定在工程中的适用性。

（2）试验仪具

①压碎值试验仪：由内径 150mm、两端开口的钢制圆形试筒、压柱和底板组成。

②金属棒：直径 10mm，长 450～600mm，一端加工成半球形。

③天平:称量 2 ~3kg,感量不大于 1g。

④标准筛:筛孔尺寸 13.2mm、9.5mm、2.36mm 方孔筛各 1 个。

⑤压力机:500kN,应能在 10min 内达到 400kN。

⑥金属筒:圆柱形,内径 112.0mm,高 179.4mm,容积 $1767cm^3$。

(3)试验方法

①用 13.2mm 和 9.5mm 标准筛过筛,选取 9.5 ~13.2mm 的试样 3 组各 3kg,供试验用。试样宜采用风干集料。如需加热烘干时,烘箱温度不应超过 100℃,烘干时间不超过 4h。试验前,集料应冷却至室温。

②每次试验的集料数量应满足按下述方法夯击后集料在试筒内的深度为 10cm。

在金属筒中确定集料数量的方法如下:将集料分三层装入试筒中,每层数量大致相同,每层都用金属棒的半球面端从集料表面均匀捣实 25 次,最后用金属棒作为直刮刀将表面刮平,称取试筒中的试样质量(m_0)。以相同质量的试样进行压碎值的平行试验。

③将试筒安放在底板上。将上面所得的试样分三次(每次数量相同)倒入试筒中,每次均将试样表面整平,并用金属棒按上述步骤捣实 25 次,最上层表面应仔细整平。

④将压柱放入试筒内集料面上,注意使压柱摆平,勿楔挤试筒壁。

⑤将装有试样的试筒连同压柱放到压力机上,均匀地施加荷载,在 10min 左右的时间达到总荷载 400kN。

⑥达到总荷载 400kN 后,稳压 5s,然后卸荷,将试筒从压力机上取下。

⑦将筒内试样取出,用 2.36mm 筛筛分经压碎的全部试样,可分几次筛分,均需筛到在 1min 内无明显的筛出物为止。

⑧称取通过 2.36mm 筛孔的全部细料质量(m_1),准确至 1g。

(4)结果计算

集料压碎值按式(12-15)计算,精确至 0.1%。

$$Q'_a = \frac{m_1}{m_0} \times 100 \tag{12-15}$$

式中:Q'_a——集料的压碎值,%;

m_0——试验前试样质量,g;

m_1——试验后通过 2.36mm 筛孔的细料质量,g。

以三次试验结果的算术平均值作为压碎值的测定值。

12.3.2 细集料试验

1)细集料表观密度试验(容量瓶法)

(1)试验目的

用容量瓶法测定细集料(天然砂、石屑、机制砂)在 23℃时对水的表观相对密度和表观密度,以鉴定细集料的品质,同时亦为水泥混凝土和沥青混合料的配合比设计提供原始数据。本方法适用于含有少量大于 2.36mm 部分的细集料。

(2)试验仪具

①托盘天平:称量 1kg,感量 1g。

②容量瓶:500mL。

③烘箱:能控温在 105℃ ±5℃。

④烧杯:500mL。

⑤洁净水。

⑥其他:干燥器、浅盘、铝制料勺、温度计等。

(3)试验方法

①将缩分至650g左右的试样在温度为105℃ ±5℃的烘箱中烘干至恒量,并在干燥器中冷却至室温,分成两份备用。

②称取烘干的试样300g(m_0),装入盛有半瓶洁净水的容量瓶中。

③摇转容量瓶,使试样在已保温至23℃ ±1.7℃的水中充分搅动以排除气泡,塞紧瓶塞,在恒温条件下静置24h左右,然后用滴管添水,使水面与瓶颈刻度线平齐,再塞紧瓶塞,擦干瓶外水分,称其总质量(m_2)。

④倒出瓶中的水和试样,将瓶内外表面洗净,再向瓶中注入同样温度的洁净水(温差不超过2℃)至瓶颈刻度线。塞紧瓶塞,擦干瓶外水分,称其总质量(m_1)。

注:在砂的表观密度试验过程中应测量并控制水的温度,试验期间的温度差不得超过1℃。

(4)结果计算及精度要求

细集料的表观相对密度按式(12-16)计算,精确至小数点后三位。

$$\gamma_a = \frac{m_0}{m_0 + m_1 - m_2} \tag{12-16}$$

式中:γ_a——细集料的表观相对密度,无量纲;

m_0——试样的烘干质量,g;

m_1——水和容量瓶的总质量,g;

m_2——试样、水和容量瓶的总质量,g。

细集料的表观密度按式(12-17)计算,精确至小数点后三位。

$$\rho_a = \gamma_a \times \rho_T \quad 或 \quad \rho_a = (\gamma_a - \alpha_T) \times \rho_w \tag{12-17}$$

式中: ρ_a——细集料的表观密度,g/cm³;

α_T、ρ_T、ρ_w——意义同前,ρ_T取值参见表12-4。

以两次平行试验结果的算术平均值作为测定值,如两次结果之差值大于0.01g/cm³,应重新取样进行试验。

2)细集料堆积密度及紧装密度试验

(1)试验目的

测定细集料在自然状态下的堆积密度、紧装密度及空隙率。

(2)试验仪具

①台秤:称量5kg,感量5g。

②容量筒:金属圆筒,内径108mm,净高109mm,筒壁厚2mm,筒底厚5mm,容积约为1L。

③标准漏斗:如图12-2所示。

④烘箱:能控温在105℃ ±5℃。

⑤其他:小勺、直尺、浅盘等。

(3)试验方法

①用浅盘装试样约5kg,在温度为105℃ ±5℃的烘箱中烘干至恒重,取出并冷却至室温,分成大致相等的两份备用。(注:试样烘干后如有结块,应在试验前先予捏碎。)

②容量筒容积的校正方法：以温度为20℃ ±5℃的洁净水装满容量筒，用玻璃板沿筒口滑移，使其紧贴水面，玻璃板与水面之间不得有空隙。擦干筒外壁水分，然后称量，用式（12-18）计算筒的容积 V。

$$V = m_2' - m_1' \tag{12-18}$$

式中：m_1'——容量筒和玻璃板总质量，g；

m_2'——容量筒、玻璃板和水总质量，g；

V——容量筒的容积，mL。

③堆积密度测定：将试样装入漏斗中，打开底部的活动门，将砂流入容量筒中，也可直接用小勺向容器中装试样，但漏斗出料口或料勺距容量筒筒口均应为50mm左右，试样装满并超出容量筒筒口，用直尺将多余的试样沿筒口中心线向两个相反方向刮平，称取质量（m_1）。

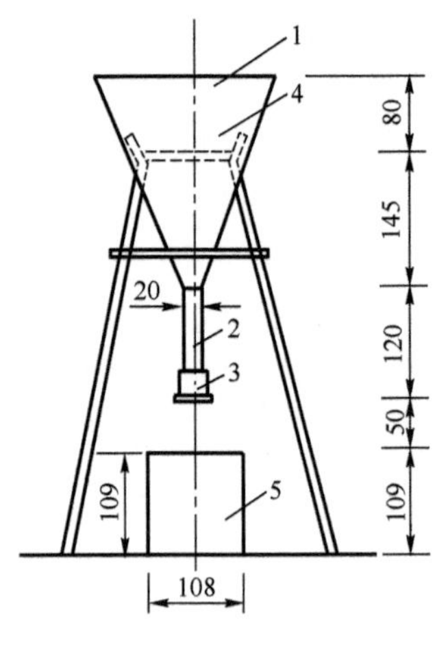

图12-2 标准漏斗（尺寸单位：mm）
1-漏斗；2-管子；3-活动门；4-筛；5-金属量筒

④紧装密度测定：取试样1份，分两层装入容量筒。装完一层后，在筒底垫放1根直径为10mm的钢筋，将筒按住，左右交替颠击地面各25下，然后再装入第二层。第二层装满后用同样方法颠实（但筒底所垫钢筋的方向应与第一层放置方向垂直）。两层装完并颠实后，添加试样超出容量筒筒口，然后用直尺将多余的试样沿筒口中心线向两个相反方向刮平，称其质量（m_2）。

（4）结果计算及精度要求

细集料的堆积密度及紧装密度分别按式（12-19）、式（12-20）计算至小数点后三位。

$$\rho = \frac{m_1 - m_0}{V} \tag{12-19}$$

$$\rho' = \frac{m_2 - m_0}{V} \tag{12-20}$$

式中：ρ——细集料的堆积密度，g/cm³；

ρ'——细集料的紧装密度，g/cm³；

m_0——容量筒的质量，g；

m_1——容量筒和堆积细集料总质量，g；

m_2——容量筒和紧装细集料总质量，g；

V——容量筒容积，mL。

细集料的空隙率可根据表观密度和堆积密度或紧装密度按式（12-21）计算，结果精确至0.1%。

$$n = \left(1 - \frac{\rho}{\rho_a}\right) \times 100 \quad 或 \quad n' = \left(1 - \frac{\rho'}{\rho_a}\right) \times 100 \tag{12-21}$$

式中：n——砂的堆积密度的空隙率，%；

n'——砂的紧装密度的空隙率，%；

ρ、ρ'、ρ_a——意义同前。

以两次试验结果的算术平均值作为测定值。

3）细集料筛分试验

（1）试验目的

测定细集料（天然砂、人工砂、石屑）的颗粒级配及粗细程度，以评定细集料的工程适用性。

对水泥混凝土用细集料可采用干筛法，如果需要也可采用水洗筛分，对沥青混合料及基层用细集料必须用水洗法筛分。

（2）试验仪具

①标准筛：孔径为4.75mm、2.36mm、1.18mm、0.6mm、0.3mm、0.15mm、0.075mm的方孔筛。

②天平：称量1000g，感量不大于0.5g。

③摇筛机。

④烘箱：能控温在105℃±5℃。

⑤其他：浅盘和硬、软毛刷等。

（3）试验方法

根据样品中最大粒径的大小，选用适宜的标准筛，通常为9.5mm筛（水泥混凝土用天然砂）或4.75mm筛（沥青路面及基层用天然砂、石屑、机制砂等）筛除其中的超粒径材料。然后将样品在潮湿状态下充分拌匀，用分料器法或四分法缩分至每份不少于550g的试样两份，在105℃±5℃的烘箱中烘干至恒重，冷却至室温后备用。

①干筛法试验步骤

a.准确称取烘干试样约500g（m_1），准确至0.5g。置于套筛的最上一只筛（4.75mm筛）上，将套筛装入摇筛机，摇筛约10min，然后取出套筛，再按筛孔大小顺序，从最大的筛号开始，在清洁的浅盘上逐个进行手筛，直到每分钟的筛出量不超过筛上剩余量的0.1%为止，将筛出通过的颗粒并入下一号筛，和下一号筛中的试样一起过筛，以此顺序进行至各号筛全部筛完为止。

注：试样如为特细砂时，试样质量可减少到100g，并在筛分时增加0.075mm的方孔筛1只；如试样含泥量超过5%，不宜用干筛法；无摇筛机时，可直接用手筛。

b.称量各筛筛余试样的质量，精确至0.5g。所有各筛的分计筛余量和底盘中剩余量的总量与筛分前的试样总量，相差不得超过后者的1%。

②水洗法试验步骤

a.准确称取烘干试样约500g（m_1），准确至0.5g。

b.将试样置一洁净容器中，加入足够数量的洁净水，将集料全部淹没。

c.用搅棒充分搅动集料，使集料表面洗涤干净，使细粉悬浮在水中，但不得有集料从水中溅出。

d.用1.18mm筛及0.075mm筛组成套筛。仔细将容器中混有细粉的悬浮液徐徐倒出，经过套筛流入另一容器中，但不得将集料倒出。

注：不可直接倒至0.075mm筛上，以免集料掉出损坏筛面。

e.重复b～d步骤，直至倒出的水洁净且小于0.075mm的颗粒全部倒出。

f.将容器中的集料倒入搪瓷盘中，用少量水冲洗，使容器上黏附的集料颗粒全部进入搪瓷盘中。将筛子反扣过来，用少量水将筛上的集料冲洗入搪瓷盘中。操作过程中不得有集料散失。

g.将搪瓷盘连同集料一起置于105℃±5℃烘箱中烘干至恒重，称取干燥试样的总质量（m_2），准确至0.1%。m_1与m_2之差即为通过0.075mm部分。

h. 将全部要求筛孔组成套筛(但不需0.075mm筛),将已经洗去小于0.075mm部分的干燥集料置于套筛上(通常为4.75mm筛),将套筛装入摇筛机,摇筛约10min,然后取出套筛,再按筛孔大小顺序,从最大的筛号开始,在清洁的浅盘上逐个进行手筛,直到每分钟的筛出量不超过筛上剩余量的0.1%为止,将筛出通过的颗粒并入下一号筛,和下一号筛中的试样一起过筛,以此顺序进行至各号筛全部筛完为止。

i. 称量各筛筛余试样的质量,精确至0.5g。所有各筛的分计筛余量和底盘中剩余量的总质量与筛分前的试样总量 m_2 的差不得超过后者的1%。

(4)结果计算及精度要求

①计算级配参数。

计算分计筛余百分率、累计筛余百分率和通过百分率,精确至0.1%。根据各筛的累计筛余百分率或通过百分率,绘制级配曲线。

对沥青路面细集料而言,0.15mm筛下部分即为0.075mm分计筛余,由步骤g所测得的 m_1 与 m_2 之差即为小于0.075mm的筛底部分。

②计算细度模数。

计算细度模数,精确至0.01。

应进行两次平行试验,以试验结果的算术平均值作为测定值。如两次试验所得的细度模数之差大于0.2,应重新进行试验。

12.4 水 泥 试 验

12.4.1 水泥试样准备方法

散装水泥:对同一水泥厂生产的同期出厂的同品种、同等级的水泥,以一次运进的同一出厂编号的水泥为一批,但一批的总量不超过500t。随机地从不少于3个车罐中各取等量水泥,经拌和均匀后,再从中称取不少于12kg水泥作为检验试样。

袋装水泥:对同一水泥厂生产的同期出厂的同品种、同等级的水泥,以一次运进的同一出厂编号的水泥为一批,但一批的总量不超过200t。随机地从不少于20袋中各取等量水泥,经拌和均匀后,再从中称取不少于12kg水泥作为检验试样。

对来源固定,质量稳定,且又掌握其性能的水泥,视运进水泥的情况,可不定期地采集试样进行强度检验。如有异常情况应作相应项目的检验。

对已运进的每批水泥,视存放情况应重新采集试样复验其强度和安定性。存放期超过3个月的水泥,使用前必须复验,并按照结果使用。

取得的水泥试样应首先充分拌匀,然后通过0.9mm方孔筛,记录筛余物情况,但要防止过筛时混进其他水泥。

12.4.2 水泥细度检验方法(80μm筛筛析法)

水泥细度是指水泥颗粒的粗细程度。细度与水泥的凝结硬化程度及需水量等有密切关系。细度越细,水泥水化速度越快,水化越充分,对改善水泥性能越有利,但水泥的细度也不能太细,否则会使混凝土在硬化时产生裂缝或有较大的收缩,因此对水泥细度应予以合理控制。按现行规范,水泥细度主要采用负压筛析法进行检测。

1) 试验目的

(1)本方法规定采用 80μm 筛检验水泥细度,以评价水泥的物理性能。

(2)本方法适用于硅酸盐水泥、普通硅酸盐水泥、矿渣硅酸盐水泥、火山灰质硅酸盐水泥、粉煤灰硅酸盐水泥、复合硅酸盐水泥、道路硅酸盐水泥以及指定采用本方法的其他品种水泥。

2) 仪器设备

(1)负压筛析仪

①负压筛析仪由筛座、负压筛、负压源及收尘器组成,其中筛座由转速为 30r/min ± 2r/min 的喷气嘴、负压表、控制板、微电机及壳体等部分构成,见图 12-3。

②筛析仪负压可调范围为 4000 ~ 6000Pa。

③喷气嘴上口平面与筛网之间距离为 2 ~ 8mm。

④喷气嘴的上开口尺寸见图 12-4。

⑤负压源和收尘器:由功率大于或等于 600W 的工业吸尘器和小型旋风收尘筒等组成或其他具有相当功能的设备组成。

(2)天平

量程应大于 100g,感量不大于 0.05g。

(3)试验筛

①试验筛有圆形筛框和筛网组成,分负压筛和水筛两种,负压筛的结构尺寸见图 12-5,负压筛应附有透明筛盖,筛盖与筛上口应有良好的密封性。

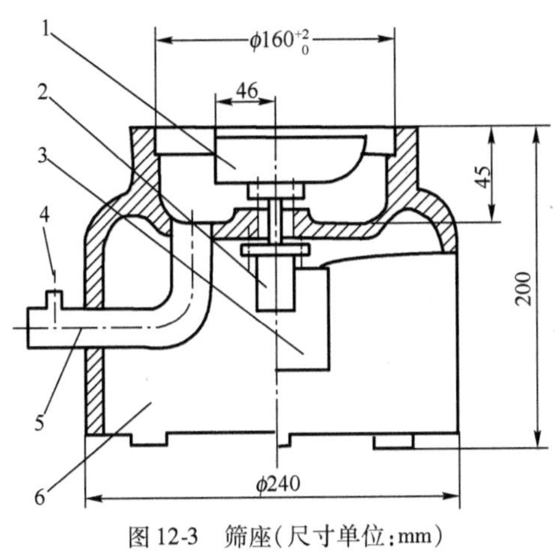

图 12-3 筛座(尺寸单位:mm)

1-喷气嘴;2-微电机;3-控制板开口;4-负压表接口;5-负压源及收尘器接口;6-壳体

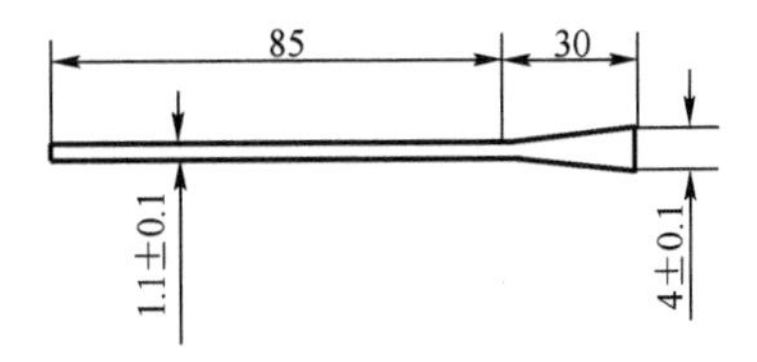

图 12-4 喷气嘴上开口(尺寸单位:mm)

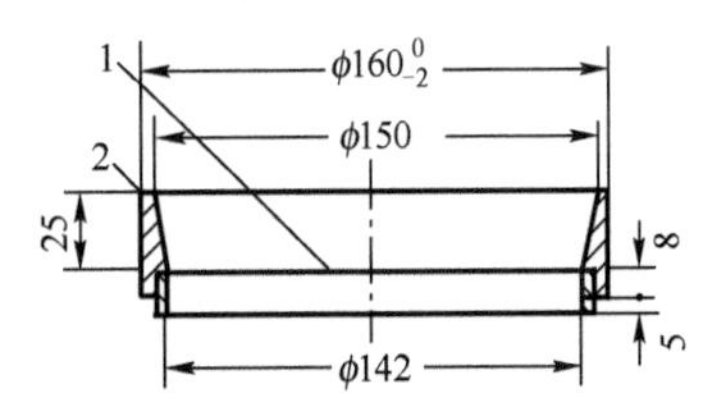

图 12-5 负压筛(尺寸单位:mm)

1-筛网;2-筛框

②筛网应紧紧绷在筛框上,筛网与筛框接触处应用防水胶密封,防止水泥嵌入。

3) 试验方法与步骤

(1)样品处理

水泥样品应充分搅匀,通过 0.9mm 方孔筛,记录筛余物情况,要防止过筛时混进其他水泥。

(2)负压筛法

①筛析试验前,应把负压筛放在筛座上,盖上筛盖,接通电源,检查控制系统,调节负压至 4000 ~ 6000Pa 范围内。

②称取试样25g，置于洁净的负压筛中，放在筛座上，盖上筛盖，开动筛析仪连续筛析2min，在此期间如有试样附着在筛盖上，可轻轻地敲击筛盖，使试样落下。筛毕，用天平称量筛余物。

③当工作负压小于4000Pa时，应清理吸尘器内水泥，使负压恢复正常。

(3)水筛法

①筛析试验前，使水中无泥、砂，调整好水压及水筛架的位置，使其能正常运转。喷头底面和筛网之间的距离为35～75mm。

②称取试样25g，至于洁净的水筛中，立即用淡水冲洗至大部分细粉通过后，放在水筛架上，用水压为0.05MPa±0.02MPa的喷头连续冲洗3min。筛毕，用少量水把筛余物冲至蒸发皿中，等水泥颗粒全部沉淀后，小心倒出清水，烘干并用天平称量筛余物。

③试验筛的清洗。

试验筛必须保持洁净，筛孔通畅，使用10次后要进行清洗。金属筛框、铜丝网筛洗时应用专门的清洗剂，不可用弱酸浸泡。

4)结果计算及精度要求

(1)水泥试样筛余百分数的计算

水泥试样筛余百分数按式(12-22)计算，结果精确至0.1%。

$$F = \frac{R_s}{m} \times 100 \tag{12-22}$$

式中：F——水泥试样的筛余百分数，%；

R_s——水泥筛余物的质量，g；

m——水泥试样的质量，g。

(2)水泥试样筛余百分数结果修正

①确定试验筛修正系数

为使试验结果可比，应采用试验筛修正系数方法修正。

试验筛修正系数测定方法：用一种已知80μm标准筛筛余百分数的粉状试样(该试样不受环境影响，筛余百分数不发生变化)作为标准样。按上述试验步骤测定标准样在试验筛上的筛余百分数。

试验筛修正系数按式(12-23)计算，修正系数计算精确至0.01。

$$C = \frac{F_n}{F_t} \tag{12-23}$$

式中：C——试验筛修正系数；

F_n——标准样品的筛余标准值，%；

F_t——标准样品在试验筛上的筛余值，%。

注：修正系数C在0.80～1.20范围内时，试验筛可继续使用，C可作为结果修正系数；当C值超出0.80～1.20范围时，试验筛应予淘汰。

②筛余结果修正

按式(12-24)修正水泥试样筛余百分数计算结果：

$$F_c = C \times F \tag{12-24}$$

式中：F_c——水泥试样修正后的筛余百分数，%；

C、F——意义同前。

合格评定时，每个样品应称取两个试样分别筛析，取筛余平均值为筛析结果。若两次筛余结果绝对误差大于0.5%时（筛余值大于5.0%时可放至1.0%），应再做一次试验，取两次相近结果的算术平均值作为最终结果。

负压筛法与水筛法测定的结果发生争议时，以负压筛为准。

12.4.3 水泥标准稠度用水量试验（标准法）

在检测水泥的技术性质时，通常先将水泥加水制成水泥净浆，然后检测净浆的性质。但水泥加水的多少，直接影响着水泥各种性质的检测结果。为了使试验结果具有可比性，就必须在同一稠度下进行。

标准稠度用水量，简称稠度，是指水泥净浆达到规定稠度时的加水量，以水泥质量百分率表示，现行标准规定，水泥标准稠度用水量是采用标准法维卡仪测定的，以在规定时间试杆沉入净浆距底板6mm ± 1mm的水泥净浆稠度为标准稠度净浆。此时的拌和用水量为标准稠度用水量。

1）试验目的

测定水泥标准稠度用水量，是为测定水泥凝结时间和安定性制备标准稠度净浆，以使不同水泥具有可比性。

2）仪器设备

（1）标准法维卡仪：如图12-6所示，由以下部分组成。

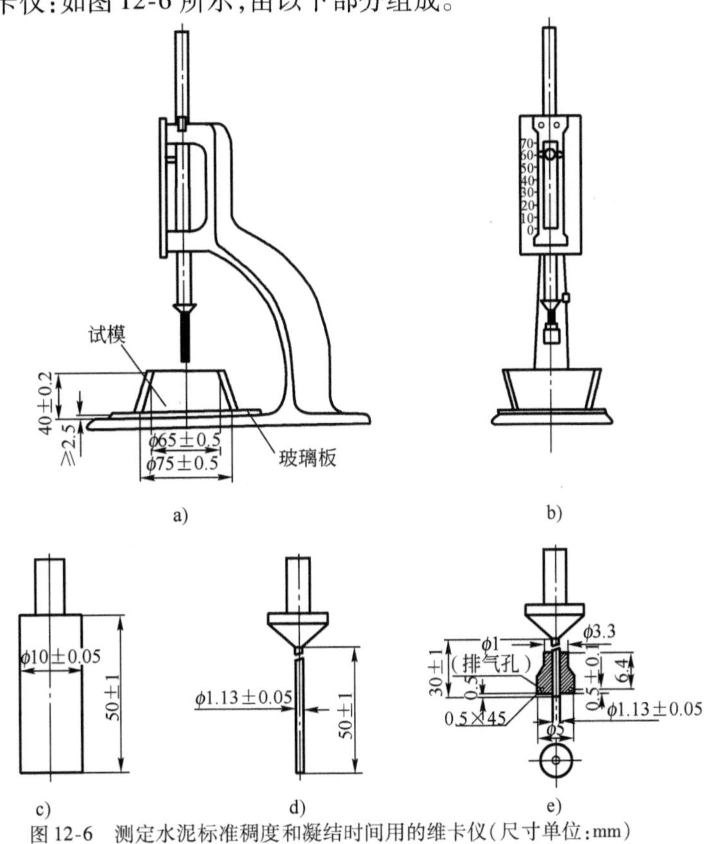

图12-6 测定水泥标准稠度和凝结时间用的维卡仪（尺寸单位：mm）

a）初凝时间测定用立式试模的侧视图；b）终凝时间测定用反转试模的前视图；c）标准稠度试杆；d）初凝用试针；e）终凝用试针

①盛装水泥净浆的试模，如图12-6a)所示，应由耐腐蚀的、有足够硬度的金属制成。试模为深40mm ±0.2mm、顶内径ϕ65mm ±0.5mm、底内径ϕ75mm ±0.5mm的截顶圆锥体。每只试模应配备一个大于试模、厚度大于等于2.5mm的平板玻璃底板。

②标准稠度测定用试杆，如图12-6c)所示，由有效长度为50mm ±1mm，直径为ϕ10mm ±0.05mm的圆柱形耐腐蚀金属制成。测定凝结时间时取下试杆，用试针代替。试针由钢制成，测初凝时间时，其有效长度为50mm ±1mm，如图12-6d)所示，测终凝时间时，有效长度为30mm ±1mm，如图12-6e)所示，直径均为ϕ1.13mm ±0.05mm的圆柱体。滑动部分的总质量为300g ±1g。与试杆、试针联结的滑动杆表面应光滑，能靠重力自由下落，不得有紧涩和松动现象。

(2)水泥净浆搅拌机：符合《水泥净浆搅拌机》(JC/T 729—2005)的要求。

(3)量水器：分度值为0.1mL，精度1%。

(4)天平：量程1000g，感量1g。

3)试验方法与步骤

(1)试验准备工作

试验前必须做到：维卡仪的金属棒能自由滑动；调整维卡仪的金属棒至试杆接触玻璃板时指针对准零点；水泥净浆搅拌机运转正常。

(2)水泥净浆的拌制

用水泥净浆搅拌机拌制，搅拌锅和搅拌叶片先用湿布擦过，将拌和水倒入搅拌锅内，然后在5～10s内小心将称好的500g(m_0)水泥加入水中，防止水和水泥溅出；拌和时，先将锅放在搅拌机的锅座上，升至搅拌位置，启动搅拌机，低速搅拌120s，停拌15s，同时将叶片和锅壁上的水泥浆刮入锅中间，接着高速搅拌120s停机。

(3)标准稠度用水量的测定

拌和结束后，立即将拌制好的水泥净浆装入已放在玻璃底板上的试模中，用小刀插捣，轻轻振动数次，刮去多余净浆。抹平后迅速将试模和底板移到维卡仪上，并将其中心定在试杆下，降低试杆直至与水泥净浆表面接触，拧紧螺丝1～2s后，突然放松，使试杆垂直自由地沉入水泥净浆中。在试杆停止沉入或释放试杆30s时记录试杆距底板的距离。升起试杆后，立即擦净。整个操作应在搅拌后1.5min内完成。以试杆沉入净浆并距底板6mm ±1mm的水泥净浆为标准稠度净浆。其拌和水量为该水泥标准稠度用水量(当试杆距离玻璃板小于5mm时，应适当减水，重复水泥浆的拌制和上述过程；若距离大于7mm时，则适当加水，并重复水泥浆的拌制和上述过程)，按水泥质量的百分比计。

4)结果计算及精度要求

水泥的标准稠度用水量P，按式(12-25)计算：

$$P = \frac{m_w}{m_0 \rho_w} \times 100 \tag{12-25}$$

式中：P——标准稠度用水量，%；

m_w——标准稠度净浆所需的拌和用水量，mL；

m_0——水泥试样质量，g；

ρ_w——水的密度，g/mL，水在4℃时密度为1g/mL。

12.4.4 水泥净浆凝结时间试验方法

凝结时间是指水泥从加水开始到水泥浆失去可塑性所需要的时间，分为初凝时间和终凝时间。

我国国标规定采用标准法维卡仪测定水泥的凝结时间。在标准法维卡仪上，测试从水泥全部加入水中起，至试针沉入标准稠度净浆中距底板之间的距离为4mm ±1mm 时所经历的时间为初凝时间；从水泥全部加入水中起，至试针沉入净浆试体0.5mm 时（环形附件开始不能在试体上留下痕迹时）所经历的时间为终凝时间。

1）试验目的

测定水泥的凝结时间，用以评价水泥的性能，同时对指导水泥混凝土等混合材料的施工也具有重要的意义。

2）仪器设备

（1）标准法维卡仪：测定凝结时间时取下试杆，换用试针，组成凝结时间测定仪。

（2）湿气养护箱：应能使温度控制在20℃ ±1℃，相对湿度大于90%。

（3）秒表：分度值1s。

（4）其他仪具：同12.4.3 水泥标准稠度用水量试验。

3）试验方法与步骤

（1）测定前的准备工作

调整凝结时间测定仪的试针，试针接触玻璃板时，指针对准标尺零点。

（2）试件的制备

①在玻璃底板上稍稍涂上一层机油，然后将试模放在玻璃底板上。

②按标准稠度用水量试验拌制水泥净浆的方法制成标准稠度净浆，并立即一次装满试模，振动数次刮平，立即放入湿气养护箱中。记录水泥全部加入水中的时间作为凝结时间的起始时间。

（3）初凝时间的测定

试件在湿气养护箱中养护至加水后30min 时进行第一次测定。测定时，从湿气养护箱中取出试模放到试针下，降低试针与水泥净浆表面接触。拧紧螺钉1 ~2s 后，突然放松，试针垂直自由地沉入水泥净浆，观察试针停止下沉或释放试针30s 时指针的读数，临近初凝时，每隔5min 测定一次。当试针沉至距底板4mm ±1mm 时，为水泥达到初凝状态。达到初凝时应立即重复测一次，当两次结论相同时才能定为达到初凝状态。由水泥全部加入水中至初凝状态的时间为水泥的初凝时间，用min 表示。

（4）终凝时间的测定

为准确观测试针沉入的状况，在终凝针上安装了一个环形附件，见图12-6e）。在完成初凝时间测定后，立即将试模连同浆体以平移的方式从玻璃板取下，翻转180°，直径大端向上、小端向下放在玻璃板上，再放入湿气养护箱中继续养护。临近终凝时间时每隔15min 测定一次，当试针沉入试件0.5mm 时，即环形附件开始不能在试体上留下痕迹时，为水泥达到终凝状态。达到终凝时应立即重复测一次，当两次结论相同时才能定为达到终凝状态。由水泥全部加入水中至终凝状态的时间为水泥的终凝时间，用min 表示。

注：①最初测定时，应轻轻扶持金属柱，使其徐徐下降，以防试针撞弯，但结果以自由下落为准。②在整个测试过程中，试针沉入的位置至少要距圆模内壁10mm。③每次测定不得让试针落入原针孔，每次测试完毕须将试针擦净并将试模放回湿气养护箱内，整个测试过程要防止试模受振。④可以使用能测出与标准中规定方法相同结果的凝结时间自动测定仪，使用时不必翻转试体。

12.4.5 水泥安定性试验方法(标准法)

水泥安定性是表征水泥硬化后体积变化均匀性的物理性能指标。雷氏法是观测由两个试针的相对位移所指示的水泥标准稠度净浆体积膨胀的程度,为标准法。

1)试验目的

测定水泥安定性,可以观测水泥硬化后体积变化的均匀性,用以评定水泥的技术性能,还可以间接地反映出引起水泥体积安定性不良的化学因素。

2)仪器设备

(1)雷氏夹膨胀仪:由铜质材料制成,结构如图 12-7 所示。当一根指针的根部先悬挂在一根金属丝或尼龙丝上,另一根指针的根部再挂上 300g 质量的砝码时,两根指针针尖的距离增加应在 17.5mm ± 2.5mm 范围内,即 $2x$ = 17.5mm ± 2.5mm,如图 12-8 所示,当去掉砝码后针尖的距离能恢复至挂砝码前的状态。每个雷氏夹需配备质量为 75 ~ 85g 的玻璃板两块。

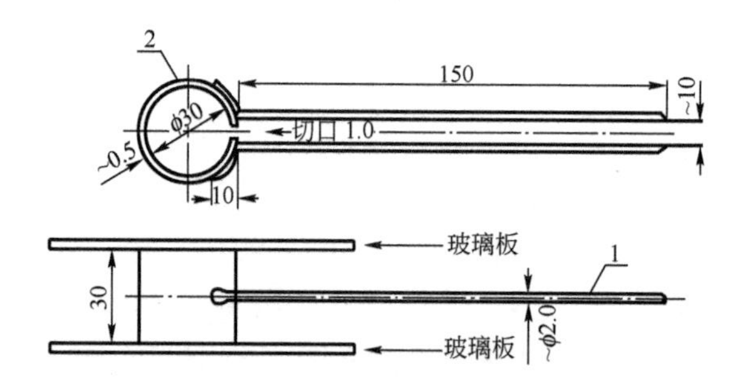

图 12-7 雷氏夹示意图(尺寸单位:mm)

1-指针;2-环模

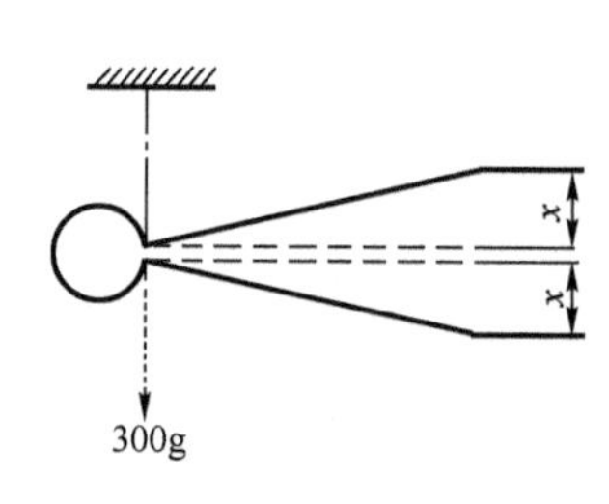

图 12-8 雷氏夹受力示意图

(2)沸煮箱:有效尺寸约为 410mm × 240mm × 310mm,箅板的结构应不影响试验结果,箅板与加热器之间的距离大于 50mm。箱的内层由不易锈蚀的金属材料制成,能在 30min ± 5min 内将箱内的试验用水由室温升至沸腾状态并保持 3h 以上,整个试验过程中不需补充水量。

(3)雷氏夹膨胀值测定仪:如图 12-9 所示,标尺最小刻度为 0.5mm。

(4)其他仪具:同 12.4.3 水泥标准稠度用水量试验。

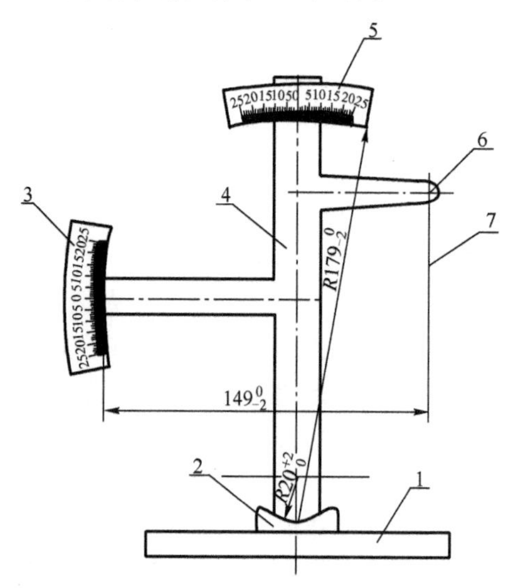

图 12-9 雷氏夹膨胀测定仪(尺寸单位:mm)

1-底座;2-模子座;3-测弹性标尺;4-立柱;5-测膨胀值标尺;6-悬臂;7-悬丝

3)试验方法与步骤

(1)测定前的准备工作

①按标准方法检查雷氏夹的质量是否符合要求。

②每个试样需成型两个试件,凡与水泥净浆接触的玻璃板和雷氏夹内表面要稍稍涂上一层油。

③按标准方法制备水泥标准稠度净浆。

(2)雷氏夹试件的成型

将预先准备好的雷氏夹放在已稍擦油的玻璃板上，并立刻将已制好的标准稠度净浆一次装满雷氏夹。装浆时一只手轻轻扶持雷氏夹，另一只手用宽约10mm的小刀插捣数次，然后抹平，盖上稍涂油的玻璃板，接着立刻将雷氏夹移至湿气养护箱内养护24h ±2h。

(3)沸煮

①调整好沸煮箱内的水位，使之在整个煮沸过程中都能没过试件，不需中途添补试验用水，同时保证在30min ±5min内水能沸腾。

②脱去玻璃板取下试件，先测量雷氏夹指针尖端间的距离(A)，精确到0.5mm，接着将试件放入水中箅板上，指针朝上，试件之间互不交叉，然后在30min ±5min内加热至沸并恒沸180min ±5min。

③沸煮结束后，立即放掉沸煮箱中的热水，打开箱盖，待箱体冷却至室温，取出试件进行判别。

(4)结果判别

测量雷氏夹指针尖端间的距离(C)，准确至0.5mm。当两个试件煮后增加距离$C-A$的平均值不大于5.0mm时，即认为该水泥安定性合格；当两个试件的$C-A$值相差超过4.0mm时，应用同一水泥立即重做一次试验，再如此，则认为该水泥为安定性不合格。

注：①材料：试验用水必须是洁净的淡水，如有争议时应以蒸馏水为准。②试验条件：试验室的温度为20℃ ±2℃，相对湿度应大于50%；水泥试样、拌和水和仪器用具的温度应与试验室一致；湿气养护箱的温度为20℃ ±1℃，相对湿度应不低于90%。

12.4.6 水泥胶砂强度检测方法(ISO法)

水泥胶砂强度检测方法(ISO法)，是采用质量比为1∶3的水泥和标准砂，用0.5的水灰比，按标准制作方法制成尺寸为40mm ×40mm ×160mm的标准棱柱体试件，在标准养护条件下，测定达到规定龄期(3d、28d)时水泥的抗折强度和抗压强度。

1)试验目的

测定硅酸盐水泥、普通硅酸盐水泥、矿渣硅酸盐水泥、粉煤灰硅酸盐水泥、复合硅酸盐水泥、道路硅酸盐水泥以及石灰石硅酸盐水泥等的抗压与抗折强度，用以评定水泥的强度等级。

2)试验设备与材料

(1)胶砂搅拌机：胶砂搅拌机属行星式，其搅拌叶片和搅拌锅作相反方向的转动。叶片和锅由耐磨的金属材料制成，叶片与锅底、锅壁之间的间隙为叶片与锅壁的最近距离。制造质量应符合《行星式水泥胶砂搅拌机》(JC/T 681—2005)的规定。

(2)振实台：如图12-10所示，由装有两个对称偏心轮的电动机产生振动，使用时固定于混凝土基座上。基座高约400mm，混凝土体积约为0.25m^3，质量约600kg。为防止外部振动影响振实效果，可在整个混凝土基座下放一层厚约5mm天然橡胶弹性衬垫。

将仪器用地脚螺钉固定在基座上，安装后设备成水平状态，仪器底座与基座之间要铺一层砂浆以保证它们完全接触。

(3)抗折试验机和抗折夹具：一般采用双杠杆式，也可采用性能符合要求的其他试验机。加荷与支撑圆柱必须用硬质钢材制造。用过三根圆柱轴的三个竖向平面应该平行，并在试验时继续保持平行和等距离垂直试件的方向，其中一根支撑圆柱能轻微地倾斜，使圆柱与试件完全接触，以便荷载沿试件宽度方向均匀分布，同时不产生任何扭转应力，如图 12-11 所示。

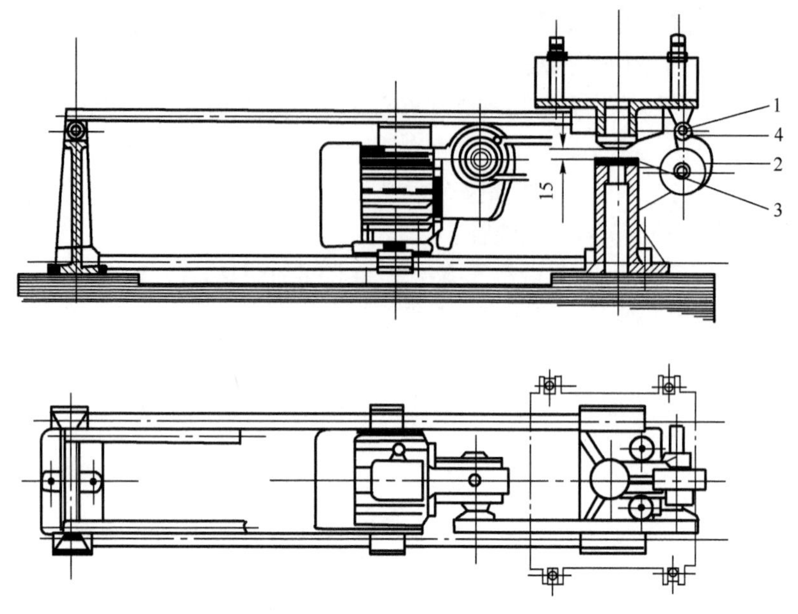

图 12-10　典型振实台(尺寸单位:mm)

1-突头;2-凸轮;3-止动器;4-随动器

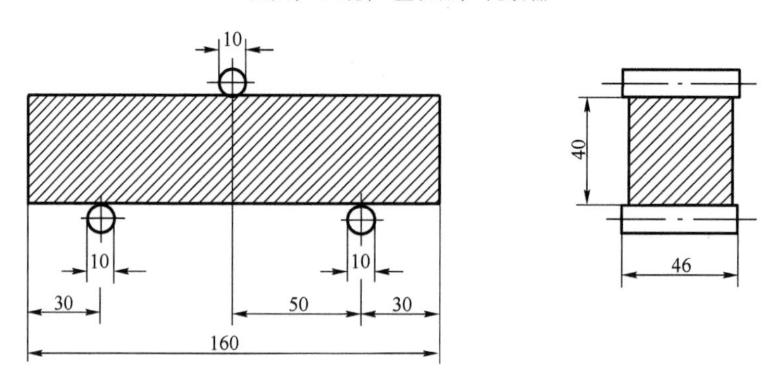

图 12-11　抗折强度测定加荷图(尺寸单位:mm)

抗折强度也可用抗压强度试验机来测定，此时应使用符合上述规定的夹具。

(4)抗压试验机和抗压夹具:

①抗压强度试验机的吨位以 200～300kN 为宜。抗压试验机，在较大的 4/5 量程范围内使用时，记录的荷载应有 ±1.0% 的精度，并具有按 2400N/s ±200N/s 速率的加荷能力，应具有一个能指示试件破坏时荷载的指示器。

压力机的活塞竖向轴应与压力机的竖向轴重合，而且活塞作用的合力要通过试件中心。压力机的下压板表面应与该机的轴线垂直并在加荷过程中一直保持不变。

②当试验机没有球座，或球座已不灵活或直径大于 120mm 时，应采用抗压夹具，由硬质钢材制成，受压面积为 40mm ×40mm。

(5)天平:感量为 1g。

(6)水泥试样从取样至试验要保持 24h 以上，应将其储存在基本装满和气密的容器里，这个容器应不能和水泥反应。

(7)ISO 标准砂:各国生产的 ISO 标准砂都可以用来按本方法测定水泥强度。

(8)试验用水:为饮用水。仲裁试验时用蒸馏水。

3)试验方法与步骤

(1)试件成型

①成型前将试模擦净,四周的模板与底座的接触面上应涂黄油,紧密装配,防止漏浆,内壁均匀地刷一层机油。

②水泥与ISO标准砂的质量比为1∶3,水灰比为0.5。每成型三条试件需称量的材料及用量为:水泥450g±2g,ISO标准砂1350g±5g,水225mL±1mL。

③将水加入锅中,再加入水泥,把锅放在固定架上并上升至固定位置。然后立即开动机器,低速搅拌30s后,在第二个30s开始的同时均匀地将砂子加入。当砂是分级装时,应从最粗粒级开始,依次加入,再高速搅拌30s。

停拌90s,在第一个15s内用一胶皮刮具将叶片和锅壁上的胶砂刮入锅中。在高速下继续搅拌60s。各个阶段时间误差应在±1s内。

④用振实台成型时,将空试模和模套固定在振实台上,用适当的勺子直接从搅拌锅里将胶砂分两层装入试模。装第一层时,每个槽里约放300g胶砂,用大播料器垂直架在模套顶部,沿每个模槽来回一次将料层播平,接着振实60次。再装入第二层胶砂,用小播料器播平,再振实60次。移走模套,从振实台上取下试模,并用刮尺以90°的角度架在试模模顶的一端,沿试模长度方向以横向锯割动作慢慢向另一端移动,一次将超过试模部分的胶砂刮去,并用同一直尺在近乎水平的情况下将试体表面抹平。

⑤在试模上作标记或加字条标明试件的编号和试件相对于振实台的位置。两个龄期以上试件,编号时应将同一试模中的三条试件分在两个以上的龄期内。

⑥试验前或更换水泥品种时,须将搅拌锅、叶片和下料漏斗抹擦干净。

(2)试件的养护

①编号后,将试模放入养护箱养护,养护箱内箅板必须水平。水平放置时刮平面应朝上。对于24h龄期的,应在破型试验前20min内脱模。对于24h以上龄期的,应在成型后20~24h内脱模。脱模时要非常小心,应防止试件损伤。硬化较慢的水泥允许延期脱模,但须记录脱模时间。

②试件脱模后放在水槽中养护,试件之间间隙和试件上表面的水深不得小于5mm。每个养护池中只能养护同类水泥试件,并应随时加水,保持恒定水位,不允许养护期间全部换水。

③除24h龄期或延迟至48h脱模的试体外,任何到龄期的试体应在试验(破型)前15min从水中取出。抹去试体表面沉积物,并用湿布覆盖。

④强度试验。

各龄期(试体龄期是从水泥加水搅拌开始算起)的试件应按表12-5规定的时间内进行强度试验。

各龄期试件强度试验时间表 表12-5

龄　期	时　间	龄　期	时　间
24h	24h±15min	7d	7d±2h
48h	48h±30min	28d	28d±8h
72h	72h±45min		

(3)强度测试

①抗折强度测定。

以中心加荷法测定抗折强度。采用杠杆式抗折强度试验机试验时,试件放入前,应使杠杆成水平状态,将试件成型侧面向上放入抗折试验机内。试件放入后调整夹具,使杠杆在试件折断时尽可能接近水平位置。抗折试验加荷速度为50N/s ±10N/s,直至折断,并保持两个半截棱柱体试件处于潮湿状态直至抗压试验。

抗折强度 R_f 单位用MPa表示,按式(12-26)进行计算,精确至0.1MPa。

$$R_f = \frac{1.5F_fL}{b^3} \tag{12-26}$$

式中:F_f——破坏荷载,N;

L——支撑圆柱中心距,mm;

b——试件断面正方形的边长,取40mm。

②抗压强度测定。

抗折强度试验后的断块应立即进行抗压试验。抗压试验须用抗压夹具进行,试件受压面为试件成型时的两个侧面,面积为40mm×40mm。试验前应清除试件受压面与加压板间的砂粒或杂物。试件的底面靠紧夹具定位销,断块试件应对准抗压夹具中心,并使夹具对准压力机压板中心,半截棱柱体中心与压力机压力板中心差应在±0.5mm内,棱柱体露在压力板外的部分约为10mm。压力机加荷速度应控制在2400N/s ±200N/s速率范围内,在接近破坏时更应严格掌握。

抗压强度 R_c 以MPa为单位,按式(12-27)进行计算,精确至0.1MPa。

$$R_c = \frac{F_c}{A} \tag{12-27}$$

式中:F_c——破坏荷载,N;

A——受压部分面积,取1600mm^2(40mm×40mm)。

4)结果计算及精度要求

(1)抗折强度

抗折强度结果取三个试件的平均值,精确至0.1MPa。当三个强度中有超出平均值±10%的,应剔除后再取平均值作为抗折强度试验结果。

(2)抗压强度

抗压强度的结果为一组六个断块试件抗压强度的算术平均值,精确至0.1MPa。如果六个测定值中有一个超出平均值的±10%,就应剔除这个结果,而以剩下五个的算术平均数作为结果。如果五个测定值中再有超过它们平均数值±10%的,则此组结果作废。

注:①试体成型试验室的温度应保持在20℃ ±2℃(包括强度试验室),相对湿度应大于50%;水泥试样、ISO砂、拌和水及试模等温度应与室温相同。②养护箱或雾室温度为20℃ ±1℃,相对湿度应大于90%。养护水温为20℃ ±1℃。③试件成型试验室的空气温度和相对湿度在工作期间每天应至少记录一次。养护箱或雾室的温度与相对湿度至少每4h记录一次。

12.5 水泥混凝土试验

12.5.1 水泥混凝土拌和物的拌和与现场取样方法

1)试验目的

拌制水泥混凝土拌和物,用来测定其工作性,同时也是测定混凝土其他性能的必要过程。

2)仪器设备

(1)搅拌机:自由式或强制式搅拌机。

(2)振动台:标准振动台。

(3)磅秤:感量满足称量总量1%的磅秤。

(4)天平:感量满足称量总量0.5%的天平。

(5)其他:铁板、铁铲等。

3)材料

(1)所有材料均应符合有关要求,拌和材料应放置在温度20℃±5℃的室内。

(2)为防止粗集料的离析,可将集料按不同粒径分开,使用时再按一定比例混合。试样从抽取到试验完毕过程中,不要风吹日晒,必要时应采取保护措施。

4)试验方法与步骤

(1)拌和步骤

①拌和时保持室温20℃±5℃。拌和物的总量至少应比所需量高20%以上。拌制混凝土的材料用量应以质量计,称量的精确度:集料为±1%,水、水泥、掺和料和外加剂±0.5%。

②粗集料、细集料均以干燥状态为基准,计算用水量时应扣除粗集料、细集料的含水率。

注:干燥状态是指含水率小于0.5%的细集料和含水率小于0.2%的粗集料。

③外加剂的加入:对于不溶于水或难溶于水并且不含潮解型盐类,应先和一部分水泥拌和,以保证充分分解;对于不溶于水或难溶于水但含潮解型盐类,应先和细集料拌和;对于水溶性或液体,应先和水拌和;其他特殊外加剂,应遵守有关规定。

④拌制混凝土所用的各种用具,如铁板、铁铲、抹刀,应预先用水润湿,使用完后必须清洗干净。

⑤使用搅拌机前,应先用少量砂浆进行涮膛,再刮出涮膛砂浆,以避免正式拌和混凝土时水泥砂浆黏附筒壁的损失。涮膛砂浆的水灰比及砂灰比,应与正式的混凝土配合比相同。用搅拌机拌和时,拌和量宜为搅拌机公称容量的1/4~3/4。

⑥搅拌机搅拌:按规定称好原材料,往搅拌机内顺序加入粗集料、细集料、水泥。开动搅拌机,将材料拌和均匀,在拌和过程中徐徐加水,全部加料时间不宜超过2min。水全部加入后,继续拌和约2min,而后将拌和物倾出在铁板上,再经人工翻拌1~2min,务必使拌和物均匀一致。

⑦人工拌和:采用人工拌和时,先用湿布将铁板、铁铲润湿,再将称好的砂和水泥在铁板上拌匀,加入粗集料,再混合搅拌均匀,而后将此拌和物堆成长堆,中心扒成长槽,将称好的水倒入约一半,将其与拌和物仔细拌匀,再将材料堆成长堆,扒成长槽,倒入剩余的水,继续进行拌

和,来回翻拌至少六遍。

⑧从试样制备完毕到开始做各项性能试验不宜超过5min(不包括成型试件)。

(2)现场取样

①新混凝土现场取样:凡由搅拌机、料斗、运输小车以及浇制的构件中采取新拌混凝土代表性样品时,均须从三处以上的不同部位抽取大致相同分量的代表性产品(不要抽取已经离析的混凝土),集中用铁铲翻拌搅匀,而后立即进行拌和物的试验。拌和物取样量应多于试验所需数量的1.5倍,其体积不小于20L。

②为使取样具有代表性,宜采用多次采样的方法,最后集中用铁铲翻拌搅匀。

③从第一次取样到最后一次取样不宜超过15min。取回的混凝土拌和物应经过人工再次翻拌均匀,而后进行试验。

12.5.2 水泥混混凝土拌和物试验

1)水泥混混凝土拌和物稠度试验(坍落度仪法)

(1)试验目的

坍落度是表示混凝土拌和物稠度的一种指标,可判定混凝土稠度是否满足要求,同时作为配合比调整的依据。本试验适用于坍落度大于10mm,集料公称最大粒径不大于31.5mm的水泥混凝土的坍落度测定。

(2)仪器设备

①坍落度筒:如图12-12所示。坍落度筒为铁板制成的截头圆锥筒,厚度不小于1.5mm,内侧平滑,没有铆钉头之类的突出物,在筒上方约2/3高度处有两个把手,近下端两侧焊有两个踏脚板,保证坍落度筒可以稳定操作,坍落度筒尺寸见表12-6。

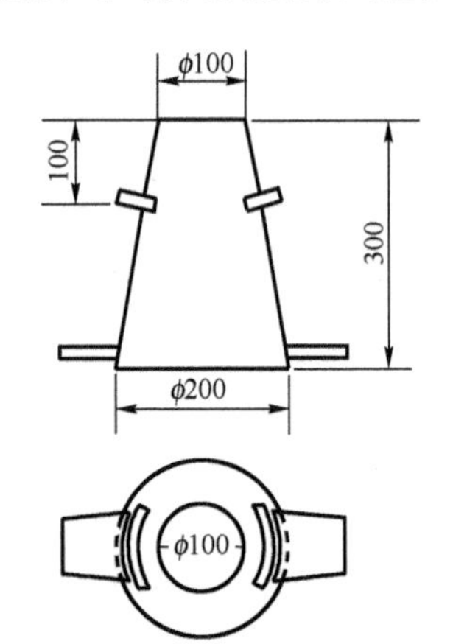

图12-12 坍落度试验用坍落度筒(尺寸单位:mm)

坍落度筒尺寸表 表12-6

集料公称最大粒径(mm)	筒的名称	筒的内部尺寸(mm)		
		底面直径	顶面直径	高度
<31.5	标准坍落度筒	200±2	100±2	300±2

②捣棒:直径16mm,长约600mm,并具有半球形端头的钢质圆棒。

③其他:小铲、木尺、小钢尺、镘刀和钢平板等。

(3)试验方法与步骤

①试验前将坍落筒内外洗净,放在经水润湿过的平板上(平板吸水时应垫以塑料布),踏紧脚踏板。

②将代表样分三层装入筒内,每层装入高度稍大于筒高的1/3,用捣棒在每一层的横截面上均匀插捣25次,插捣在全部面积上进行,沿螺旋线由边缘至中心,插捣底层时应插至底部,插捣其他两层时,应插透本层并插入下层20~30mm,插捣需垂直压下(边缘部分除外),不得冲击。在插捣顶层时,装入的混凝土应高出坍落筒口,随插捣过程随时添加拌和物。当顶层插捣完毕后,将捣棒用锯和滚的动作,清除掉多余的混凝土,用镘刀抹平筒口,刮净筒底周围的拌和物,而后立即垂直地提起坍落筒,提筒宜在5~7s内完成,并使混凝土不受横向及扭力作用。从开始装料到提出坍落度筒整个过程应在150s内完成。

③将坍落筒放在锥体混凝土试样一旁，筒顶平放木尺，用小钢尺量出木尺底面至试样顶面最高点的垂直距离，即为该混凝土拌和物的坍落度，如图5-1所示，精确至5mm。

④当混凝土试件的一侧发生崩坍或一边剪切破坏，则应重新取样另测。如果第二次仍发生上述情况，则表示该混凝土拌和物的和易性不好，应记录。

⑤当混凝土拌和物的坍落度大于220mm时，用钢尺测量混凝土扩展后最终的最大直径和最小直径，在这两个直径之差小于50mm的条件下，用其算术平均值作为坍落扩展度值；否则，此次试验无效。

⑥坍落度试验的同时，可用目测方法评定混凝土拌和物的下列性质，见表12-7，并予以记录。

混凝土拌和物目测性质评定方法 表12-7

目测性质	评定标准
保水性	指水分从拌和物中析出程度。评定方法：坍落度筒提起后如有较多的稀浆从底部析出，锥体部分的混凝土也因失浆而骨料外露，则表明此混凝土拌和物的保水性能不好；如坍落度筒提起后无稀浆或仅有少量稀浆自底部析出，则表示此混凝土拌和物的保水性良好。“多量”表示有多量水分从底部析出；“少量” 表示有少量水分从底部析出；“无”表示没有水分从底部析出
黏聚性	观测拌和物各组成分相互黏聚情况。评定方法：用捣棒在已坍落的混凝土锥体侧面轻轻敲打，此时如果锥体逐渐下沉，则表示黏聚性良好；如锥体倒坍、部分崩裂或出现石子离析现象，则表示黏聚性不好

(4)结果整理及精度要求

混凝土拌和物坍落度和坍落扩展度值以mm为单位，测量精确至1mm，结果修约至最接近的5mm。

2)水泥混混凝土拌和物稠度试验(维勃稠度仪法)

(1)试验目的

本试验用维勃稠度仪来测定水泥混凝土拌和物的稠度，适用于集料公称最大粒径不大于31.5mm，维勃时间在5～30s之间的干稠性水泥混凝土的稠度测定。

(2)仪器设备

①维勃稠度仪：如图12-13所示。

容器1：为金属圆筒，内径240mm±5mm，高200mm±2mm，壁厚3mm，底厚7.5mm。容器应不漏水并有足够刚度，上有把手，底部外伸部分可用螺母将其固定在振动台上。

坍落度筒2：为截头圆锥，筒底部直径200mm±2mm，顶部直径100mm±2mm，高度300mm±2mm，壁厚不小于1.5mm，上下开口并与锥体轴线垂直，内壁光滑，筒外安有把手。

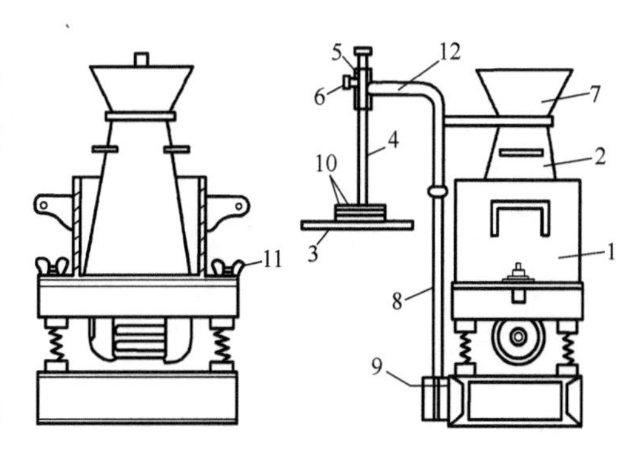

图12-13 维勃稠度仪

1-容器；2-坍落度筒；3-圆盘；4-滑杆；5-套筒；6-螺钉；7-漏斗；8-支柱；9-定位螺钉；10-荷重块；11-元宝螺母；12-旋转架

圆盘3：用透明塑料制成，上装有滑杆4。滑棒可以穿过套筒5垂直滑动。套筒装在一个可用螺钉6固定位置的旋转悬臂上。悬臂上还装有一个漏斗 7。坍落筒在容器中放好后，使漏斗底部套在坍落筒上口。旋臂装在支柱 8 上，可用定位螺钉 9 固定位置。滑棒和漏斗的轴线应与容器的轴线重合。圆盘直径 230mm ± 2mm，厚 10mm ± 2mm，圆盘、滑棒及荷重块组成的滑动部分总质量为 2750g ± 50g。滑棒可读，可用来测量坍落度值。

振动台：工作频率 50Hz、空载振幅 0.5mm，上有固定容器的螺栓。

②其他：捣棒、镘刀等，秒表分度值为 0.5s。

（3）试验方法与步骤

①将容器 1 用螺母固定在振动台上，放入润湿的坍落度筒 2，把漏斗 7 转到坍落度筒上口，拧紧螺钉 9，使漏斗对准坍落度筒口上方。

②按坍落度试验步骤，分三层经漏斗装入拌和物，用捣棒每层捣 25 次，捣毕第三层混凝土后，拧紧螺钉 6，把漏斗转回到原先的位置，并将筒模顶上的混凝土刮平，然后轻轻提起筒模。

③拧紧螺钉 9，使圆盘可定向地向下滑动，仔细转圆盘到混凝土上方，并轻轻与混凝土接触。检查圆盘是否可以顺利滑向容器。

④开动振动台并按动秒表，通过透明圆盘观察混凝土的振实情况，当圆盘底面刚为水泥浆布满时，迅速按停秒表和关闭振动台，记下秒表所记时间，精确至 1s。

⑤仪器每测试一次后，必须将容器、筒模及透明圆盘洗净擦干，并在滑杆等处涂薄层黄油，以备下次使用。

（4）结果整理及精度要求

由秒表读出时间即为该混凝土拌和物的维勃稠度值，精确至 1s。以两次试验结果取平均值作为混凝土拌和物稠度的维勃时间。

3）水泥混凝土拌和物表观密度试验

（1）试验目的

测定捣实的混凝土拌和物的密度，作为评定混凝土质量的一项指标。同时，以备修正、核实水泥混凝土配合比计算中的材料用量。

（2）仪器设备

①试样筒：试样筒为刚性金属圆筒，两侧装有把手，筒壁坚固且不漏水。对于集料公称最大粒径不大于 31.5mm 的拌和物采用 5L 的试样筒，其内径与内高均为 186mm ± 2mm，壁厚为 3mm。对于集料公称最大粒径大于 31.5mm 的拌和物所采用试样筒，其内径与内高均应大于集料公称最大粒径的 4 倍。

②捣棒：符合《水泥混凝土拌和物稠度试验方法》（T 0522—2005）中的规定。

③磅秤：量程 100kg，感量为 50g。

④振动台：应符合《水泥混凝土拌和物的拌和与现场取样方法》（T 0521—2005）中的规定。

⑤其他：金属直尺、镘刀、玻璃板等。

（3）试验方法与步骤

①试验前用湿布将容量筒内外擦干净，称出质量（m_1），精确至 50g。

②当坍落度大于 90mm 时，宜用人工插捣：

对于 5L 试样筒，可将混凝土拌和物分两层装入，每层插捣次数为 25 次。

对于大于 5L 的试样筒，每层混凝土高度不应大于 100mm，每层捣实次数按每10000mm^{2}截面积不小于 12 次计算。用捣棒从边缘到中心沿螺旋线均匀插捣。捣棒应垂直压下，不得冲击，捣底层时应至筒底，捣上两层时，须插入其下一层 20～30mm。每捣毕一层，应在量筒外壁拍打 5～10 次，直至拌和物表面不出现气泡为止。

③当坍落度不大于 90mm 时，宜用振动台振实，应将试样筒在振动台上夹紧，一次将拌和物装满试样筒，立即开始振动，振动过程中如混凝土低于筒口，应随时添加混凝土，振动直至拌和物表面出现水泥浆为止。

④用金属直尺齐筒口刮去多余的混凝土，用镘刀抹平表面，并用玻璃板检验，而后擦净试样筒外部并称其质量（m_2），精确至 50g。

（4）结果计算及精度要求

混凝土拌和物的表观密度应按式（12-28）计算，精确至 10kg/m^3。

$$\rho_h = \frac{m_2 - m_1}{V} \times 1000 \tag{12-28}$$

式中：ρ_h——混凝土拌和物的表观密度，kg/m^3；

m_1——试样筒质量，kg；

m_2——捣实后或振实后水泥混凝土和试样筒的总质量，kg；

V——试样筒容积，L。

以两次试验结果的算术平均值作为测定值，精确到 10kg/m^3，试样不得重复使用。

注：应经常校正试样筒容积：将干净的试样筒和玻璃板合并称其质量，再将试样筒加满水，盖上玻璃板，勿使筒内存有气泡，擦干外部水分，称出水的质量，即为试样筒容积。

12.5.3 水泥混凝土强度试验

1）水泥混凝土试件制作

（1）试验目的

为测定混凝土的力学性质，提供不同尺寸的试件，以供检验其力学性质。

（2）仪器设备

①搅拌机：自由式或强制式搅拌机。

②振动台：标准振动台。

③试模：内表面应刨光磨光（粗糙度 Ra＝3.2μm）。内部尺寸允许偏差为 ±0.2%；相邻面的夹角为 90°±0.3°。试件边长尺寸公差为 1mm。

④捣棒：为直径 16mm、长约 600mm，并具有半球形端头的钢质圆棒。

⑤橡皮锤：应带有质量约 250g 的橡皮锤头。

⑥游标卡尺。

（3）试验方法与步骤

①试件成型。

a. 水泥混凝土的拌和参照《水泥混凝土拌和物的拌和与现场取样方法》（T 0521—2005），成型前试模内壁涂一薄层矿物油。

b. 取拌和物的总量至少应比所需量高 20% 以上，并取出少量混凝土拌和物代表样，在 5min 内进行坍落度或维勃试验，认为品质合格后，应在 15min 内开始制作或做其他试验。

c. 对于坍落度小于 25mm 时，可采用 ϕ25mm 的插入式振捣棒成型。将混凝土拌和物一次装入试模，装料时应用抹刀沿各试模壁插捣，并使混凝土拌和物高出试模口；振捣时振捣棒距底板 10～20mm，且不要接触底板。振捣直到表面出浆为止，且应避免过振，以防止混凝土离析，一般振捣时间为20s。振捣棒拔出时要缓慢，拔出后不得留有孔洞。用刮刀刮去多余的混凝土，在临近初凝时，用抹刀抹平。试件抹面与试模边缘高低差不得超过0.5mm。

注：这里不适于用水量非常低的水泥混凝土，同时不适于直径或高度不大于100mm的试件。

d. 当坍落度大于25mm且小于70mm时，用标准振动台成型。将试模放在振动台上夹牢，防止试模自由跳动，将拌和物一次装满试模并稍有富余，开动振动台至混凝土表面出现乳状水泥浆时为止，振动过程中随时添加混凝土使试模常满，记录振动时间（为维勃秒数的2～3倍，一般不超过90s）。振动结束后，用金属直尺沿试模边缘刮去多余混凝土，用镘刀将表面初次抹平，待试件收浆后，再次用镘刀将试件仔细抹平，试件抹面与试模边缘的高低差不得超过0.5mm。

e. 当坍落度大于70mm时，用人工成型。拌和物分厚度大致相等的两层装入试模。捣固时按螺旋方向从边缘到中心均匀地进行。插捣底层混凝土时，捣棒应到达模底；插捣上层时，捣棒因贯穿上层后插入下层20～30mm处。插捣时应用力将捣棒压下，保持捣棒垂直，不得冲击，捣完一层后，用橡皮锤轻轻击打试模外端面10～15下，以填平插捣过程中留下的孔洞。

每层插捣次数$100cm^2$截面面积内不得少于12次。试件抹面与试模边缘的高低差不得超过0.5mm。

②试件养护

a. 试件成型后，用湿布覆盖表面（或其他保持湿度方法），在室温20℃±5℃，相对湿度大于50%的环境下，静放一个到两个昼夜，然后拆模并作第一次外观检查、编号，对有缺陷的试件应除去，或加工补平。

b. 将完好试件放入标准养护室进行养护，标准养护室温度20℃±2℃，相对湿度在95%以上，试件宜放在铁架或木架上，间距至少10～20mm，试件表面应保持一层水膜，并避免用水直接冲淋。当无标准养护室时，将试件放入温度20℃±2℃的不流动的$Ca(OH)_2$饱和溶液中养护。

c. 标准养护龄期为28d（以搅拌加水开始），非标准的龄期为1d、3d、7d、60d、90d、180d。

2）水泥混凝土立方体抗压强度试验

（1）试验目的

本试验适用于测定混凝土立方体抗压强度，以确定混凝土的强度等级，也可以作为评定混凝土质量的主要指标，还可以为确定混凝土的试验室配合比提供依据。

（2）仪器设备

①压力机或万能试验机：压力机除符合《液压式万能试验机》（GB/T 3159—2008）及《试验机通用技术要求》（GB/T 2611—2007）中的要求外，其测量精度为±1%，试件破坏荷载应大于压力机全量程的20%且小于压力机全量程的80%。同时应具有加荷速度指示装置或加荷速度控制装置。上下压板平整并有足够刚度，可以均匀地连续加荷卸荷，可以保持固定荷载，开机停机均灵活自如，能够满足试件破型吨位要求。

②球座：钢质坚硬，面部平整度要求在100mm距离内高低差值不超过0.05mm，球面及球窝粗糙度Ra=0.32μm，研磨、转动灵活。不应在大球座上做小试件破型，球座最好放置在试件顶面（特别是棱柱试件），并凸面朝上，当试件均匀受力后，一般不宜再敲动球座。

③混凝土强度等级大于或等于C60时，试验机上、下压板之间应各垫一钢垫板，平面尺寸应不小于试件的承压面，其厚度至少为25mm。钢垫板应机械加工，其平面度允许偏

差 ±0.04mm；表面硬度大于或等于 55HRC；硬化层厚度约 5mm。试件周围应设置防崩裂网罩。

(3)试件制备和养护

①试件制备和养护应符合上述规定。

②混凝土抗压强度试件应同龄期者为一组，每组为三个同条件制作和养护的混凝土试块。

(4)试验方法与步骤

①至试验龄期时，自养护室取出试件，应尽快试验，避免其湿度变化。

②取出试件，检查其尺寸及形状，相对两面应平行。量出棱边长度，精确至 1mm。试件受力截面积按其与压力机上下接触面的平均值计算。在破型前，保持试件原有湿度，在试验时擦干试件。

③以成型时侧面为上下受压面，试件中心应与压力机几何对中。

④强度等级小于 C30 的混凝土取 0.3 ~ 0.5MPa/s 的加荷速度；强度等级大于 C30、小于 C60 时，则取 0.5 ~ 0.8MPa/s 的加荷速度；强度等级大于 C60 的混凝土取 0.8 ~ 1.0MPa/s 的加荷速度。当试件接近破坏而开始迅速变形时，应停止调整试验机油门，直至试件破坏，记下破坏极限荷载 F(N)。

(5)结果计算及精度要求

混凝土立方体抗压强度应按式(12-29)计算，计算应精确至 0.1MPa。

$$f_{cu} = \frac{F}{A} \tag{12-29}$$

式中：f_{cu}——混凝土立方体抗压强度，MPa；

F——极限荷载，N；

A——受压面积，mm^2。

强度值的确定应符合下列规定：

以三个试件测值的算术平均值为测定值，计算精确至 0.1MPa。三个测值中的最大值或最小值中如有一个与中间值之差超过中间值的 15%，则取中间值为测定值；如最大值和最小值与中间值之差均超过中间值的 15%，则该组试验结果无效。

混凝土强度等级小于 C60 时，非标准试件的抗压强度应乘以尺寸换算系数(表12-8)，并应在报告中注明。当混凝土强度等级大于或等于 C60 时，宜用标准试件，使用非标准试件时，换算系数由试验确定。

抗压强度尺寸换算系数表 表 12-8

试件尺寸(mm)	100×100×100	150×150×150	200×200×200
换算系数	0.95	1.00	1.05

3)水泥混凝土抗弯拉强度试验

(1)试验目的

测定混凝土的抗弯拉强度，以提供设计参数、检查混凝土施工品质和确定抗折弹性模量试验加荷标准，适用于道路混凝土的直角小梁试件。

(2)仪器设备

①压力机或万能试验机：应符合《水泥混凝土试件制作与硬化水泥混凝土现场取样方法》(T 0551—2005)的规定。

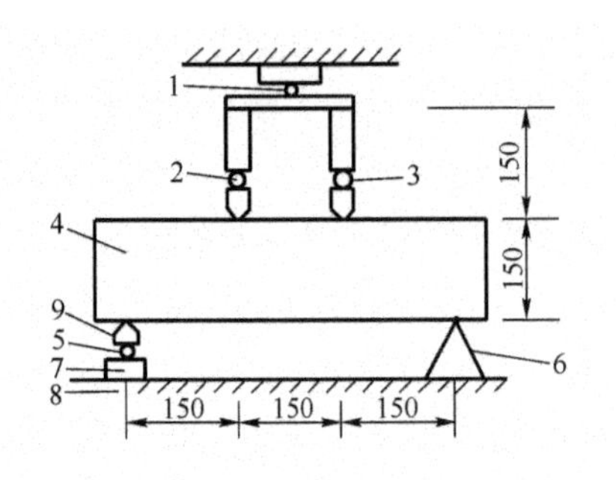

图 12-14　抗弯拉试验装置(尺寸单位:mm)

1、2-一个钢球;3、5-两个钢球;4-试件;6-固定支座;7-活动支座;8-机台;9-活动船形垫块

②抗弯拉试验装置(三分点处双点加荷和三点自由支承式混凝土抗弯拉强度与抗弯拉弹性模量试验装置):如图 12-14 所示。

(3)试件制备和养护

①试件尺寸应符合规定要求,同时在试件长向中部 1/3 区段内表面不得有直径超过 5mm、深度超过 2mm 的孔洞。

②混凝土抗弯拉强度试件应取同龄期者为一组,每组为三根同条件制作和养护的试件。

(4)试验方法与步骤

①试件取出后,用毛巾覆盖并及时进行试验,保持试件干湿状态不变。在试件中部量出其宽度和高度,精确至 1mm。

②调整两个可移动支座,将试件安放在支座上,试件成型时的侧面朝上,几何对中后,务必使支座及承压面与活动船形垫块的接触面平稳、均匀,否则应垫平。

③加荷时,应保持均匀、连续。当混凝土的强度等级小于 C30 时,加荷速度为 0.02 ~ 0.05MPa/s;当混凝土的强度等级大于或等于 C30 小于 C60 时,加荷速度为 0.05 ~ 0.08MPa/s;当混凝土的强度等级大于或等于 C60 时,加荷速度为 0.08 ~ 0.10MPa/s。当试件接近破坏而开始迅速变形时,不得调整试验机油门,直至试件破坏,记下破坏极限荷载 F(N)。

④记录下最大荷载和试件下边缘断裂的位置。

(5)结果计算及精度要求

当断面发生在两个加荷点之间时,抗弯拉强度 f_{cf} 按下式计算:

$$f_{cf} = \frac{FL}{bh^2} \tag{12-30}$$

式中:f_{cf}——混凝土抗弯拉强度,MPa;

F——极限荷载,N;

L——支座间距离,mm;

b——试件宽度,mm;

h——试件高度,mm。

以三个试件测值的算术平均值为测定值。三个试件中最大值或最小值中如有一个与中间值之差超过中间值的 15%,则把最大值和最小值舍去,以中间值作为试件的抗弯拉强度;如最大值和最小值与中间值之差值均超过中间值 15%,则该组试验结果无效。

三个试件中如果有一个断裂面位于加荷点外侧,则混凝土抗弯拉强度按另外两个试件的试验结果计算。如果这两个测值的差值不大于这两个测值中较小值的 15%,则以两个测值的平均值为测试结果,否则结果无效。如果有两根试件均出现断裂面位于加荷点外侧,则该组结果无效。抗弯拉强度计算精确到 0.01MPa。

注:断面位置在试件断块短边一侧的底面中轴线上量得。

采用 100mm × 100mm × 400mm 非标准试件时,在三分点加荷的试验方法同前,但所取得的抗弯拉强度值应乘以尺寸换算系数 0.85。当混凝土强度等级大于或等于 C60 时,应采用标准试件。

12.6 沥 青 试 验

12.6.1 沥青针入度试验

1)试验目的

测定沥青的针入度,以评价黏稠石油沥青的黏滞性,并确定沥青标号。还可以进一步计算沥青的针入度指数 PI,用以描述沥青的温度敏感性。一般非经注明,规定的试验条件指:试验温度为25℃,标准针的质量(包括标准针、针的连杆及附加砝码的质量)为 100g ±0.05g,时间为5s。

2)试验仪具

(1)针入度仪:凡能保证针和针连杆在无明显摩擦下垂直运动,并能指示标准针贯入试样深度准确至0.1mm 的仪器均可使用。针和针连杆组合件总质量为50g ±0.05g,另附 50g ±0.05g砝码一个,试验时总质量为100g ±0.05g。为提高测试精密度,宜采用自动针入度仪进行测试。针入度仪如图9-3 所示,由以下部分组成:

标准针:不锈钢制成,质量为2.5g ±0.05g。

盛样皿:金属制,圆柱形平底。小盛样皿的内径 55mm,深 35mm(适用于针入度小于20010.1mm);大盛样皿内径 70mm,深45mm(适用于针入度200 ~350)。对于针入度大于350的试样需使用特殊盛样皿,其深度不小于60mm,试样体积不小于125mL。

(2)恒温水浴:容量不小于10L,控温准确度为0.1℃。水槽中应设有一带孔的搁架,位于水面下不小于100mm,距水槽底不得少于50mm 处。

(3)平底玻璃皿:容量不小于1L,深度不小于80mm。内设有一不锈钢三脚支架,使盛样皿稳定。

(4)温度计:0 ~50℃,分度为0.1℃。

(5)秒表:分度为0.1s。

(6)盛样皿盖:平板玻璃,直径不小于盛样皿开口尺寸。

(7)溶剂:三氯乙烯。

(8)其他:电炉或砂浴、石棉网、金属锅或瓷把坩埚。

3)试验方法

(1)沥青试样准备方法

①将装有试样的盛样器带盖放入恒温烘箱中,当石油沥青试样中含有水分时,烘箱温度80℃左右,加热至沥青全部熔化后供脱水用。当石油沥青中无水分时,烘箱温度宜为软化点温度以上90℃,通常为135℃左右。沥青试样不得直接采用电炉或煤气炉明火加热。

②当石油沥青试样中含有水分时,将盛样器皿放在可控温的砂浴、油浴、电热套上加热脱水,不得已采用电炉、煤气炉加热脱水时必须加放石棉垫。时间不超过30min,并用玻璃棒轻轻搅拌,防止局部过热。在沥青温度不超过100℃的条件下,仔细脱水至无泡沫为止,最后的加热温度不超过软化点以上100℃(石油沥青)或50℃(煤沥青)。

③将盛样器中的沥青通过0.6mm 的滤筛过滤。

(2)制备试样方法

过滤后不等冷却立即一次将试样灌入盛样皿中,试样深度应超过预计针入度值10mm,并盖上盛样皿,以防落入灰尘。盛有试样的盛样皿在15~30℃室温中冷却不小于1.5h(小盛样皿)、2h(大盛样皿)或3h(特殊盛样皿)后移入保持规定试验温度±0.1℃的恒温水槽中不少于1.5h(小盛样皿)、2h(大盛样皿)或2.5h(特殊盛样皿)。

(3)针入度试验

①调整针入度仪使之水平。检查针连杆和导轨,以确认无水和其他外来物,无明显摩擦。用三氯乙烯或其他溶剂清洗标准针,并拭干。将标准针插入针连杆,用螺钉固紧。

②取出达到恒温的盛样皿,并移入水温控制在试验温度±0.1℃(可用恒温水槽中的水)的平底玻璃皿中的三脚架上,试样表面以上的水层深度不少于10mm。

③将盛有试样的平底玻璃皿置于针入度仪的平台上。慢慢放下针连杆,用适当位置的反光镜或灯光反射观察,使针尖恰好与试样表面接触。拉下刻度盘的拉杆,使与针连杆顶端轻轻接触,调节刻度盘或深度指示器的指针指示为零。

④开始试验,按下释放键,使标准针自动下落贯入试样,至5s时自动停止。

⑤读取位移计或刻度盘指针的读数,准确至0.1mm。

⑥同一试样平行试验至少三次,各测试点之间及与盛样皿边缘的距离不应少于10mm。每次试验后应将盛有盛样皿的平底玻璃皿放入恒温水槽,使平底玻璃皿中水温保持试验温度。每次试验应换一根干净的标准针或将标准针取下用蘸有三氯乙烯溶剂的棉花或布揩净,再用干棉花或布擦干。

⑦测定针入度大于200(0.1mm)的沥青试样时,至少用三支标准针,每次试验后将针留在试样中,直至三次平行试验完成后,才能将标准针取出。

4)报告

同一试样三次平行试验结果的最大值和最小值之差在表12-9所列允许偏差范围内时,计算三次试验结果的平均值,取整数作为针入度试验结果,以0.1mm为单位。

平行试验结果极差的允许偏差范围 表12-9

针入度(0.1mm)	允许差值(0.1mm)	针入度(0.1mm)	允许差值(0.1mm)
0~49	2	150~249	12
50~149	4	250~500	20

当试验值不符此要求时,应重新进行。

5)精密度与允许差

当试验结果小于50(0.1mm)时,重复性试验的允许差为2(0.1mm),再现性试验的允许差为4(0.1mm);当试验结果大于或等于50(0.1mm)时,重复性试验的允许差为平均值的4%,再现性试验的允许差为平均值的8%。

12.6.2 沥青延度试验

1)试验目的

测定沥青的延度,可以评价黏稠沥青的塑性变形能力。通常采用的试验温度为25℃、15℃、10℃或5℃,拉伸速度为5cm/min±0.25cm/min。当低温采用1cm/min±0.5cm/min拉伸速度时,应在报告中注明。

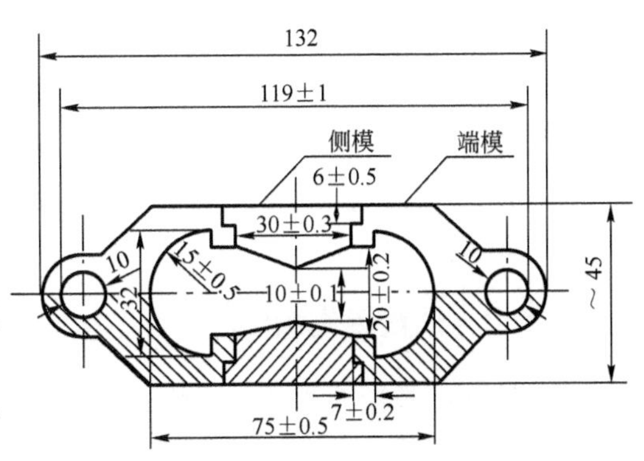

图 12-15　沥青延度试模(尺寸单位:mm)

2)试验仪具

(1)延度仪:将试件浸没于水中,能保持规定的试验温度及按照规定拉伸速度拉伸试件,且试验时无明显振动的延度仪均可使用。

(2)试模:黄铜制,由两个端模和两个侧模组成,其形状如图 12-15 所示。

(3)试模底板:玻璃板或磨光的铜板,不锈钢板。

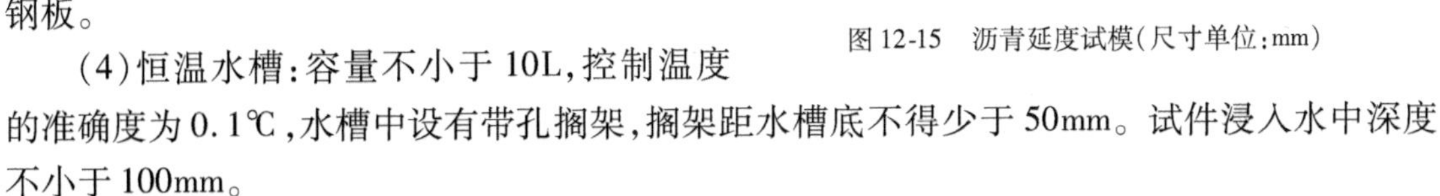

(4)恒温水槽:容量不小于 10L,控制温度的准确度为 0.1℃,水槽中设有带孔搁架,搁架距水槽底不得少于 50mm。试件浸入水中深度不小于 100mm。

(5)温度计:0~50℃,分度为 0.1℃。

(6)砂浴或其他加热炉具。

(7)甘油滑石粉隔离剂(质量比为 2∶1)。

(8)其他:平刮刀、石棉网、酒精、食盐等。

3)试验方法

(1)制备试样

①将隔离剂拌和均匀,涂于清洁干燥的试模底板和两个侧模的内侧表面,并将试模在试模底板上装妥。

②按规定方法准备试样(同沥青针入度试验),将试样仔细自试模的一端至另一端往返数次缓缓注入模中,最后略高出试模。注意:灌模时勿使气泡混入。

③试件在室温中冷却不少于 1.5h,然后用热刮刀刮除高出试模的沥青。沥青的刮法应自模的中间刮向两端,且表面应刮得平滑。将试模连同底板再浸入规定试验温度的水槽中保温 1.5h。

(2)延度试验

①检查延度仪拉伸速度是否符合规定要求,然后移动滑板使其指针正对标尺的零点。将延度仪注水,并保温达试验温度 ±0.1℃。

②将保温后的试件连同底板移入延度仪的水槽中,从底板上取下试件,将试模两端的孔分别套在滑板及槽端固定板的金属柱上,取下侧模。水面距试件表面应不小于 25mm。

③开动延度仪,并注意观察试样的延伸情况。在试验时,如发现沥青细丝浮于水面或沉入槽底时,则应在水中加入酒精或食盐调整水的密度至与试样密度相近后,再重新试验。

④试件拉断时,读取指针所指标尺上的读数,以 cm 表示。在正常情况下,试件延伸时应成锥尖状,拉断时实际断面接近于零。如不能得到这种结果,则应在报告中注明。

4)报告

同一试样,每次平行试验不少于三个,如三个测定结果均大于 100cm 时,试验结果记作“>100cm”;特殊需要也可分别记录实测值。如三个测定结果中,有一个以上的测定值小于 100cm 时,若最大值或最小值与平均值之差满足重复性试验精度要求,则取三个测定结果平均值的整数作为延度试验结果，若平均值大于 100cm，记作“ >100cm”；若最大值或最小值与平均值之差不符合重复性试验精度要求时，试验应重新进行。

5）精密度或允许差

当试验结果小于 100cm 时，重复性试验的允许差为平均值的 20%，再现性试验的允许差为平均值的 30%。

12.6.3 沥青软化点试验

沥青软化点是指沥青试样在规定尺寸的金属环内，上置规定尺寸和重量的钢球，放于水或甘油中，以规定的速度加热（5℃/min ±0.5℃/min），至钢球下沉达规定距离时的温度，以℃表示。

1）试验目的

测定沥青的软化点，可以评定黏稠沥青的热稳定性。

2）试验仪具

（1）环与球软化点仪：环与球法软化点仪由下列几个部分组成。

钢球：直径为 9.53mm，质量为 3.5g ±0.05g。

试样环：用黄铜或不锈钢等制成，其形状尺寸如图 12-16 所示。

钢球定位环：用黄铜或不锈钢制成，形状尺寸如图 12-17 所示。

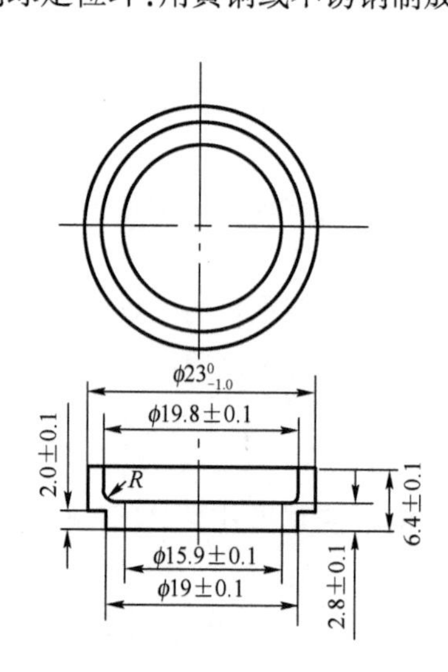

图 12-16 试样环（尺寸单位：mm）

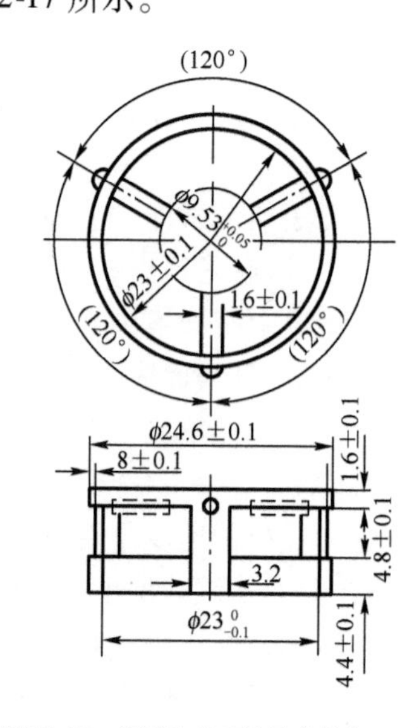

图 12-17 钢球定位环（尺寸单位：mm）

金属支架：由两个主杆和三层平行的金属板组成。上层为一圆盘，直径略大于烧杯直径，中间有一圆孔，用以插放温度计。中层板上有两个孔，以供放置试样环，中间有一小孔可支持温度计的测温端部。一侧立杆距环上面 51mm 处刻有水高标记。环下面距下层板为 25.4mm，而下底板距烧杯底不小于 12.7mm，也不得大于 19mm。三层金属板和两个主杆由两螺母固定在一起。

耐热玻璃烧杯：容积 800 ~ 1000mL，直径不小于 86mm，高度不小于 120mm。

温度计：刻度 0 ~ 100℃，分度为 0.5℃。

（2）试样底板：金属板或玻璃板。

（3）环夹：由薄钢条制成，用以夹持金属环，以便刮平试样表面。

(4)平直刮刀。

(5)甘油滑石粉隔离剂。

(6)加热炉具:装有温度调节器的电炉或其他加热炉具。应采用带有振荡搅拌器的加热电炉,振荡子置于烧杯底部。

(7)恒温水槽:控温的准确度为0.5℃。

(8)其他:新煮沸过的蒸馏水、石棉网。

3)试验方法

(1)制备试样

①将试样环置于涂有隔离剂的金属板上,按规定方法准备好沥青试样,然后缓缓注入试样环内至略高出环面为止。如估计软化点高于120℃,则试样环和金属底板均应预热至80~100℃。

②试样在室温冷却30min后,用环夹夹着试样环,并用热刮刀刮除环面上的试样,与环面齐平。

(2)试样软化点在80℃以下者的试验步骤

①将装有试样的试样环连同金属板置于5℃±0.5℃水的恒温水槽中至少15min;同时将金属支架、钢球、钢球定位环等亦置于相同水槽中。

②烧杯内注入新煮沸并冷却至5℃的蒸馏水或纯净水,水面略低于立杆上的深度标记。

③从恒温水槽中取出盛有试样的试样环放置在支架中层板的圆孔中,并套上定位环;然后将整个环架放入烧杯中,调整水面至深度标记,并保持水温为5℃±0.5℃。环架上任何部分不得附有气泡。将温度计由上层板中心孔垂直插入,使端部测温头底部与试样环下面齐平。

④将烧杯移至放有石棉网的加热炉具上,然后将钢球放在定位环中间的试样中央,立即开动振荡搅拌器,使水微微振荡,并开始加热,使杯中水温在3min内调节至维持每分钟上升5℃±0.5℃。在加热过程中,应记录每分钟上升的温度值,如温度上升速度超出此范围时,则试验应重做。

⑤试样受热软化逐渐下坠,至与下层底板表面接触时,立即读取温度,准确至0.5℃。

采用电动软化点仪可简化试验操作步骤。

(3)试样软化点在80℃以上者的试验步骤

①将装有试样的试样环连同金属底板置于装有32℃±1℃甘油的恒温槽中至少15min;同时将金属支架、钢球、钢球定位环等亦置于甘油中。

②在烧杯内注入预先加热至32℃的甘油,其液面略低于立杆上的深度标记。

③从恒温槽中取出装有试样的试样环,按上述方法进行测定,准确至1℃。

4)报告

同一试样平行试验两次,当两次测定值的差值符合重复性试验精密度要求时,取其平均值作为软化点试验结果,准确至0.5℃。

5)精密度或允许差

当试样软化点小于80℃时,重复性试验的允许差为1℃,再现性试验的允许差为4℃。

当试样软化点等于或大于80℃时,重复性试验的允许差为2℃,再现性试验的允许差为8℃。

12.7 沥青混合料试验

12.7.1 沥青混合料马歇尔试验

1)沥青混合料试件制备(击实法)

(1)试验目的

本方法适用于标准击实法或大型击实法制作沥青混合料试件,以供试验室进行沥青混合料物理力学性质试验使用。

(2)试验仪具

①自动击实仪。

标准击实仪:由击实锤、ϕ98.5mm ±0.5mm 平圆形压实头及带手柄的导向棒组成。用人工或机械将压实锤举起,从 457.2mm ±1.5mm 高度沿导向棒自由落下击实,标准击实锤质量4536g ±9g。

大型击实仪:由击实锤、ϕ149.4mm ±0.1mm 平圆形压实头及带手柄的导向棒组成。用人工或机械将压实锤举起,从 457.2mm ±2.5mm 高度沿导向棒自由落下击实,标准击实锤质量10210g ±10g。

②试验室用沥青混合料拌和机:如图 12-18,能保证拌和温度并充分拌和均匀,可控制拌和时间,容量不少于 10L,搅拌叶自转速度 70 ~80r/min,公转速度 40 ~50r/min。

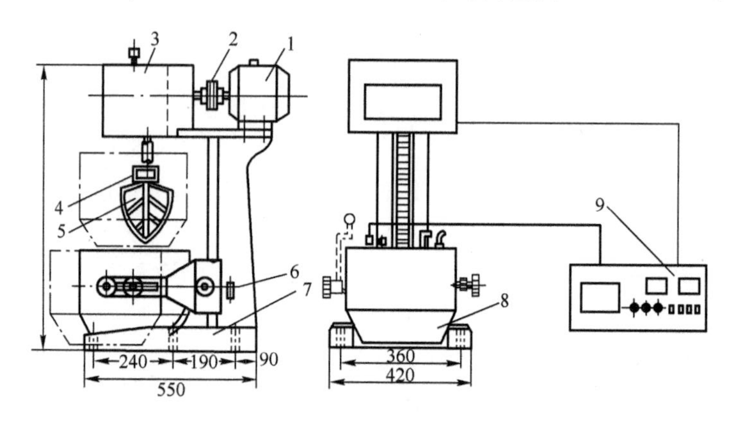

图 12-18 试验室内沥青混合料拌和机(尺寸单位:mm)

1-电机;2-联轴器;3-变速箱;4-弹簧;5-拌和叶片;6-升降手柄;7-底座;8-加热拌和锅;9-温度时间控制仪

③脱模器:电动或手动备有标准圆柱体试件及大型圆柱体试件尺寸的推出环。

④试模:由高碳钢或工具钢制成。标准击实仪试模每组包括内径 101.6mm ±0.2mm,高约 87mm 的圆柱形金属筒、底座(直径约 120.6mm)和套筒(内径 104.8mm,高约 70mm)各 1 个;大型击实仪试模每组包括内径 152.4mm ±0.2mm,总高 115mm 的圆柱形金属筒、底座(厚度12.7mm,直径 172mm)和套筒(外径 165.1mm,内径 155.6mm ±0.3mm,总高 83mm)各一个。

⑤烘箱:大、中型各一台,装有温度调节器。

⑥天平或电子秤:用于称量矿料的,感量不大于 0.5g;用于称量沥青的,感量不大于 0.1g。

⑦插刀或大螺丝刀。

⑧温度计:分度为 1℃,量程 0 ~300℃。宜采用有金属插杆的数显示温度计。

⑨布洛克菲尔德黏度计。

⑩其他：电炉或煤气炉、沥青熔化锅、拌和铲、标准筛、滤纸（或普通纸）、胶布、卡尺、秒表、粉笔、棉纱等。

（3）试验方法

①混合料的拌制。

a. 按表12-10选用确定制作沥青混合料试件的拌和与压实温度，并根据沥青品种和标号做适当调整。针入度小，稠度大的沥青取高限；针入度大，稠度小的沥青取低限；一般取中值。

沥青混合料的拌和及压实温度参考表 表12-10

沥青结合料种类	拌和温度（℃）	压实温度（℃）
石油沥青	140～160	120～150
改性沥青	160～175	140～170

若采用黏—湿曲线确定试件成型温度，石油沥青的宜适拌和黏度为0.17Pa·s±0.02Pa·s，宜适压实黏度为0.28Pa·s±0.03Pa·s。

b. 将各种规格的矿料置105℃±5℃的烘箱中烘干至恒重（一般不少于4～6h）。根据需要，粗集料可先用水冲洗干净后烘干。也可将粗、细集料过筛后，用水冲洗再烘干备用。

c. 按规定试验方法分别测定不同规格粗、细集料及填料的各种密度，并测定沥青的密度。

d. 将烘干分级的粗、细集料，按每个试件设计级配要求称其质量，在一金属盘中混合均匀（矿粉单独放一小盆里加热），置烘箱中预热至沥青拌和温度以上约15℃（采用石油沥青通常为163℃）备用。一般按一组试件（每组4～6个）备料，但进行配合比设计时宜对每个试件分别备料。

将采集的沥青试样，用恒温烘箱加热至规定的沥青混合料拌和温度备用，但不得超过175℃。当不得已采用燃气炉或电炉直接加热进行脱水时，必须使用石棉垫隔开。

e. 用蘸有少许黄油的棉纱擦净试模、套筒及击实座等，并置于100℃左右烘箱中加热1h备用。

f. 将沥青混合料拌和机预热至拌和温度以上10℃备用。

g. 将加热的粗、细集料置于拌和机中，用小铲适当混合，然后再加入需要数量的已加热至拌和温度的沥青，开动拌和机，一边搅拌，一边将拌和叶片插入混合料中拌和1～1.5min，然后暂停拌和，加入加热的矿粉，继续拌和至均匀为止，并使沥青混合料保持在要求的拌和温度范围内，标准的总拌和时间为3min。

②试件成型。

a. 将拌好的沥青混合料，均匀称取一个试件所需的用量（标准马歇尔试件约1200g，大型马歇尔试件约4050g）。如已知沥青混合料的密度，可根据试件的标准尺寸计算并乘以1.03得到要求沥青混合料数量。当一次拌和几个试件时，宜将其倒入经预热的金属盘中，用小铲拌和均匀分成几份，分别取用。试件制作过程中，为防止混合料温度下降，应连盘放入烘箱中保温。

b. 从烘箱中取出预热的试模及套筒，用沾有少许黄油的棉纱擦拭套筒、底座及击实锤底面，将试模装在底座上，垫一张圆形吸油性小的纸，按四分法从四个方向用小铲将混合料铲入试模中，用插刀或大螺丝刀沿周边插捣15次，中间10次。插捣后将沥青混合料表面整平。对大型击实试件，混合料分2次加入，插捣方法同上。

c. 插入温度计，至混合料中心附近，检查混合料温度。

d. 待混合料温度达到要求的压实温度后，将试模连同底座一起放在击实台上固定，也可在装好的混合料上垫一张吸油性小的圆纸，再将装有击实锤及导向棒的压实头插入试模中，然后开启电动机，将击实锤从457mm的高度自由落下击实规定的次数（对标准试件，为75次、50次或35次；对大型试件，为75或112次，分别相应于标准试件的50次或75次）。

e. 试件击实一面后，取下套筒，将试模掉头，装上套筒，然后以同样的方法和次数击实另一面。

f. 试件击实结束后，如上下面垫有圆纸，应立即用镊子取掉，用卡尺量取试件离试模上口的高度，并由此计算试件高度，如高度不符合要求时，试件应作废，并按式（12-31）调整试件的混合料数量，使高度符合63.5mm ±1.3mm标准试件或95.3mm ±2.5mm大型试件的要求。

$$\text{调整后沥青混合料数量} = \frac{\text{要求试件高度（如 63.5mm）} \times \text{原用混合料数量}}{\text{所得试件的高度}} \tag{12-31}$$

g. 卸去套筒和底座，将装有试件的试模横向放置冷却至室温后（不少于12h），置脱模机上脱出试件，并将试件仔细置于干燥洁净的平面上，供试验用。

如现场检测马歇尔指标用于急需，允许采用电风扇吹冷1h或浸水冷却3min以上的方法脱模，但试件不能用于测量密度、空隙率等物理指标。

2）沥青混合料物理指标测定

（1）试验目的

测定压实沥青混合料密度及其他物理指标（空隙率、饱和度），以评价沥青混合料的技术性质，确定沥青混合料的配合比。

（2）试验仪具

①浸水天平或电子秤：当最大称量在3kg以下时，感量不大于0.1g；最大称量3kg以上时，感量不大于0.5g，并配有挂钩。

②网篮。

③溢流水箱：使用洁净水，有水位溢流装置，保持试件和网篮浸入水中后的水位一定。能调节水温至25℃ ±0.5℃。

④试件悬吊装置：天平下方悬吊网篮及试件的装置，吊线应采用不吸水的细尼龙线绳，并有足够的长度，对轮碾成型机成型的板块状试件可用铁丝悬挂。

（3）试验方法

①选择适宜的浸水天平（或电子秤），最大称量应满足试件质量的要求。

②除去试件表面的浮粒，称取干燥试件在空气中的质量（m_a），根据选择天平的感量读数，准确至0.1g或0.5g。

③将溢流水箱水温保持在25℃ ±0.5℃。挂上网篮浸入溢流水箱的水中，调节水位，将天平调平或复零，把试件置于网篮中（注意不要使水晃动）浸水3～5min，待天平稳定后立即读数，称取其水中质量（m_w）。若天平读数持续变化，不能很快达到稳定，则说明试件吸水较严重，不适用于此方法，应改用蜡封法测定。

④从水中取出试件，用洁净柔软的拧干湿毛巾轻轻擦去试件的表面水（不得吸走空隙内的水），称取试件表干质量（m_f）。

(4)计算物理指标

①毛体积相对密度。

沥青混合料试件的毛体积相对密度按式(10-4)计算,取三位小数。

②理论最大密度或理论相对最大密度。

沥青混合料理论最大密度或理论相对最大密度按式(10-7)或式(10-8)计算,取三位小数。

③空隙率。

沥青混合料压实试件的空隙率按式(10-10)计算,取一位小数。

④矿料间隙率。

试件矿料间隙率按式(10-11)计算,取一位小数。

⑤沥青饱和度。

沥青饱和度按式(10-13)计算,取一位小数。

3)沥青混合料马歇尔稳定度试验

(1)试验目的

测定沥青混合料稳定度和流值,为沥青混合料配合比设计和沥青路面施工质量控制提供数据。

(2)试验仪具

①沥青混合料马歇尔试验仪:对用于高速公路和一级公路的沥青混合料宜采用自动马歇尔试验仪,用计算机或 X-Y 记录仪记录荷载—位移曲线,并具有自动测定荷载与试件垂直变形的传感器、位移计,能自动显示和打印试验结果。对标准马歇尔试件,试验仪最大荷载不得小于25kN(大马歇尔试件,试验仪最大荷载不得小于50kN),读数准确度至0.1kN,加载速率应保持50mm/min ±5mm/min。钢球直径16mm,上下压头曲率半径为50.8mm。

②恒温水槽:控温准确度为1℃,深度不少于150mm。

③真空饱水容器:由真空泵和真空干燥器组成。

④烘箱。

⑤天平:感量不大于0.1g。

⑥温度计:分度为1℃。

⑦卡尺。

⑧其他:棉纱、黄油。

(3)试验方法

①按照前述方法成型马歇尔试件,标准的马歇尔试件尺寸应符合直径101.6mm ±0.2mm、高63.5mm ±1.3mm 或大马歇尔试件应符合直径152.4mm ±0.2mm、高95.3mm ±2.5mm的要求。一组试件不得少于四个。

②测量试件直径和高度:用卡尺测量试件中部的直径,用马歇尔试件高度测定器或卡尺在十字对称的四个方向量测离试件边缘10mm 处的高度,准确至0.1mm,并取四个值的平均值作为试件的高度。如试件高度不符合63.5mm ±1.3mm 或95.3mm ±2.5mm 要求或两侧高度差大于2mm 时,此试件应作废。

③将测定密度后的试件置于恒温水槽中,对于标准的马歇尔试件保温时间需30~40min(大马歇尔试件需45~60min)。试件之间应有间隔,并架起,试件离水槽底部不小于5cm。

④将马歇尔试验仪的上下压头放入水槽或烘箱中达到同样温度。将上下压头从水槽或烘箱中取出擦拭干净内表面。为使上下压头滑动自如,可在上下压头的导棒上涂少许黄油,再将

试件取出置于下压头上，盖上上压头，然后装在加载设备上。

⑤在上压头的球座上放妥钢球，并对准荷载测定装置的压头。

⑥采用自动马歇尔试验仪时，将自动马歇尔试验仪的压力传感器、位移传感器与计算机或X－Y记录仪正确连接，调整好适宜的放大比例，压力和位移传感器调零。

⑦采用压力环和流值计时，将流值计安装在导棒上，使导向套管轻轻地压住上压头，同时将流值计读数调零。调整压力环中百分表，对零。

⑧启动加载设备，使试件承受荷载，加载速度为50mm/min ±5mm/min。计算机或X-Y记录仪自动记录传感器压力和试件变形曲线，并将数据自动存入计算机。

⑨当试验荷载达到最大值的瞬间，取下流值计，同时读取应力环中百分表或荷载传感器读数及流值计的流值读数。

⑩从恒温水槽中取出试件至测出最大荷载值的时间，不应超过30s。

(4)浸水与真空饱水马歇尔试验方法

浸水马歇尔试验方法是将沥青混合料试件在规定温度（黏稠沥青混合料为60℃ ±1℃）的恒温水槽中保温48h，然后测定其稳定度。其余方法与标准马歇尔试验方法相同。

真空饱水马歇尔试验方法，是先将试件放入真空干燥器中，在真空度达到97.3kPa(730mmHg)以上，维持15min；然后打开进入胶管，在负压作用下浸水15min，再取出试件，按上述方法进行马歇尔试验。

(5)结果计算

①稳定度和流值。

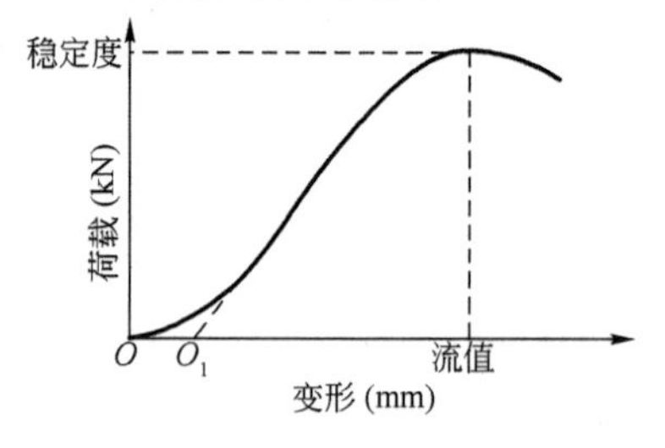

图12-19　马歇尔试验结果的修正方法

当采用自动马歇尔试验仪时，将计算机采集的数据绘制成压力和试件变形曲线，或由X-Y记录仪自动记录的荷载—变形曲线，按图12-19所示的方法在切线方向延长曲线与横坐标相交于O_1点，将O_1点作为修正原点，从O_1点起量取相应于最大荷载值时的变形作为流值FL，以mm计，准确至0.1mm。最大荷载即为稳定度MS，以kN计，准确至0.01kN。

采用应力环百分表和流值计测定时，根据应力环标定曲线，将应力环中百分表的读数换算为荷载值，即试件的稳定度MS，以kN计，准确至0.01kN。由流值计及位移传感器测定装置读取的试件垂直变形，即为试件的流值FL，以mm计，准确至0.1mm。

②马歇尔模数。

沥青混合料试件的马歇尔模数根据式(10-2)计算。

③残留稳定度。

沥青混合料试件的残留稳定度根据试件的浸水或真空饱水马歇尔稳定度和标准马歇尔稳定度，可按式(10-14)求得。

(6)试验结果报告

当一组测定值中某个数值与平均值之差大于标准差k倍时，该测定值应予舍弃，并以其余测定值的平均值作为试验结果。当试验数n为3、4、5、6个时，k值分别为1.15、1.46、1.67、1.82。

采用自动马歇尔试验仪时，试验结果应附上荷载—变形曲线原件或打印结果，并报告马歇尔稳定度、流值、马歇尔模数以及试件尺寸、试件的密度、空隙率、沥青用量、沥青体积百分率、沥青饱和度、矿料间隙率等各项物理指标。

12.7.2 沥青混合料车辙试验

1)沥青混合料试件制备(轮碾法)

(1)试验目的

采用轮碾法制作沥青混合料试件,以供试验室进行沥青混合料物理力学性质试验时使用。

(2)试验仪具

①轮碾成型机:具有与钢筒式压路机相似的圆弧形碾压轮,轮宽300mm,压实线荷载为300N/cm,碾压行程等于试件长度,经碾压后的板块状试件可达到马歇尔试验标准击实密度的100% ±1%。

②试验室用沥青混合料拌和机:能保证拌和温度并充分拌和均匀,可控制拌和时间,宜采用容量大于30L的大型拌和机,也可采用容量大于10L的小型拌和机。

③试模:由高碳钢或工具钢制成,试模尺寸应保证成型后内部平面尺寸(长×宽×厚)为300mm×300mm×50~100mm。

④烘箱:大、中型各一台,装有温度调节器。

⑤台秤、天平或电子秤:称量5kg以上的,感量不大于1g;称量5kg以下的,用于称量沥青的,感量不大于0.1g,用于称量矿料,感量不大于0.5g。

⑥小型击实锤:钢制,端部断面80mm×80mm,厚10mm,带手柄,总质量0.5kg左右。

⑦温度计:分度为1℃。宜采用有金属插杆的数式试温度计,金属插杆的长度不小于150mm,量程0~300℃。

⑧其他:电炉或煤气炉、沥青熔化锅、拌和铲、标准筛、普通纸(或报纸)、胶布、卡尺、秒表、粉笔、垫木、棉纱等。

(3)成型方法

①准备工作。

a.确定制作沥青混合料试件的拌和与压实温度,并按马歇尔试验沥青混合料的拌和方法进行拌制。

b.沥青混合料试件用量,由一块试件的体积按马歇尔试验标准击实密度乘以1.03的系数求得。

c.金属试模及小型击实锤等置100℃左右烘箱中加热1h备用。

②将预热的试模从烘箱中取出,装上试模框架,在试模中铺一张裁好的普通纸(或报纸),使底面及侧面均被纸隔离,将拌和好的全部沥青混合料用小铲稍加拌和后均匀地沿试模由边至中按顺序转圈装入试模,中部要略高于四周。

③取下试模框架,用预热的小型击实锤由边至中按顺序转圈夯实一遍,整平成凸圆弧形。

④插入温度计,待沥青混合料稍冷却至规定的压实温度时,在表面铺一张裁好尺寸的普通纸。

⑤宜先将轮碾机预热至100℃左右,将盛有沥青混合料的试模置于轮碾机的平台上,轻轻放下碾压轮,调整总荷载为9kN(压实线荷载为300N/cm)。

⑥启动轮碾机,先在一个方向碾压2个往返(4次),卸荷,再抬起碾压轮,将试件掉转方向,再加相同荷载碾压至马歇尔标准密实度的100% ±1%。试件正式压实前,应经试压决定

碾压次数,对普通沥青混合料,一般12个往返(24次)左右可达要求。如试件厚度为100mm,宜按先轻后重的原则分两层碾压。

⑦压实成型后,揭去表面的纸,用粉笔在试件表面表明碾压方向。

⑧盛有压实试件的试模置室温下冷却,至少12h后方可进行车辙试验。

2)沥青混合料车辙试验

(1)试验目的

测定沥青混合料的高温抗车辙能力,供沥青混合料配合比设计的高温稳定性检验使用,也可用于评价沥青混凝土路面的高温稳定性。

图12-20 车辙试验机

(2)试验仪具

①车辙试验机(图12-20),主要由下列部分组成:

试件台:可牢固地安装两种宽度(300mm和150mm)的规定尺寸试件的试模。

试验轮:橡胶制的实心轮胎。外径ϕ220mm,轮宽50mm,橡胶层厚15mm。橡胶硬度(国际标准硬度)20℃时为84±4;60℃时为78±2,试验轮行走距离为230mm±10mm,往返碾压速度为42次/min±1次/min(每1min往返21次),允许采用曲柄连杆驱动运行方式。

加载装置:使试验轮与试件的接触压强在60℃时为0.7MPa±0.05MPa,施加的总荷载为78N左右,根据需要可以调整。

试模:钢板制成,由底板及侧板组成,试模内侧尺寸长为300mm,宽为300mm,厚为50~10mm。

变形测量装置:自动检测车辙变形并记录曲线的装置,通常用位移传感器LVDT或非接触位移计。位移测量范围0~130mm,精度±0.01mm。

温度检测装置:自动检测并记录试件表面及恒温室内温度的温度传感器、温度计(精度0.5℃)。温度应能自动连续记录。

②恒温室:车辙试验机必须整机安放在恒温室内,装有加热器、气流循环装置及装有自动温度控制设备,能保持恒温室温度60℃±1℃(试件内部温度60℃±0.5℃),根据需要亦可为其他需要的温度。用于保温试件并进行检验。

③台秤:称量15kg,感量不大于5g。

(3)试验方法

①测定试验轮压强(应符合0.7MPa±0.05MPa)。

②试件成型后,连同试模一起在常温条件下放置时间不得少于12h,对聚合物改性沥青混合料以48h为宜。

③将试件连同试模,置于达到试验温度60℃±1℃的恒温室中,保温不少于5h,也不多于12h,在试件的试验轮不行走的部位上,粘贴一个热电耦温度计,控制试件温度稳定在60℃±0.5℃。

④将试件连同试模置于车辙试验机的试验台上,试验轮在试件的中央部位,其行走方向须与试件碾压方向一致。开动车辙变形自动记录仪,然后启动试验机,使试验轮往返行走,时间约1h,或最大变形达到25mm为止。试验时,记录仪自动记录变形曲线,如图12-21所示。

(4)结果计算

从图 12-21 读取 45min(t_1)及 60min(t_2)时的车辙变形 d_1 及 d_2,精确至 0.01mm,如变形过大,在未到 60min 变形已达到 25mm 时,则以达到 25mm(d_2)时的时间为 t_2,将其前 15min 为 t_1,此时的变形量为 d_1。

沥青混合料试件的动稳定度按式(10-3)计算。

(5)报告

同一沥青混合料或同一路段的路面,至少应做三个试件的平行试验,当三个试件动稳定度变异系数小于 20%时,取其平均值作为试验结果。如果变异系数大于 20%,应分析原因,并追加试验。如计算动稳定值大于 6000 次/mm 时,记作“>6000 次/mm”。

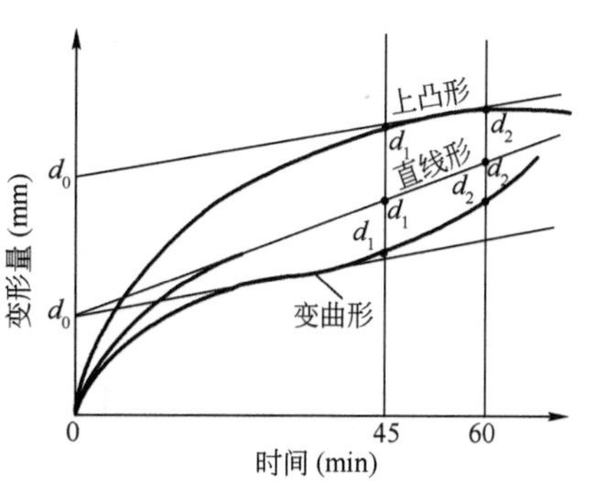

图 12-21 车辙试验变形曲线

重复性试验动稳定度变异系数的允许值为 20%。

试验报告应注明试验温度、试验轮接地压强、试件密度、空隙率及试件制作方法等。

【综合应用创新设计】

试验综合应用创新设计的目的是要求学生完成一项综合性试验,综合性试验设计是一项重要的实践教学环节,主要培养学生综合实践应用能力和创新能力。水泥混凝土和沥青混合料是结构工程中用量最大的主要建筑材料,这两种材料的配合比设计又是土木工程结构中非常重要的设计内容,通过综合训练,学生应牢固掌握这一过程。

[设计题目 12-1] 青银高速济南黄河大桥灌注桩混凝土(C30)配合比设计

1)设计资料

试验室可供原材料:

(1)水泥:东岳牌 P·O42.5 级,产地:山东水泥厂。

(2)砂:中砂,产地:泰安。

(3)碎石:石灰岩,多种规格(5~10mm、10~20mm、10~30mm 等),产地:济南。

(4)外加剂:QY-4 早强减水剂,掺量为 2.5%~3.0%,减水率为 15%,产地:济南。

2)设计任务

(1)查阅资料,组织拟定设计方案。

(2)原材料的选择与确定。

(3)计算 C30 灌注桩混凝土的初步配合比。

(4)确定 C30 灌注桩混凝土的试验室配合比。

(5)确定工程施工配合比。

3)主要参考文献

《公路桥涵施工技术规范》(JTG F50—2011)、《普通混凝土配合比设计规程》(JGJ 55—2011)、《公路工程水泥及水泥混凝土试验规程》(JTG E30—2005)、《公路工程集料试验规程》(JTG E42—2005)等。

[设计题目 12-2] 高速公路沥青路面上面层 AC-16 型沥青混凝土的配合比设计

1)设计资料

试验室可供原材料:

(1)沥青:日本嘉士力 A-70 道路石油沥青。

(2)砂:中砂,产地:泰安。

(3)碎石:石灰岩,多种规格(3 ~ 5mm、5 ~ 10mm、5 ~ 15mm、10 ~ 20mm 等),产地:济南。

(4)石屑:石灰岩石屑,产地:济南。

(5)矿粉:石灰石粉,产地:济南。

2)设计任务

第一阶段:目标配合比设计阶段(理解并掌握试验室的主要工作内容)。

(1)查阅资料,组织拟定设计方案;

(2)原材料的选择与确定;

(3)矿质混合料的配合比设计:采用图解法或电算法;

(4)采用马歇尔试验,确定沥青混凝土试件的物理指标和力学指标,绘制关系曲线图,确定最佳沥青用量;

(5)检验粉胶比设计参数及抗车辙能力、水稳定性等设计指标;

(6)综合确定目标配合比。

第二阶段:生产配合比设计阶段(理解并掌握沥青拌和站、试验室的主要工作内容)。

(1)查阅资料,组织拟定设计方案;

(2)热料仓集料的筛分及密度等试验;

(3)热料仓矿质混合料的配合比设计;

(4)马歇尔试验,确定最佳沥青用量;

(5)检验高温稳定性、低温稳定性及水稳定性;

(6)综合确定生产配合比。

第三阶段:生产配合比验证设计阶段(理解并掌握工地现场、沥青拌和站和试验室的工作内容)。

(1)工地现场的主要工作;

(2)沥青拌和站的主要工作;

(3)试验室的主要工作;

(4)综合确定生产配合比验证。

3)主要参考文献

《公路工程沥青及沥青混合料试验规程》(JTG E20—2011)、《公路沥青路面施工技术规范》(JTG F40—2004)、《公路工程集料试验规程》(JTG E42—2005)等。

参考文献

[1] 苏达根.土木工程材料[M].北京:高等教育出版社,2003.

[2] 陈雅福.土木工程材料[M].广州:华南理工大学出版社,2001.

[3] 郑德明,钱红萍.土木工程材料[M].北京:机械工业出版社,2005.

[4] 王福川.土木工程材料[M].3版.北京:中国建材工业出版社,2004.

[5] 黄晓明,潘钢华,赵永利.土木工程材料[M].南京:东南大学出版社,2001.

[6] 严家伋.道路建筑材料[M].3版.北京:人民交通出版社,2000.

[7] 李立寒,张南鹭.道路建筑材料[M].4版.北京:人民交通出版社,2004.

[8] 张爱勤.道路建筑材料[M].济南:山东大学出版社,2005.

[9] 邰连河,张家平.新型道路建筑材料[M].北京:化学工业出版社,2003.

[10] 申爱琴.水泥与水泥混凝土[M].北京:人民交通出版社,2005.

[11] [奥]H.索默.高性能混凝土的耐久性[M].冯乃谦,丁建彤,张新华,庄青峰,译.北京:科学出版社,1998.

[12] 张超,郑南翔,王建设.路基路面试验检测技术[M].北京:人民交通出版社,2004.

[13] 钱觉时.粉煤灰特性与粉煤灰混凝土[M].北京:科学出版社,2002.

[14] 冯浩,朱清江.混凝土外加剂工程应用手册[M].北京:中国建筑工业出版社,1999.

[15] 徐培华,王安玲.公路工程混合料配合比设计与试验技术手册[M].北京:人民交通出版社,2001.

[16] 长安大学.工程材料[M].北京:人民交通出版社,2002.

[17] 钟世云,袁华.聚合物在混凝土中的应用[M].北京:化学工业出版社,2003.

[18] 沙庆林.高等级公路半刚性基层沥青路面[M].北京:人民交通出版社,1998.

[19] 沙爱民.半刚性路面结构与性能[M].北京:人民交通出版社,1998.

[20] 刘中林,田文,史建方,谭发茂.高等级公路沥青混凝土路面新技术[M].北京:人民交通出版社,2002.

[21] 王松根.大粒径透水式沥青混合料(LSPM)基层设计与施工指南[M].北京:人民交通出版社,2007.

[22] 张德思.土木工程材料典型题解析及自测试题[M].西安:西北工业大学出版社,2002.

[23] 于新,吴建浩.贝雷方法应用探讨[J].公路,2003,8(上).

[24] 陈爱文,郝培文.应用贝雷法设计和检验级配[J].中外公路,2004,24(5).

[25] 吕伟民.关于Superpave沥青混合料设计方法的评述[J].上海公路,2007,1.

[26] 万龙公路试验数据处理系统.大连万龙软件有限公司.

[27] 中华人民共和国行业标准. JTGB01—2003 公路工程技术标准[S].北京:人民交通出版社,2003.

[28] 中华人民共和国国家标准. GB/T 700—2006 碳素结构钢[S].北京:中国标准出版社,2006.

[29] 中华人民共和国国家标准.GB/T 1591—2008 低合金高强度结构钢[S].北京:中国标准出版社,2008.

[30] 中华人民共和国国家标准. GB/T 1499.1—2017　钢筋混凝土用钢第 1 部分:热轧光圆钢筋[S]. 北京:中国标准出版社,2017.
[31] 中华人民共和国国家标准. GB/T 1499.2—2018　钢筋混凝土用钢第 2 部分:热轧带肋钢筋[S]. 北京:中国标准出版社,2018.
[32] 中华人民共和国国家标准. GB/T 13788—2017　冷轧带肋钢筋[S]. 北京,中国标准出版社,2017.
[33] 中华人民共和国行业标准. JG 190—2006　冷轧扭钢筋[S]. 北京:中国建筑工业出版社,2006.
[34] 中华人民共和国国家标准. GB/T 5223—2014　预应力混凝土用钢丝[S]. 北京:中国标准出版社,2014.
[35] 中华人民共和国国家标准. GB/T 5224—2014　预应力混凝土用钢绞线[S]. 北京:中国标准出版社,2014.
[36] 中华人民共和国行业标准. JTG E41—2005　公路工程石料试验规程[S]. 北京:人民交通出版社,2005.
[37] 中华人民共和国行业标准. JTG E42—2005　公路工程集料试验规程[S]. 北京:人民交通出版社,2005.
[38] 中华人民共和国行业标准. JTG F50—2011　公路桥涵施工技术规范[S]. 北京:人民交通出版社,2011.
[39] 中华人民共和国行业标准. JC/T 479—2013　建筑生石灰. 北京:中国建筑工业出版社,2013.
[40] 中华人民共和国行业标准. JC/T 481—2013　建筑消石灰粉[S]. 北京:中国建筑工业出版社,2013.
[41] 中华人民共和国国家标准. GB/T 9776—2008　建筑石膏[S]. 北京:中国标准出版社,2008.
[42] 中华人民共和国国家标准. GB 175—2007　通用硅酸盐水泥[S]. 北京:中国标准出版社,2007.
[43] 中华人民共和国国家标准. GB/T 1346—2011　水泥标准稠度用水量、凝结时间、安定性检验方法[S]. 北京:中国标准出版社,2011.
[44] 中华人民共和国国家标准. GB/T 176—2017　水泥化学分析方法[S]. 北京:中国标准出版社,2017.
[45] 中华人民共和国行业标准. JTG 3420—2020　公路工程水泥及水泥混凝土试验规程[S]. 北京:人民交通出版社,2020.
[46] 中华人民共和国国家标准. GB/T 14684—2011　建设用砂[S]. 北京:中国标准出版社,2011.
[47] 中华人民共和国国家标准. GB/T 14685—2011　建设用卵石、碎石[S]. 北京:中国标准出版社,2011.
[48] 中华人民共和国国家标准. GB 1596—2017　用于水泥和混凝土中的粉煤灰[S]. 北京:中国标准出版社,2017.
[49] 中华人民共和国国家标准. GB/T 18046—2017　用于水泥、砂浆和混凝土中的粒化高炉

矿渣粉[S]. 北京:中国标准出版社,2017.
[50] 中华人民共和国国家标准. GB/T 27690—2011 砂浆和混凝土用硅灰[S]. 北京:中国标准出版社,2011.
[51] 中华人民共和国行业标准. JGJ 63—2006 混凝土用水标准[S]. 北京:中国建筑工业出版社,2006.
[52] 中华人民共和国国家标准. GB/T 50080—2016 普通水泥混凝土拌和物性能试验方法标准[S]. 北京:中国建筑工业出版社,2016.
[53] 中华人民共和国国家标准. GB/T 50081—2019 混凝土物理力学性能试验方法标准[S]. 北京:中国建筑工业出版社,2019.
[54] 中华人民共和国行业标准. JTG D40—2011 公路水泥混凝土路面设计规范[S]. 北京:人民交通出版社,2011.
[55] 中华人民共和国行业标准. JGJ 55—2011 普通水泥混凝土配合比设计规程[S]. 北京:中国建筑工业出版社,2011.
[56] 中华人民共和国行业标准. JGJ 98—2010 砌筑砂浆配合比设计规程[S]. 北京:中国建筑工业出版社,2010.
[57] 中华人民共和国行业标准. JTG/T F30—2014 公路水泥混凝土路面施工技术细则[S]. 北京:人民交通出版社,2014.
[58] 中华人民共和国国家标准. GB 50107—2010 混凝土强度检验评定标准[S]. 北京:中国建筑工业出版社,2010.
[59] 中华人民共和国国家标准. GB 50204—2015 混凝土结构工程施工质量验收规范[S]. 北京:中国建筑工业出版社,2015.
[60] 中华人民共和国国家标准. GB 5101—2017 烧结普通砖[S]. 北京:中国标准工业出版社,2017.
[61] 中华人民共和国国家标准. GB/T 2542—2012 砌墙砖试验方法[S]. 北京:中国标准工业出版社,2012.
[62] 中华人民共和国国家标准. GB 13544—2011 烧结多孔砖和烧结砌块[S]. 北京:中国标准工业出版社,2011.
[63] 中华人民共和国国家标准. GB 13545—2014 烧结空心砖和空心砌块[S]. 北京:中国标准工业出版社,2014.
[64] 中华人民共和国行业标准. JC/T 239—2014 蒸压粉煤灰砖[S]. 北京:中国建材工业出版社,2014.
[65] 中华人民共和国国家标准. GB 11968—2006 蒸压加气混凝土砌块[S]. 北京:中国标准工业出版社,2006.
[66] 中华人民共和国国家标准. GB 8239—2014 普通混凝土小型砌块[S]. 北京:中国建筑工业出版社,2014.
[67] 中华人民共和国国家标准. GB/T 15229—2011 轻集料混凝土小型空心砌块[S]. 北京:中国标准出版社,2011.
[68] 中华人民共和国行业标准. GB 28635—2012 混凝土路面砖[S]. 北京:国家建筑材料工业局标准化研究所,2012.

[69] 中华人民共和国行业标准. JTG E51—2009 公路工程无机结合料稳定材料试验规程[S]. 北京:人民交通出版社,2009.
[70] 中华人民共和国行业标准. JTG F20—2015 公路路面基层施工技术细则[S]. 北京:人民交通出版社,2015.
[71] 中华人民共和国国家标准. JTG E20—2011 公路工程沥青及沥青混合料试验规程[S]. 北京:人民交通出版社,2011.
[72] 中华人民共和国行业标准. JTG F40—2017 公路沥青路面施工技术规范[S]. 北京:人民交通出版社,2017.

人民交通出版社股份有限公司公路教育出版中心
土木工程/道路桥梁与渡河工程类本科及以上教材

一、专业基础课

1. 材料力学(郭应征) ………………………… 25 元
2. 理论力学(周志红) ………………………… 29 元
3. 理论力学(上册)(李银山) ……………… 52 元
4. 理论力学(下册)(李银山) ……………… 50 元
5. 工程力学(郭应征) ………………………… 29 元
6. 结构力学(肖永刚) ………………………… 32 元
7. 材料力学(上册)(李银山) ……………… 49 元
8. 材料力学(下册)(李银山) ……………… 45 元
9. 材料力学(石　晶) ………………………… 42 元
10. 材料力学(少学时)(张新占) …………… 36 元
11. 弹性力学(孔德森) ……………………… 20 元
12. 水力学(第二版)(王亚玲) …………… 25 元
13. 土质学与土力学(第五版)(钱建固) ……… 35 元
14. 岩体力学(晏长根) ……………………… 38 元
15. 土木工程制图(第三版)(林国华) ………… 39 元
16. 土木工程制图习题集(第三版)(林国华) …… 22 元
17. 土木工程制图(第二版)(丁建梅) ………… 42 元
18. 土木工程制图习题集(第二版)(丁建梅) …… 19 元
19. ◆土木工程计算机绘图基础(第二版)(袁　果) ……………………………… 45 元
20. ▲道路工程制图(第五版)(谢步瀛) ………… 46 元
21. ▲道路工程制图习题集(第五版)(袁　果) … 28 元
22. 交通土建工程制图(第二版)(和丕壮) ……… 38 元
23. 交通土建工程制图习题集(第二版)(和丕壮) ……………………………… 17 元
24. 工程制图(龚　伟) ……………………… 38 元
25. 工程制图习题集(龚　伟) ………………… 28 元
26. 现代土木工程(第二版)(付宏渊) ………… 59 元
27. 土木工程概论(项海帆) ………………… 32 元
28. 道路概论(第二版)(孙家驷) ……………… 20 元
29. 桥梁工程概论(第三版)(罗　娜) ………… 32 元
30. 道路与桥梁工程概论(第二版)(黄晓明) …… 40 元
31. 道路与桥梁工程概论(第二版)(苏志忠) …… 49 元
32. 公路工程地质(第四版)(窦明健) ………… 30 元
33. 工程测量(胡伍生) ……………………… 25 元
34. 交通土木工程测量(第四版)(张坤宜) ……… 48 元
35. ◆测量学(第四版)(许娅娅) ……………… 45 元
36. 测量学(姬玉华) ………………………… 34 元
37. 测量学实验及应用(孙国芳) ……………… 19 元
38. 现代测量学(王腾军) …………………… 55 元
39. ◆道路工程材料(第6版)(李立寒) ………… 56 元
40. ◆道路工程材料(第二版)(申爱琴) ………… 48 元
41. ◆基础工程(第四版)(王晓谋) …………… 37 元
42. 基础工程(丁剑霆) ……………………… 40 元
43. ◆基础工程设计原理(袁聚云) …………… 36 元
44. 桥梁墩台与基础工程(第二版)(盛洪飞) …… 49 元
45. ▲结构设计原理(第四版)(叶见曙) ………… 75 元
46. ◆Principle of Structural Design(结构设计原理)(第二版)(张建仁) ……………………… 60 元
47. ◆预应力混凝土结构设计原理(第二版)(李国平) ……………………………… 30 元
48. 专业英语(第4版)(李　嘉) ……………… 52 元
49. 土木工程材料(孙　凌) ………………… 48 元
50. 道路与桥梁设计概论(程国柱) ………… 42 元
51. 道路建筑材料(第二版)(黄维蓉) ……… 49 元
52. 钢结构设计原理(任青阳) ……………… 48 元
53. 工程荷载(任青阳) ……………………… 39 元

二、专业核心课

1. ◆路基路面工程(第五版)(黄晓明) ………… 65 元
2. 路基路面工程(何兆益) ………………… 45 元
3. ◆▲路基工程(第二版)(凌建明) ………… 25 元
4. ◆道路勘测设计(第5版)(许金良) ………… 65 元
5. ◆道路勘测设计(第4版)(孙家驷) ………… 58 元
6. 道路勘测设计(第二版)(裴玉龙) ………… 57 元
7. ◆公路施工组织及概预算(第三版)(王首绪) … 32 元
8. 公路施工组织与概预算(靳卫东) ………… 45 元
9. 公路施工组织与管理(赖少武) ………… 36 元
10. 公路工程施工组织学(第二版)(姚玉玲) …… 38 元
11. 公路施工组织与管理(吕国仁) ………… 45 元
12. ◆桥梁工程(第二版)(姚玲森) …………… 62 元
13. 桥梁工程(土木、交通工程)(第四版)(邵旭东) ……………………………… 65 元
14. ◆桥梁工程(上册)(第三版)(范立础) ……… 54 元
15. ◆桥梁工程(下册)(第三版)(顾安邦) ……… 49 元
16. ▲桥梁工程(第三版)(陈宝春) …………… 49 元
17. 桥梁工程(道路桥梁与渡河工程)(刘龄嘉) ……………………………… 69 元
18. ◆桥涵水文(第五版)(高冬光) …………… 35 元
19. 水力学与桥涵水文(第3版)(叶镇国) ……… 65 元
20. ◆公路小桥涵勘测设计(第五版)(孙家驷) ……………………………… 35 元
21. ◆现代钢桥(上)(吴　冲) ……………… 34 元
22. ◆钢桥(第二版)(徐君兰) ……………… 45 元
23. 钢桥(吉伯海) ………………………… 53 元
24. 钢桥(赵　秋) ………………………… 52 元
25. ▲桥梁施工及组织管理(上)(第三版)(魏红一) ……………………………… 45 元
26. ▲桥梁施工及组织管理(下)(第二版)(邬晓光) ……………………………… 39 元
27. ◆隧道工程(第二版)(上)(王毅才) ……… 65 元
28. 公路工程施工技术(第二版)(盛可鉴) ……… 38 元
29. 桥梁施工(第二版)(徐　伟) …………… 49 元
30. ▲隧道工程(丁文其) …………………… 55 元
31. ◆桥梁工程控制(向中富) ……………… 38 元
32. 桥梁结构电算(周水兴) ………………… 35 元
33. 桥梁结构电算(第二版)(石志源) ………… 35 元
34. 土木工程施工(王丽荣) ………………… 58 元
35. 桥梁墩台与基础工程(盛洪飞) ………… 49 元

三、专业选修课

1. 土木规划学(第2版)(石　京) …………… 45 元
2. ◆道路工程 (第二版)(严作人) ………… 46 元
3. 道路工程(第三版)(凌天清) …………… 42 元

注:◆教育部普通高等教育“十一五”、“十二五”国家级规划教材
▲建设部土建学科专业“十一五”、“十三五”规划教材

4. ◆高速公路(第三版)(方守恩) …………………… 34元
5. 高速公路设计(赵一飞) ……………………………… 38元
6. 城市道路设计(第三版)(吴瑞麟) …………………… 38元
7. 公路施工技术与管理(第二版)(魏建明) ……… 40元
8. ◆公路养护与管理(第二版)(侯相琛) ………… 45元
9. 路基支挡工程(陈忠达) ……………………………… 42元
10. 路面养护管理与维修技术(刘朝晖) ………… 42元
11. 路面养护管理系统(武建民) ……………………… 22元
12. 公路计算机辅助设计(符锌砂) …………………… 30元
13. 测绘工程基础(李芹芳) …………………………… 36元
14. 现代道路交通检测原理及应用(孙朝云) ……… 38元
15. 道路与桥梁检测技术(第二版)(胡昌斌) …… 40元
16. 软土环境工程地质学(唐益群) ………………… 35元
17. 地质灾害及其防治(简文彬) ……………………… 28元
18. ◆环境经济学(第二版)(董小林) ……………… 40元
19. 桥梁钢—混凝土组合结构设计原理(第二版)
(黄　侨) ………………………………………………… 49元
20. ◆桥梁建筑美学(第二版)(盛洪飞) ………… 24元
21. 桥梁抗震(第三版)(叶爱君) …………………… 26元
22. 钢管混凝土(胡曙光) ……………………………… 38元
23. ◆浮桥工程(王建平) ……………………………… 36元
24. 隧道结构力学计算(第二版)(夏永旭) ……… 34元
25. 公路隧道运营管理(吕康成) …………………… 28元
26. 隧道与地下工程灾害防护(张庆贺) ………… 45元
27. 公路隧道机电工程(赵忠杰) …………………… 40元
28. 公路隧道设计 CAD(王亚琼) ………………… 40元
29. 地下空间利用概论(叶　飞) …………………… 30元
30. 建设工程监理概论(张　爽) …………………… 35元
31. 建筑设备工程(刘丽娜) …………………………… 39元
32. 机场规划与设计(谈至明) ……………………… 35元
33. 公路工程定额原理与估价(第二版)
(石勇民) …………………………………………… 39.5元
34. Theory and Method for Finite Element Analysis
of Bridge Structures(刘　扬) ………………… 28元
35. 公路机械化养护技术(丛卓红) ………………… 30元
36. 舟艇原理与强度(程建生) ……………………… 34元
37. ◆公路施工机械(第三版)(李自光) ………… 55元
38. 公路 BIM 与设计案例(张　驰) ……………… 40元
39. 渡河工程(王建平) ………………………………… 60元

四、实践环节教材及教参教辅

1. 土木工程试验(张建仁) ………………………… 38元
2. 土工试验指导书(袁聚云) ……………………… 16元
3. 桥梁结构试验(第二版)(章关永) …………… 30元
4. 桥梁计算示例丛书—桥梁地基与基础(第二版)
(赵明华) …………………………………………… 18元
5. 桥梁计算示例丛书—混凝土简支梁(板)桥
(第三版)(易建国) ……………………………… 26元
6. 桥梁计算示例丛书—连续梁桥(邹毅松) …… 20元
7. 桥梁计算示例丛书—钢管混凝土拱桥
(孙　潮) …………………………………………… 32元
8. 结构设计原理计算示例(叶见曙) …………… 40元
9. 土力学复习与习题(钱建固) ………………… 35元
10. 土力学与基础工程习题集(张　宏) ……… 20元
11. 桥梁工程毕业设计指南(向中富) ………… 35元
12. 道路勘测设计实习指导手册(谢晓莉) …… 15元
13. 桥梁工程综合习题精解(汪　莲) ………… 30元
14. 混凝土结构设计原理学习辅导(涂　凌) …… 35元
15. 土质学与土力学试验指导(王　春) ………… 20元

五、研究生教材

1. 路面设计原理与方法(第三版)(黄晓明) …… 68元
2. 道面设计原理(翁兴中) ………………………… 45元
3. 沥青与沥青混合料(郝培文) ………………… 35元
4. 水泥与水泥混凝土(第2版)(申爱琴) ……… 56元
5. 现代无机道路工程材料(梁乃兴) …………… 42元
6. 现代加筋土理论与技术(雷胜友) …………… 24元
7. 高等桥梁结构理论(第二版)(项海帆) …… 70元
8. 桥梁概念设计(项海帆) ……………………… 68元
9. 桥梁结构体系(肖汝诚) ……………………… 78元
10. 工程结构数值分析方法(夏永旭) ………… 27元
11. 结构动力学讲义(第二版)(周智辉) ……… 38元
12. 桥梁结构有限元分析(重庆交大等) ……… 62元
13. 高等桥梁结构试验(福州大学等) ………… 80元

六、应用型本科教材

1. 结构力学(第二版)(万德臣) ……………… 30元
2. 结构力学学习指导(于克萍) ……………… 22元
3. 结构设计原理(黄平明) …………………… 47元
4. 结构设计原理学习指导(安静波) ………… 35元
5. 结构设计原理计算示例(赵志蒙) ………… 40元
6. 工程力学(喻小明) ………………………… 55元
7. 土质学与土力学(赵明阶) ………………… 30元
8. 水力学与桥涵水文(王丽荣) ……………… 27元
9. 道路工程制图(谭海洋) …………………… 28元
10. 道路工程制图习题集(谭海洋) ………… 24元
11. 土木工程材料(第2版)(张爱勤) ……… 58元
12. 道路建筑材料(伍必庆) ………………… 37元
13. 路桥工程专业英语(赵永平) …………… 44元
14. 测量学(朱爱民) ………………………… 45元
15. 道路工程(资建民) ……………………… 30元
16. 路基路面工程(陈忠达) ………………… 46元
17. 道路勘测设计(张维全) ………………… 32元
18. 基础工程(刘　辉) ……………………… 26元
19. 桥梁工程(第二版)(刘龄嘉) ………… 49元
20. 工程招投标与合同管理(第二版)
(刘　燕) …………………………………………… 39元
21. 道路工程 CAD(第二版)(杨宏志) …… 35元
22. 工程项目管理(李佳升) ………………… 32元
23. 公路施工技术(杨渡军) ………………… 64元
24. 公路工程试验检测(第二版)(乔志琴) … 55元
25. 桥梁结构试验与检测技术(李国栋) …… 38元
26. 工程结构检测技术(刘培文) …………… 52元
27. 公路工程经济(周福田) ………………… 22元
28. 公路工程监理(第二版)(朱爱民) …… 56元
29. 公路工程机械化施工技术(第二版)
(徐永杰) …………………………………………… 32元
30. 城市道路工程(徐　亮) ………………… 29元
31. 公路养护技术与管理(武　鹤) ………… 58元
32. 公路工程预算与工程量清单计价(第二版)
(雷书华) …………………………………………… 40元
33. 基础工程(第二版)(赵　晖) ………… 32元
34. 测量学(张　龙) ………………………… 39元
35. 测量学(朱爱民) ………………………… 48元

教材详细信息,请查阅“中国交通书城”(www.jtbook.com.cn)
咨询电话:(010)85285865
道路工程课群教学研讨 QQ 群(教师)　328662128　　桥梁工程课群教学研讨 QQ 群(教师)　138253421
交通工程课群教学研讨 QQ 群(教师)　185830343